ARCHSUM AUF SYLT
TEIL 2
Landwirtschaft und Umwelt in vor- und frühgeschichtlicher Zeit

Studien zur Küstenarchäologie Schleswig-Holsteins
Serie B Band 2

RÖMISCH-GERMANISCHE FORSCHUNGEN

BAND 44

RÖMISCH-GERMANISCHE KOMMISSION
DES DEUTSCHEN ARCHÄOLOGISCHEN INSTITUTS ZU FRANKFURT A. M.

Archsum auf Sylt
Teil 2

LANDWIRTSCHAFT UND UMWELT IN VOR- UND FRÜHGESCHICHTLICHER ZEIT

VON

GEORG KOSSACK, FRITZ-RUDOLF AVERDIECK,
HANS-PETER BLUME, OLE HARCK, DIETRICH HOFFMANN,
HELMUT JOHANNES KROLL UND JOACHIM REICHSTEIN

VERLAG PHILIPP VON ZABERN · MAINZ AM RHEIN · 1987

XIII, 196 Seiten, 69 Abbildungen und 26 Beilagen

Redaktion: Susanne Sievers, Ingolstadt,
und Georg Kossack, München

CIP-Kurztitelaufnahme der Deutschen Bibliothek

Archsum auf Sylt / von Georg Kossack . . . —
Mainz am Rhein : von Zabern

NE: Kossack, Georg [Mitverf.]

Teil 2. Landwirtschaft und Umwelt in vor- und
frühgeschichtlicher Zeit. — 1987.
(Römisch-germanische Forschungen ; Bd. 44)
ISBN 3-8053-0891-4

NE: GT

ISBN 3-8053-0891-4

Printed in West Germany by Philipp von Zabern

ALBERT BANTELMANN

ZUM 75. GEBURTSTAG

Vorwort der Herausgeber

Die Beiträge, die im vorliegenden zweiten Band der Studien zur Küstenarchäologie Schleswig-Holsteins (Serie B) erscheinen, behandeln Siedelraum und Landwirtschaft auf der Archsumer Geest in vor- und frühgeschichtlicher Zeit. Das Thema umfaßt die Auseinandersetzung bäuerlicher Siedler mit ihrer natürlichen Umwelt; seit sie die Insel Sylt ständig bewohnten, waren sie Zeugen eines Geschehens, dessen Ursache sie zwar nicht kannten, dessen Auswirkungen sie aber auf die Länge der Zeit wahrnehmen mußten: Der Anstieg des Meeresspiegels engte ihre Siedel- und Wirtschaftsflächen ständig ein, und wenn es auch gelang, die fortschreitende Landverknappung durch technische Maßnahmen beim Landbau, im Wechsel der Wohnplatzlage und seit dem Mittelalter auch durch Bedeichung zeitweilig auszugleichen, auf die Dauer waren sie den Gewalten der Natur schutzlos ausgeliefert. Die Heumahd war im schmalen Marschland häufig gefährdet, und noch öfter vernichteten Sturmfluten die Ernte, drangen sie doch noch in den dreißiger Jahren unseres Jahrhunderts bis an die Schwelle der Gehöfte vor; die Äcker vernäßten oder versandeten, und ihre ohnehin geringe nachschaffende Kraft gewährleistete nicht immer ausreichenden Ertrag; zunehmende Kopfzahl zwang viele Einwohner zur Abwanderung, weil es nicht möglich war, neue Flächen zu roden, unter den Pflug zu nehmen oder als Weide zu nutzen. Die Insel war schon während des Neolithikums weitgehend aufgesiedelt worden und mußte seither noch diejenigen Bevölkerungsteile aufnehmen, die bei Überflutung Haus und Hof verlassen hatten.

Solche Katastrophen gab es sicher nicht alle Jahre mit denjenigen Folgen, die wir aus Aufzeichnungen des hohen Mittelalters und der Neuzeit kennen. Wie aus den Beiträgen zum ersten Band der Reihe hervorgeht (I 85 ff.; 131 ff.; 147 ff.), verteilte sich der Anstieg des Meeresspiegels von rund 5 m seit dem Neolithikum bis in die Zeit um Chr. Geb. auf knapp drei Jahrtausende. Während der kurzen Zeitstrecke einer Generation ließ sich gar nicht beurteilen, was da künftig auf die Bevölkerung zukommen würde. Man sah nur die Schäden, steigenden Grundwasserstand, Vergleyung der Böden an den Geesträndern, Vernässung der Weideareale, nachfolgend Ablagerung von Meeressediment und seine Begrünung durch salzliebende und salzverträgliche Pflanzen, also die Bildung der Marsch in unmittelbarer Nachbarschaft.

Es hatte Jahrhunderte gegeben, in denen keine Gefahr zu drohen schien, wie während der römischen Kaiserzeit. Damals wohnten Wagemutige vereinzelt zeitweilig sogar in der Marsch, doch im Gegensatz zu den Küstenstrichen Dithmarschens und Niedersachsens vermied man es, sich auf Dauer dort niederzulassen. Die fetten Marschwiesen hatten die Geestbauern wohl längst aufgeteilt. Aber in der Marsch konnte jedermann Kleisoden stechen, die als Baustoff für Wohnstallhäuser auf der Geest Verwendung fanden.

Dennoch reagierte man sehr empfindlich auf den Wandel der Umwelt. Schon während der älteren Bronzezeit begann man damit, die Äcker durch Plaggenauftrag zu verbessern. Dieses ertragreiche Meliorationsverfahren in großem Maßstab anzuwenden, blieb allerdings den Bauern der vorrömischen Eisenzeit und der Völkerwanderungs- und Wikingerzeit vorbehalten. Bezeichnenderweise waren es diejenigen Zeitabschnitte, in denen die Meerestransgression erhebliche Fortschritte erzielte. Dagegen fehlt für die römische Kaiserzeit jeder sichere Nachweis. Möglicherweise hängt auch der mehrmalige Wechsel der

Getreidearten indirekt mit dem Naturgeschehen zusammen, besonders die langjährige Aussaat der relativ unempfindlichen und trotzdem ertragreichen Spelzgerste seit der römischen Kaiserzeit und die Einführung des Winterroggens in der Völkerwanderungszeit. Die Wahl geeigneter Plätze für die Gehöfte ist ganz sicher vom Umweltgeschehen beeinflußt worden. Während es die Bauern noch in den beiden ersten Jahrhunderten n. Chr. Geb. vorzogen, den Archsumer Geestkern mit Streusiedlungen zu überziehen, führten sie später die einzelnen Betriebsgruppen zu wenigen Großgehöften an dessen Südrand zusammen und blieben dort ortsgebunden, so daß es mehrmals zur Bildung von Wohnhügeln kam. Die hoch gelegenen Teile der Geest dienten damals noch gänzlich der Feldwirtschaft. Sie waren es, die in der Wikingerzeit unter Aufgabe der Wohnhügel ein geschlossenes Dorf aufnahmen, aus dem sich die hochmittelalterliche Ortschaft entwickelt hat. Als sie sich in den tiefer gelegenen Arealen auszubreiten begann, schüttete man dort künstliche Hügelketten (Langwurten) auf und errichtete auf ihnen die Höfe.

Nirgends sind die naturräumliche Ausstattung, die Siedelform und die ländliche Wirtschaftsweise derart eng aufeinander bezogen wie in exponierter Lage und hier wieder an der Küste des offenen Meeres. Nachdem Geologie und Geobotanik den Naturraum und dessen Geschichte im ersten Band der Reihe untersucht und beschrieben hatten, war es an der Zeit, sich mit der Vegetation der Archsumer Geest und ihres Umfelds zu beschäftigen. Es geht im zweiten Band um die Frage, wie sich die Bauern der vor- und frühgeschichtlichen Zeit auf den allmählichen Wandel einstellten und in wie hohem Grade sie das Arteninventar der Pflanzendecke durch Ackerbau und Weidewirtschaft zu beeinflussen vermochten. O. Harck untersuchte vornehmlich die Plaggenböden unter archäologischen Gesichtspunkten. Auf die Flachäcker kommt er nur in einem kurzen Überblick zu sprechen; sie sind fast alle undatiert, systematische Aufmessung fehlt noch. Ardfelder, unter jüngeren Siedlungsstraten konserviert, kennen wir immer nur in sehr geringen Ausschnitten; Wölbackerbeete gibt es zwar auf Sylt mehrfach, aber wir wissen nicht genau genug, wie alt sie sind. H. Kroll wendet sich in einem zweiten Kapitel mit Hilfe der Pflanzengroßreste der Rekonstruktion der Vegetationsareale und deren Nutzung zu, stellt aber die Kulturpflanzen und ihre Begleiter auf Äckern und Wiesen in den Mittelpunkt der Interpretation. F.-R. Averdieck verfolgt ähnliche Ziele auf pollenanalytischem Wege, erschließt also aus der Zusammensetzung der Polleninventare in datierten Probenserien die einstigen Pflanzengesellschaften und ihre räumliche und zeitliche Verteilung.

Wenn wir auf eine Analyse der Tierknochen, die uns über die Art und Zusammensetzung der Herden und über das Schlachtalter hätte unterrichten können, verzichten mußten, hängt das mit der mangelhaften Erhaltung des Materials zusammen. Wir bargen jeweils nur wenige Stücke, so daß ihre Bestimmung die Fragen, die wir zu stellen gewohnt sind, unmöglich beantworten kann.

Häufig wird auf die Beiträge im ersten Band der Reihe verwiesen (Abgekürzt: I mit Seitenzahl in arabischen Ziffern), der von uns in den Römisch-Germanischen Forschungen Bd. 39 unter dem Titel »Archsum auf Sylt, Teil 1: Einführung in Forschungsverlauf und Landschaftsgeschichte« 1980 herausgegeben worden ist. Wir empfehlen, ihn bei der Lektüre der folgenden Kapitel stets zur Hand zu haben. Die Abkürzung La hinter dem Namen einer Fundstelle bezieht sich auf die archäologische Landesaufnahme, deren Ergebnisse in dem Werk von K. Kersten und P. La Baume, Vorgeschichte der nordfriesischen Inseln (1958), enthalten sind. Die meisten Abbildungen des vorliegenden Bandes stellte Herr J. Sobotta her, etliche Frau E. Helm-Jacobi und Herr H. Dieterich, alle Mitarbeiter im Institut für Ur- und Frühgeschichte der Universität Kiel, einige auch Herr H. Hammon, Landesamt für Vor- und Frühgeschichte von Schleswig-Holstein in Schleswig, und Herr Hanns-Joachim Weißfuß, Institut für Vor- und Frühgeschichte der Universität München. Die Herausgeber fühlen sich ihren technischen Helfern, den Autoren der Beiträge und ihren Beratern, der Römisch-Germanischen Kommission, die den Druck des Werkes übernahm, und der Deutschen Forschungsgemeinschaft, die unser Unternehmen jahrelang durch Sach- und Personalmittel gefördert hat, zu Dank verpflichtet. Wenn sie das Buch Albert Bantelmann zum 75. Geburtstag widmen, erfüllen sie eine weitere, ganz unerläßliche Dankesschuld: Er begleitete unsere Arbeiten im Gelände über viele Jahre hinweg mit klugem Rat, hatte er doch bei eigenen Grabungen auf Sylt (Melenknop) und auf Eiderstedt (Tofting, Elisenhof) praktische Erfahrungen sammeln können, die wir nutzen durften.

München, Kiel und Schleswig

Georg Kossack, Ole Harck
und Joachim Reichstein

Inhaltsverzeichnis

Archäologisches zur Kenntnis des vor- und frühgeschichtlichen Ackerbaus

Von Ole Harck

Mit einem Beitrag von Hans-Peter Blume, Dietrich Hoffmann und Joachim Reichstein

EINLEITUNG

Wie im ersten Band der Archsum gewidmeten Publikationsserie beschrieben (I 175), hatten wir am Melenknop nach Abschluß der vierten Grabungskampagne im Zentrum des Wohnhügels, also in den Flächen 40 und 41 (I Beil. 24), überall gewachsenen Boden erreicht und mit Hilfe der Profile, vor allem der Profile 3 *(Beil. 25)* und 15, den vertikalen Aufbau nach Baustraten, Schuttschichten und trennenden Kleidecken im Groben differenzieren können. Schon 1964 fiel uns unter der älteren, frührömerzeitlichen Baustrate eine bisweilen mehrteilige, homogenisierte Humusschicht wechselnder Mächtigkeit auf (I Beil. 25 u. 181 Abb. 74), die aus sandig-bindigem, tiefbraunem, bei hohem Feuchtigkeitsgehalt auch schwarzbraunem Material bestand, immer mit Holzkohle durchsetzt war, vielfach Muschelschalen in ganzen Bänken und mitunter auch Keramikbruch aus der jüngeren vorrömischen Eisenzeit enthielt. Dieser Humus lagerte auf einer unregelmäßig verlaufenden Schicht aus tief humoser, schwarzer Braunerde (»Schwarzband«), die ihrerseits pleistozänen oder frühholozänen Sanden folgte, in die dann typische Ardspuren eingriffen. Wir hatten sie im Planum schon als Gitternetz beobachtet und auf die Kritzenprofile bezogen. Hier kamen Tonscherben des Spätneolithikums und der Bronzezeit zum Vorschein.

Ausschlaggebend für die Datierung der Schichtfolge erwies sich ein am Scheitel gekappter Grabhügel oder, genauer, dessen basale Aufschüttung, die aus Bleichsand bestand und auf den pleistozänen Sanden lagerte. An der nordöstlichen Peripherie hatte man ein Schachtgrab eingelassen. Es enthielt außer Scherbenbrocken und unkenntlichen Bronzeresten einen Flintdolch, wodurch die Anlage in die älteste Bronzezeit datiert wird. Über dem Hügelkern wölbte sich eine 60 cm mächtige, zementharte Schuttlage aus regellos geworfenen, vielfach verbrannten Lesesteinen, deren Hohlräume klebrig-fettiges, holzkohlehaltiges, tiefschwarzes Erdreich füllte, in dem wir Rückstände organischer Substanz vermuteten. Während diese sogenannte Kochsteinschicht *(Abb. 1)* entstand oder nur wenig später bildete sich an den unteren Hangteilen des Tumulus eine kräftige, bis 35 cm mächtige Humusschicht aus podsolierter Braunerde, die dem natürlichen Gefälle des Geestkerns folgte, also nach allen Seiten abfiel, an Stärke verlor, schließlich am Rand der Grabungsfläche auslief und dort durch Einwehung zunehmend versandet war. Diese Schicht bedeckte dann der homogenisierte Humus der vorrömischen Eisenzeit *(Abb. 4; 6; 10)*. Wir fragten uns damals, wie es zu erklären sei, daß die podsolierte Braunerde ihre größte Mächtigkeit nicht am Hangfuß erreichte, wo wir sie durch Erosion und Beackerung verlagert hätten erwarten dürfen, sondern gegen die Kuppe des Hügels zu. Das gleiche Verhältnis beobachteten wir bei dem Humuspaket der vorrömischen Eisenzeit. Wir dachten deshalb an künstlichen Bodenauftrag und baten Pedologen und Botaniker, sich dieser Sache anzunehmen. Das war der Stand der Untersuchung, als K. Brunnacker (Köln) 1965 begann, am Melenknop bodenkundlich analysierbare Profile zu nehmen und die Resultate, die er bei der Analyse erzielte, bis 1967 durch Kartierung des Geestkerns und seiner benachbarten Areale abzusichern (I 7 Abb. 6). Er hat die Ergebnisse

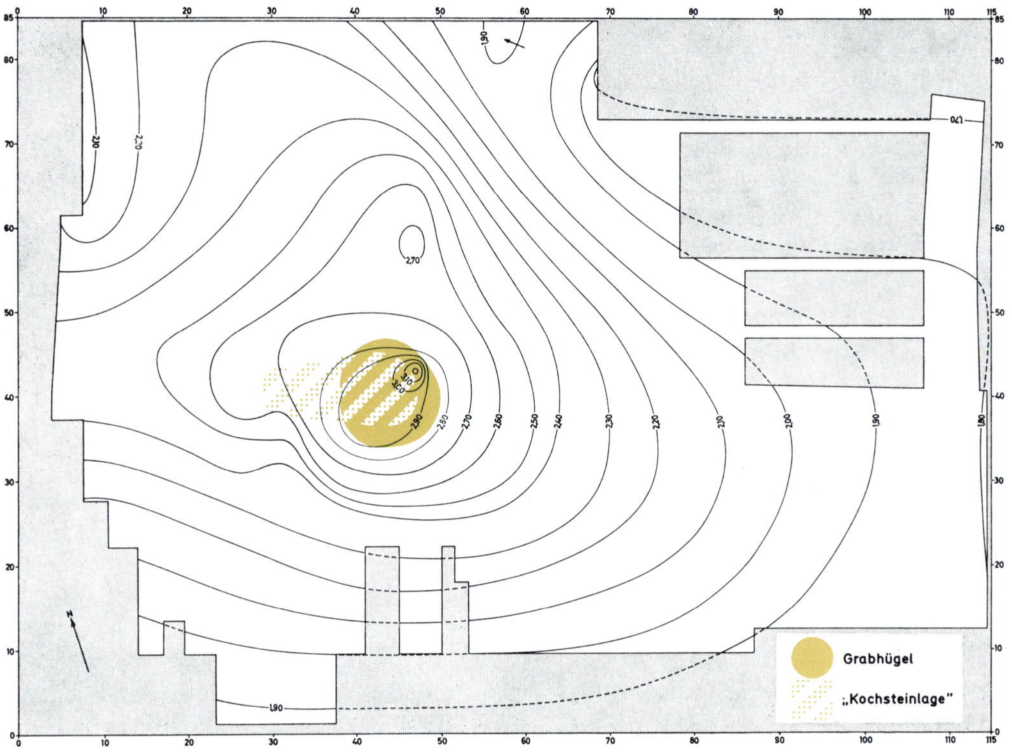

Abb. 1 Archsum-Melenknop. Pleistozänes Relief und Grabhügel der älteren Bronzezeit mit »Kochsteinschicht«. M. 1 : 900.

in unserem Bericht über die ersten zehn Jahre Siedlungsforschung in Archsum ausführlich beschrieben[1], weshalb wir uns hier mit einem Referat begnügen können.

Brunnacker legte im Bereich des Grabhügels und in dessen Nähe fünf Profile an (A–E), konnektierte und gliederte sie in drei einander folgende Landoberflächen *(Abb. 2)*. Die älteste erwies sich als gepflügte, podsolierte Braunerde auf pleistozänen oder frühholozänen Flugsanden (Profil C–E). Weil damals der Grundwasserspiegel offenbar bis an die Oberfläche reichte, wanderte das Eisen rasch in tiefere Schichten und lagerte sich als Ortsteinbank in den anstehenden Sanden ab, wo wir sie tatsächlich als durchgehenden Horizont angetroffen hatten. Wir beobachteten die erste Landoberfläche übrigens als Grausandzone im Gesamtbereich der Grabungsflächen, wenngleich stellenweise unterbrochen und auf längere Strecken sogar weggeräumt *(Abb. 6–10)*, hielten sie für den Auswaschungshorizont eines gekappten Bodens und entnahmen ihr außer Flintgerät und Flintwaffen auch Keramik des späten Neolithikums.

Der Hang des Grabhügels und dessen Umfeld trugen, wie oben schon erwähnt, eine Humusdecke, die bronzezeitlicher Pflugbau in einen AP-Horizont umgewandelt hatte (Profil C). Brunnacker bezeichnete die Lage als »mittlere Landoberfläche«. Ihre Datierung ist erst nach Abschluß seiner Feldstudien gewonnen worden, als wir nämlich 1968 begannen, in den Flächen 13–15 und 30–35 (I Beil. 24) eine Ackerflur abzudecken, die durch Baureste und Gruben mit Keramik der ausgehenden älteren Bronzezeit (Periode III) gestört worden war *(Abb. 3)*[2].

Darauf lagerten schließlich humushaltige Sande, teilweise schräg geschichtet und dann in zentimeterdicke dunklere und hellere Lagen geteilt, die in den basisnahen Partien schwarzgrau, zum Hangenden hin bräunlich gefärbt erschienen (Profil C–E) und von Brunnacker »obere Landoberfläche« benannt wurden *(Abb. 2)*. Sie erreichten eine Mächtigkeit bis 72 cm. Hier war der Gehalt an Diatomeen und Opalphytoliten, also Kieselsäure-Skelettelementen von Ried- oder Süßgräsern und Getreide deutlich überhöht, was auch für die Phosphorwerte gilt (Profil E).

Brunnacker zog aus diesen Beobachtungen zwei Schlüsse, die für die Kenntnis des Siedel- und Wirtschaftsgeschehens innerhalb der Archsumer Geestkerngrenzen wichtig sind: Die »obere Landoberfläche«, de-

[1] K. Brunnacker, Die Böden des Geestkerns von Archsum. Ber. RGK 55, 1974, 386 ff.

[2] G. Kossack, O. Harck u. J. Reichstein, Zehn Jahre Siedlungsforschung in Archsum auf Sylt. Ebd. 282 ff. mit Abb. 4.

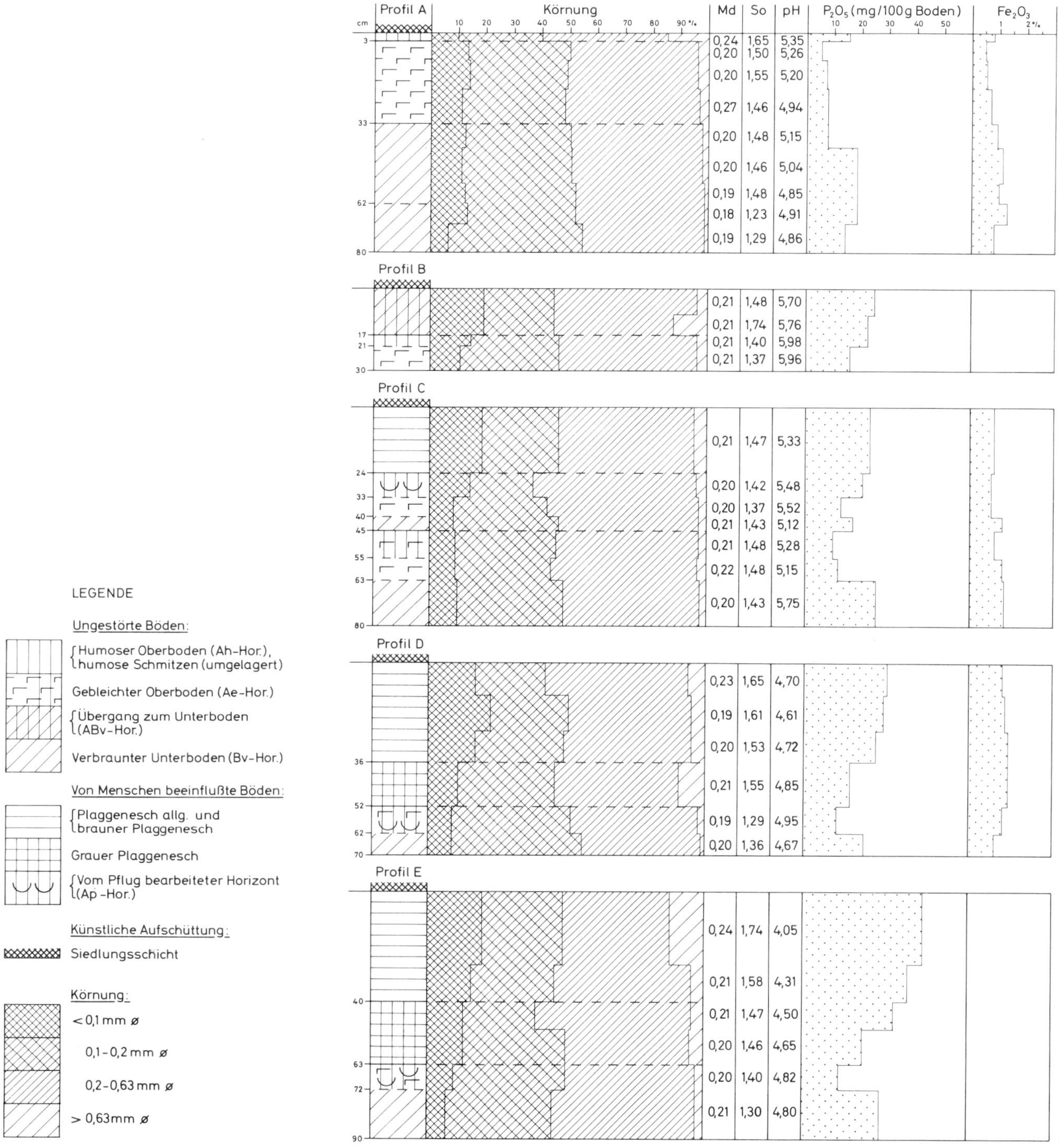

a

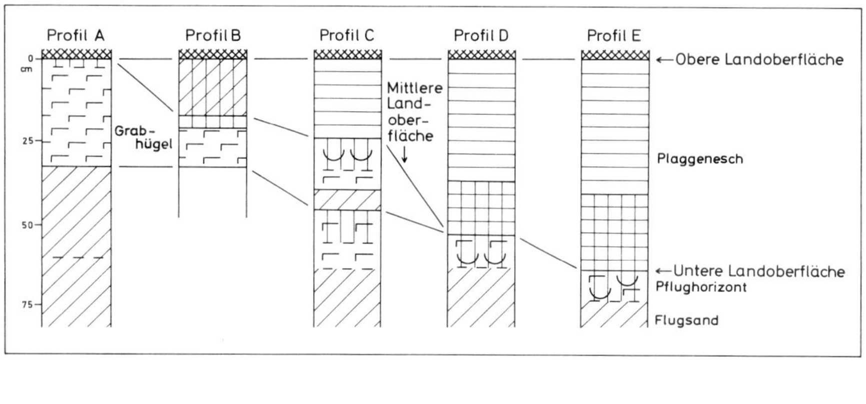

b

Abb. 2 Archsum-Melenknop. Bodenkundlicher Profilaufbau (B 11) (a) und Profilverknüpfung (b). Nach K. Brunnacker.

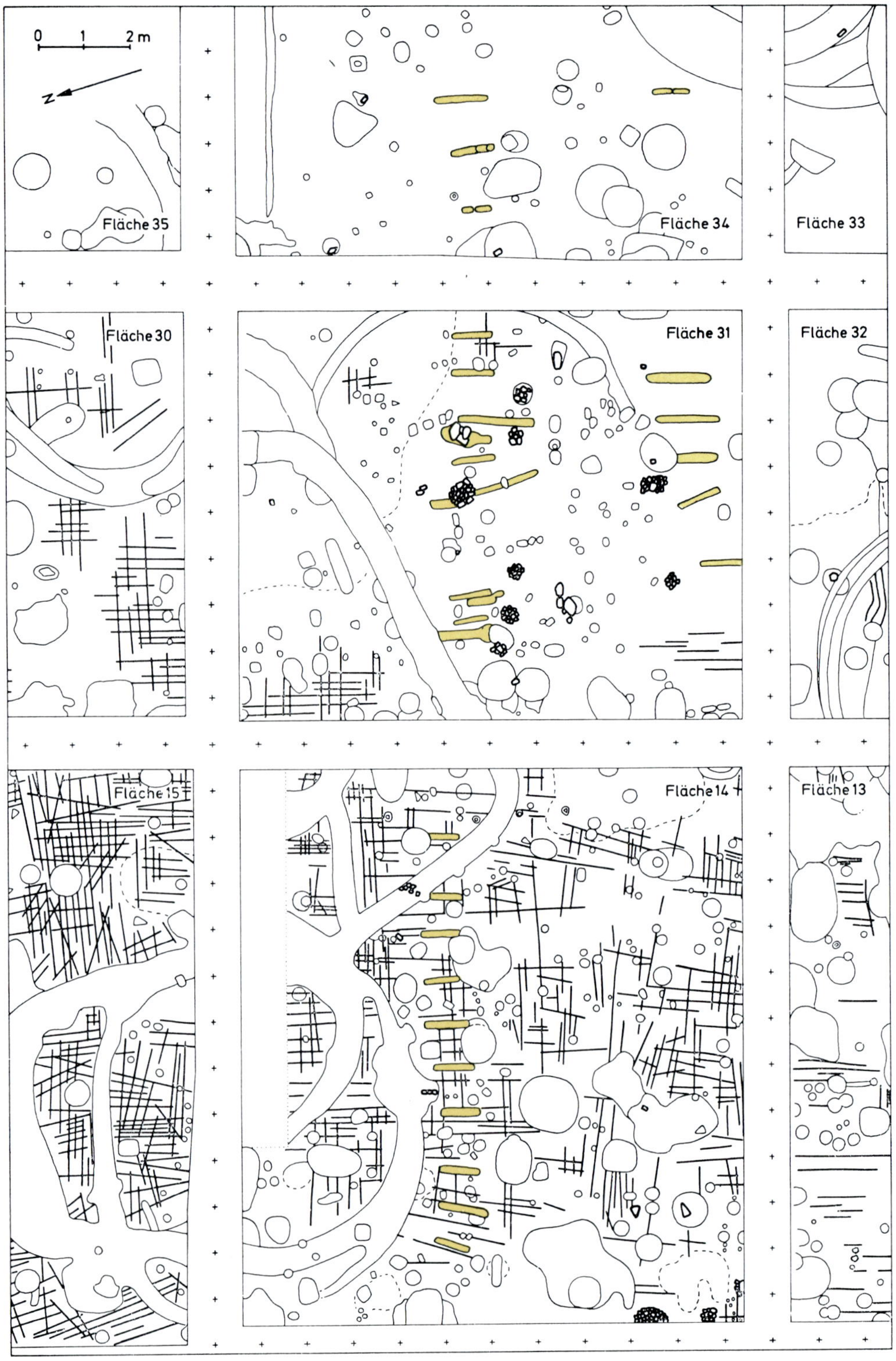

Abb. 3 Archsum-Melenknop, Fläche 13–15 und 30–35 (I Beil. 24). Ackerflur der älteren Bronzezeit mit Ardspuren und Baubefunden (Gruben, Pfosten, Gräbchen; gelb: Schwellgräbchen) aus der mittleren Bronzezeit. M. 1 : 150.

ren Alter weit in die vorrömische Eisenzeit zurückreicht, muß erstens anthropogen entstanden sein; sie hat ähnliche Eigenschaften wie Plaggenesch, ein Ackertypus, den wir bis zu den Entdeckungen in Archsum sicher datiert nur von hoch- und spätmittelalterlichen Fluren Nordwestdeutschlands kannten[3]. Der erhebliche Anteil an Diatomeen und das Verhältnis zwischen Medianwert und Sortierungsgrad der Körnung sprachen zweitens für einen Abbau der Plaggen in nächster Nähe der Siedlung und zwar in tiefliegenden und deshalb vernäßten Arealen des Geestkerns, die Brunnacker zwischen trokkenen Geestkuppen und in deren marschnahen Randbereichen als tiefgründig humose Gleye fand und auch kartierte (I 7 Abb. 6). Bezeichnenderweise fehlt dort jeder Bodenfund aus vor- und frühgeschichtlicher Zeit (I 192 f. Abb. 79–80) außer braungefärbtem Flintgerät in primärer Lage, die Färbung entstand durch Staunässe (I 50 ff.), Gerät, das sich im Auftragsboden des Melenknop mit gleichen Eigenschaften, aber sekundär gelagert wiederfand (I 54 Abb. 34, 1).

Diese pedologischen Einsichten entsprachen dem Forschungsstand in der Mitte der siebziger Jahre. Er ließ sich durch die Artenbestimmung der Pflanzengroßreste aus den Plaggenböden ergänzen; H. Kroll beschrieb sie in seiner mehrfach, aber etwas voreilig zitierten Kieler Dissertation 1975 und legt das Material nun in erweiterter Form noch einmal vor (s. S. 51 ff.). Das scheint uns notwendig, weil wir die archäologischen Befunde am Melenknop inzwischen abschließend untersuchten und sie durch Parallelen in zahlreichen Testschnitten und Flächengrabungen in der Umgebung des Wohnhügels (I 190) und auch außerhalb des Archsumer Geestkerns besser verstehen lernten. Wir trugen alle archäologischen Zeugnisse zusammen und sind jetzt in der Lage, einerseits die Technik der Bodenverbesserung durch Erdauftrag begründet beurteilen zu können, andererseits die Eigenschaften der Fluren näher zu beschreiben und der Frage nachzugehen, wie man sie eingeteilt und wie man sie bewirtschaftet hatte.

AUFTRAGSBÖDEN

Problematik

Bei nahezu allen archäologisch dokumentierten Aufschlüssen auf dem Archsumer Geestkern, dem kleinsten der Insel, fand sich unter der Pflugzone Humusboden wechselnder Mächtigkeit. Er fiel durch charakteristische Braunfärbung, fehlende Strukturierung und scheinbar homogene Zusammensetzung auf. Gelegentlich zeigte er Spuren einer früheren Bearbeitung (z. B. vom Ard), oder er enthielt Eingriffe aus späterer Bautätigkeit (z. B. Pfosten), die sich in den stratigraphisch folgenden Partien zu rekonstruierbaren Befunden zusammenfügen ließen. Weniger häufig kamen unter dem fossilen Boden Reste einer primären Oberfläche mit erhaltener Übergangszone zum pleistozänen Sand zum Vorschein.

Als wir den Wohnhügel Melenknop am Südwestrand der Archsumer Pleistozänhöhe zwischen 1963 und 1971 in einem Umfang von 10 800 Quadratmeter (90 : 120 m) flächig abdeckten, erfaßten wir sowohl Humusschichten aus der vorrömischen Eisenzeit als auch Teile einer tiefer gelegenen, älteren Oberfläche in unterschiedlicher Ausprägung.

Diese Möglichkeit stratigraphisch gesicherter Beobachtung hatten wir nur an dieser Stelle und an dem benachbarten Wohnhügel Firstklent (Fundstelle 86: I 192 Abb. 79), der durch einen Schnitt bis an den Kuppenrand erschlossen wurde. Bei der Archsumburg (Fundstelle 61: I 192 f.; Abb. 79–80) waren die ehemalige Oberfläche und die späteren, vor Baubeginn datierten Aufträge außerhalb des kaiserzeitlichen Wallkörpers schon in prähistorischer Zeit oder im Mittelalter zerstört worden, so daß sich nicht mehr ermitteln ließ, wo und wie die dem Wall vorausgehende Schichtfolge auslief[4]. Auch in Alt-Archsum (Fundstelle 30: I 193 Abb. 80) gelang uns dies nicht, obgleich der Bodenauftrag zwischen der primären Oberfläche und der wikingerzeitlichen Bebauung in den Profilen an vielen Stellen durchgehend in forma optima erhalten war[5]. Bei sämt-

[3] Brunnacker a.a.O. (Anm. 1) 404 ff.; H. Fastabend u. F. v. Raupach, Zur Kenntnis der Plaggenböden in Nordwestdeutschland. Geol. Jahrb. 78, 1961, 139 ff. Zum Plaggenesch von Dunum: K.-E. Behre in: G. Kossack, K.-E. Behre u. P. Schmid (Hrsg.), Archäologische und naturwissenschaftliche Untersuchungen an ländlichen und frühstädtischen Siedlungen im deutschen Küstengebiet vom 5. Jahrhundert v. Chr. bis zum 11. Jahrhundert n. Chr. Bd. 1, Ländliche Siedlungen (1984) 109 ff.; Schleswig-Holstein: A. Johannsen u. H.E. Stremme, Plaggenböden auf Föhr. Zeitschr. f. Pflanzenernährung u. Bodenkde. 65, 1954, 170 ff.; M. Deppenbrock u. O. Schroeder, Anthropogene Auftragsböden in Schleswig-Holstein. Mitt. Dt. Bodenkdl. Ges. 18, 1974, 381 ff.

[4] Kossack u. Harck, Grabungen in der Archsumburg auf Sylt. Germania 51, 1973, 477 ff.

[5] Kossack, Harck u. Reichstein a.a.O. (Anm. 2) 261 ff.

lichen anderen, wesentlich kleineren Grabungsflächen ließ sich in keinem Fall eine auslaufende Humusschicht unter oder oberhalb der Siedlungsstrate detailliert verfolgen und fixieren, wie sie sich mit Schuttlagen und Siedlungsbefunden verzahnte. Deshalb stehen die stratigraphischen Verhältnisse am Melenknop im Mittelpunkt der Untersuchung. Sie soll die Auftragsböden differenzieren, sie gegen ältere beackerte Straten abgrenzen und die Pflanzeninhalte, die H. Kroll analysiert hat (s. S. 110 ff.), datieren. Die botanische Analyse antwortet ihrerseits auf die Frage nach der Herkunft des aufgetragenen Bodens und ergänzt auf diese Weise den geologischen Befund. Sie leistet über diese Spezialfrage hinaus einen selbständigen Beitrag zur Kenntnis der Acker- und Weidewirtschaft in vor- und frühgeschichtlicher Zeit. Die archäologische Beschreibung der spätneolithischen und bronzezeitlichen Ardfluren wird dagegen demjenigen Band der Publikationsreihe vorbehalten bleiben, der diesen Zeitaltern gewidmet ist.

Melenknop

Vorbemerkungen

Vergleicht man das pleistozäne Relief *(Abb. 1)* mit der Hügeloberfläche im ersten Grabungsjahr 1963 (I Beil. 23), ergibt sich eine Verschiebung der heutigen Hügelkuppe um rund 9,0 m in nordwestlicher Richtung. Nach der dichten Isohypsenfolge in der Vermessung des Jahres 1963 zu urteilen, veränderte der künstliche Auftrag auch die Böschungsneigung zwischen Kuppe und Hügelfuß gegenüber der Situation vor Beginn der Besiedlung. Während das pleistozäne Relief auf einer 45 m langen Strecke von etwa 1,90 m NN auf etwa 3,10 m NN ansteigt (ca. 1,5°), erreichte die Hügelneigung Anfang der sechziger Jahre unseres Jahrhunderts auf einer vergleichbaren Entfernung immerhin 3°, wobei der Hügelfuß bei 2,90 m und die Kuppe bei 5,30 m NN gemessen wurden. Die Aufhöhung besteht größtenteils aus dicken Lagen kaiserzeitlichen Siedlungsschutts. Sie bedeckten in vertikaler Folge von unten nach oben eine hellgraue, mischbodenähnliche Übergangszone zum Pleistozän mit Funden des Neolithikums (»untere Landoberfläche« nach Brunnacker), ferner eine dunkelbraun bis schwarz gefärbte mittelbronzezeitliche Bodenbildung (»mittlere Landoberfläche«) und schließlich ein homogenes braunes Humuspaket unterschiedlicher Mächtigkeit aus den Jahrhunderten vor Chr. Geb. (»obere Landoberfläche«) *(Abb. 4,a.b)*. Dank der Konservierung durch jüngere Siedlungsreste blieben die unteren Lagen weitgehend bis in die heutige Zeit ungestört, wenigstens im Zentrum des Wohnhügels, wo überall die »mittlere Landoberfläche« erhalten blieb. Fehlt sie wie im Süden und im Osten des Hügels *(Abb. 4,c)*, dürfte der höherliegende Auftrag ursprünglich so geringmächtig gewesen sein, daß die älteren Schichten in die vor- und frühgeschichtliche oder moderne Feldbestellung einbezogen und umgewandelt wurden *(Abb. 5)*. Eine Beobachtung in der Randzone unterstützt diese Deutung: Die dunkle, tiefbraun gefärbte Schicht dünnt hier aus und verschwindet schließlich gänzlich *(Abb. 6)*.

Stratigraphie

Anhand von zwei umgezeichneten und zum Teil schematisch dargestellten Schnitten durch den Siedlungshügel Melenknop, das Nord-Süd-Profil 3 *(Beil. 25)* und das Ost-West-Profil 52 (Lage: I Beil. 24), läßt sich der Aufbau der unteren vorkaiserzeitlichen Schichten im Überblick ausreichend beschreiben *(Abb. 7–8)*. In beiden Profilen findet sich im Bereich der Pleistozänkuppe eine untere graue Sandschicht teils als gleichmäßige, durchschnittlich 0,10 m mächtige Strate, teils aber auch als Füllmaterial von Gruben mit Tiefen bis 0,60 m (a). Im Nord-Süd-Profil 3 ließ sie sich in drei Abschnitten von 7 m, 10 m und 11,5 m Länge verfolgen *(Abb. 7)*; im Ost-West-Profil 52 *(Abb. 8)* erschien sie östlich des von A. Bantelmann 1939 angelegten Suchschnitts (I Beil. 23) ungestört in einer Länge von 23 m; westlich des Einschnittes behinderten dagegen tiefe Gruben jüngerer, aber prähistorischer Zeitstellung die Befundaufnahme. Aus den senkrecht von Norden auf diese Wand stehenden Profilsockeln (2, 3 und 15) *(Abb. 4,a.b* und I Beil. 24) ging allerdings hervor, daß in diesem Teil des Hügels nur wenige Reste der Grausandlage erhalten waren, während sie in den südlich anschließenden Profilen wieder deutlich hervortraten.

Große Bedeutung für die Schichtbeurteilung dürfte dem Streckenabschnitt zwischen 32 und 38 m Nord-Süd des Profils 3 *(Abb. 7)* zukommen. Hier fand sich direkt auf dem Pleistozän der Ausläufer einer Kochsteinlage (c), deren Kern sich als Deckschicht über einem zentral gelegenen, stark demolierten Grabhügel (b) der frühen Bronzezeit erwies *(Abb. 1)*. Die Stratigraphie im Umfeld des zerstörten Grabhügels zeigte, daß unter dem aus Sand errichteten Tumulus keine primäre Oberfläche (a) erhalten war; sie dürfte, nach dem Befund zu urteilen, vor der Aufschüttung entfernt worden sein. Dagegen gelang es in einigen Profilen (z.B. 15 bei 34 u. 44 m Nord-Süd), eine Grausandlage von 0,10 m Mächtigkeit im oberen Bereich des Hügelrestes zu erkennen, die von der tiefschwarzen, mit zerschlagenem Granitgrus angereicherten Kochsteinschicht (c) überlagert wurde. Diese zweite Grausandlage ließe sich als Rest einer Bodenbildung nach der Hügelzerstörung erklären. Unklar bliebe

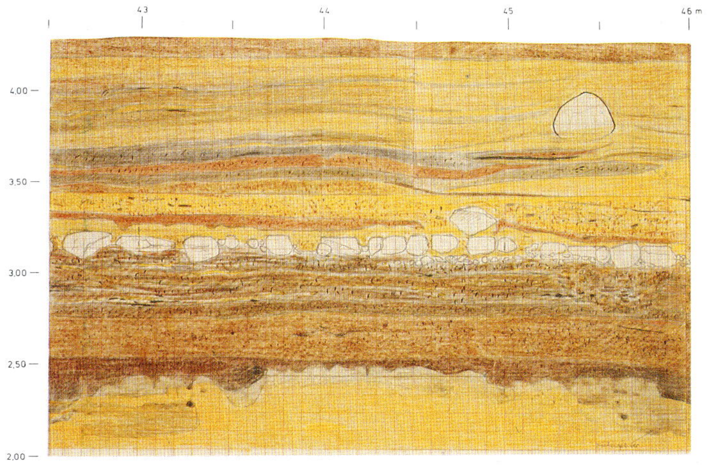

a

b

c

Abb. 4 Archsum-Melenknop, Fläche 2, Profil 2 (a); Fläche 18, Profil 15 (b); Fläche 30, Profil 33 (c). (Lage: I Beil. 24).

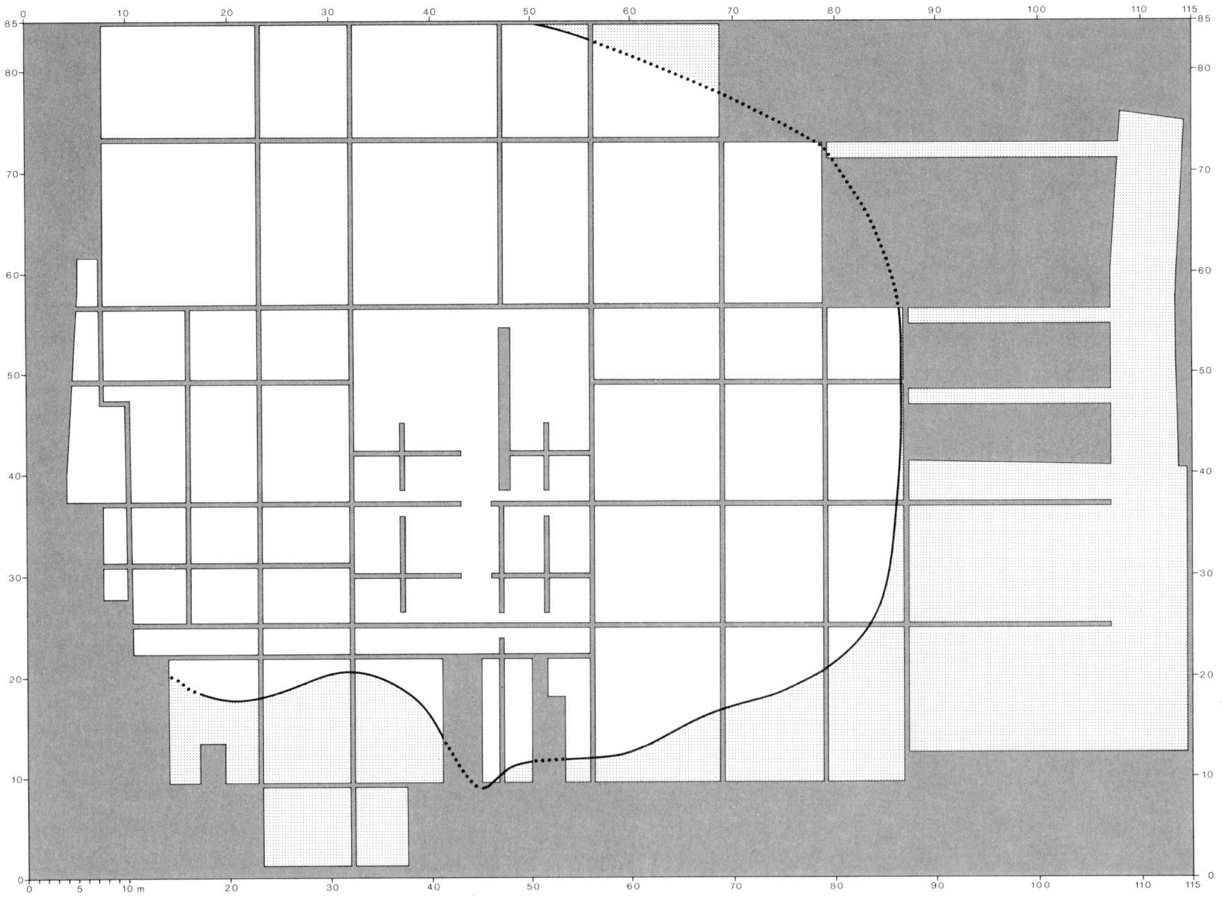

Abb. 5 Archsum-Melenknop. Begrenzung der bronzezeitlichen Oberfläche. M. 1 : 750.

dann, wie sie von dem primären, bis an den Tumulusfuß heranreichenden Grausand (a) zu trennen ist, der als die gekappte untere Strate der frühen, unter dem Hügel fehlenden »unteren Landoberfläche« gedeutet worden ist. Die Frage erscheint deshalb so wichtig, weil die ältesten Ardspuren im Flächenbefund des Melenknop dieser Schicht (a) zugeordnet werden müssen: In Fläche 15 (I Beil. 24) fanden sich Bündel von Ardkritzen dicht am Südprofil 33 und zwar 0,03–0,04 m unterhalb der ersten Grausandlage, die hier eine Mächtigkeit von 0,15–0,18 m aufwies *(Abb. 3)*, womit die Unterkante des tiefbraun-schwarzen, mittelbronzezeitlichen Auftrages (e) rund 0,20 m höher als die im Planum vorgefundenen Ardspuren gelegen war. Würde man allerdings die Ardkritzen in Fläche 15 dieser mittelbronzezeitlichen Schicht zuordnen, dann hätte der primitive Ard nicht nur diesen Auftragsboden von 0,12 m Dicke, sondern auch die darunter befindliche Grausanddecke von rund 0,20 m Stärke durchziehen müssen, um eine Spur im pleistozänen Sand zu hinterlassen. Eine derartige Bodenbewegung ist wohl kaum denkbar. Befunde von Ardkritzen im Westbereich der auslaufenden Kochsteinschicht (c) belegen, daß auch der tiefbraunschwarze mittelbronzezeitliche Auftrag als Pflugland Verwendung fand. Die Spuren gehörten nach dem stratigraphischen Befund somit bereits einer zweiten Bepflügungsphase an.

Für die Stratigraphie von Profil 3 *(Abb. 7)* zwischen 32 und 38 m Nord-Süd zeigt sich daher folgende, im Detail hier nicht darstellbare Situation: Die älteste Schicht, in *Abb. 7* mit a bezeichnet, stellt den Rest einer gekappten primären Oberfläche dar, die durch zahlreiche Gruben, Pfosten und Verfärbungen in den Profil- und Flächenbefunden und spätneolithischen Fundinhalt (Dolchbruchstücke, Pfeilspitzen, Klingen, Geräte, Keramik) als Kulturschicht hervorgehoben wird (»untere Landoberfläche« Brunnackers). Im Bereich des Grabhügels ist sie vor Anlage des Tumulus während der Frühbronzezeit, aus der das oben S. 6 erwähnte Grab mit Bronzeresten und Flintdolch vorliegt, abgetragen worden. Zu irgendeinem Zeitpunkt, vermutlich während oder nach Errichtung des Grabhügels, als die Siedlungsphase des Neolithikums beendet war, ist dieser Boden gepflügt worden. Der im vorliegenden Profil

a

b

Abb. 6 Archsum-Melenknop. Ausschnitte aus den Profilen 54, Fläche 18 (a), und 47, Fläche 22 West (b). (Lage: I Beil. 24).

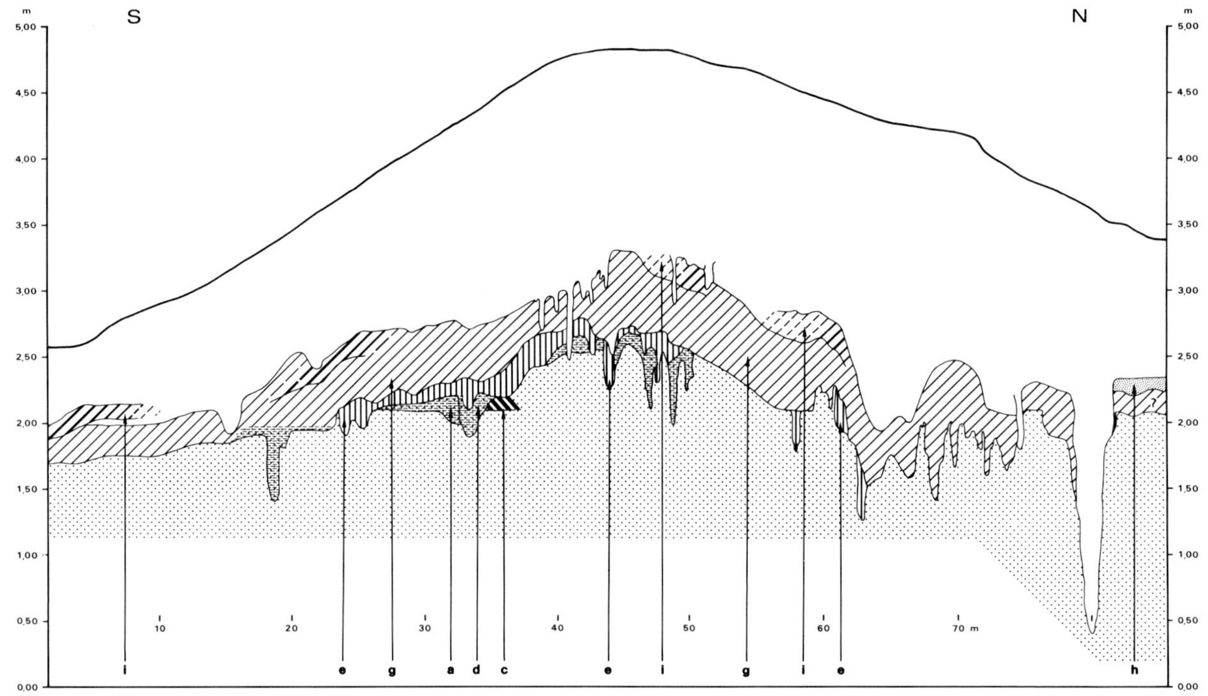

Abb. 7 Archsum-Melenknop, Profil 3 in den Flächen IX, IV, 11, 42, 40, 19 und 24 (Lage: I Beil. 24), stark überhöht.

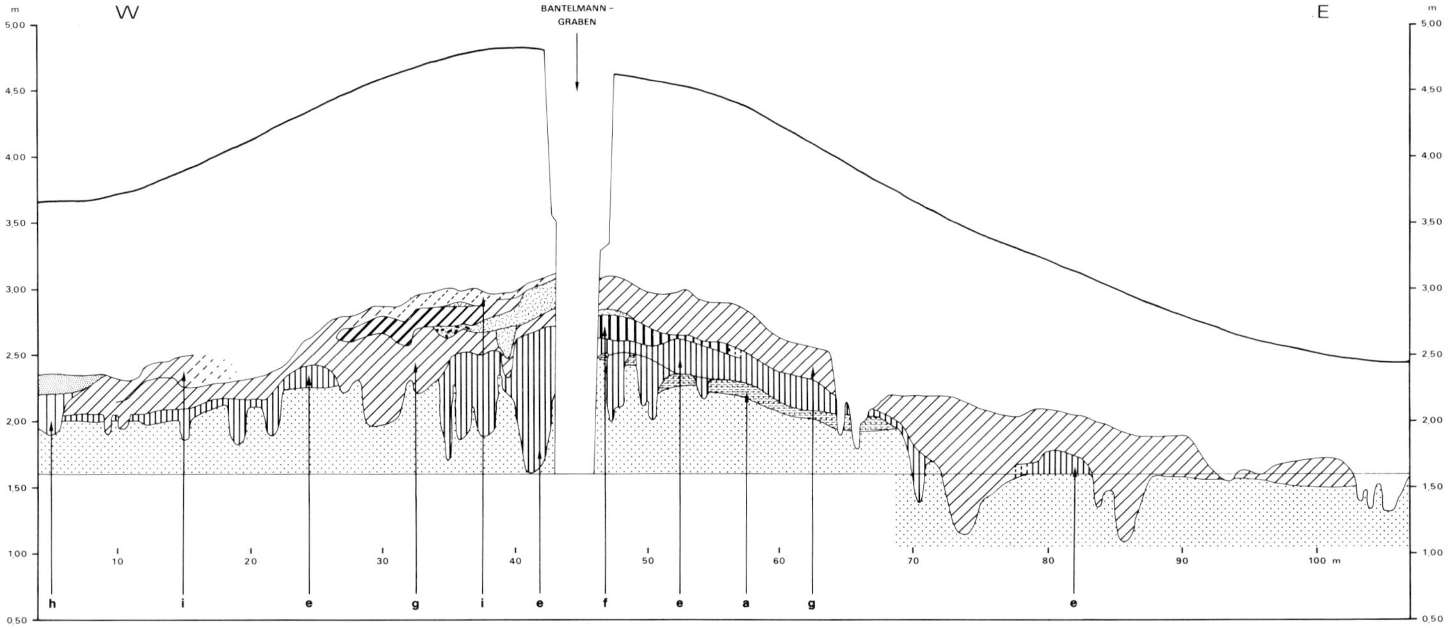

Abb. 8 Archsum-Melenknop, Profil 52 in den Flächen 1, 5, 40, 41, 16, 29, 36 und 39 (Lage: I Beil. 24), stark überhöht.

nicht als Schicht erkennbare und deshalb auch nicht eingetragene Grabhügel wäre die zweite (b), die Kochsteindecke (c) eine dritte Schicht auf dem Melenknop. Jünger als Schicht a und vermutlich ebenfalls jünger als Schicht c dürfte die Grube d einzustufen sein. Dieser Befund zeigt somit, daß es auf dem Melenknop auch nach Auftrag der Kochsteinlage wirtschaftliches Leben gegeben hat. Die Maßnahmen datieren in die Zeit, bevor der tiefbraun-schwarze Humusboden (e) aufgebracht wurde. Hieraus ergibt sich für den botanischen Befund, daß sämtliche Proben in *Beil. 1* der Arbeit Krolls in die spätneolithisch-frühbronzezeitliche Phase gehören; das gleiche gilt für Probe 46 in *Beil. 2* (s. S. 55).

Die zweite archäologisch datierte Pflugtätigkeit unter den Wohnhügelschichten des Melenknop wird durch Ardkritzen in der Kochsteinschicht der Flächen 6 und 7 nachgewiesen. Sie stammen ohne Zweifel von dem tiefbraun-schwarz gefärbten Auftragsboden (e), der durch zahlreich geborgene mittelbronzezeitliche Keramik zeitlich bestimmt wird. Zu dieser Schicht gehören in Profilen und Flächen nachgewiesene Kreisgräben, Gruben, Pfosten, Schwellen und weitere Verfärbungen, die sowohl auf Holzgebäude als auch auf Ackerbau hinweisen *(Abb. 3).* Aus Flächenbefunden im Ostteil des Melenknop geht hervor, daß die Bauten jünger als die Ackertätigkeit einzustufen sind: Die Ackerwirtschaft wurde auf dem Melenknop auch nach Auftrag sowohl der Kochsteindecke (c) als auch der tiefbraun-schwarzen Schicht (e) zunächst beibehalten und erst später von einer Siedlung abgelöst. Weitere Hinweise auf diese Abfolge erbrachten die erwähnten Ardspuren in der Kochsteinlage der Flächen 6 und 7 (I Beil. 24) und ein Befund in Fläche 31 *(Abb. 3),* der eine ungestörte, einem Lehmestrich ähnliche Schuttlage mit Brandresten und großen verkohlten Holzteilen von 3 m Länge und 1 m Breite enthielt. Sie gehört offenkundig zu einem Dielenrest eines Hauses, dessen Pfosten im pleistozänen Sand der Fläche zahlreich hervortreten. Aus den dargestellten Profilen 3 und 52 *(Abb. 7–8)* geht außerdem hervor, daß der mittelbronzezeitliche Auftragsboden (e) über weite Teile des Hügels als gleichmäßig mächtige Schicht erhalten war, nur gelegentlich durch Gruben oder durch andere Eintiefungen unterbrochen. Eine Unterteilung dieses Auftragspaketes in Einzelstraten ist hin und wieder möglich, so in Profil 52 *(Abb. 8)* östlich des von Bantelmann angelegten Suchgrabens (f). In den meisten Aufschlüssen war lediglich ein scheinbar homogener Auftrag anzutreffen. Sein Inhalt an pflanzlicher Substanz geht aus *Beil. 2* in der Arbeit Krolls hervor, die bis auf Probe 46 ausschließlich Fundmaterial aus dem Auftrag (e) aufweist (s. S. 55).

Eine dritte stratigraphisch nachgewiesene Ackerbauperiode auf dem Melenknop ließ sich anhand von Ardkritzen im Westen des Hügels belegen *(Abb. 7–8,* s. S. 12). Sie stammen von der Bewirtschaftung eines auf Schicht e befindlichen zweiten humosen Auftragsbodens von durchschnittlich 0,30 m Mächtigkeit (g), der sich als deutliches Band über den gesamten Hügel zog (»obere Landoberfläche« nach Brunnacker). Sein Fundinhalt zeigte einerseits Keramik der älteren, mittleren und späten vorrömischen Eisenzeit, andererseits aber auch organisches Material wie Miesmuscheln in ganzen Bänken sowie Knochen. An der Randzone dieser Schicht gab es in zunehmendem Maße Hinweise auf eine Versandung des Bodens, belegt durch stellenweise erhaltene deutliche Sandstreifen (h). Sie entstanden entweder durch Abtrag von Rieselmaterial der Kuppe, dies gilt vor allem für Befunde an der Wetterseite, oder durch Einwehung in geschützter Lage. Bemerkenswert ist der in fast sämtlichen Profilen beobachtete scharfe Grenzhorizont am Übergang von dem tiefbraunschwarzen Liegenden (e) und dem humusbraun gefärbten Hangenden (g), der nur durch umfangreiche Gruben und Gräbchen unterbrochen wird. Eine ähnlich deutliche Begrenzung zwischen der mittelbronzezeitlichen Schicht (e) und dem darunter befindlichen Grausand (a) ist dagegen wesentlich seltener vorhanden. Belege für eine Siedeltätigkeit auf dem Melenknop zur Zeit des Auftrages von humusbraunem Boden (g) fehlen. Die Herkunft dieses Erdreiches ist unbekannt und kann nur annähernd durch botanische, bodenkundliche und archäologische Analysen bestimmt werden. Die in *Beil. 3* der Arbeit von Kroll ausgewerteten Proben (s. S. 55) stammen sämtlich aus diesem jüngsten Auftrag (g).

In einigen Profilen konnte eine Zweiteilung des Humuspaketes deutlich anhand der Färbung, erkennbarer Schichtgrenzen oder Sandinhalte festgestellt werden (z. B. *Abb. 7* Profil 3 von 20–30 m Nord-Süd). In anderen Aufschlüssen *(Abb. 7–8)* fanden sich auf den Humuslagen (g) weitgehend homogenisierte Kulturschichten (i), die insbesondere im Randbereich des Hügels ihre Substanz als Siedlungsschicht verloren hatten, indem sie allmählich, zunächst charakterisiert durch Schuttpartikelchen, später belegt durch erkennbare Kleibeimengungen, in reine Humuslagen übergingen (Profil 3: 2–10. 47–52. 56–62 m, Profil 52: 16–20. 26–40 m). Diese Straten, die durch Baubefunde datiert werden können, enthielten vor allem Scherben der späten vorrömischen Eisenzeit und der frühen Kaiserzeit. Ihr botanischer Befund ist in den *Beil. 3–5* dargestellt (s. S. 55 f.).

Archäologische Detailanalysen

Die älteren Bodenbildungen und Erdaufträge ließen sich vor allem im westlichen Randbereich des Wohnhügels differenzieren; dabei begünstigte uns einerseits die im Südprofil (33) von Fläche 2 West (I Beil. 24) erkennbare Gliederung der Einzelschichten in sanddurchwehte und stark humose Lagen *(Abb. 9)*, andererseits bot auch der Umstand Vorteile, daß wir diesen Bereich als letzten überhaupt untersuchten und daher auf die Erfahrungen der vorhergehenden Jahre bauen konnten. Im Mittelfeld der Fläche 2 West (41–45 m Nord-Süd; 7–11,5 m Ost-West) wurde der Boden von der Unterkante der eisenzeitlichen Schuttschicht bei 2,60 m NN bis zum pleistozänen Sand (2,15 m NN) in drei Straten abgetragen und durchsiebt, um die Fundeinschlüsse möglichst vollständig und in allen Größenklassen erfassen zu können. Als Maß verwendeten wir bei den Tonscherben, die wir dabei gewannen, deren Durchschnittsgewicht. Wir erwarteten nämlich, daß sich zwischen denjenigen Scherben, welche die wiederholte Beackerung mehrfach zerbrach und beschädigte, und den Gefäßteilen, die sich in primärer Lagerstätte fanden, markante Gewichtsunterschiede ergeben müßten.

Wir wählten diese Fläche für eine Detailuntersuchung, weil die untere Schichtfolge in Profil 22 *(Abb. 10)*, das die Fläche 2 West im Osten begrenzte (Lage: I Beil. 24), stratigraphisch verhältnismäßig einfach aufgebaut ist. Von der ursprünglichen, als gekappter Boden überlieferten Bedeckung (a) auf pleistozänem Sand waren nur noch hellgrau gefärbte Reste von 10 cm Dicke erhalten, in die man Pfosten und Gruben eingetieft hatte. Darüber folgte eine weitgehend homogen erscheinende Braunerde (Schicht g), die von einer mit Schutt und Holzkohle durchsetzten Strate aus der ältesten eisenzeitlichen Siedlung, Schicht i, überlagert wurde. Eine Hausruine mit Kleimauern und eingetieften, tragenden Pfosten bedeckte anschließend die Humuslagen.

Im Süden von Fläche 2 West, rund 3,50 m vom ausgeschlämmten Erdreich entfernt, ergab sich kurz vor Abschluß der Untersuchungen auf dem Melenknop die Möglichkeit, den Schichtaufbau im Profil 33 *(Abb. 9)* unter noch günstigeren Bedingungen zu prüfen und die anhand von Profil 22 beschriebene Schichtfolge zu untergliedern und inhaltlich genauer zu differenzieren: Die primäre, gekappte Oberfläche trat wieder als älteste Schicht hervor; auf dem pleistozänen Sand lag zwischen 8 und 10,5 m Ost-West ein Grausand mit Gruben und Eintiefungen unbekannter Funktion (Schicht a), hierüber ein tiefbraun-schwarzer, 0,08–0,10 m mächtiger Boden, der die darunterliegenden Verfärbungen völlig bedeckte. Diese Schicht ist mit dem oben als »mittelbronzezeitlicher Auftrag« bezeichneten Boden (e) identisch. Wahrscheinlich gehören die im pleistozänen Sand vorgefundenen Ardkritzen zu einer Bepflügung dieser oberen Schicht e, da die im Planum dokumentierten Spuren Verfärbungen mit Grausandfüllung überzogen und sich außerdem auch in der Westhälfte der Fläche erhalten hatten, in der die Grausandstrate in den Profilen nicht mehr vorhanden war und die tiefbraunschwarze Schicht nur eine Mächtigkeit von 0,05 m aufwies. Die folgende sandig-humose, 0,12 m messende Lage g 1 schien, nach dem Befund in Schicht e des Planums 12 zu urteilen, ebenfalls durch Pflugtätigkeit sowohl in Nord-Süd- als auch in Ost-West-Richtung bearbeitet worden zu sein. Zahlreiche, mit hellem Sand gefüllte Ardkritzen an der Oberfläche des tiefschwarzen Liegenden e bezeugten eindrucksvoll den Ackerbau zur Zeit des zweiten Auftrags *(Abb. 11)*. Eine weitere Maßnahme höhte den Melenknop um weitere 10 cm auf und zwar mit Humusmaterial (Schicht g 2), das schließlich von einer dritten, 8 cm mächtigen, sandig-humosen Schicht bedeckt wurde (Schicht g 3). Ob die Versandung der jüngsten Schicht g 3 ebenfalls auf den Pflug zurückgeht, wie bei der tieferen Strate g 1 beobachtet, ließ sich archäologisch nicht belegen. Das aus den drei Einzellagen bestehende Schichtpaket g korrespondiert mit dem in Profil 22 beschriebenen homogenen Braunboden g, der durch ein deutliches schwarzes Band und darauf lagernden, nicht homogenisierten Schutt und Klei der frühesten eisenzeitlichen Bebauung begrenzt wurde (i). Eine Durchsicht der Photoaufnahmen von Profil 22 ergab, daß auch hier eine schwach ausgebildete Schicht e zwischen a und g vorhanden war, die bei der zeichnerischen Dokumentation nicht berücksichtigt wurde. Die beschriebene Schichtenfolge in Profil 33 ließ sich auf einer Strecke von 4 m belegen (zwischen 6 und 10 m Ost-West). Ihre Unterkante lag zwischen 2,25 und 2,30 m NN, die Oberkante bei rund 2,55 m NN.

Der Flächenbefund im Bereich zwischen 2,60 und ca. 2,50 m NN, den wir für die Siebung des Bodens vorgesehen hatten, wies nur wenige verunreinigende Verfärbungen auf, so daß spätere Eingriffe, die sich in ihnen abzeichnen, die Zusammensetzung der Fundeinschlüsse nur in geringem Umfang beeinflußt haben dürften. In Planum 11 (2,50 m NN) fanden wir, wie erwähnt, nur tragende Pfosten des eisenzeitlichen Gebäudes darüber (vgl. Profil 22: *Abb. 10*). Die Pfostengruben enthielten kleiigen Boden, der sich deutlich vom Humus der Fläche unterschied. Allerdings kennzeichnete den für die Siebaktion vorbereiteten Quadranten eine dichte Streuung von Kohleeinschlüssen, die nur von der unteren Lage der homogenisierten Schicht i über dem Braunboden g im Profil 22 stammen kann. Deshalb war zu erwarten, daß die obere »Siebschicht« von 2,60–2,50 m NN zahlreiche Scherben der frühen Kaiserzeit enthalten

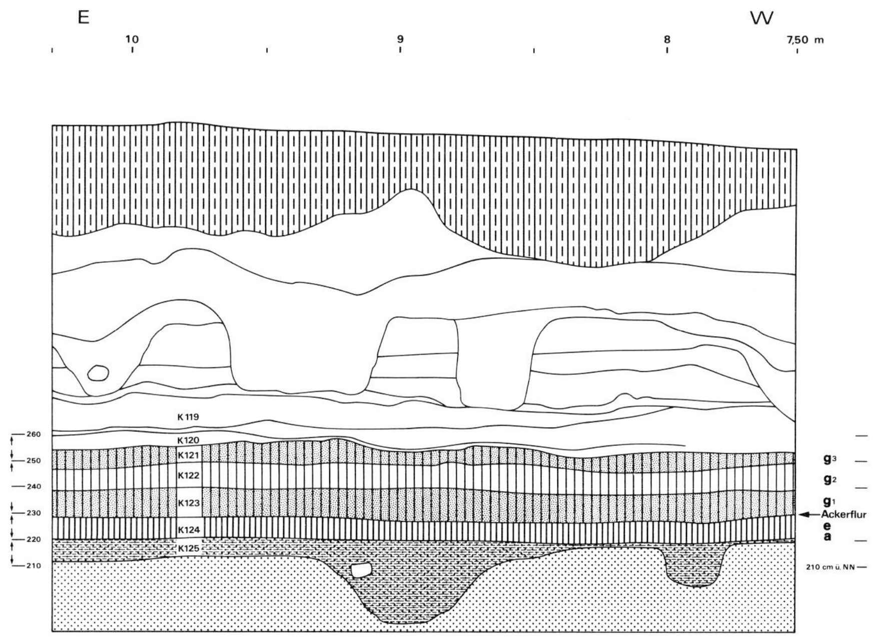

Abb. 9 Archsum-Melenknop, Profil 33 in Fläche 2 West (Lage: I Beil. 24).

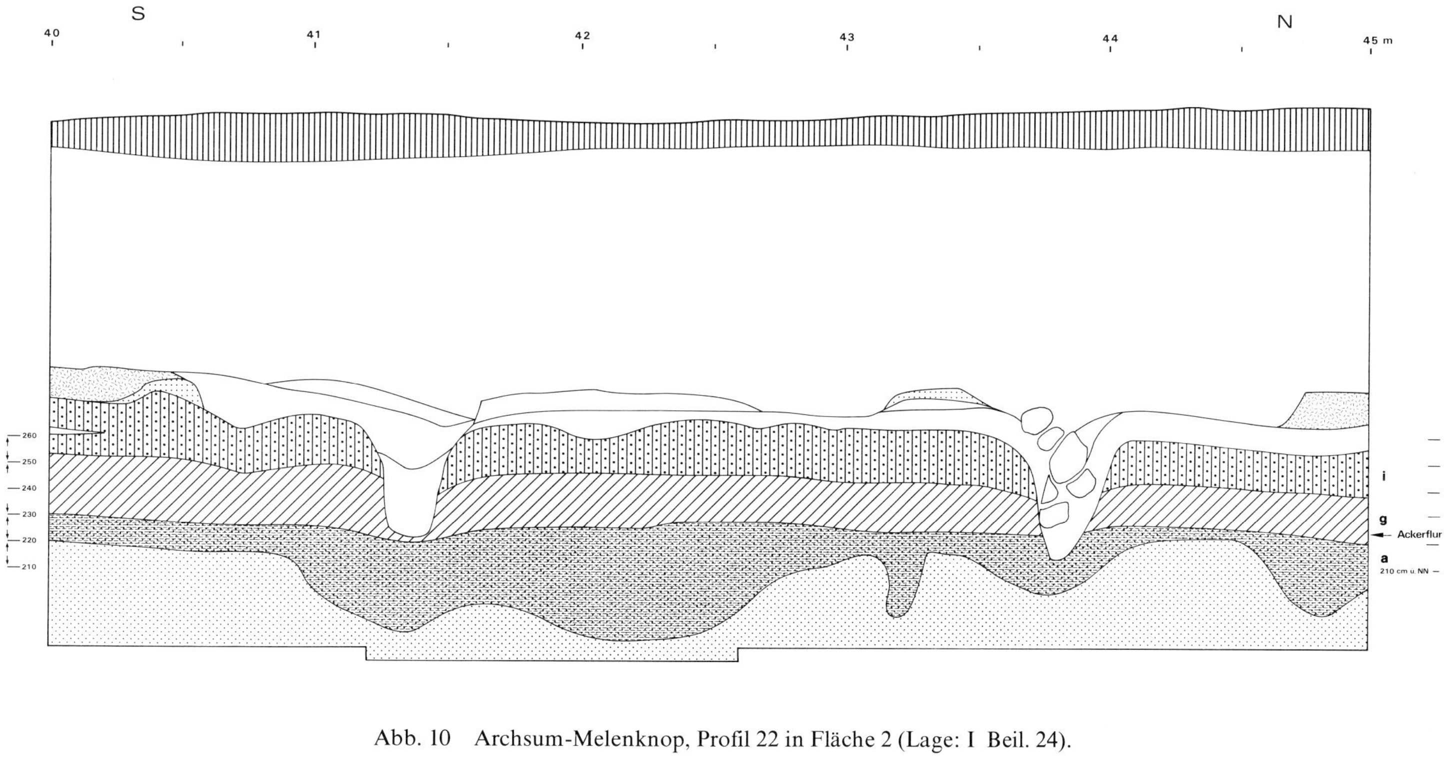

Abb. 10 Archsum-Melenknop, Profil 22 in Fläche 2 (Lage: I Beil. 24).

würde. An der Oberfläche des tiefschwarzgefärbten mittelbronzezeitlichen Auftrages e, 20 cm unter Planum 11, trafen wir die erwähnten Ardspuren *(Abb. 11)* an, im untersten Planum 13–14 (ca. 2,15 m NN) die schon bei der Profilbeschreibung genannten, von der tiefbraunen Schicht e ausgehenden Ardkritzen, ferner grausandgefüllte Gruben (a) und schließlich Pfostengruben in pleistozänem Boden. Die Ardkritzen der Schicht e belegen mehrfaches Pflügen in unterschiedlichen Richtungen, drei von Ost nach West und zwei von Nord nach Süd.

Die für die Siebanalyse vorgesehenen Quadranten wurden in drei Straten abgetragen und die geborgene Keramik und die Flintartefakte schichtweise getrennt aufgehoben. Die obere durchschlämmte Schicht enthielt den über Planum 11 gelegenen Boden zwischen 2,60 und 2,50 m NN. Stratigraphisch gesehen umfaßte er Teile der homogenen Humusstrate g und vor allem die unteren Bereiche des homogenisierten Schutts aus der eisenzeitlichen Bebauung (i). Die folgende Schicht zwischen 2,50 und 2,30 m NN enthielt nahezu ausschließlich Braunboden aus der Zeit vor der Bebauung der späten vorrömischen Eisenzeit und frühen Kaiserzeit (g), während zur dritten durchgesiebten Strate der tiefschwarze Humus e und die primäre, nur als Grausand überlieferte Oberfläche gehörten (a). Darüber hinaus gelang es, in zwei der in den pleistozänen Untergrund eingetieften Verfärbungen mit Grausandfüllung (Schnitt 25 u. 30) weitere Scherben und Steinartefakte aufzulesen.

Die Bearbeitung des nach stratigraphischen Gesichtspunkten getrennten Materials aus Feld 1 erbrachte folgende Ergebnisse: In der Schicht zwischen 2,60 und 2,50 m NN fanden sich außer einem Reibstein 93 Scherben mit einem Gewicht von insgesamt 749 g (Durchschnitt 13,5 g), darunter drei Rand-, drei Bodenstücke und ein bandförmiges Henkelstück sowie ein Fragment eines Gefäßdeckels (*Abb. 12,1–13*, Fdnr. 805/1.2). Eine atypische Scherbe hatte eine schmale Rille als Verzierung *(Abb. 12,8)*. Zwei Ränder zeigen die verdickt-facettierte Formung der frühen Kaiserzeit; dies gilt vor allem für ein feingeglättetes Fragment eines kleinen schwarzen Topfes *(Abb. 12,1–2)*. Der dritte, ebenfalls schwarzgefärbte, gut geglättete Scherben dürfte vermutlich nur unwesentlich älter sein, weil der dünnwandige Rand kaum Verdickung, sondern lediglich Facettenbildung hat, wie sie bei Keramik aus der Zeit kurz vor Chr. Geb. vorkommt *(Abb. 12,3)*.

In die frühe oder mittlere vorrömische Eisenzeit ist demgegenüber ein Deckelrest mit flacher Oberseite und profiliertem Stöpselfalz zu datieren *(Abb. 12,9)*; die Scherbe erscheint im Gegensatz zu den anderen Funden stark gerundet, die Kanten geschliffen, so daß hier eine mehrfache Umlagerung anzunehmen ist[6]. Von den 85 weiteren, wenig aussagekräftigen Scherben ließen sich 13 Funde (15%) aussondern, die gerundete Formen und Kanten hatten.

Beim Durchsieben der folgenden Abtragsstrate zwischen 2,50 und 2,30 m NN kamen insgesamt 493 Keramikfragmente und sieben Abschläge zutage (*Abb. 12,14–66*, Fdnr. 807/15). Sie verteilen sich wie folgt: 39 Randstücke, zwei Umbruchfragmente, fünf Henkel, 13 Bodenreste und 434 schlichte Wandscherben. Das Gesamtgewicht der Keramik betrug 3.150 g, im Durchschnitt somit 6,4 g. Von den atypischen Scherben sind 103 stark gerundet und daher vermutlich mehrfach umgeschichtet worden (23,7%), die entsprechenden Zahlen bei den Boden- (46%), Umbruch- (50%), Henkel- (60%) und Randstücken (44%) bestätigen den markanten Anstieg umgelagerten Materials im Vergleich zum höheren Planum, das zum Teil aus mit Siedlungsschutt durchsetztem Boden stammte. Aus der Zusammensetzung des Scherbengutes geht hervor, daß die Keramik nach Magerung, Glättung und Brandqualität weitgehend einheitlich ist, im Gegensatz zu den Funden aus der unteren, älteren Strate, die sich auch anhand derartiger Kriterien gliedern lassen. Die Henkelbruchstücke stammen sämtlich von Bandhenkeln mit Weiten von 1,8 und 3,4 cm *(Abb. 12,53–57)*, bei den Bodenresten überwiegen einfache Formen ohne chronologisch verwertbare Details *(Abb. 12,58–66)*. Fünf Stücke gehören zur feineren Ware, darunter zwei Fragmente von dünnwandigen, schwarzpolierten Fußgefäßen der späten vorrömischen Eisenzeit oder der frühen Kaiserzeit *(Abb. 12,63–64)*. Die zahlreichen Mündungsscherben belegen verschiedene Varianten von Randformen. Am besten erhalten sind hartgebrannte Scherben mit einem nach außen geknickten, leicht verdickten Rand (Typ 1: neun, *Abb. 12,14–22*), die bemerkenswerterweise selten Ansätze einer Facettierung zeigen (zwei, *Abb. 12,23–24*). Dieses charakteristische Merkmal bei der Keramik aus der Zeit um Chr. Geb. findet man dagegen mehrfach auf schwarzen, dünnwandigen, fast trichterförmigen Formen (Typ 2: fünf, *Abb. 12,25–29*), die aber auch gerundet erscheinen, dann aber mit leicht verdickter, auslaufender (Typ 3: zwei *Abb. 12,30–31*) oder abgestrichener Lippenbildung (acht, *Abb. 12,32–39*) hervortreten. Stücke einer letzten Gruppe aus wenig aussagefähigen, überwiegend dünnwandigen Randfragmenten (Typ 4:

[6] Vgl. C.J. Becker, Førromersk jernalder i Syd- og Midtjylland (1961) Taf. 14,f; 60,b; 83,d.

Abb. 11 Archsum-Melenknop. Ardspuren im Auftragsboden der vorrömischen Eisenzeit.

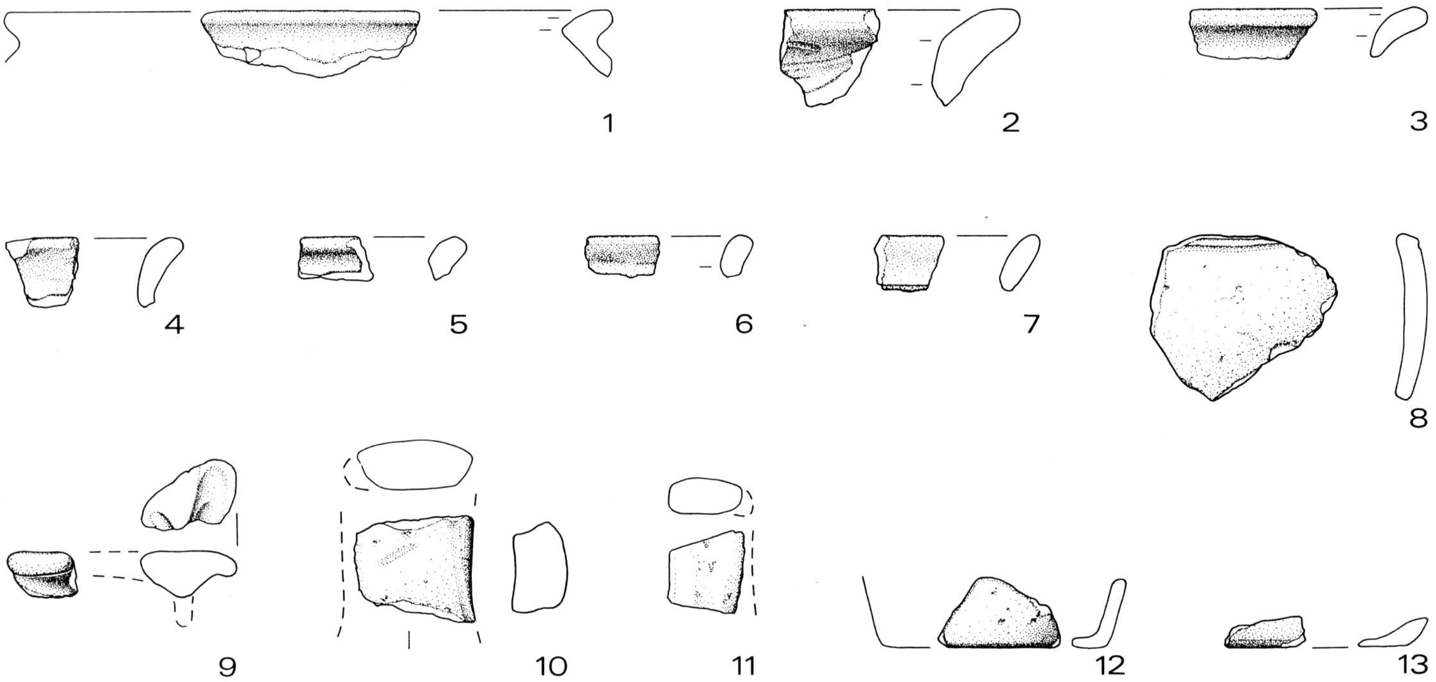

Tiefe 2,60 - 2,50 m NN

Tiefe 2,50 - 2,30 m NN

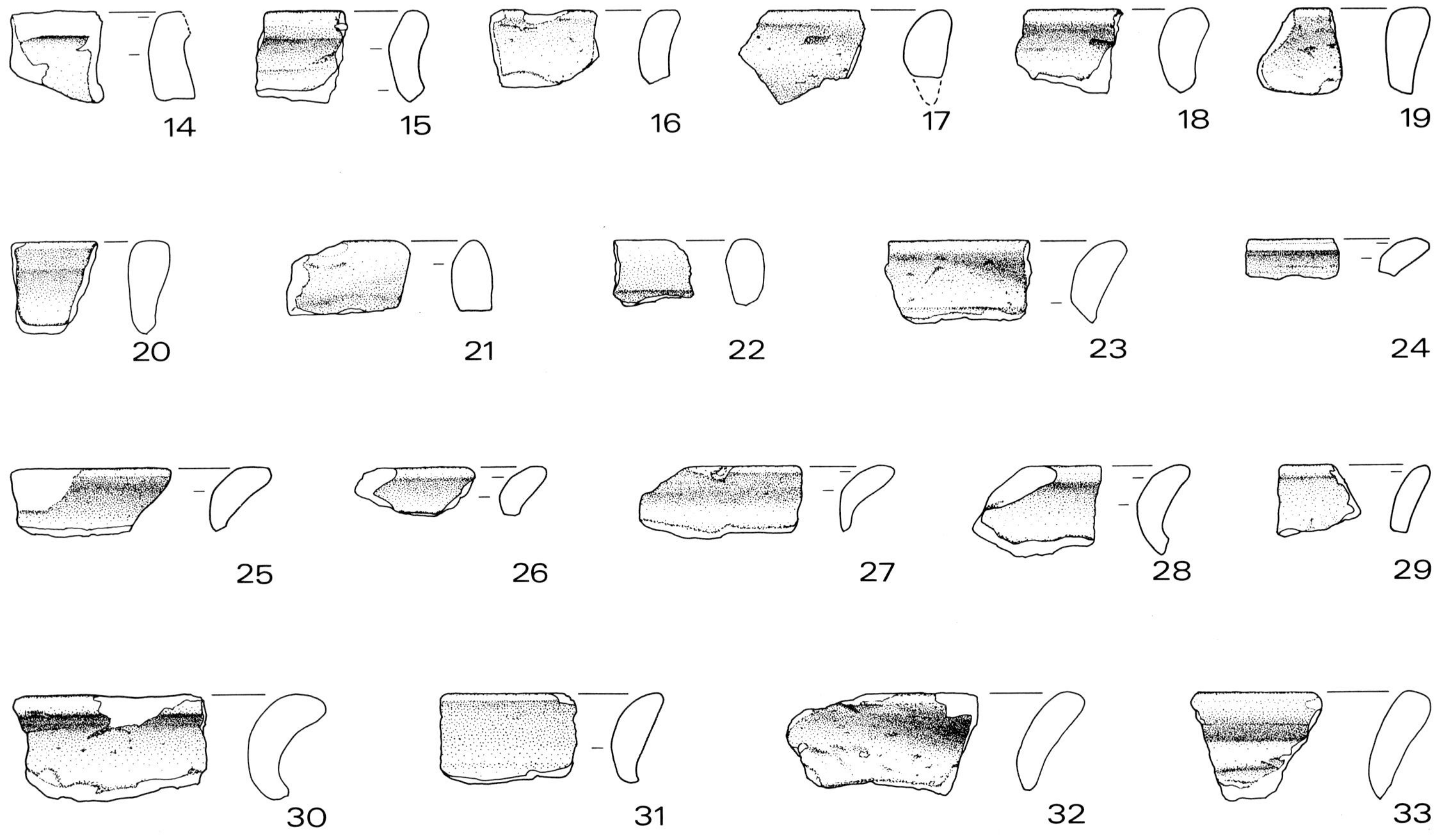

Abb. 12a Archsum-Melenknop. Geschlämmte Keramik aus Auftragsböden mit Angabe der auf den Meeresspiegel bezogenen Tiefen (Feld 1). M. 1 : 2.

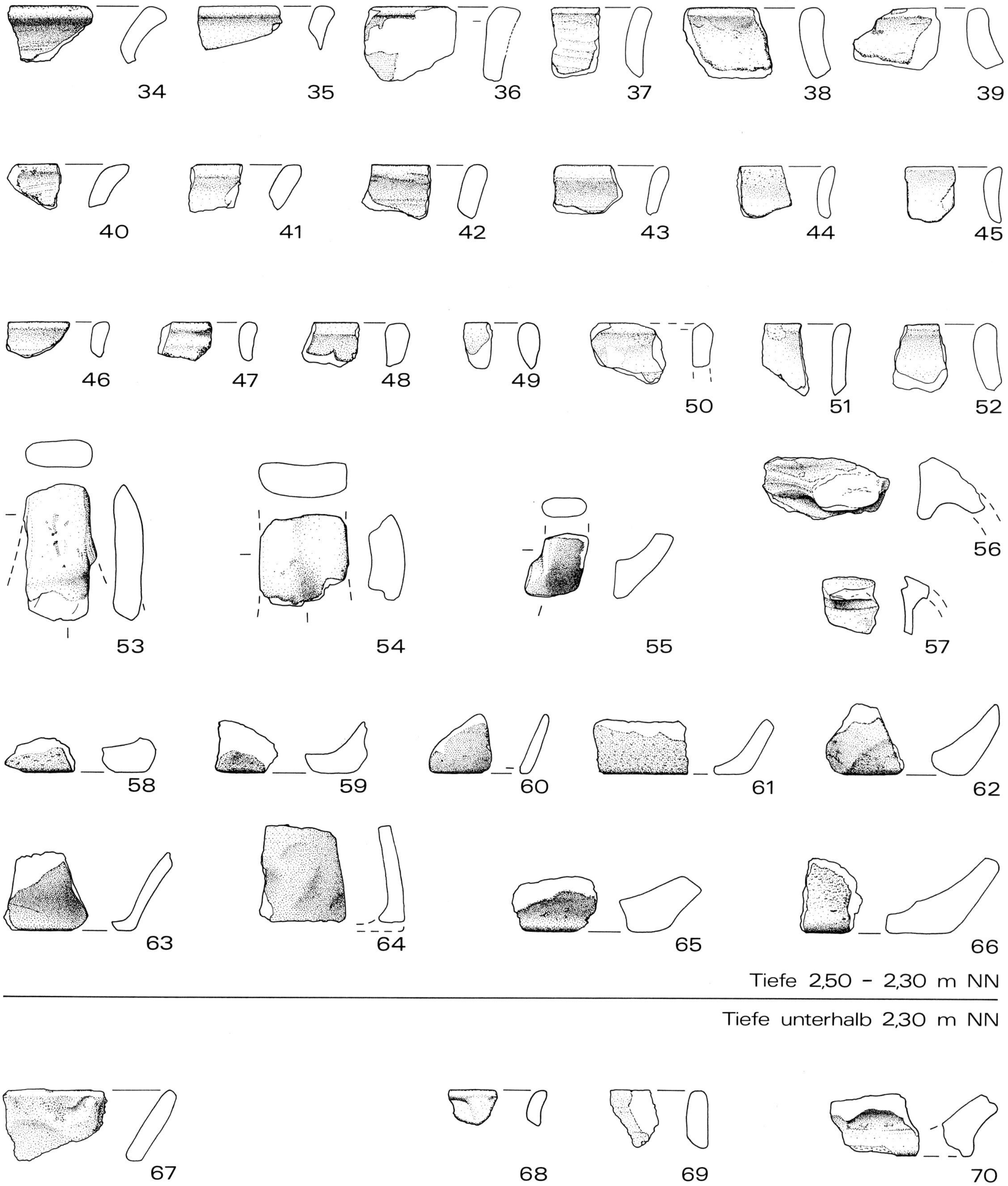

Abb. 12 b Archsum-Melenknop. Geschlämmte Keramik aus Auftragsböden mit Angabe der auf den Meeresspiegel bezogenen Tiefen (Feld 1). M 1 : 2.

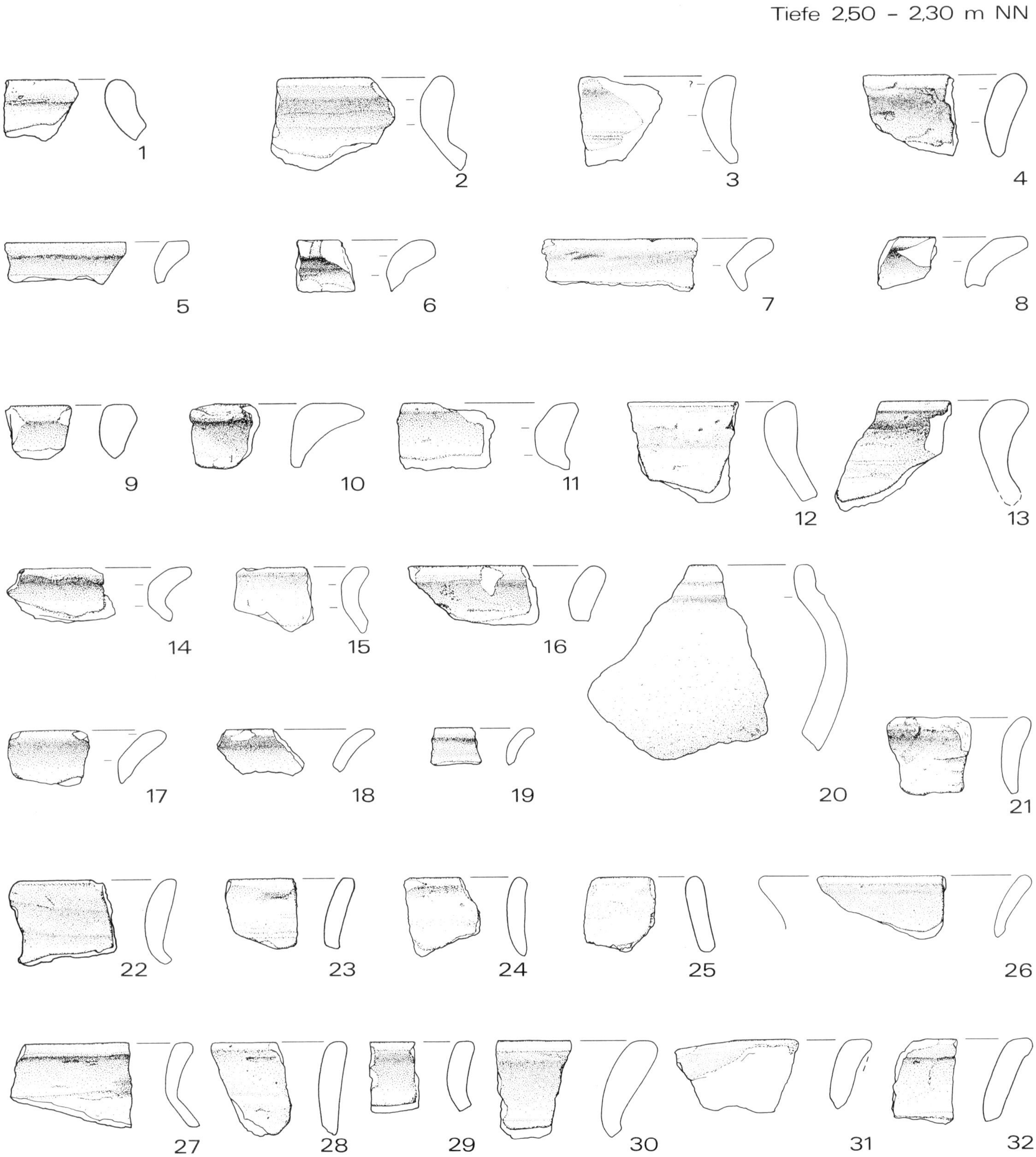

Abb. 13a Archsum-Melenknop. Geschlämmte Keramik aus Auftragsböden mit Angabe der auf den Meeresspiegel bezogenen Tiefen (Feld 2). M. 1 : 2.

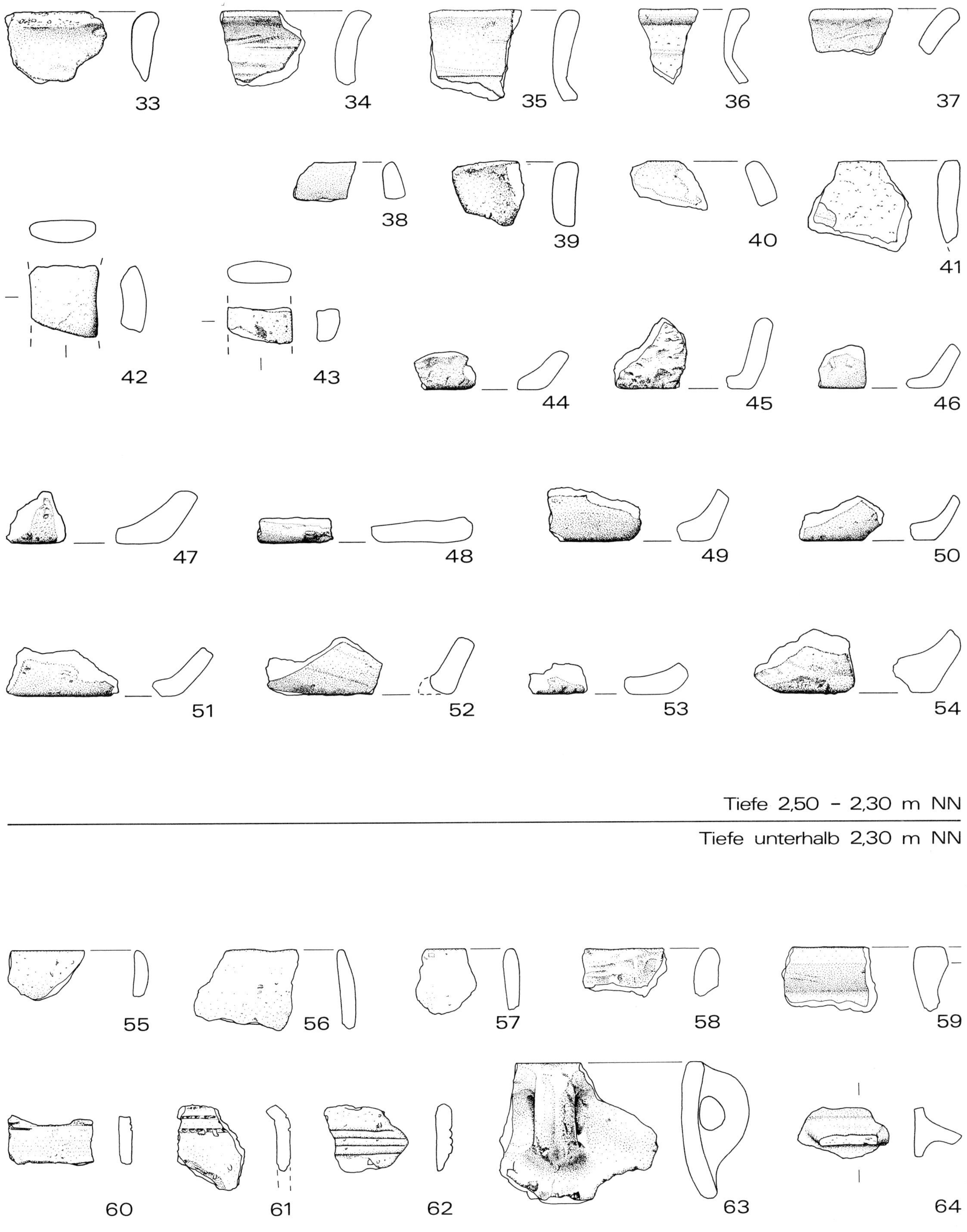

Abb. 13 b Archsum-Melenknop. Geschlämmte Keramik aus Auftragsböden mit Angabe der auf den Meeresspiegel bezogenen Tiefen (Feld 2). M 1 : 2.

Abb. 12,40–52) zeigen häufig eine atypische, steile Mündung; die Scherben sind dünnwandig, z. T. mäßig gebrannt und zählen darüber hinaus zu Gefäßbruch, der quantitativ überdurchschnittlich durch Abrollspuren gekennzeichnet wird.

Wesentlich besseres Material für eine chronologische Bestimmung stammt aus dem ebenfalls durchsiebten Nachbarquadrant Feld 2 (37–41 m Nord-Süd, 7–11 m Ost-West, Fdnr. 807/14; 808/12), der der Fundhäufigkeit nach durchaus mit dem besprochenen Material aus gleicher Tiefe korrespondiert (Ränder 41, Henkel 4, Bodenstücke 20, atypische Scherben 487), aber von der Qualität der Randstücke her für eine Datierung geeigneter erscheint *(Abb. 13,1–54)*. Das durchschnittliche Gewicht der Scherben aus dieser angrenzenden Fläche beträgt 9,7 g. Hierzu zählen u. a. folgende Randtypen:

Typ 1 kurzer, nach außen geknickter, leicht verdickter Rand: einer *(Abb. 13,1)*.
längliche, nach außen geknickte Randlippe mit Ansätzen einer Facettierung: sieben *(Abb. 13, 2–8)*.
kurzer verdickt-facettierter oder gerundeter Rand: vier *(Abb. 13, 9.11–13)*.
kurzer, nach außen geknickter Rand mit unverdickter Lippe: einer *(Abb. 13, 20)*.
klobiger, dicker Rand: einer *(Abb. 13,10)*.

Typ 2 kurzer, nach außen geknickter, fast trichterförmiger Rand von dünnwandigen Gefäßen mit Ansätzen einer Innenfacettierung: sechs *(Abb. 13,14–19)*.

Typ 3 trichterförmiger Rand: sechzehn, davon ein Gefäß mit enger Mündung *(Abb. 13,21–24.26–37)*.

Typ 4 atypische, steile Mündung, dünnwandig: fünf *(Abb. 13,25.38–41)*.

Nach außen geknickte, verdickt-facettierte Ränder verschiedener Länge (Typ 1) gehören in die Siedlungsperiode A auf dem Melenknop[7], klobige Randprofile charakterisieren die Phase kurz vor Chr. Geb.[8].

Die anderen Typen der Randform 1 gehören allgemein in die späte vorrömische Eisenzeit oder in die früheste römische Kaiserzeit. Die unverdickt facettierten Ränder sind vermutlich in die Zeit vor Chr. Geb. oder noch früher zu datieren[9], während Trichterränder (Typ 2–3) generell in die mittlere und späte vorrömische Eisenzeit gehören[10]. Unbekannt blieb bei der Analyse, ob einige der fragmentarisch erhaltenen Gefäßreste atypischer Form (Typ 4) bereits in die vorausgehende ältere vorrömische Eisenzeit einzustufen sind. Diese Frage wird sich erst bei der Bearbeitung des gesamten Fundkomplexes dieser Periode auf dem Melenknop klären, da nur wenige der in Fläche 2 West geborgenen Stücke ein charakteristisches Merkmal haben, nämlich einen deutlichen Knick unter der Randlippe.

Vergleichbare einfache Ränder ohne chronologisch verwertbare Details sind aus dem unteren Planum der Schlämmfläche zwischen 2,30 m NN und dem pleistozänen Sand bekannt. Hier fanden wir in der Fläche zwischen 7–11,5 m Ost-West und 41–45 m Nord-Süd (Feld 1) drei winzige Randscherben, drei Bodenstücke und 31 einfache Wandscherben *(Abb. 12,68–70*, Fdnr. 815/12). Die Aufteilung des Materials in kantige und abgerollte Stücke ergab ein Verhältnis von 31 : 9 (77,5% : 22,5%), eine Größenordnung, die mit dem Ergebnis des oben besprochenen mittleren Abtrages übereinstimmt. Das durchschnittliche Gewicht der Scherben betrug 9,0 g. Auffällig ist allerdings bei dieser Scherbenansammlung folgende Beobachtung: sieben Funde, sämtlich aus der Gruppe kantiger Scherben (17,5%), könnten nach der Magerung und dem Brand durchaus als Keramik der Eisenzeit gelten; bei den übrigen Stükken gehört sowohl die grobe Magerung als auch der mäßige bis schlechte Brand zu den besonderen Merkmalen, durch die sie sich von der Tonware aus den höheren Lagen deutlich unterscheiden. Dies gilt auch für drei besonders große Scherben mit Gewichten von 35, 50 und 65 g. Sie sind sämtlich grob gemagert, porös und sehr mäßig gebrannt. Außerdem haben sie scharfe Kanten. Vergleichbar schwere Einzelstücke sind aus dem darüberliegenden Abtrag mit Scherbengewichten bis 20 g unbekannt, während aus dem benachbarten Quadranten gleicher Tiefe (Feld 2) einzelne Scherben mit Gewichten zwischen 20 und 40 g vorliegen (20 g: elf; 30 g: zwei; 40 g: einer). Im durchsiebten Bereich oberhalb von 2,50 m NN fanden sich hart gebrannte Scherben der Eisenzeit mit Gewichten zwischen 20 g (drei) und 40 g (einer) ebenfalls verhältnismäßig selten. Aus dem eigentlichen Siedlungsschutt im Planum oberhalb der Siebfläche ließen sich dagegen Scherbengewichte bis 125 g nachweisen (Fdnr. 801/6).

Für die Datierung des Schichtpaketes zwischen der Oberkante des tiefschwarzen Humusbodens e und dem pleistozänen Sand sind wiederum Scherben aus der südlich angrenzenden Fläche 37–41 m Nord-Süd, 7–11,5 m Nord-Süd (Feld 2) gut geeignet *(Abb. 13,55–64)*. Hier-

[7] Kossack, Harck u. Reichstein a.a.O. (Anm. 2) 304 ff. mit Abb. 12–13.

[8] Becker a.a.O. (Anm. 6) Taf. 120,3a; 121,3a.

[9] Ebd. Taf. 79,k; 80,e.

[10] Kossack, Harck u. Reichstein a.a.O. (Anm. 2) 269 ff. mit Abb. 10.

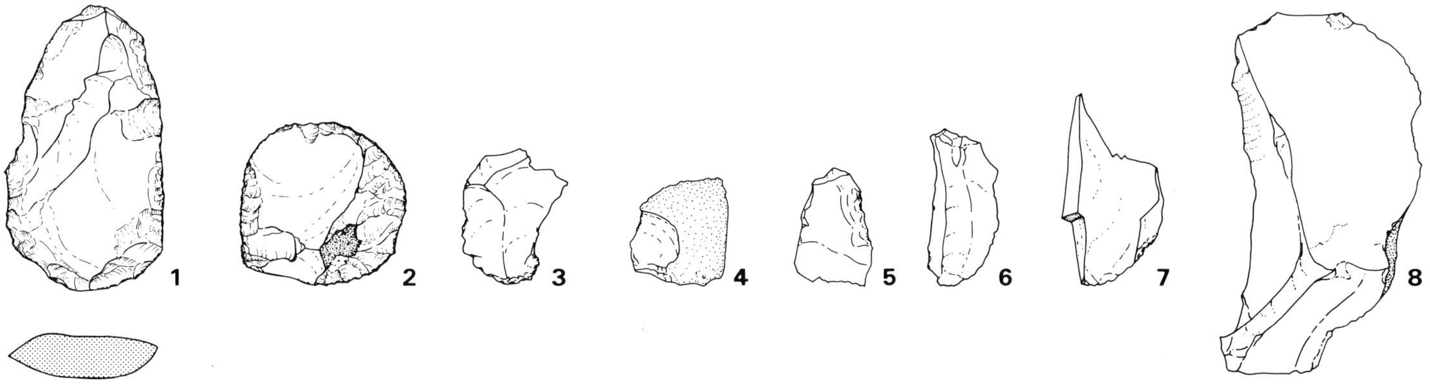

Abb. 14 Archsum-Melenknop. Flintgerät und Flintbruch aus der unteren Kulturschicht. M. 1:2.

aus stammen 74 Scherben mit einem Gesamtgewicht von 568 g, durchschnittlich 7,6 g (Fdnr. 816/1). Sie verteilen sich auf acht Randscherben, vier verzierte Scherben, zwei Henkelreste, ein Bodenstück und 59 Wandscherben. In einem Fall ist ein größeres Randstück mit Henkelteil erhalten geblieben (50 g), das sich durch eine außerordentlich grobgemagerte und poröse Machart auszeichnet *(Abb. 13,63).* Auch bei diesem Material kann zwischen hart gebrannter und mäßig gebrannter, grob gemagerter Ware differenziert werden. Elf von 74 Scherben gehörten der ersten Gruppe an (14,8%); die Größenordnung entspricht durchaus der des Nachbarfeldes. Die Verteilung in abgerundet und kantig erscheinende Keramik erbrachte folgende Zusammensetzung: 16 Funde (21,6%) gehörten zur Gruppe der gerundeten Stücke, darunter kein Rest eines hart gebrannten Gefäßes. Vier der Randscherben dieser Gruppe zeigten einen einfachen Rand *(Abb. 13,55–58).* Sie zählen nach ihrem mäßigen Brand und der groben Magerung zur »älteren« Keramik auf dem Melenknop. Für das »große« Randstück mit Henkel gibt es keine Parallelen, doch muß auch dieses Stück, nach der Machart zu urteilen, aus der Voreisenzeit stammen *(Abb. 13,63).* Ein weiterer Fund zeigte eine kurze, nach außen geknickte Mündung mit verdickter Randlippe *(Abb. 13,59).* Diese Scherbe zählt zur Keramik der späten vorrömischen Eisenzeit oder der älteren Kaiserzeit; die Datierung eines schwarzpolierten Ansatzes von einem im Querschnitt dünnen, breiten Bandhenkel in die mittlere vorrömische Eisenzeit oder wenig jünger steht außer Zweifel *(Abb. 13,64)*[11]. Älter sind demgegenüber drei grob gemagerte, gelbbraun gefärbte Wandscherben mit horizontalen Rillen, eine typische Ware des späten Neolithikums *(Abb. 13,60–62)*[12].

In Verfärbungen des pleistozänen Sandbodens lagen eine gelbbraune, grob gemagerte, mäßig gebrannte Randscherbe, die vermutlich in das Neolithikum oder die Bronzezeit zu setzen ist *(Abb. 12,67,* Fdnr. 817/33), einige winzige Wandscherben (Fdnr. 817/31) sowie zwei größere grob gemagerte Scherben (Gewichte: 95 und 100 g, Fdnr. 817/38), die, nach der Oberflächenglättung und dem Befund zu urteilen, zum Fundkomplex der aus der mittleren Bronzezeit stammenden Ware zählen.

Außerdem sind beim Durchsieben des Erdreiches in Fläche 2 West einige Flintabschläge und Steingeräte aufgelesen worden: Zwischen 2,50 und 2,30 m NN fanden wir sechs kümmerliche Abschläge oder Absplisse, darunter ein größeres Flintstück mit beginnender Braunfärbung (Fdnr. 807/15). Hinzu kommt aus dieser Strate ein winziger Rest verbrannten Feuersteins. Aus der ebenfalls durchsiebten, südlich angrenzenden Fläche stammen weitere Flintfunde aus dem Bereich zwischen 2,50–2,30 m NN (Fdnr. 807/13; 808/13): 13 primitive Abschläge, darunter zwei Stücke mit Braunfärbung und ein Fund mit brauner Naturkruste, fünf Absplisse (ein Stück mit Braunfärbung, drei mit brauner Naturkruste), drei Stücke verbrannten Flints (zwei Stücke abgerollt) und drei abgerollte Kieselsteine. Aus dem unteren Planum von 2,30 m bis zum pleistozänen Sand kamen im Bereich zwischen 37–45 m Nord-Süd nur drei graue Abschläge, zwei Flintkerne (einer grau, einer leicht braungefärbt) und ein Absplиß (grau) sowie zwei Stücke verbrannten Feuersteins zum Vorschein (Fdnr. 807/28; 814/5; 816/14). Die Abschläge zeigten im Gegensatz zu den Funden aus den höheren Abträgen teilweise eine bessere Qualität. Aus einer im pleisto-

[11] Ebd. 297 Abb. 10. Becker a.a.O. (Anm. 6) Taf. 2 ff.

[12] J. Aarup Jensen, Myrhøj, 3 hustomter med klokkebægerkeramik. Kuml 1972, 90 ff. mit Abb. 25 ff.

zänen Sand eingetieften Verfärbung stammt ein dunkelgrau gefärbtes Bruchstück eines Flintdolches mit Flächenretusche *(Abb. 14,1)*. Später ist es als Kratzer verwendet worden, wie sich anhand der Stirnretusche belegen läßt (Fdnr. 817/35). Aus einer zweiten Grube kam ein hellgrau gefärbter Rundschaber *(Abb. 14,2*, Fdnr. 817/37), während eine dritte Eintiefung, Schnitt 25, sechs graugefärbte Abschläge verschiedener Qualität erbrachte, darunter ein Stück mit Resten einer braungefärbten Naturkruste *(Abb. 14, 3–8*, Fdnr. 817/34). Wie erwartet, nahmen die Größe, die Qualität und die Zahl der Flintfunde von oben nach unten zu; im unteren Bereich fanden wir z. B. kaum Absplisse, hier zeigten dagegen nahezu sämtliche Flintstücke einen deutlichen Schlagbuckel. Darüber hinaus ließ sich ein Rückgang braungefärbter Flintfunde vom Auftragsboden bis zum pleistozänen Sand erkennen, eine Beobachtung, die für die Herkunftsbestimmung des Bodens zwischen 2,50 und 2,30 m NN Bedeutung hat (I 51 ff.). Möglicherweise sind die hier ebenfalls geborgenen kleinen Stücke von abgerollten »Strandkieseln« auf Düngung mit Seegras und Tang zurückzuführen (s. S. 111), weil kaum anzunehmen ist, daß man in der vorchristlichen Eisenzeit Sand von einer entfernt liegenden Strandlinie geholt hat.

Als Ergebnis der Detailanalyse von Befunden und Fundgut aus einem kleinen Ausschnitt der Melenknopgrabung sind folgende Einsichten hervorzuheben: Obgleich ein gewisses Gemenge von Keramikresten unterschiedlicher Zeitstellung typisch ist, ließ sich die Schichtfolge in groben Zügen anhand des Scherbenmaterials datieren. Die unteren Lagen a und e (2,30 m NN bis zum pleistozänen Sand) zeichneten sich vor allem durch grob gemagerte Ware des Neolithikums oder der älteren Bronzezeit aus; die darüberliegende Schicht von 2,30–2,50 m NN enthielt dagegen zahlreiche Gefäßbruchstücke aus der vorrömischen Eisenzeit, während die folgenden höheren Lagen mit Siedlungsstraten durch Keramik der Zeit um und nach Chr. Geb. charakterisiert werden. Sie erbrachten wenige, dafür aber, nach dem durchschnittlichen Gewicht zu urteilen, offenbar größere Scherben (12,5 g) und verhältnismäßig wenige abgerollte Funde (15%), im Gegensatz zu dem Material aus tieferen Abträgen. Die beiden durchsiebten Quadranten von 2,30–2,50 m wiesen Scherbengewichte von 6,4 und 9,7 g auf, die abgerollten Funde erreichten 23,7% und 22,5%. In den unteren Quadranten bis zum pleistozänen Sand lag das Gewicht bei 9,0 und 7,6 g, der Anteil der abgerollten Stücke bei 22,5% und 21,6%. Diese Zahlen sind ein zusätzliches Argument für die bereits anhand des archäologischen und pedologischen Befundes vermutete Nutzung der Böden als Ackerflächen.

Zusammenfassung

Die Vorlage und Diskussion der Schichtfolge unter dem eisenzeitlichen Siedlungsschutt am Melenknop erbrachte mehrere Hinweise auf frühen Ackerbau in Archsum: Die stratigraphische Ordnung und die Datierung der für die botanische Analyse entnommenen Proben aus dem mischbodenähnlichen Grausand a (Stein-Bronzezeit, »untere Landoberfläche« nach Brunnacker), dem tiefbraun-schwarz gefärbten Auftrag e (mittlere Bronzezeit, »mittlere Landoberfläche«) und dem humusbraunen Boden g (vorrömische Eisenzeit, »obere Landoberfläche«) mit Beimengungen von homogenisiertem Siedlungsschutt der späten vorrömischen Eisenzeit und frühen Kaiserzeit (i) in seinem oberen Teil ließ sich am archäologisch beurteilbaren Fundinhalt prüfen. Außerdem gelang es nachzuweisen, daß es mindestens drei Ackerbauperioden auf dem Hügel vor Beginn der eisenzeitlichen Besiedlung gegeben hat: Die ältesten Ardspuren im Ostteil des Melenknop datierten in das späte Neolithikum und die frühe Bronzezeit. Ob sie bereits zur Zeit oder erst nach der primären Bebauung entstanden, aus der Keramik, Flintgerät und zahlreiche mit Grausand gefüllte Verfärbungen, z. B. Pfosten und Gruben, vorliegen, konnte bisher nicht im Detail erschlossen werden. Nach Errichtung des zentral gelegenen Grabhügels auf der Geländekuppe b und dessen Abdeckung mit einer Kochsteinschicht c während der älteren oder mittleren Bronzezeit bepflügte man auch die Westhälfte des Melenknop, nachdem dieser Bereich zuvor mit einer bis 0,20 m mächtigen tiefbraunschwarz gefärbten Humuslage e aufgehöht worden war. Diese Ackerbauphase fand ihr Ende bei der Gründung einer Siedlung auf der Anhöhe während der mittleren Bronzezeit *(Abb. 3)*. Hierauf lagernde, bis 0,30 m mächtige Humusaufträge g datieren in die vorrömische Eisenzeit. Dieser Boden ist vermutlich in dünnen Lagen auf der Kuppe verteilt worden, wie der Befund in Profil 33, Fläche 2 West zeigte *(Abb. 9)*. Die hier im bronzezeitlichen Auftrag eingetieften Ardspuren stammen aus der unteren Strate einer dreigeteilten Schicht mit Keramik der vorrömischen Eisenzeit. Analysen des Fundgutes bestätigen die angeführte Datierung der Einzelschichten und unterstreichen durch abgerollten Keramikbruch eine mehrfache Umlagerung des Bodes während der Feldbestellung.

Seit man während der mittleren Bronzezeit damit begann, den Boden durch Auftrag aufzubessern, bis zur Errichtung der ersten Dauersiedlung auf dem Melenknop um Chr. Geb., ist die kleine Anhöhe am südwestlichen Geestrand Archsums ständig oder in Intervallen unbekannter Länge wirtschaftlich genutzt worden. Das Aufbringen von humosem Erdreich auf die durch den

Ard gepflügten Areale stellte aber allem Anschein nach nur eine Seite der bäuerlichen Tätigkeit in dieser Zeitspanne dar. Parallel hierzu wurden auf der gesamten Kuppe, abgesehen vom Bereich um den frühbronzezeitlichen Grabhügel, seit der mittleren Bronzezeit Kreisgräben unterschiedlichen Ausmaßes ausgehoben *(Abb. 3)*[13], ringförmige Eintiefungen mit einem Durchmesser zwischen 5 und 11 m sowie einer Breite und Tiefe zwischen 0,5 und 1 m *(Abb. 15)*. Das Füllmaterial bestand aus Boden des zeitgleichen Auftrags: Die ältesten Grabensysteme enthielten das tiefbraun-schwarze Erdreich der mittleren Bronzezeit, die jüngeren dagegen hellere humose Lagen der vorrömischen Eisenzeit oder vermutlich homogenisierte Siedlungsrückstände aus der späten vorrömischen Eisenzeit und frühen Kaiserzeit. Aus sämtlichen Füllungen stammen Keramikreste, Steine und oftmals eine große Zahl verwitterter Granitbruchstücke; pflanzliche Reste sind dagegen unbekannt.

Obgleich der archäologische Befund in seinem gesamten Flächenumfang bislang noch nicht im Detail analysiert werden konnte und erst bei der Behandlung der einzelnen Siedelperioden in einem der nächsten Bände dieser Reihe ausführlich beschrieben wird, läßt sich bereits jetzt behaupten, daß eine Deutung dieser sonderbaren Anlagen wahrscheinlich nicht anhand der Funde vom Melenknop allein möglich sein wird. Aber in unserem Falle wird man von der Beobachtung auszugehen haben, daß Kreisgräben im gleichen Zeitraum ausgehoben wurden, als man Humus auf den Acker trug und diesen Auftragsboden pflügte. Alle diese Maßnahmen bilden somit eine Einheit wirtschaftlicher Nutzung. Diese Korrespondenz hervorzuheben ist deshalb so wichtig, weil neue Untersuchungen in Holland und England die Frage nach der Funktion der Kreisgräben wieder aktualisierten[14]. Teils glaubt man, die Anlagen mit bestimmten Riten erklären zu können, weil sie den Kreisgräben der jüngeren Bronzezeit ähnelten oder auch ein Zusammenhang mit Erntebrauchtum nicht auszuschließen sei, teils sah man den praktischen Nutzen, wenn Getreidegarben in Hocken gesetzt oder Akkerfrüchte oder Heu in anderer Weise gestapelt werden sollten, wobei die Gräbchen Regenwasser auffingen und ableiteten. In England dachte man auch daran, die Kreisgebilde als Wandgräben von Rundbauten zu deuten.

Um die Anlagen in ihrer Verbreitung miteinander vergleichend beschreiben und deuten zu können, wäre es wichtig zu wissen, aus welcher Zeit sie stammen und ob wir es in allen Fällen mit einem chronologisch einheitlichen Phänomen zu tun haben. Präzise Angaben fehlen noch: Das mehrperiodige westjütische Beispiel von Nørre Rødklint datiert in die »Vorkaiserzeit«[15], die ebenfalls mehrere Phasen umfassenden holländischen Belege in die »jüngere Bronzezeit« oder in die »Eisenzeit«. Demgegenüber gehören Kreisgräben von Abingdon (Oxfordshire), hier als Teile des Grabkultes gedeutet, der jüngeren Bronzezeit, als Siedlungsreste interpretiert dagegen der vorrömischen Eisenzeit an; mehrere in stratigraphischer Hinsicht jüngere, gestreckte Grabenzüge werden aber in die späte vorrömische Eisenzeit und in die Kaiserzeit gesetzt. Unabhängig von der verschiedenen Funktionsdeutung dieser englischen Grabenanlagen dürfte die zeitliche Übereinstimmung mit dem Sylter Befund überraschen, zumal die Kreisgräben auf dem Melenknop um und nach Chr. Geb. ebenfalls von gestreckten Grabenzügen abgelöst worden sind.

Auftragsböden aus prähistorischer und historischer Zeit auf der Archsumer Geest

Außer Melenknop, Alt-Archsum, Archsumburg und Holm (Fundstelle 106, Lage: I 193 Abb. 80) bieten noch zahlreiche andere durch Probeeinschläge erschlossene Fundstellen sichere Befunde für Auftragsböden und ihr stratigraphisches Verhältnis zu datierten Siedlungsstraten. Die eingemessenen Schichtfolgetypen bringen wesentliche Einzelheiten für die Kenntnis des Ackerbaus auf der Pleistozänhöhe in vor- und frühgeschichtlicher Zeit. Die Durchsicht der Felddokumentation ergab viele Beispiele eindeutig interpretierbarer Stratigraphie, aber auch Fälle wechselnder Schichtfolgen innerhalb eines nur wenige Meter langen Aufschlusses oder bei naheliegenden Sondagen der gleichen Örtlichkeit (z. B. Fundstelle 101-West und Aufschluß »Schnor«; Fundstelle 44, Fläche 1 und 2, Lage: I 193 Abb. 80).

[13] Kossack, Harck u. Reichstein a.a.O. (Anm. 2) 295 ff.

[14] J. A. Bakker, Ph. J. Woltering u. W. J. Manssen, Opgravingen te Hoogkarspel (V). Westfriese Oudheden 11, 1968, 193 ff.; Woltering, Occupation History of Texel 1: The excavations at Den Burg: Preliminary Report. Ber. Amersfoort 25, 1975, 7 ff. mit Taf. 3; J. Buurman, Cereals in Circles. Crop Processing Activities in Bronze Age Bovenkarspel (the Netherlands). Archaeo-Physika 8 (Festschr. M. Hopf) (1979) 21 ff.; M. Parrington, The excavation of an Iron Age settlement, Bronze Age ring-ditches and Roman features at Ashville Trading Estate, Abingdon (Oxfordshire) 1974–76. Oxfordshire Arch. Unit Report 1 (CBA Research Report 28) (1978).

[15] G. Hatt, An Early Roman Iron Age Dwelling Site in Holmsland, West Jutland. Acta Arch. 24, 1953, 1 ff. mit Abb. 28–30.

Abb. 15a Archsum-Melenknop. Kreisgräben der mittleren Bronzezeit, der vorrömischen Eisenzeit und der älteren römischen Kaiserzeit in den Flächen 1, 2 und 21 (Lage: I Beil. 24). M. 1 : 150.

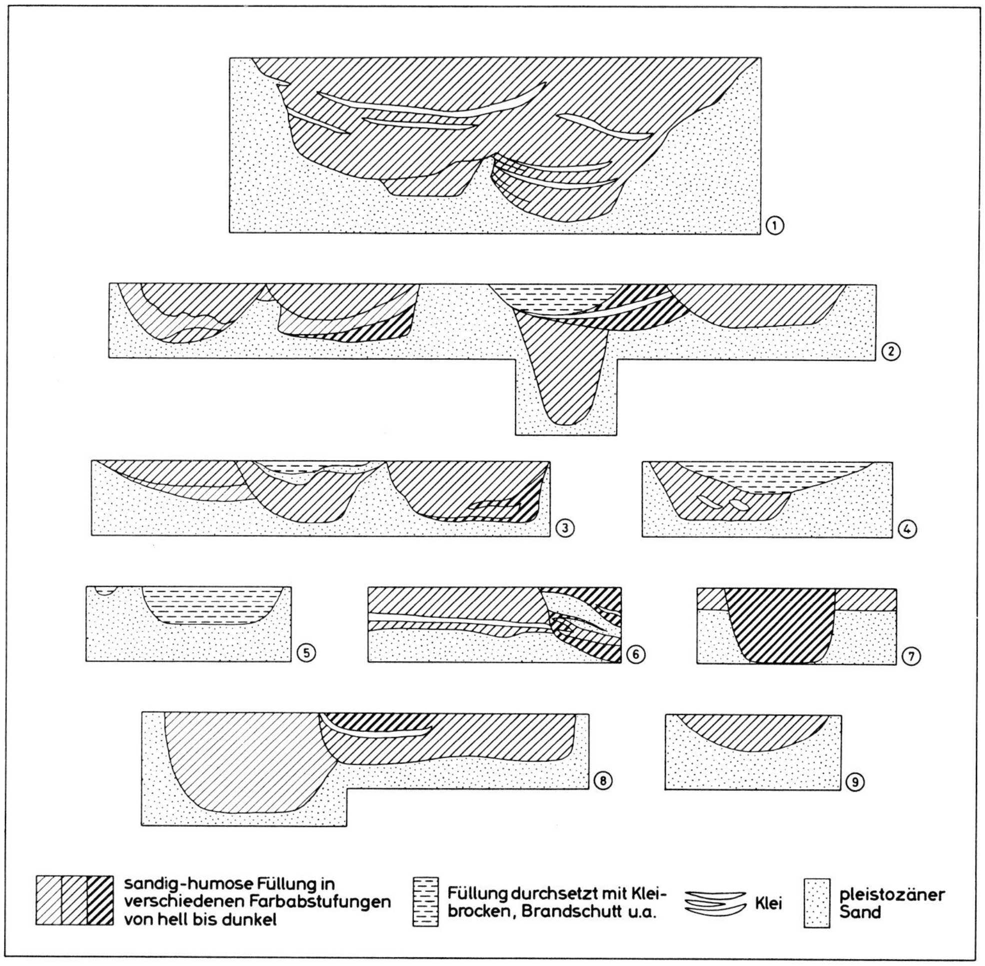

Abb. 15 b Archsum-Melenknop. Kreisgräben der mittleren Bronzezeit, der vorrömischen Eisenzeit und der älteren römischen Kaiserzeit in den Flächen 1, 2 und 21 (Lage: I Beil. 24). M. 1:30.

Typ 1 a

Am Archsumkliff am Nordrand der Diluvialhöhe fanden wir in einem Aufschluß einen bemerkenswerten Profilaufbau (Fundstelle 116 – Kliff, Lage: I 193 Abb. 80): Unmittelbar auf dem pleistozänen Sand (6,36 m NN) lag die Kulturschicht einer kaiserzeitlichen Siedlung (0,20 m). Darüber folgte ein Humuspaket von 1,00 m Mächtigkeit, dessen untere Hälfte Keramik von graublauer, dünnwandiger Ware enthielt (0,60 m), während in der oberen, 0,40 m messenden Schicht (einschließlich Ackerkrume) Ziegelbruch und glasierte Bauernkeramik zu finden waren *(Abb. 16).* Dieses Grundschema (*Abb. 20,* Typ 1 a), auf gewachsenem Boden eine datierte fossile Landoberfläche oder Kulturschicht, darüber Lagen von verschieden mächtigen Auftragsböden, ließ sich außer am Kliff bei der benachbarten Fundstelle 116 und an folgenden Lokalitäten nachweisen:

Fundstelle 29 (I Abb. 80)
Unter der 0,20 m dicken Ackerkrume und einem 0,80 m mächtigen Humusauftrag lag eine tiefbraune bis schwarze Schicht mit eisenzeitlichen und älteren Scherben sowie Abschlägen direkt auf dem pleistozänen Sand (Oberkante des Pleistozäns: 3,78 m NN). Kein Baubefund.

Fundstelle 116 (20 m südlich des oben genannten Kliffaufschlusses, I Abb. 80)
Auf eine Kulturschicht mit Scherben der Kaiserzeit (0,10 m) folgten Auftragsböden des Mittelalters (0,30 m) und der Neuzeit (0,15 m) sowie eine 0,10 m mächtige Ackerkrume. Pleistozäne Oberfläche bei 6,57 m NN.

Fundstelle 120 (I Abb. 80)
Eine tiefbraun-schwarze, 0,20 m dicke Kulturschicht mit Keramik der Bronzezeit wurde von einer 0,25 m

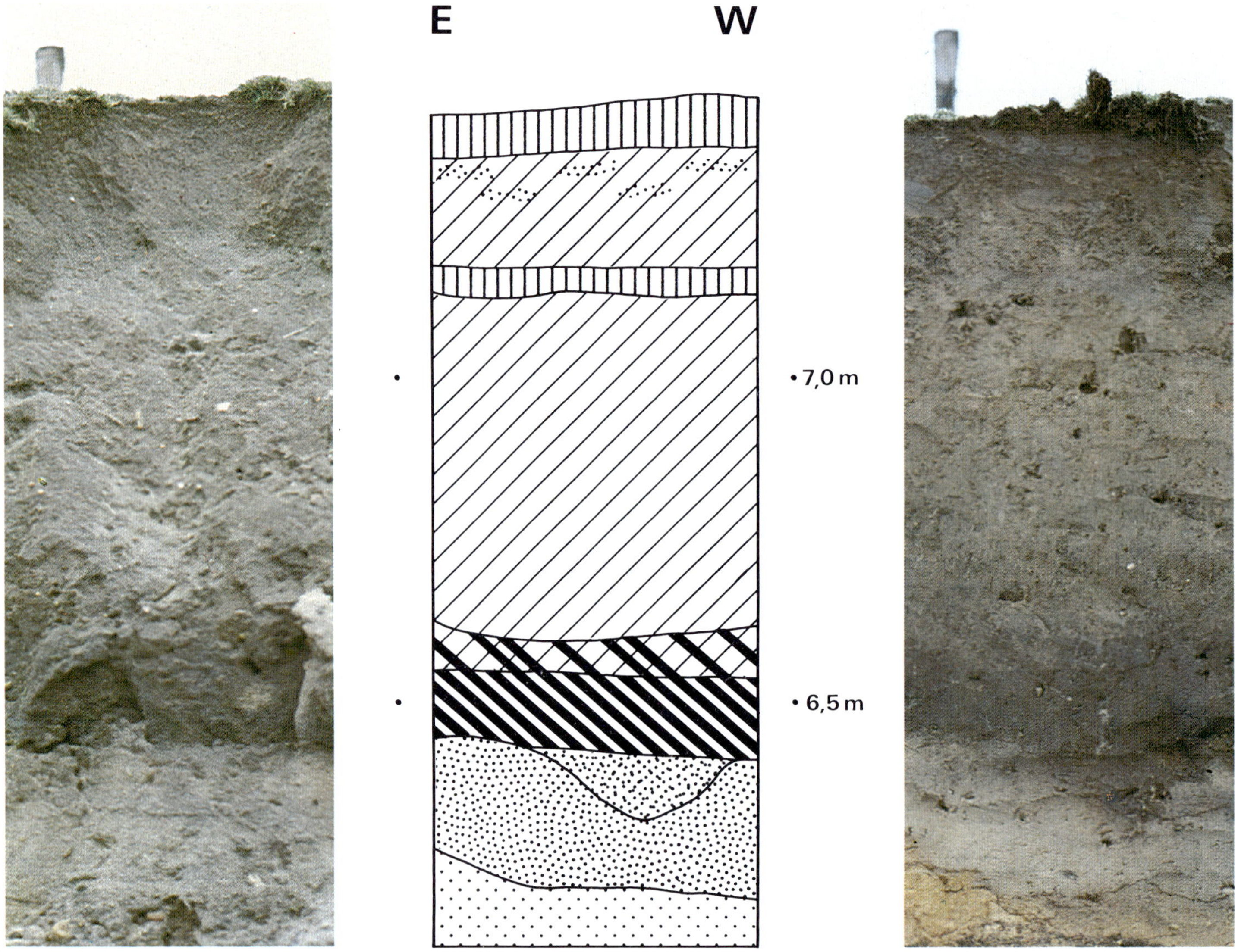

Abb. 16 Archsum, Fundstelle 116 – Kliff (Topographie: I 193 f. Abb. 80). Grabung 1977, Bodenprofil.

mächtigen, homogenen, durch Baumaßnahmen gekappten Humuslage bedeckt. Pleistozäne Oberfläche bei 0,47 m NN.

Typ 1 b

Diese Variante der Schichtenfolge (*Abb. 20*, Typ 1 b) unterscheidet sich vom ersten Profiltyp dadurch, daß die datierte Kulturschicht und die alte Oberfläche auf einem Mischboden aus kaum humosem Sand oder einer Grausand- oder Bleichsandstrate lagerten, während die Kulturschicht von einem Humusauftrag unterschiedlicher Mächtigkeit bedeckt war.

Fundstelle 30 (Alt-Archsum, Lage: I Abb. 80, Beschreibung S. 57 ff.).
Die stratigraphischen Verhältnisse, die sich in zahlreichen Profilaufschlüssen beschreiben lassen, weichen bei dem erheblichen Umfang der Grabungsfläche (I Beil. 27–29) je nach der Intensität der frühmittelalterlichen Bebauung im Einzelfall voneinander ab. Dennoch kann man den Grundaufbau in einem Idealprofil zusammenfassen: Pleistozäner Basis folgte ein Ackerpodsol aus Bleichsand (Ae und E) und humosem Oberboden (An), der während der jüngeren Bronzezeit Pflugland war *(Abb. 17,c)*. Darauf lagerte ein mehrteiliger, nicht immer korrekt trennbarer Auftragsboden, dessen basale Teile noch vor der Wikingerzeit entstanden sind, aus welcher die obere Strate stammt, wie Scherbeneinschlüsse und Siedlungsschichten belegen, die in sie eingebettet waren. Die abschließende Decke bestand aus tiefgründigem, homogenisiertem, aufgetragenen Humusboden des Mittelalters und der Neuzeit. Pleistozäne Oberfläche um oder über 3,00 m NN.

a

b

c

Abb. 17 Alt-Archsum. Profilschnitte fossiler Äcker der Bronzezeit, überlagert von Auftragsböden und Siedlungsschichten der Wikingerzeit (a.b). Bronzezeitliche Ardflur (c).

Fundstelle 101 (West, I Abb. 80)
Der Mischboden (0,20 m), an dessen Unterkante Reste der Steinsohle erhalten waren, wurde von einer 0,35 m dicken Siedlungsschicht der Kaiserzeit überlagert, diese von einer 0,20 m mächtigen Humuslage und der Ackerkrume (0,20 m). Pleistozäne Oberfläche bei 3,15 m NN.

Fundstelle 108 (I Abb. 80)
Die kaiserzeitliche Fundschicht (0,40 m) befand sich auf einem stellenweise erhaltenen Bleichsand (0,10 m), darunter Reste des Ortsteins und des Ausblasungshorizontes. Pleistozäne Oberfläche bei 3,33 m NN. Die Kulturschicht wurde von einem homogenen Braunboden (0,20 m) und einer 0,30 m mächtigen Ackerkrume bedeckt. Im Südprofil des Aufschlusses lag der Bleichboden zwischen der Siedlungsschicht und einem schmalen humosen Band (alte Oberfläche?), das wiederum die Pleistozänschicht bedeckte.

Fundstelle 111 (?) (I Abb. 80)
Die kaiserzeitliche Siedlungsschicht (0,25 m) auf grauem Sand (0,20 m) wurde stellenweise von einem 0,20 m mächtigen, sandig-humosen Boden überlagert. Hierauf folgte die Ackerkrume mit einer Mächtigkeit von 0,20 m. Pleistozäne Oberfläche bei 3,50 m NN.

Fundstelle 121 (Nordprofil, I Abb. 80)
Auf dem Pleistozän lagen eine Grausandschicht (0,25 m), eine kaiserzeitliche Siedlungsschicht (0,10 m), ein Humusboden (0,20 m) und die Ackerkrume (0,20 m). Pleistozäne Oberfläche bei 2,50 m NN.

Fundstelle 127 (Fläche 2, I Abb. 80)
Eine in den gewachsenen Boden eingetiefte Grubenfüllung der Kaiserzeit wurde von einer 0,30 m mächtigen, homogenen Schicht mit Keramik des Mittelalters und, davon deutlich abgesetzt, einer 0,20 m dicken Humusstrate sowie von der Ackerkrume (0,20 m) überlagert. Pleistozäne Oberfläche bei 2,85 m NN.

Fundstelle 127 (Fläche 3, I Abb. 80)
Im Mischboden auf dem Pleistozän fanden wir Trichterbecherkeramik (0,20 m), die aus einem erweiterten Dolmen stammte. Die Schicht wurde von einem undatierten Humusboden (0,20 m) und der Ackerkrume bedeckt (0,10 m). Pleistozäne Oberfläche bei 3,60 m NN.

Typ 2 a

Andere Schichtfolgetypen zeigten einen Humusauftrag unter der datierten Kulturschicht (*Abb. 20,* Typ 2). Bei der Auswertung deuteten sich auch hier verschiedene Varianten an. Mehrfach kommen Aufschlüsse mit Auftragsböden direkt auf dem pleistozänen Sand vor (Typ 2 a).

Fundstelle 44 (Hilligenört, Fläche 1, I Abb. 80)
Die Humusschicht (0,35 m) lag direkt unter einem 1,50 m mächtigen, vielteiligen Siedlungspaket der römischen Kaiserzeit, das von der Ackerkrume bedeckt war (0,35 m). Am Übergang zum gewachsenen Boden Reste einer Steinsohle in ortsteinhaltigem Sand. Pleistozäne Oberfläche bei 2,80 m NN.

Fundstelle 79 (I Abb. 80)
Auf dem Pleistozän lag ein 0,40 m mächtiger, graubrauner, sandig-humoser Auftrag, der z. T. erkennbare Vegetationsbänder (?) von Soden aufwies. Hierüber folgten eine kaiserzeitliche Siedlungsschuttlage (0,15 m) und die Ackerkrume (0,30 m). Pleistozäne Oberfläche bei 3,80 m NN.

Fundstelle 85 (Nord) (I Abb. 80)
Im 0,25 m dicken Humusauftrag, durchsetzt von Ortstein, fanden sich wenige Scherben. Er war von Siedlungsschutt der Kaiserzeit (0,30 m) und Ackerboden (0,20 m) bedeckt. Pleistozäne Oberfläche bei 1,65 m NN.

Fundstelle 86 (Firstklent, I Abb. 80)
Humusauftrag direkt auf pleistozänem Sand (0,70 m). Hierauf folgten Schichten aus durchtretenem humosem Boden und Siedlungsschutt der römischen Kaiserzeit (1,40 m) sowie die Ackerkrume (0,25 m). Pleistozäne Oberfläche bei 2,10 m NN.

Typ 2 b

Eine Variante des Typus: zwischen der Oberkante der Siedlungsschicht und der Unterkante der Ackerkrume ein zusätzlicher Humusauftrag, der vielleicht von einem homogenisierten Boden stammt (*Abb. 20,* Typ 2 b).

Fundstelle 60 (I Abb. 80)
Der untere Humusboden (0,40 m) enthielt Steinchen am Übergang zum Pleistozän, hierüber folgten eine Siedlungsschicht der Kaiserzeit (0,70 m), ein Humusauftrag (0,20 m) und die Ackerkrume (0,25 m). Pleistozäne Oberfläche bei 1,60 m NN.

Fundstelle 106 (Holm, *Abb. 18–19;* Lage: I Abb. 80)
Der untere sandig-humose Boden mit wenigen Scherben zeigte in einer Schichtmächtigkeit von 0,30 m waagerechte Bänder von Soden (?) oder von später ausge-

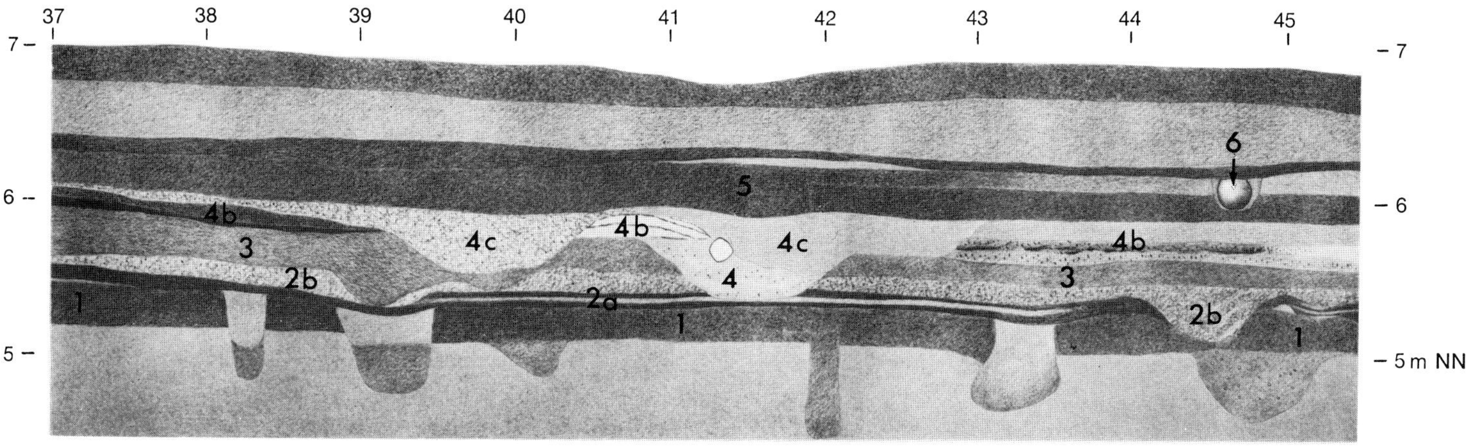

Abb. 18 Archsum-Holm, Profil (Topographie: I 193 Abb. 80). Keramikfolge in *Abb. 19* dargestellt.

waschenen Bodensalzen und am Übergang zum pleistozänen Sand Steinchen (Schicht 1). Die darauf folgende Siedlungsschicht der Kaiserzeit (0,20 m, Schicht 2a–b) wurde von einem Humus mit mittelkaiserzeitlicher Keramik überlagert (0,35 m, Schicht 3). Ihn bedeckte eine Siedlungsstrate der Jungkaiserzeit (0,15 m, Schicht 4b–c). Danach folgten ein Humusauftrag mit Scherben der Völkerwanderungszeit (0,25 m, Schicht 5), eine postwikingerzeitliche alte Oberfläche (0,20 m, Schicht über Urne 6), ein mächtiger Humusauftrag unbestimmten Alters (0,30 m, Schicht unter Ackerkrume) und die Ackerkrume (0,25 m). Pleistozäne Oberfläche bei 5,00 m NN.

Fundstelle 117 (I Abb. 80)
Humusboden (0,60 m) direkt auf pleistozänem Sand. Hierauf folgten Siedlungsstraten der Kaiserzeit (0,75 m), ein Humusboden (0,25 m) und die Ackerkrume (0,30 m). Oberkante des Pleistozäns bei 2,30 m NN.

Typ 2c

Vier weitere Aufschlüsse hatten einen etwas abweichenden Aufbau. Hier fanden wir einen Mischboden zwischen pleistozänem Sand und Humusauftrag (*Abb. 20,* Typ 2c).

Fundstelle 12 (I Abb. 80)
Auf Mischboden (0,15 m) lagerte durch ein Kleiband zweigeteilter Humus (0,30 m). Hierauf folgten Siedlungsschutt der Kaiserzeit (0,40 m) und die Ackerkrume (0,15 m). Pleistozäne Oberfläche bei 3,45 m NN.

Fundstelle 44 (Hilligenört, Fläche 2, I Abb. 80)
Mischboden: 0,15 m; Humusauftrag: 0,50 m; Siedlungsschutt der Kaiserzeit: 1,35 m; Ackerkrume: 0,25 m. Pleistozäne Oberfläche bei 2,60 m NN.

Fundstelle 101 (Schnor, I Abb. 80)
An der Oberkante des 0,25 m mächtigen Mischbodens wurde eine wellenförmige Übergangszone beobachtet, die vielleicht durch Pflugtätigkeit entstanden ist. Auf dem hierauf liegenden Humusauftrag (0,15 m) folgten Siedlungsschutt der Kaiserzeit (0,25 m), ein 0,25 m dikkes Humuspaket und die Ackerkrume (0,20 m). Höhe der pleistozänen Oberfläche unbekannt.

Fundstelle 102 (Ostprofil, I Abb. 80)
Dünner Mischbodenstreifen (0,15 m), von sandig-humosem Boden (0,25 m) und kaiserzeitlichem Siedlungsschutt bedeckt (0,15 m). Darauf lag ein mächtiges Humuspaket, das zusammen mit der Ackerkrume 0,35 m maß. Pleistozäne Oberfläche bei 2,50 m NN.

Typ 2d

Bodenprofile mit einer Grausandschicht am Übergang vom Pleistozän zum unteren Humusboden (*Abb. 20,* Typ 2d) sind weitaus schwieriger zu interpretieren, weil dieser Sand in einigen Fällen möglicherweise aufgetragen, zumindest jedoch hin und wieder bearbeitet worden war wie bei Fundstelle 58 (Lage: I Abb. 20), die keinen Humusauftrag aufwies: Hier lag unter dem 0,40 m mächtigen Siedlungsschutt der Kaiserzeit ein 0,15 m dicker Grausand, der im Flächenbefund zahlreiche sich kreuzende Ardkritzen enthielt, die nicht bis in den Gelbsand des Pleistozäns bei 1,40 m NN reichten.

Fundstelle 14 (I Abb. 80)
Auf Pleistozän folgte eine Steinsohle am Übergang zu

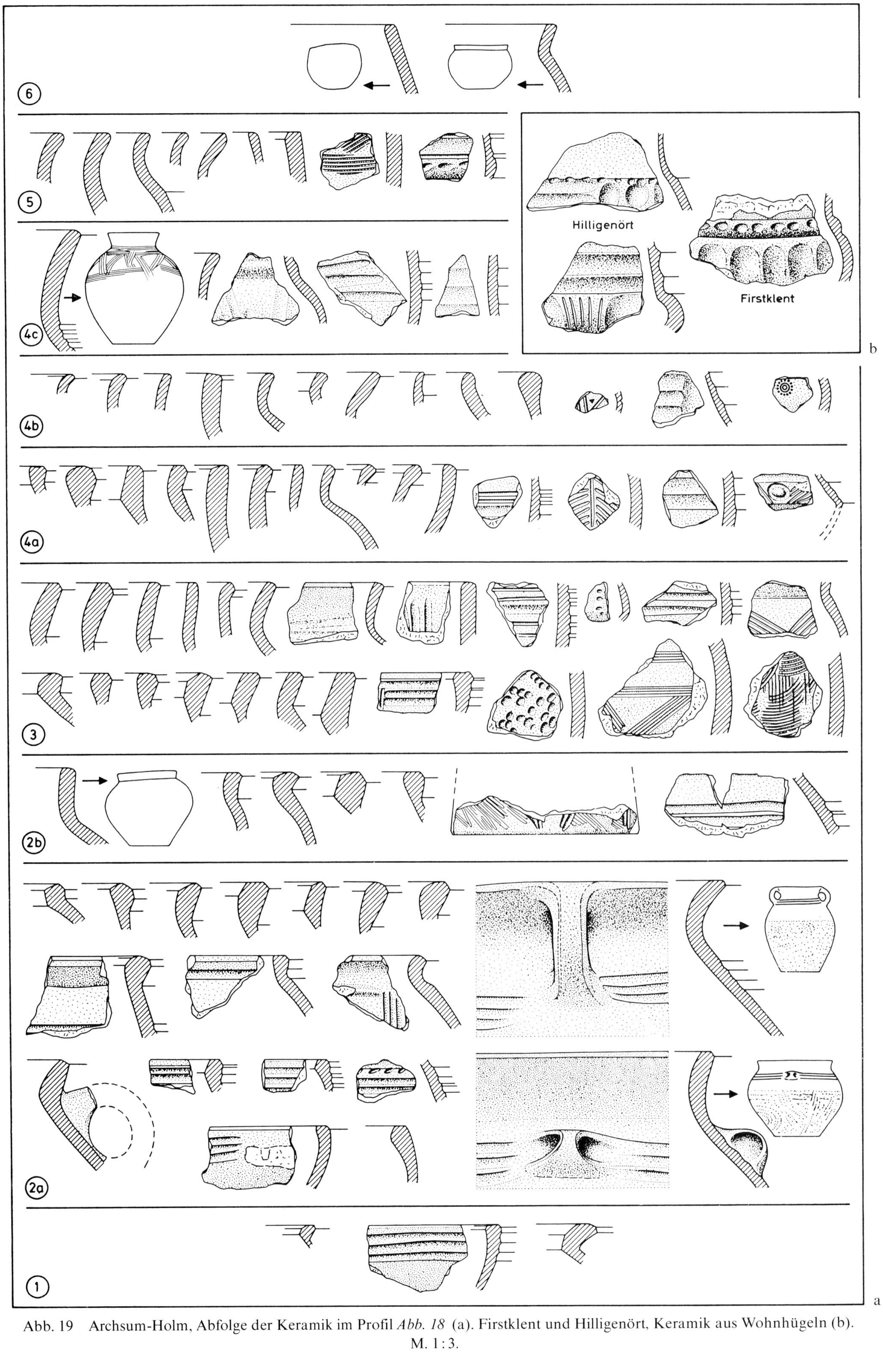

Abb. 19 Archsum-Holm, Abfolge der Keramik im Profil *Abb. 18* (a). Firstklent und Hilligenört, Keramik aus Wohnhügeln (b). M. 1:3.

einem grauen Bleichsand (0,15 m), der von einer alten Oberfläche (?) bedeckt wurde (0,10 m), hierauf ein sandiger Humusboden (0,22 m) mit spatenähnlichen Einstichen oder Frostsprengungen an der Oberkante, eine kaiserzeitliche Siedlungsschicht (0,32 m), ein Humusboden (0,15 m) und die Ackerkrume (0,20 m). Pleistozäne Oberfläche bei 2,50 m NN.

Fundstelle 25 (I Abb. 80)
Unter einem mit Ortsteineinsprenglingen durchsetzten Grausand (0,20 m) fanden sich Ardkritzen im pleistozänen Sand. Über diesem »Pflugboden« lag zunächst eine weitere Grausanddecke von 0,25 m Mächtigkeit mit einigen größeren Steinen und grobgemagerten Scherben der Stein-/Bronzezeit. Hierauf folgten ein dünner, sandig-humoser Boden (0,10 m), eine Siedlungsschicht der Kaiserzeit (0,20 m) und der Ackerhumus (0,20 m). Pleistozäne Oberfläche bei 1,85 m NN.

Fundstelle 47 (I Abb. 80)
Eine auf Pleistozän aufliegende Grausandschicht mit Scherben (0,20 m) wurde von einem zweigeteilten Humusauftrag (0,45 m), einer dünnen kaiserzeitlichen Siedlungsstrate (0,10 m) und einem relativ mächtigen Ackerboden (0,30 m) bedeckt. Pleistozäne Oberfläche bei 2,40 m NN.

Fundstelle 52 (I Abb. 80)
Auf Grausand (0,10 m) oberhalb des pleistozänen Sandes bei 1,80 m NN folgten ein Humusboden (0,37 m), kaiserzeitlicher Siedlungsschutt (0,60 m) und die Ackerkrume (0,35 m).

Fundstelle 59 (Fläche 3, I Abb. 80)
Schichtfolge: Grausand (0,15 m), fester humoser Boden (0,25 m), sandig-humoser Boden (0,15 m), kaiserzeitliche Siedlungsschicht (0,60 m), Ackerkrume (0,15 m). Pleistozäne Oberfläche bei 1,60 m NN.

Fundstelle 85 (Südfläche, I Abb. 80)
Auf pleistozänem Sand lagen eine 0,15 m dicke Grausandschicht, ein sandig-humoser Boden (0,15 m), ein 0,80 m mächtiger Auftrag mit Scherben des Mittelalters sowie die Ackerkrume (0,15 m). Pleistozäne Oberfläche bei 1,30 m NN.

Fundstelle 121 (I Abb. 80)
Das Pleistozän enthielt in seinen oberen Teilen Reste von Ortsteinzapfen, hierüber fanden sich eine Grausandschicht (0,15 m), ein humoser Boden (0,20 m), Schutt einer kaiserzeitlichen Siedlung (0,30 m), stellenweise erhalten noch eine Humusdecke (0,15 m) und die Ackerkrume (0,30 m). Pleistozäne Oberfläche bei 2,50 m NN.

Sonderfälle

Die bisher beschriebene Typenfolge läßt sich weder auf die Profile des Melenknop (Fundstelle 65) noch auf die basalen Straten der Archsumburg (Fundstelle 61) anwenden. Das bereits ausführlich beschriebene Profil des Melenknop zeigt in seinem Idealaufbau folgende Gliederung *(Abb. 7–10)*: Auf Pleistozän lag ein gekappter Boden a, dessen untere Reste, als Grausand erhalten, Funde des Spätneolithikums enthielten. Der Grausand war von einem mittelbronzezeitlichen tiefbraun-schwarzen Auftrag e und einem braunen Humusboden der vorrömischen Eisenzeit g bedeckt. Das gesamte Schichtpaket wurde vom Siedlungsschutt der Kaiserzeit überlagert.

Die Schichtfolge in der Archsumburg[16] zeigte auf Pleistozän (Oberkante bei rund 2,30 m NN) zunächst einen Mischboden (0,15 m) und darüber Humus (0,10 bis 0,38 m) mit wenigen Fundeinschlüssen der Bronzezeit. Aus botanischer Sicht gilt er als primäre Oberfläche, aber wegen seiner homogenen Struktur und seiner Mächtigkeit wird er eher als Auftragsboden zu bezeichnen sein. Unter dem Wallkörper wurde die Schichtfolge von einer dünnen Bleichsandstrate (0,05 m) mit erhaltener Vegetationszone abgeschlossen. Hierauf baute sich das kaiserzeitliche Erdwerk auf (1,50 m), darüber folgte abschließend die Ackerkrume (0,10 m).

Außer diesen Aufschlüssen wurden noch undatierte Fundstellen untersucht, weil sie Hinweise auf alte Oberflächen (Fundstellen 27, 32, 49, 112, 174) oder Grausandlagen unter den Humusaufträgen erlaubten (Fundstellen 40, 48, 50, 101-Ost). Von großem Interesse waren in diesem Zusammenhang schließlich Aufschlüsse an mehreren bei der Feldbegehung entdeckten Scherbenkonzentrationen, die eindeutig sekundär verlagertes Material erbrachten:

Fundstelle 104 (I Abb. 80)
Auf einen 0,30 m mächtigen, mit Steinchen durchsetzten Mischboden folgten ein 0,15 m dicker Auftrag mit zahlreichen kaiserzeitlichen Scherben und die Ackerkrume (0,30 m). Pleistozäne Oberfläche bei 4,50 m NN.

[16] Kossack u. Harck a.a.O. (Anm. 4) 477 ff.

Fundstelle 105 (I Abb. 80)
In einem 0,15 m mächtigen Humusauftrag direkt auf pleistozänem Sand fanden sich zahlreiche, z. T. größere Scherben ohne Bezug zu einer Siedlungsstrate. Darüber folgte die Ackerkrume (0,30 m). Pleistozäne Oberfläche bei 5,60 m NN.

Fundstelle 122 (I Abb. 80)
Sekundär verlagertes Material direkt auf pleistozänem Sand (0,30 m). Es wurde von einer 0,20 m mächtigen, mit Scherben durchsetzten Humusschicht und der Ackerkrume (0,10 m) bedeckt. Höhe der pleistozänen Oberfläche nicht bekannt.

Fundstelle 127 (Fläche 1, I Abb. 80)
Auf Pleistozän lagen 0,15 m dicker Mischboden mit Steinchen, eine 0,25 m mächtige Strate aus sekundär verlagertem Material, ein Humusband (0,05 m) und die Ackerkrume (0,20 m). Pleistozäne Oberfläche bei 2,80 m NN.

Schließlich sei noch auf eine kleine Geländekuppe westlich des Wohnhügels Firstklent im Südwesten Archsums mit folgender Gliederung hingewiesen (Fundstelle 176): Auf Pleistozän bei 2,30 m NN folgten eine 0,05 m mächtige Grausandschicht, eine 0,30 m dikke Lage aus kleiig-sandigem Boden mit tiefen, sandgefüllten Trockenrissen an der Oberseite, eine kaiserzeitliche Siedlung (0,30 m) und die Ackerkrume (0,25 m). Der sandig-kleiige Boden kann nicht natürlich abgelagert, sondern muß in der Vorkaiserzeit aufgetragen worden sein.

Ergebnisse

Abgesehen von den Beispielen »Melenknop« und »Archsumburg« ließ sich das vorgelegte Material in zwei Haupttypen gliedern: *Abb. 20,* Typ 1 zeigt datierte natürliche Böden oder Siedlungsstraten direkt auf Pleistozän oder auf einer als Mischboden bezeichneten Übergangszone, einen Grau- oder Bleichsand und hierüber homogene humose Aufträge unterschiedlicher Zeitstellung. Bei *Abb. 20,* Typ 2 fand sich unter einer datierten Siedlungsschicht immer eine aufgetragene Humusschicht verschiedener Mächtigkeit. Fundstellen mit dem Aufbauschema von Typ 1 lagen ausschließlich oberhalb der 2,50 m-Isohypse der pleistozänen Oberfläche *(Abb. 21).* An der Ostseite dieses Bereiches wurden ebenfalls fünf der 18 Stellen vom zweiten Typ entdeckt, während die restlichen 13 Siedlungen dieser Befundgruppe vor allem unterhalb der genannten Höhenlinie am Südrand des Geestkerns zutage traten. Von den eingemessenen Pleistozänhöhen des zweiten Typs erbrachten sieben der 18 Stellen Werte über 2,50 m NN, allerdings lag die nächste Umgebung der meisten dieser Fundstellen wesentlich unter der 2,50 m-Isohypse, wie es z. B. beim Melenknop der Fall ist.

Aus der Verteilung der Profiltypen und den Hinweisen auf ihre Datierung ergeben sich Diskussionsmöglichkeiten für eine siedlungsarchäologische Deutung: Im Bereich oberhalb der 2,50 m-Pleistozän-Isohypse war eine Bodenaufbesserung durch Plaggenwirtschaft erst nach Auflassung der römerzeitlichen Siedlungen erforderlich. Hiervon gehören einige Erdaufträge sogar ins Mittelalter oder in die Neuzeit. Im Süden sowie am östlichen und westlichen Rand der Geesthöhe hat man dagegen frühzeitig, also schon vor Chr. Geb. aufplaggen müssen, nachdem hier zuvor an mehreren Stellen die alte Oberfläche abgetragen oder umgearbeitet worden war. Der tiefbraun- schwarze bronzezeitliche Boden unter dem Melenknop stellt hier eine Ausnahme dar.

Offenbar gehören die Aufhöhungsmaßnahmen vom Typ 2 in die vorrömische Eisenzeit, deren Siedlungen in Archsum bislang nicht entdeckt worden sind. Wir finden somit die kuriose Situation vor, daß die Wirtschaftsfläche einer Gemeinschaft bekannt ist, ihre Keramik sogar durch Scherbeneinschlüsse in den Auftragsböden wenigstens ausschnittsweise überliefert wurde, aber die Hausplätze selbst noch fehlen. Ob wir das Siedelareal oberhalb der 2,50 m-Isohypse suchen dürfen, dafür gibt es noch keine Anhaltspunkte. Allein ein Grabhügel mit Nachbestattungen der frühen Eisenzeit unter der wikingerzeitlichen Siedlung Alt-Archsum kann als primärer Fundort gewertet werden[17]. Dabei darf man aber nicht übersehen, daß Friedhöfe meistens oberhalb der Wirtschaftsfläche im Ödland und in einiger Entfernung von den Wohnplätzen der Bevölkerung angelegt wurden. Der Bestattungsplatz kommt somit als Nachweis für einen auf der Höhe gelegenen Wohnplatz nicht in Betracht. Eine andere topographische Möglichkeit für eine Siedlungslage wäre der Niederungsbereich zwischen den zeitgleichen Auftragsflächen unterhalb der 2,50 m-Isohypse, obgleich sich weder bei den zahlreichen Probeeinschlägen noch in Verbindung mit der Feldbegehung an irgendeiner Stelle Hinweise auf einen Wohnplatz ergeben haben. Zusammengefaßt läßt sich somit folgender Befund festhalten: Die Geesthöhe oberhalb der 2,50 m-Isohypse stellte in den Jahrhunderten vor Chr. Geb. entweder ein Ödland dar, eine Wirtschaftsfläche besonderer Art, z. B. Heide, bei der keine Auftragserde zur Bodenaufbesserung notwendig erschien, oder, weniger wahrscheinlich, die Siedelfläche der vorrömischen Eisenzeit.

[17] Kossack, Harck u. Reichstein a.a.O. (Anm. 2) 288 mit Beil. 13,1.

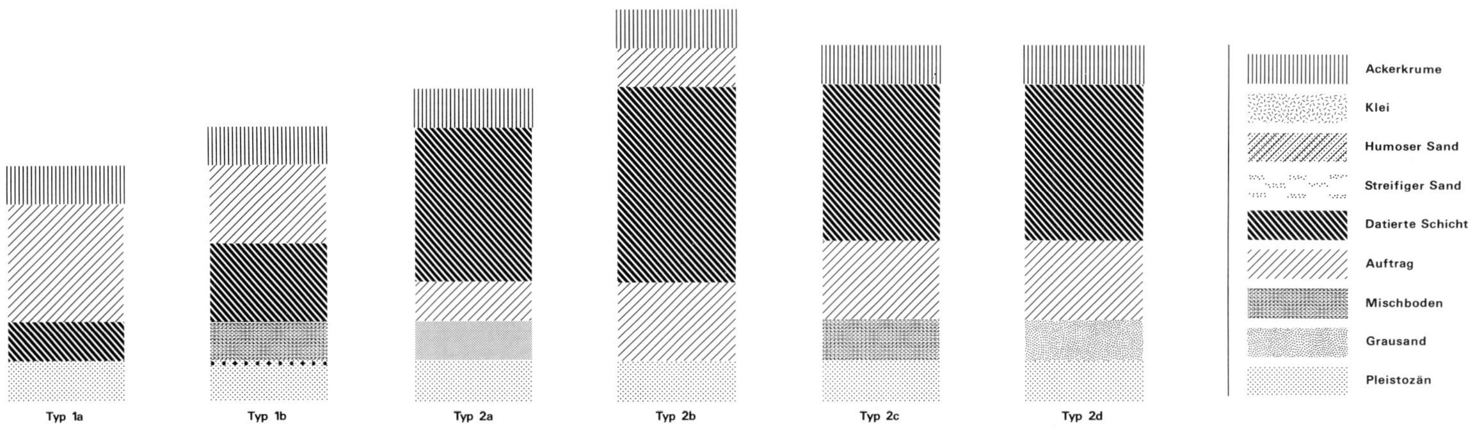

Abb. 20 Typen der Plaggenböden in Archsum.

Das Niederungsgebiet wäre dagegen in jedem Fall als Ausbauareal in Verbindung mit einer Erweiterung der Ackerwirtschaft zu deuten. Ob dabei die Auftragsböden ausschließlich als Maßnahme für eine Ertragssteigerung der Äcker zu verstehen sind oder ob sie das Gelände aufhöhen sollten, um es nicht vernässen zu lassen, als sich die Dünkirchener Meerestransgression auszuwirken begann, diese Frage kann mit archäologischen Mitteln nicht entschieden werden.

Das zweite Kartenbild zeigt Fundorte mit Humusaufträgen oberhalb kaiserzeitlicher oder wikingerzeitlicher Siedlungsstraten *(Abb. 22).* Von diesen Böden sind vier durch Fundeinschlüsse oder durch die topographische Situation ins Mittelalter datiert (Alt-Archsum [Fundstelle 30], 106, 116, 127 [Fläche 2]). Nach der Verteilung dieser Fundstellen in der Archsumer Feldmark bevorzugte man Areale oberhalb der 2,50 m-Isohypse: Der Befund kann nur so verstanden werden, daß Bodenaufbesserung in Perioden mit dünner Besiedlung (Völkerwanderungszeit, Wikingerzeit, Mittelalter und frühe Neuzeit) ausschließlich in sturmflutgesicherten Bereichen lohnend erschien. Kleinräumige Flächen wie z. B. auf dem Firstklent, Melenknop und Hilligenört hat man in dieser Zeit sicherlich gepflügt und das Land durch Düngung verbessert; wie sonst wären die zahlreich aufgelesenen mittelalterlichen Scherben im Süden des Geestkerns zu verstehen[18]. Größere Bodenbewegungen fanden hier offenbar nur in begrenztem Umfang statt. Kartierungen der Humusmächtigkeiten durch den damals am Archsum-Projekt beteiligten Geologen D. Hoffmann unterstützen diese Befundaussage in vollem Umfang (I 8 Abb. 7).

Ein bronzezeitlicher Auftragsboden in Rantum

In der vertikalen Schichtfolge des Archsumer Melenknop fiel die »mittlere Landoberfläche« *(Abb. 9*: e) insofern auf, als sie bei tiefbrauner bis schwarzer Färbung, die ein hoher Humusgehalt verursacht hat, diskordant und deshalb leicht trennbar auf dem gekappten Ackerpodsol der Stein-Bronzezeit abgelagert war und sich außerdem als Ackerland erwies. Natürliche Bildung an Ort und Stelle galt bei derartig gestörtem Profil als ausgeschlossen. Der Gedanke lag nahe, sich diesen überraschenden Bodenhorizont als demontierten Plaggenauftrag entstanden zu erklären und zwar schon während der mittleren Bronzezeit, wie aus den Fundeinschlüssen und aus der stratigraphischen Fixierung hervorging. Die Technik, Äcker durch Bodenauftrag zu verbessern, muß also damals schon bekannt gewesen sein. Inzwischen haben wir einen sicheren Befund vom Weststrand der Insel 250 m westsüdwestlich des Seeheims Rantum und 270 m nördlich eines Weges, der vom heutigen Dorf küstenwärts die Düne überquert *(Abb. 23–24,* vgl. dazu I, Topographische Karte der Insel Sylt). Hier hatte die Sturmflut vom 24. 11. 1981 einen Grabhügel freigespült, der bis dahin unter Dünensand verborgen und auf einem Plaggenboden errichtet worden war *(Abb. 25,* dazu I 41 Abb. 27). Ganz in der Nähe hatte die See bereits in früheren Jahren die Wüstung Alt-Rantum wieder aufgedeckt (I 15 Abb. 13, 1), welche die küstenparallele Düne ebenfalls unter sich begraben hatte.

[18] Ebd. 364 ff. mit Abb. 31.

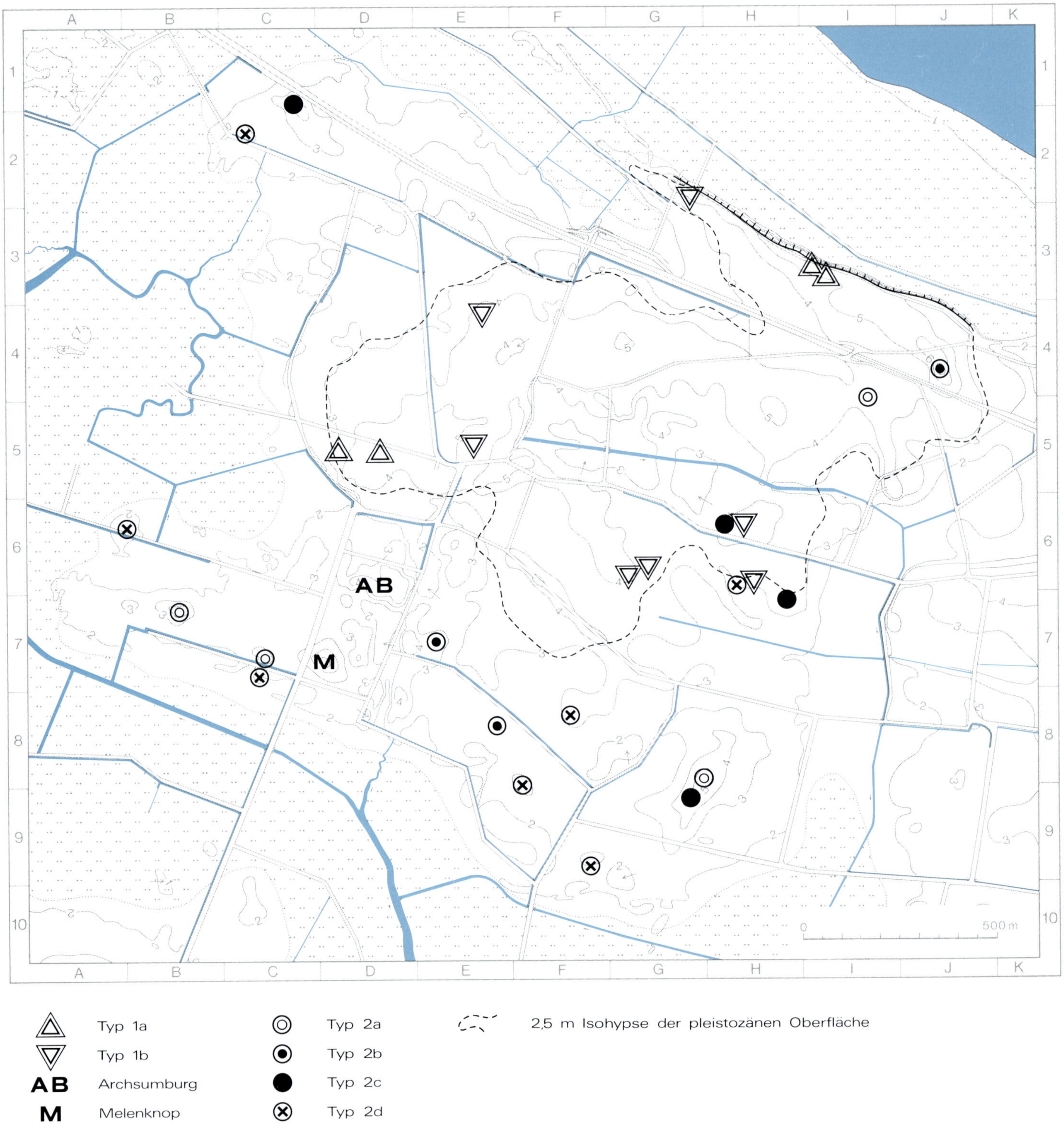

Abb. 21 Verbreitung der Plaggenbodentypen auf der Archsumer Geest. M. 1 : 15 000.

○ Auftragsboden über kaiserzeitlicher oder wikingerzeitlicher Fundschicht

⊗ datierter Auftragsboden (post Wikingerzeit)

2,5 m Isohypse der pleistozänen Oberfläche

Abb. 22 Auftragsböden des Mittelalters auf der Archsumer Geest. M. 1 : 15 000.

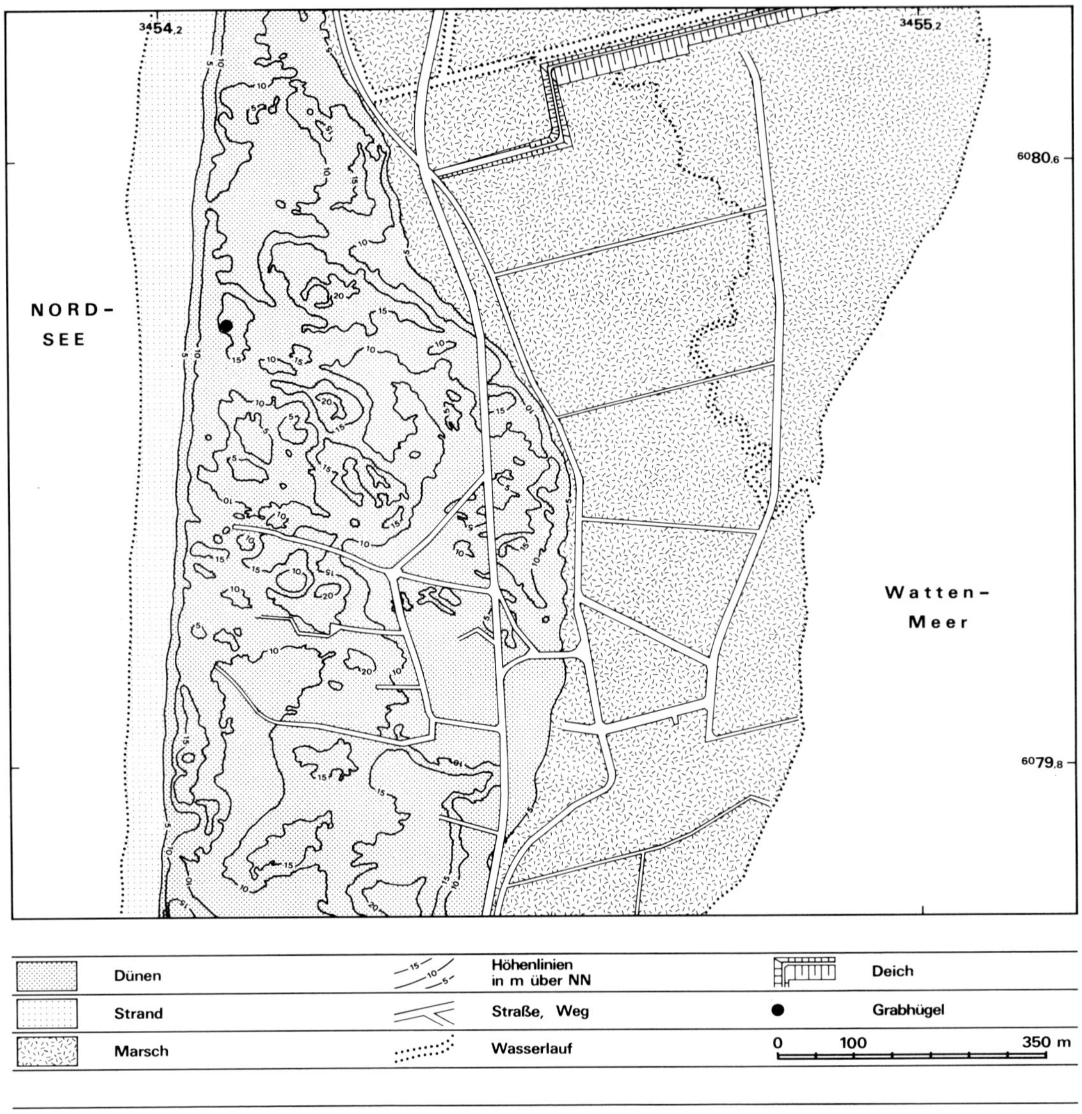

Abb. 23 Rantum, Sylter Weststrand. Grabhügel der Bronzezeit. M. 1 : 1000.

Vor 230 Jahren war dieses Dorf noch voller Leben, seine Kirche hatte man 1757 »Oosten dem Dorf auf dem Wirkshoog« gebaut, der Namensbildung nach ein Grabhügel, der natürlich damals noch nicht übersandet gewesen sein kann. Die Überlieferung, die W. Jessen vor ein paar Jahren zusammentrug[19], nennt unter anderen Peter Taten, der 1777 in der Kirche getauft worden war; »die Kirche hatte in meinen Kindertagen vom Kirchhof bis an die Dünen eine bedeutend schöne Grasfläche«, erinnerte sich Taten. Aber als 1801 das Bauwerk »bis an die Fenster hinauf begraben stehet«, bricht man es ab, obwohl Winterstürme Teile des Areals immer wieder freiwehten, in den dreißiger Jahren des vorigen Jahrhunderts den Eingang zum Friedhof und einige Grabhügel, wie Jessen zu berichten weiß, ohne allerdings seine Quelle anzugeben[20]. Bringt man den Dorfplan von 1782, den H. Rinken gezeichnet hatte, die Darstellung der Insel durch H. du Plat (1804/05, I 67 Abb. 37) und die moderne topographische Karte zur Deckung, stand die letzte Kirche von Alt-Rantum tatsächlich in unmittelbarer Nähe des kürzlich freigespülten Grabhügels. Das teilt J. Newig mit, dem wir einen aufschlußreichen Beitrag über historische Karten im ersten Bande dieser Reihe verdanken (I 64 ff.). Hier zeigt sich nur von neuem, wieviel Land seither an der Dünenkante verlorenging.

[19] W. Jessen, Das Meer vernichtet – und segnet (1967) 79 ff.
[20] Ebd. 82.

Abb. 24 Sylt, Dünenküste bei Rantum S–N. Flugaufnahme von U. Muuß. Freigegeben SH-151/484. Mit freundlicher Genehmigung des Karl Wachholtz Verlages aus Luftbildatlas Schleswig-Holstein II.

Abb. 25 Rantum. Bronzezeitlicher Grabhügel Wirkshoog unter der Düne.

Als der Grabhügel entstand, sah sein Umland in der Tat gänzlich anders aus als in unseren Tagen. Die *geologische Untersuchung* nutzte als Bezugsebene die auf Sylt noch vielfach gut erhaltene Holozänbasis (I 101 Abb. 50), ein sandig-humoser Geestboden, auf dem auch der Grabhügel steht und der sich gebildet hatte, bevor die postglaziale Transgression die Insel erreichte, weil er bis in die Tiefen um –4 m NN zu verfolgen ist, also weit unter die Ablagerungen des Küstenholozäns. Ein Blick auf die Höhenschichten der Holozänbasis im Bereich der Hörnumer Halbinsel (*Abb. 26,* dazu auch I Abb. 50) zeigt uns, wie kräftig die Geestoberfläche reliefiert war: Von der Höhe um Westerland fällt sie südwärts bis auf –4 m NN ab und steigt dann nach Rantum wieder auf heutige Meereshöhe an. Daß sie sich auch in westlicher Richtung um mehr als 3 m hob, wußten wir nicht, weil es an Aufschlüssen fehlte. Deshalb zogen wir Testschnitte am Strand (I–V) und brachten parallel dazu Bohrungen am Kliff-Fuß nieder (1–8); sie sollten uns über den faziellen und stratigraphischen Aufbau unterrichten *(Abb. 27–29).* In den Schnitten I–IV lagen Strandsande diskordant auf schräg geschichtetem tertiärem Kaolinsand. Er hatte sich in Kolken gesammelt, die unterhalb der Mitteltidehochwasser(MThw)-Linie entstanden waren. Geestboden fehlte. Dagegen kam er in Schnitt V zum Vorschein und zwar unter Strandsanden von wenigen Zentimetern Stärke und auf Geschiebemergel (*Abb. 27*: V; *28*). Die Bohrungen am Dünenkliff trafen ihn unter abgerutschtem Dünensand in wechselnder Mächtigkeit auf pleistozänen Sanden an *(Abb. 29).*

Diesen Aufschlüssen zufolge war der Rantumer Strandbereich ehedem eine Geestkuppe, welche ihre Umgebung (Marsch und Watt, vgl. dazu I 118 Abb. 56) um einige Meter überragte und heute noch immer höher liegt, als das MThw aufläuft. Der Kern der Kuppe besteht aus tertiärem Kaolinsand; nach Norden zu bedecken ihn pleistozäne Ablagerungen. Die Oberfläche bildet ein Boden, der unter den Sedimenten des Küstenholozäns häufig zu finden ist. Da er am Fuß des Kliffs noch ansteht (*Abb. 27*: V; *28*), wird er im fallenden Strandbereich weitgehend erodiert worden sein. Anfänglich dürfte sich die Geestkuppe viel weiter seewärts ausgedehnt haben; Sturmfluten trugen sie nach und nach ab. Dementsprechend muß auch der Küstensaum erheblich weiter westlich verlaufen sein als heute. Auch die Küstendünen hatten die Kuppe noch nicht erreicht; denn im Klei der Rantumer Marsch und in der Schüttung des Grabhügels ist von Sandeinwehung nicht die Spur zu sehen.

Die *archäologische Untersuchung* mußte auf den Küstenschutz Rücksicht nehmen. Aber obwohl wir den Grabhügel nur in seiner westlichen, freigespülten Hälfte abtragen durften (13. 4.–17. 5. 1982) und wir dabei allerlei Schwierigkeiten zu überwinden hatten, auflaufende Flut am Hügelfuß und Rieselsand aus der 14,5 m hohen Düne, ließ sich der Aufbau des Tumulus in den Sektoren eines Süd-Nord- und eines Querprofils zureichend wiedergewinnen. Wir unterschieden zwei Bauphasen, die sich im Hügelkern und im Hügelmantel niederschlugen *(Abb. 30).* Auf humosem Geestboden (+3,20 m NN) war bis zu einer Höhe von 2,70 m homogener, mit Holzkohle durchsetzter Grausand aufgeschüttet worden, den Sodenpackungen randlich stützen sollten; den Hügel umzog bei einem lichten Durchmesser von 17 m ein flacher Graben, auf dessen Sohle (+2,90 m NN) ein lückenhafter Kranz aus 15–30 cm dicken Feldsteinen zum Vorschein kam. Eine markant

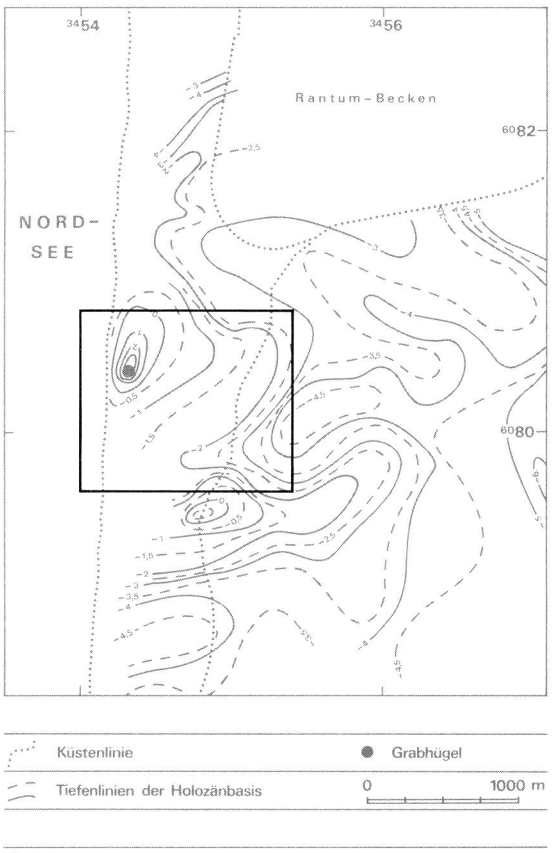

Abb. 26 Rantum, Sylter Weststrand. Holozänbasis mit der Lage des Grabhügels Wirkshoog. M. 1 : 50 000.

trennbare, 3 cm starke humose Schicht, vermutlich die alte Vegetationsdecke, bildete den ersten Hügelmantel; randwärts dünnte sie aus, ließ sich aber noch über die Sodenpackung hinweg bis zur Grabensohle verfolgen. Im südlichen Sektor (3,57 m NN) fand sich eine 6 cm mächtige Brandplatte, an der Basis schwarz gefärbt, darüber gelb und rot und wie ein flacher Trog gebildet, 1,30 m lang, 0,80 m breit und 0,18 m tief *(Abb. 31)*[21]. Außer Holzkohle enthielt die Mulde wenige Leichenbrandpartikel. Bau und Inhalt ähneln Brandgräbern in

[21] Es handelt sich um 8,7 g vollständig verbrannten menschlichen Leichenbrandes kleiner Fragmentgröße, überwiegend Diaphysenstükke sowie zwei Fragmente der Schädelkalotte, von denen jeweils nur eine Tafel vorhanden ist. Der Gesamteindruck ist grazil. Das Alter konnte histologisch auf früh- bis mittelmatur (40–50 Jahre) bestimmt werden. Die Analyse verdanken wir S. Hummel und H. Schutkowski, Institut für Anthropologie der Universität Göttingen.

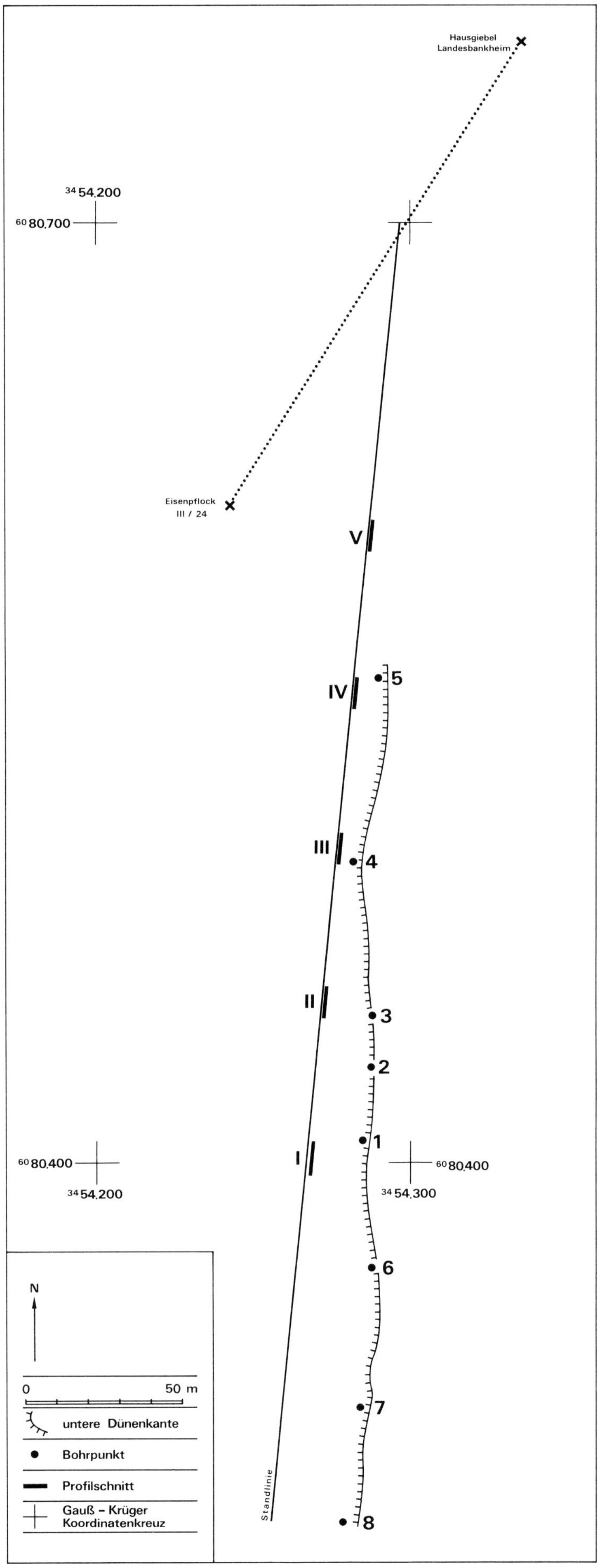

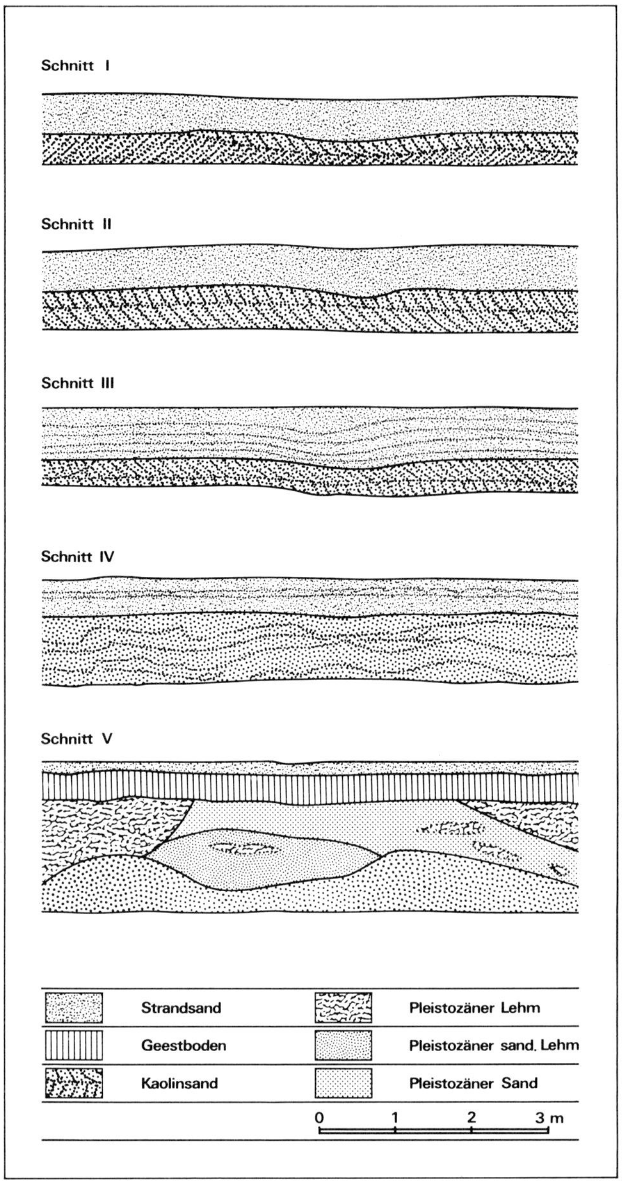

Abb. 28 Rantum. Stratigraphie der Profile *Abb. 27.*

Abb. 27 Rantum. Bohrungen und Profilschnitte am Weststrand in der Nähe des Grabhügels Wirkshoog. M. 1 : 2000.

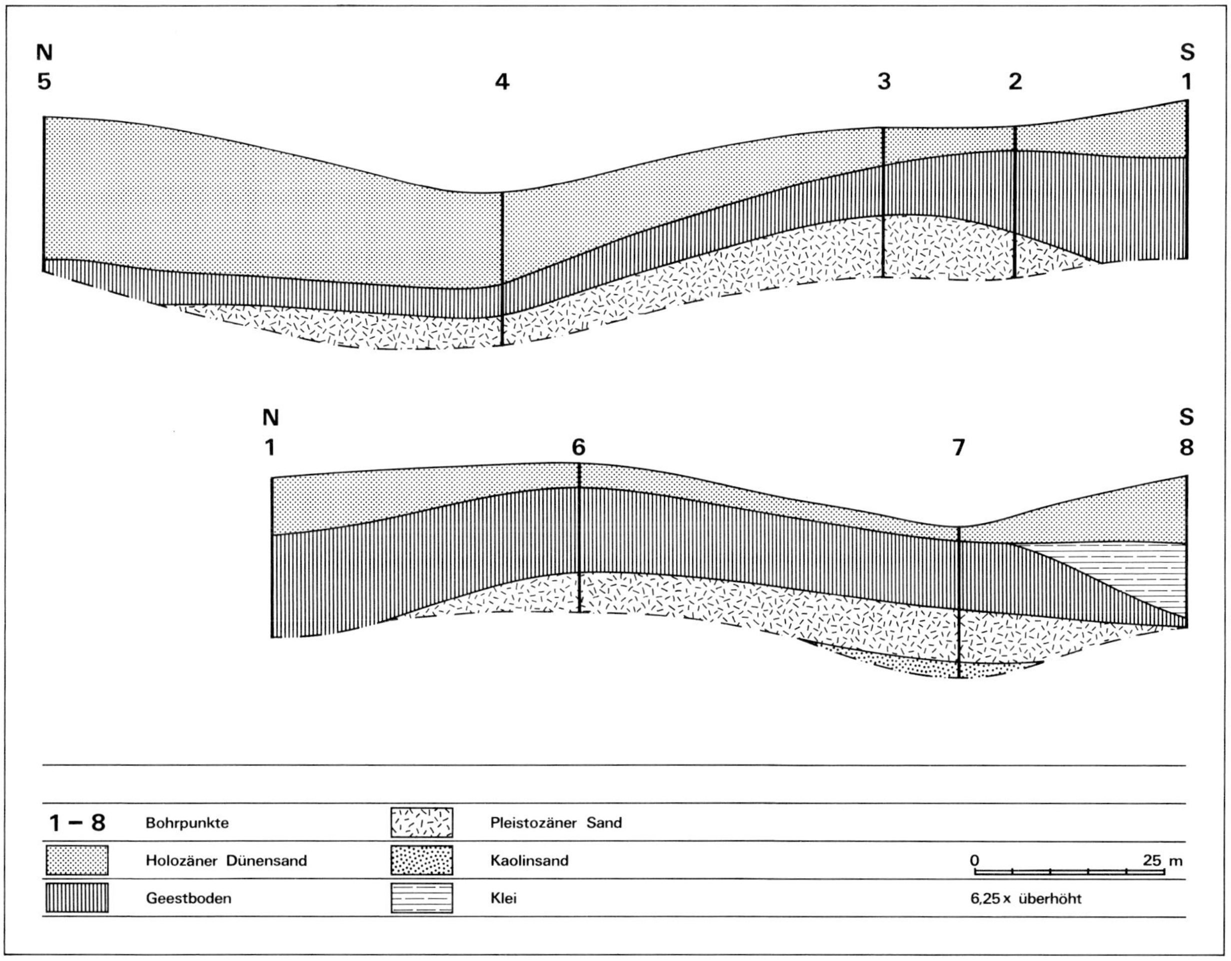

Abb. 29 Rantum. Stratigraphie der Bohrprofile *Abb. 27.*

Grabhügeln der älteren Bronzezeit (Periode 3), die K. Kersten von der Insel beschrieben hat[22]. Die Hügelschüttung lieferte in sekundärer Lage den Griff eines Flintdolchs (Kühn Typ V)[23], wenig Gerät und Abfälle aus Flint und ein paar bronzezeitliche Tonscherben *(Abb. 32).* Während der zweiten Bauphase gewann der Tumulus mit 70 cm durch Plaggenauftrag noch einmal an Höhe. Dabei wurde der Ringgraben überfahren und ein zweiter Steinkreis mit einem Durchmesser von 20 m angelegt; die größten, bis 50 cm dicken Steine grub man 1 m tief ein. Zwischen ihnen fanden wir wieder sekundär verlagerte Tonscherben aus der vorrömischen Eisenzeit; sie stammen vermutlich aus einer Nachbestattung im Plaggenmantel.

Es wäre wohl kaum lohnend gewesen, den Grabhügel in diesem Bande so ausführlich zu beschreiben, wenn nicht die Sturmflut, die ihn freispülte, unmittelbar westlich eine Brandungskante hinterlassen und der Ausgräber nicht zwischen dieser Kante und dem Hügelfuß in Höhe des Querprofils einen graubraunen, sandigen, humosen und mit Holzkohle durchsetzten Boden entdeckt hätte, der über 0,50 m mächtig und, wie ein zusätzliches, 11,50 m langes Profil erwies, vom jüngeren Steinkranz überlagert war. Die Basis des Bodens, pleistozäne Sande mit einer für Sylt charakteristischen Geröllschicht, befand sich zwischen 2,90 m und 3,00 m NN und fiel nordwärts auf 2,85 m ab *(Abb. 33).*

[22] K. Kersten u. P. La Baume, Vorgeschichte der nordfriesischen Inseln. Die vor- u. frühgesch. Denkmäler u. Funde Schleswig-Holsteins 4 (1958) 56; 430 f. (Keitum Grabhügel 24, Plan S. 429 Abb. 125); 597 f. (Wenningstedt Grabhügel 13 u. 14, Pläne S. 56 f. Abb. 210–211); E. Aner u. K. Kersten, Die Funde der älteren Bronzezeit des nordischen Kreises in Dänemark, Schleswig-Holstein und Niedersachsen. Bd. 5, Südschleswig-West (1979) 86 f. (Kat. 2707); 133 f. (Kat. 2766/67). K. Kersten sei auch an dieser Stelle für fachliche Beratung gedankt.

[23] H. J. Kühn, Das Spätneolithikum in Schleswig-Holstein. Offa-Bücher 40 (1979) 45 ff.

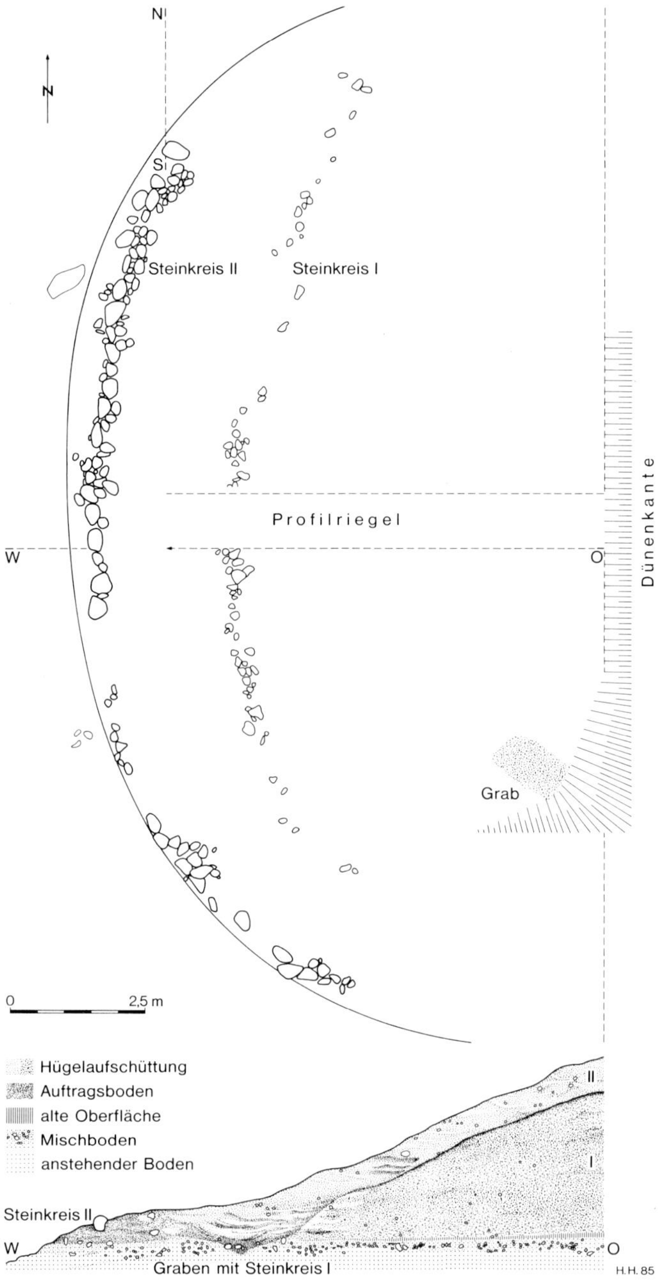

Abb. 30 Rantum, Sylter Weststrand.
Grabhügel Wirkshoog. M. 1 : 140.

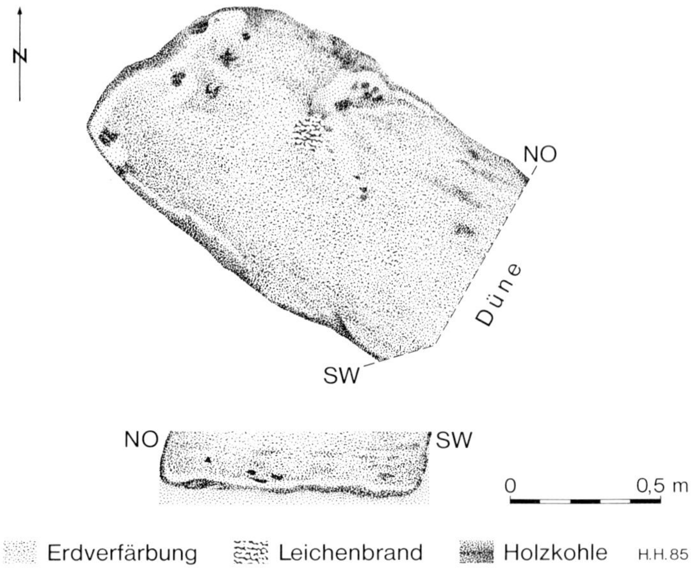

Abb. 31 Rantum, Grabhügel Wirkshoog. Brandplatte (Bestattungsplatz). M. 1 : 25.

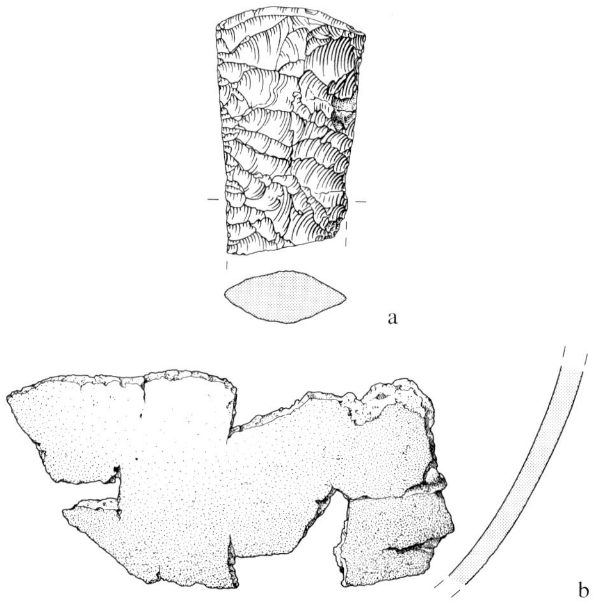

Abb. 32 Rantum. Funde aus dem Grabhügel Wirkshoog. a Flint. b Ton. M. 2 : 3 (a), 1 : 2 (b).

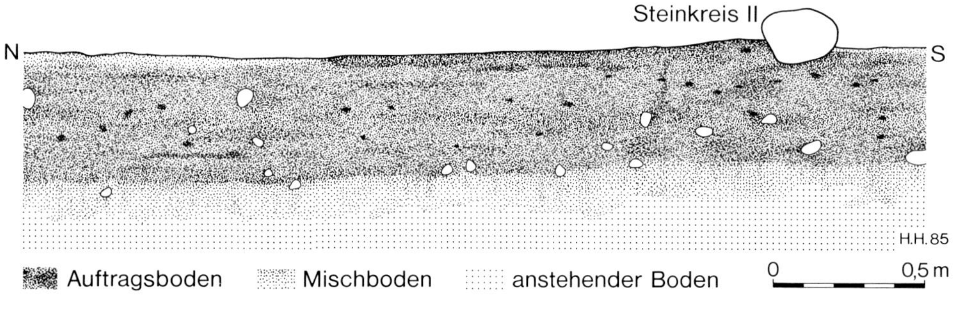

Abb. 33 Rantum, Grabhügel Wirkshoog. Auftragsboden. M. 1 : 25.

Bodenkundliche Untersuchung schien uns dieses einmaligen Befundes wegen zwingend[24]. Der fossile Boden *(Abb. 34)* erwies sich mit 58 cm Stärke weit über eine normale Pflugtiefe hinaus als humos *(Tab. 1)*. Der liegende B_v-Horizont besteht aus kiesarmem Mittelsand *(Abb. 35)* mit überwiegend mittlerer Rundung des Feinsandes *(Tab. 2)*. Er stammt aus dem jüngsten Pleistozän[25]. Die humosen Horizonte sind demgegenüber ton- und schluffreicher *(Abb. 35)* und von hellgrauen Schmitzen und Holzkohlestückchen durchsetzt; außerdem werden sie stellenweise vom Liegenden durch eine Kiessohle getrennt. Das spricht für einen Auftrag humoser Plaggen, mit denen ja auch der Grabhügel selbst während seiner zweiten Bauphase vergrößert worden war. Phosphat ist in den humosen Horizonten mit 660–980 ppm HCL-löslichem P (entspricht ca. 820–1200 ppm Gesamt-P) erheblich angereichert *(Tab. 1)* und zwar im Gegensatz zu Fe und K stärker, als sich allein aufgrund höherer Tongehalte erwarten ließ *(Tab. 3)*. Aus diesen beträchtlichen Phosphatgehalten kann man schließen, daß die Plaggen vor ihrem Auftrag als Einstreu genutzt, mit Stallmist kompostiert oder parallel zum Auftrag in hohem Maße mit Stallmist gedüngt wurden.

In der Umgebung Rantums standen sowohl Heide auf pleistozänen Sanden als auch Wiese auf Marschenklei für die Plaggengewinnung zur Verfügung[26]. Die Tongehalte von 8–10% (*Abb. 35;* die niedrigen Gehalte des oberen Horizontes YAh, denen auch geringe Humusgehalte entsprechen, können durch Flugsandbeimengung verursacht sein, wie ein Vergleich der entsprechenden Körnungskurve in *Abb. 36* zeigt), die C:N-Verhältnisse von 11–15 und die hohen P-Ge-

Abb. 34 Rantum, Grabhügel Wirkshoog. Profil des Auftragsbodens *Abb. 33.*

[24] H.-P. Blume und J. Lamp, Kiel, besuchten Sylt im Mai 1982 und April 1983 und nahmen Bodenproben. Entnahmestelle: Testschnitt I in *Abb. 27.* – F.-R. Averdieck, Kiel, nahm während der Grabung 1982 Proben aus dem Grabhügel und aus dem von ihm überlagerten Boden, um den Polleninhalt zu prüfen. – Proben für die Analyse der Pflanzengroßreste des Bodens gewann H. Kroll, Kiel, im April 1983. Sie enthielten nach seinen Angaben nur wenige, außerordentlich schlecht erhaltene Reste. Erkennbar waren folgende Taxa: *Triticum dicoccum* (Emmer), *Chenopodium* (Gänsefuß), *Spergula arvensis* (Ackerspörgel), *Plantago lanceolata* (Spitzwegerich), *Calluna vulgaris* (Besenheide), *Eleocharis palustris/uniglumis* (Sumpfbinse) und Gramineae (Süßgräser). Kroll interpretierte die Kombination von verkohlten Samen und Früchten als typisch für einen analog den Archsumer Böden entstandenen anthropogenen Ackerboden. Das Vorkommen von Emmer, typisch für die Stein- und Bronzezeit, das Fehlen von Gerste, erst für die Eisenzeit charakteristisch, weist auf ein hohes Alter des Bodens hin. – R. Zölitz nahm damals Phosphatproben. Die Ergebnisse seiner Untersuchung stehen noch aus. – Zu den bodenkundlichen Methoden: Die Trockenraumgewichte (Rg) der Bodenhorizonte wurden durch Trocknung und Wägung von Stechzylinderproben (5 à 100 ccm) ermittelt. Alle weiteren Analysen erfolgten an Feinerdeproben (<2 mm ∅; 0,2–1,4% Steine). Die Körnung wurde nach HCl- und H_2O_2 -Vorbehandlung sowie Na-Pyrophosphat-Dispergierung mittels Siebung (Sandfraktionen) und Pipettenanalyse (Schluff und Ton) bestimmt, die organische Substanz durch Bestimmung des organischen Kohlenstoffs mittels Ströhleinapparatur und Multiplikation mit 2 erfaßt. Die pH-Werte wurden potentiometrisch in 0,02 M $CaCl_2$-Lösung (1:2,5) gemessen. Die N-Bestimmung (Nt) erfolgte durch H_2SO_4-Aufschluß nach Kjedahl und titrimetrischer Bestimmung des destillierten NH_4. Nährstoffreserven bzw. verwitterbare (v) Elemente wurden nach Glühen der Proben bei 500 °C mit 30%iger, kochender Salzsäure extrahiert und K, Mg bzw. Ca flammenphotometrisch, Al, Fe bzw. Mn mit AS, Cu bzw. Zn polarographisch und schließlich P kolorimetrisch bestimmt. – Methodische Einzelheiten der Untersuchungen sind E. Schlichting u. H.-P. Blume, Bodenkundliches Praktikum (1966) zu entnehmen. Porenvolumen (PV), nutzbare Feldkapazität (nFK) sowie Luftkapazität (LK) und damit die Porung wurden aus Raumgewicht, Körnung und Humusgehalt nach W. Müller (Hrsg.), Bodenkundliche Kartieranleitung ([3]1982), die Kationenaustauschkapazität (KAK) aus Körnung und Humusgehalt abgeleitet: H.-P. Blume u. F. Friedrich, Bodenkartierung, Standortbewertung und Ökoplanung. Verhandl. Ges. Ökologie 7, 1978, 145 ff.

[25] D. Hoffmann, Zum geologischen Aufbau der Hörnumer Halbinsel auf Sylt. Meyniana 23, 1974, 63 ff.

[26] Ebd.

Horizont	Tiefe cm	pH $CaCl_2$	org. S. %	N_t g/kg	C/N	C/P	P_v	Ca_v	Mg_v	K_v	Rg g/cm^3	Kies %	Farbe (feucht)	KAK mval/100 g	Fe	Al	Zn	Cu	Mn
						mg/kg			mg/kg						g/kg		mg/kg		
YAh	0–18	5,6	0,95	0,42	11	62	760	250	620	620	1,66	0,2	10YR3/3 dunkelbraun	7	6,5	3,0	13,0	3,6	160
Ah_1	18–34	4,9	1,93	0,72	13	99	980	320	910	820	1,61	0,2	8 YR3/2 dbr	12	8,1	5,2	16,0	4,0	200
Ah_2	34–58	4,8	1,42	0,47	15	108	660	260	720	670	1,60	1,4	8 YR4/2 dbr–br	8	7,3	5,1	14,0	3,0	190
Bv	58–80	4,9	0,26	0,08	16	73	180	140	440	430	1,77	0,7	8 YR5/3 hellbr	2	3,9	3,1	6,8	1,6	61

Tab. 1 Rantum. Eigenschaften eines fossilen Auftragsbodens.

Horizont	YAh				Bv			
	Rundung				Rundung			
Mineral	kaum	mittel	stark	Σ	kaum	mittel	stark	Σ
Quarz	19,7	47,6	8,3	75,6	17,6	52,3	2,6	72,5
Feldspäte	2,0	12,9	1,3	16,2	1,6	8,9	1,3	11,8
Gesteinsbruchstücke	0,6	5,7	0	6,3	2,3	10,6	0,3	13,2
Sonstige[1]	0,6	1,0	0,3	1,9	0	1,2	1,3	2,5
	22,9	67,5	9,9	10,0	21,5	73,0	5,5	100,0

Tab. 2 Rantum. Mineralbestand und Rundungsgrad in % der Feinsandfraktion zweier Horizonte eines fossilen Auftragsbodens. Nach E. Kalk, Kiel. [1] Muskovit, Chlorit, Glaukonit, Opake und Schwerminerale.

Horizont	Tiefe cm	P g/kg	K g/kg	Fe g/kg
YAh	0–18	11,0	8,6	90
Ah_1	18–34	10,0	8,4	83
Ah_2	34–58	8,1	8,2	89
Bv	58–80	4,7	11,0	103

Tab. 3 Rantum. Tonbezogene Eigenschaften eines fossilen Auftragsbodens.

	nFK l/m^2	org. S. kg/m^2	Ton kg/m^2	N_t g/m^2	P_v g/m^2	K_v g/m^2	Ca_v g/m^2	Mg_v g/m^2	Fe_v g/m^2	Mn_v g/m^2	Zn_v g/m^2	Cu_v g/m^2
a	120	14,3	93	530	920	970	310	870	840	200	16	4,0
b[1]	70	9	56	330	430	640	210	660	510	90	9	2,4
a–b	50	5	37	200	490	330	100	210	330	110	7	1,6

Tab. 4 Rantum. Nutzbare Wasserkapazität (nFK) und Humus-, Ton- und Nährstoffmengen eines fossilen Auftragsbodens (a) bis 8 dm sowie mögliche Verhältnisse eines nicht geplaggten Bodens (b). [1] Aufgrund der Eigenschaften des Bv und der Annahme eines 2 dm mächtigen Ah mit 2% Humus, 5% Ton und entsprechend erhöhten Nährstoffgehalten kalkuliert.

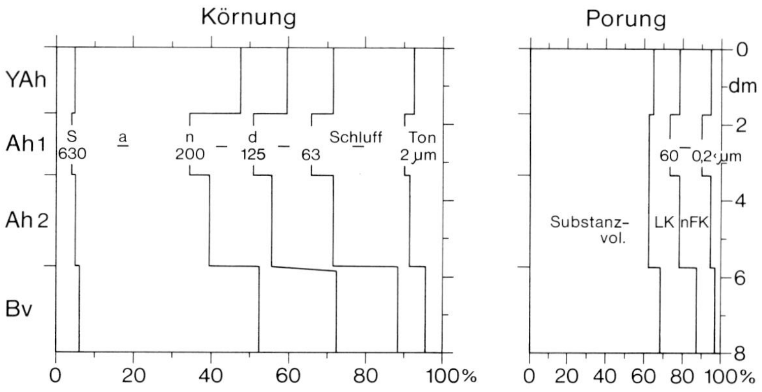

Abb. 35 Rantum, Grabhügel Wirkshoog. Körnung und Porung des Auftragsbodens.

halte[27] sprechen für eine Nutzung beider Vegetationsareale. Hätte man nur Heideplaggen verwendet, wären beim C:N-Verhältnis Werte über 20 zu erwarten, bei Plaggengewinnung allein auf sandreichen Kleistandorten müßte der Mittel- und Grobsandgehalt viel geringer sein, als er es tatsächlich ist. Daß die Plaggen auf Böden aus Geschiebelehm gestochen wurden, dafür fehlt jeder Anhaltspunkt: Kies und Steine kommen in den YAh- und Ah 1-Horizonten praktisch nicht vor, außerdem sind die Mineralpartikel der Sandfraktion deutlich gerundet. Ah 2 enthält mit 1,4% zwar etwas Kies, aber dabei wird es sich um eingearbeitetes Material aus der liegenden Kieslage handeln.

Im Vergleich zu normalen Ackerböden aus pleistozänen Sanden[28] hatte der fossile Auftragsboden beachtliche nutzbare Feld- (vgl. nFK in *Abb. 35*) und Kationenaustauschkapazitäten (s. KAK in *Tab. 1*). Plaggenauftrag erhöhte die Fähigkeit, Wasser und Nährstoffe zu binden. Entsprechendes gilt auch für die Nährstoffreserven *(Tab. 1)*. Wenn wir auch auf eine Bestimmung der verfügbaren Nährstoffe verzichteten, weil stärkere Veränderungen durch Spritz- und Niederschlagswasser bei Meeresnähe nicht ausgeschlossen werden können, dürften die Reserven an Stickstoff, Kalium, Kupfer und Zink um mindestens 50% angehoben worden sein (vgl. in *Tab. 4,a.b*). Phosphor (Stallmist, Siedlungsabfälle) und Mangan sind mehr als verdoppelt worden. Die Ertragsverhältnisse des Bodens sind jedenfalls durch Plaggenauftrag insgesamt erheblich verbessert worden. Der Rantumer Befund ist das älteste und eindeutigste Beispiel für Plaggendüngung, das wir derzeit kennen[29]. Es unterstützt unsere Interpretation der »mittleren Landoberfläche« im Archsumer Melenknop als Auftragsboden, obwohl er im Gegensatz zu Rantum nicht mehr in forma optima erhalten war.

(H.-P. Blume, D. Hoffmann u. J. Reichstein)

[27] Deppenbrock u. Schroeder a.a.O. (Anm. 3).
[28] E. Schlichting, Typische Böden Schleswig-Holsteins (1960).
[29] Vgl. die Literatur in Anm. 3.

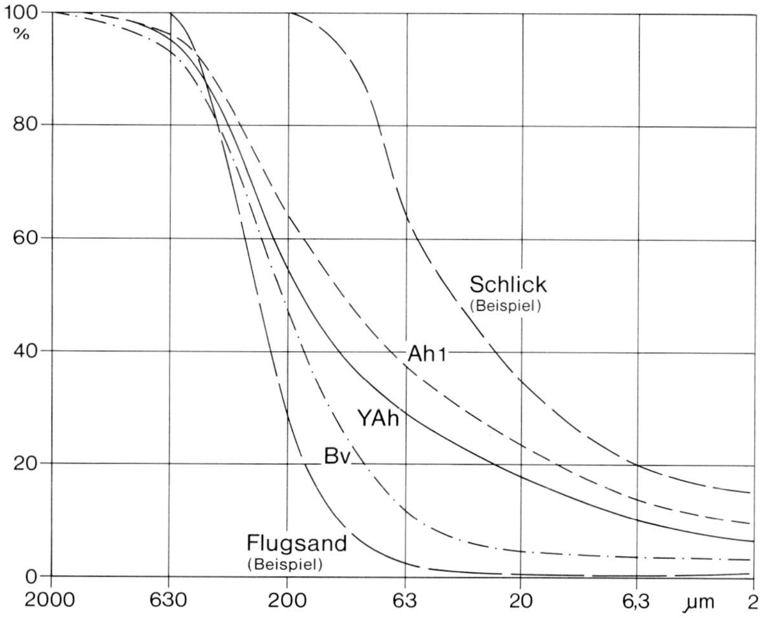

Abb. 36 Rantum, Grabhügel Wirkshoog. Tongehalte des Auftragsbodens.

ACKERFLUREN

Befunde in Archsum

Wir wissen nicht, ob die abertausend Kubikmeter Erdreich auf besonderen Plätzen in der Archsumer Flur von der Gemeinschaft oder von einzelnen Familien aufgetragen wurden. Auch die Aufteilung der Wirtschaftsfläche und der Weideareale bleibt unbekannt. Die einzigen obertägig sichtbaren Reste älterer, wahrscheinlich mittelalterlicher Flurbegrenzungen in Archsum sind Deichstücke im Süden und Osten der Geesthöhe am Übergang zur Marsch sowie einige künstliche, durch Erdaufträge geschaffene Dämme für Wirtschaftswege in der Feldmark (Fundstellen 17, 32, 46, Lage: I Abb. 80). Verfärbungen von einem rechtwinklig gebogenen Ackerwall (Fundstelle 47), dessen Lage weder aus der modernen noch aus der vor 200 Jahren erfolgten ersten Vermessung der Langstreifenflur hervorgeht, erscheinen auf frischgepflügtem Feld als helles Band im tiefbraunen Humusboden *(Abb. 37)*. Die Lage bei dem Wohnhügel könnte durchaus als Hinweis auf ein hohes Alter zu werten sein, zumal vergleichbare Befunde aus anderen Siedlungen in Archsum vorliegen.

Einige Flächen und Profile im Nordabschnitt des Melenknop enthielten schmale Sodenwälle, so in Verlängerung des Großhauses aus der Periode B 2 oder aus einer jüngeren Periode[30]; sie waren als Terrassenkante

[30] Kossack, Harck u. Reichstein a.a.O. (Anm. 2) 364 ff. mit Abb. 31.

Abb. 37 Archsum. Ackerwall auf gepflügtem Feld bei Fundstelle 47.

um eine Aufschüttung eines planierten Hofgeländes angelegt oder sollten eine Hausstelle gegen Erosion sichern (*Beil. 25,* m 70–72.50). Wir fanden aber auch kaiserzeitliche Erdwälle aus unstrukturiertem Sand oder aus Kleisoden, die keinerlei Verbindung mit einem Hausrest hatten und vermutlich eine Flur begrenzen sollten. Meist werden die geraden oder bogenförmig gekrümmten Wälle von Gräben begleitet, bis 1,60 m breit und bis 0,50 m tief. Bei eindeutigen Befunden erwiesen sich die Gräben als gleichzeitig oder älter als die Wälle, niemals jünger; das aus den Gräben gehobene Material wurde wahrscheinlich nicht immer zum Bau der rund 1,20–1,50 m breiten Erddämme verwendet.

Eine derartige Flurbegrenzung aus Damm und Graben in Fläche 23 (I Beil. 24) mag als Beispiel dienen *(Abb. 38).* In Planum 11 (2,50 m NN) fanden sich einige etwa 0,30 m breite, in die Kaiserzeit datierte Gräben, die überall auf dem Wohnhügel vertreten waren und vermutlich der Entwässerung dienten. Sie waren z. T. in einen hellen Sandstreifen von rund 1,10 m Breite und 9,50 m Länge eingetieft, der sich deutlich von dem durchtretenen und humosen Boden der übrigen Fläche unterschied. In dem darunterliegenden Planum 12 (2,30 m NN) ließen sich ein schmaler, rund 7,0 m langer, 0,40 m breiter Rest der oben beschriebenen hellen sandigen Verfärbung und ein danebenliegender, schuttgefüllter Graben von 8,60 m Länge und 1,30 m Breite beobachten; im untersten Planum 13/14 (bei rund 2,0 m NN) unterbrach der zuletzt genannte Befund sowohl bronzezeitliche Kreisgräben als auch Ardkritzen, unterschied sich durch seinen humosen und kleiigen Füllboden deutlich vom gelben pleistozänen Sand und den älteren sandigen Gruben und Grabenfüllungen, während die Dammschüttung diese Verfärbungen bedeckte. Im Nordprofil 56 erschien der dammähnliche Wall als humose Schicht, bedeckt von Klei und umgeben von Schutt. Unterhalb folgte streifig gelagerter Sand, der auch den Graben überlagerte.

Ein vergleichbarer Befund wurde bei Fundstelle 121 (I Abb. 80) im Ostteil der Archsumer Flur dokumentiert *(Abb. 39).* In dem 5×5 m großen Aufschluß bedeckten Siedlungsreste der Kaiserzeit einen 1 m breiten Erddamm aus Grausand; an seiner Südseite lag er teilweise auf einem mit wenigen handgroßen Steinen gefüllten Graben (0,50 m breit und 0,25 m tief). Der Zusammenfund von Wall und älterem Graben ist von eisenzeitlichen Ackersystemen auf der jütländischen Halbinsel mehrfach belegt[31]. In einem Beispiel aus Grøntoft Hede ließ sich – wie in Archsum/Melenknop, Fläche 23 – eine Bodenschicht zwischen der Grabenfüllung und dem Wall nachweisen.

Ackerfluren auf Sylt

Weitere vor- und frühgeschichtliche oder mittelalterliche Ackerfluren fanden sich außerhalb Archsums in Morsum *(Abb. 40),* bei Wenningstedt-Braderup, Kampen und im Listland *(Abb. 41)*[32]. Auf der Nösse-Halbinsel ist ein Feld mit sechs 25–40 m breiten Terrassenäkkern in der Heide nördlich der Bahnlinie erhalten. Auf einem dieser Wälle liegt ein wikingerzeitlicher Grabhügel, der den Ackerwall in vorgeschichtliche Zeit datiert. Ein zweites, heute zerstörtes Feld befand sich südlich der Bahnlinie. Es enthielt verschieden orientierte Ackerwälle von 0,80 m Breite und 0,20–0,30 m Höhe. An den Ecken dieser Wälle kamen Haufen von Lesesteinen zum Vorschein. Eine Wenningstedter Fundstelle mit niedrigen Wällen konnte im Anschluß an eine ausgegrabene kaiserzeitliche Siedlung vermessen werden, ein weiteres Feld lag nördlich des ehemaligen Segelfliegerhafens. Dies zeigte niedrige, parallel und senkrecht zueinander verlaufende Wallformen. An den Schnittstellen dieser Flurbegrenzungen befanden sich Lesesteinhaufen mit Scherben der älteren Kaiserzeit. Südöstlich der Siedlung Alt-List konnte im Dünengelände ein eigenartiger Heidebewuchs in rund 0,80 m breiten, parallel verlaufenden Streifen beobachtet werden, die durchaus mit Wölbäckern vom Typ Lindholm-Høje bei Ålborg zu vergleichen sind[33]. Der Lister Befund ist von archäologischer Seite weder vermessen noch durch Grabung erschlossen.

Ergebnisse

Nach den vorgelegten Befunden und nach den erhaltenen Denkmälern zu urteilen, gab es in der Eisenzeit auf Sylt von Erdwällen umgrenzte Felder in direkter Verbindung mit Siedlungen (Archsum-Melenknop, Archsum Fundstelle 47, Wenningstedt-Braderup). Über die Größe der Ackerflächen und über die Art ihrer Bepflügung und Düngung ist nichts bekannt. Am Melenknop dürfte es während der Bewirtschaftung der um-

[31] M. Müller-Wille, Eisenzeitliche Fluren in den festländischen Nordseegebieten. Siedlung u. Landschaft in Westfalen 5 (1965) 32 ff. mit Abb. 15–17.

[32] Kersten, Vorgeschichtliche Ackerfelder auf Sylt. Führer vor- u. frühgesch. Denkmäler 9: Schleswig, Haithabu, Sylt (1968) 222 ff.

[33] T. Ramskou, Lindholm Høje. Third Preliminary Report for the Years 1956–1957 on the Excavation of a Late Iron Age Cemetery and an Early Medieval Settlement. Acta Arch. 28, 1957, 193 ff. mit Abb. 1–2.

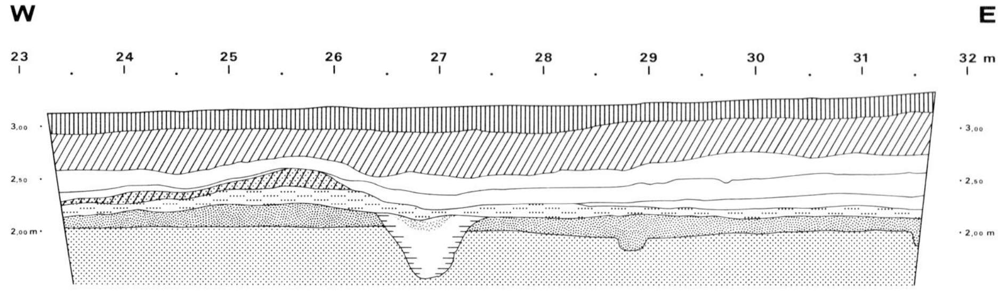

a

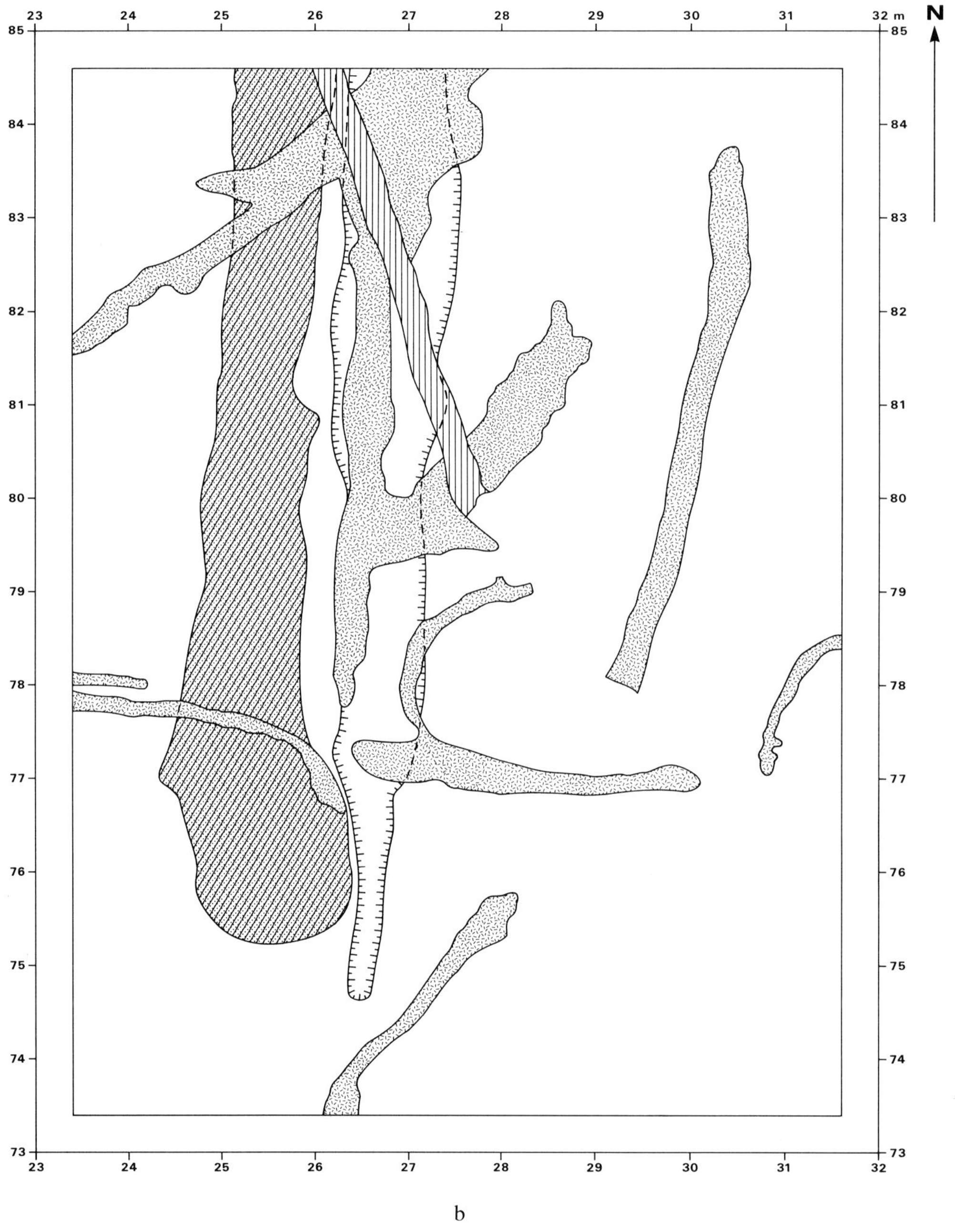

b

Abb. 38 Archsum-Melenknop. Grabensysteme in Fläche 23 (Lage: I Beil. 24).

wallten Areale zu keinerlei Bodenaufbesserung durch Erdauftrag gekommen sein, weil kein Profil im Anschluß an einen seitlich zerronnenen Wall Humus in erkennbarer Mächtigkeit enthält. Vor Errichtung der Erdwälle waren die Felder wahrscheinlich von tiefen schmalen Gräben umgeben, eine Begrenzung, die sich in vergleichbarer Weise von Fundstellen in Angeln und Nordjütland belegen läßt. Die durch terrassenähnliche Bodenwälle umgebenen Langparzellen in Morsum-Nösse und die nur vage beschriebenen Felder bei Kampen und Wenningstedt (Segelfliegerhafen) können vorgeschichtlichen oder frühgeschichtlichen Alters sein, eine genauere Zuweisung ist derzeit nur bei der vorwikingerzeitlichen Ackerflur in Nösse möglich. Ob die allein durch Bewuchs kenntlichen schmalen Wölbäcker von List mit den genannten frühgeschichtlichen »Spargelbeeten« aus Nordjütland in Zusammenhang gesehen werden dürfen, bleibt unklar. Im günstigen Fall wären sie dann in Verbindung mit der Wüstung Alt-List zu sehen, die Funde des 13.–14. Jahrhunderts erbracht hat.

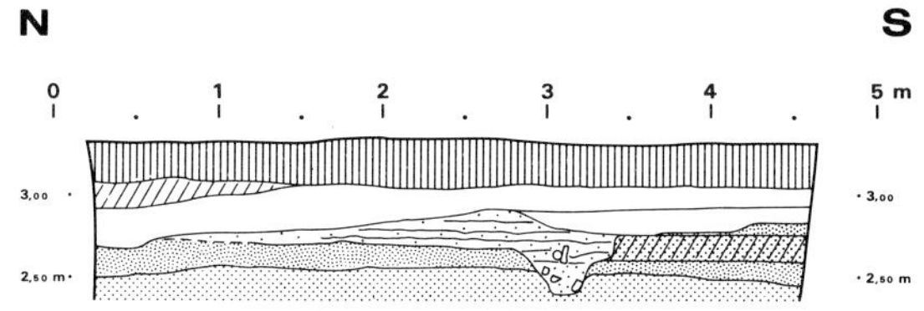

a

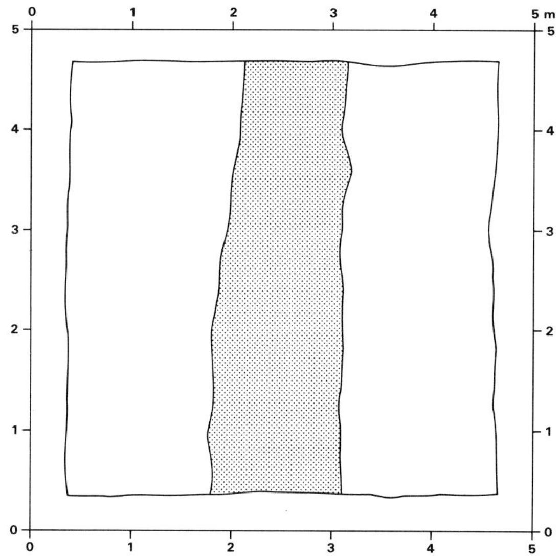

b

Abb. 39 Archsum, Fundstelle 121 (Lage: I 193 Abb. 80). Grabenzug im Plaggenboden.

a

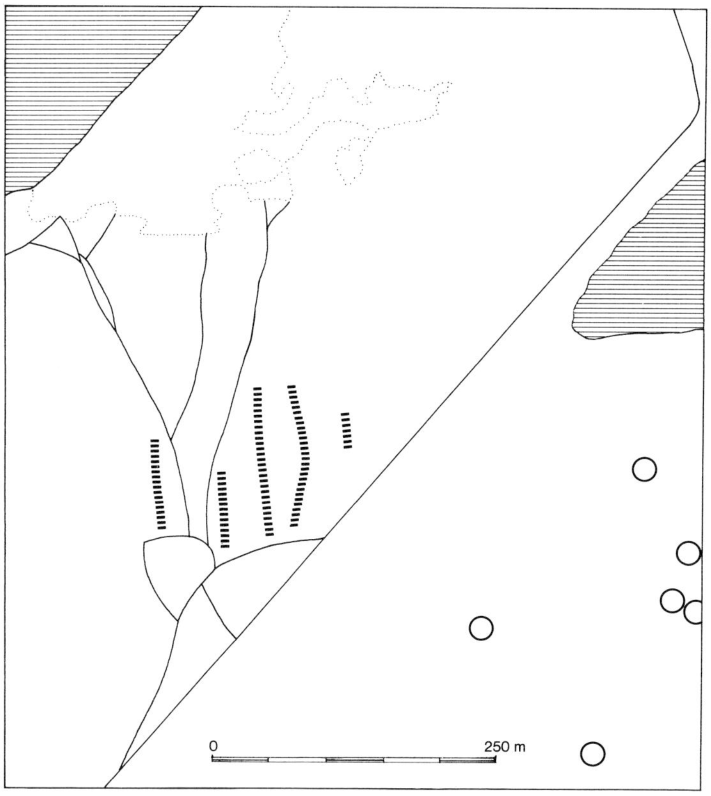

b

Abb. 40 Morsum, Kliffnähe auf der Nössehalbinsel. Ackerflur. a Flugaufnahme J. K. St. Joseph, Cambridge. Freigegeben SH 370-3.

Abb. 41 List. Ackerflur (?) im Bereich der Wanderdüne (Listland).

Vor- und frühgeschichtlicher Ackerbau in Archsum auf Sylt
Eine botanische Großrestanalyse

Von Helmut Johannes Kroll

Mit Beiträgen von Ole Harck, Georg Kossack und Joachim Reichstein

EINLEITUNG

FRAGESTELLUNG

Die einzigartig erhaltenen fossilen Ackerböden auf der Archsumer Geest sind in datierte Schichtenfolgen eingebunden und außerdem durch Fundeinschlüsse archäologischer Art mit bestimmten Straten in den bäuerlichen Siedlungen aus ur- und frühgeschichtlicher Zeit korrelierbar. Diese Siedlungen reichen zwar aufs Ganze gesehen von der Bronzezeit bis in das Mittelalter, umfassen im Einzelfall allerdings immer nur begrenzte Zeitstrecken. Die Fundverhältnisse waren als derart günstig zu beurteilen, daß der Gedanke nahelag, auch die in den Böden enthaltenen Pflanzenreste aufzubereiten, zu bestimmen und zur Rekonstruktion ackerbauerlicher Wirtschaftsweisen zu nutzen. Die zahlreichen Pflanzenteile aus den Siedlungen selbst (Kulturschichten, Vorräte, Abfälle) und aus den fossilen Naturböden sollten dazu verhelfen, zeitlich gestaffelte Vegetationsbilder für den Archsumer Geestkern zu entwerfen und deren Wandel zu beschreiben. Wie sehr sich die Naturlandschaft seit Beginn der Meerestransgression grundlegend veränderte, zeigten bereits die geologischen und palynologischen Untersuchungen der Marschen- und Wattenzone (I 85 ff.; 147 ff.). Deshalb war zu erwarten, daß sich die Archsumer Bauern, auf eng begrenztem Siedelraum zusammengedrängt, seither ständig mit der Umwelt auseinanderzusetzen und Antworten auf die Herausforderung zu finden hatten, die sich, archäologisch und botanisch ermittelbar, in speziellen Wirtschaftsformen niederschlugen. Glücklicherweise wirft das botanisch verwertbare Fundgut auf beide bäuerliche Wirtschaftszweige Licht: auf Ackerbau und Tierhaltung. Zur ersten Gruppe zählen die Pflanzenreste aus Auftragsböden (Plaggosole), die in Archsum der Bronzezeit, der vorrömischen Eisenzeit, der Völkerwanderungs- und Wikingerzeit, dem späten Mittelalter und der Neuzeit zugewiesen werden können. Obwohl Zeitlücken unbekannter Dauer klaffen, ist doch die Zeitspanne, aus der das Material stammt, insgesamt so groß, daß der Veränderungstrend auch bei exemplarischer Analyse sichtbar wird. Dagegen vermitteln die Kulturpflanzen aus den Siedlungen, den Häusern, vor allem wenn sie durch Brand zugrunde gegangen waren, und den Schuttschichten, die sie begleiten, zwar eine gute Vorstellung über die Artenkombination, die Güte der Feldfrüchte und die Verfahren bei der Erntebergung, aber sie bieten ihres wechselnden Erhaltungsgrades wegen und weil sie zufällig oder bewußt selektiert erscheinen, stets nur Ausschnitte der zu ihrer Zeit angebauten Frucht, Ausschnitte, die außerdem zeitlich eng begrenzt sind und es deshalb nur selten gestatten, eine kontinuierliche Veränderungsreihe herzustellen. Das trifft auch auf die zweite Fundgruppe zu, die auf die Frage nach der Futterversorgung der Tiere zu antworten hat. Einbettungsmedien sind Streu- und Mistlagen römerzeitlicher Gehöfte. Kleidecken zwischen den Bauhorizonten sorgten wenigstens beim Wohnhügel Melenknop für Dauerfeuchtigkeit, damit für die Erhaltung, vielseitige Zusammensetzung und für ertragreiche Analysen. Die Proben versprachen ferner Rekonstruktionsmöglichkeiten für die Heu- und Streuwiesen unter ökologisch-pflanzensoziologischen Gesichtspunkten. Sie sollten jedoch zunächst auf ihren Pollengehalt hin untersucht werden (s. S. 162 ff.), weil zeitgleiche Pollenspektren in Seesedimenten und Mooren sich als äußerst lückenhaft erwiesen hatten oder gänzlich ausblieben (I 157 Abb. 71). So wurden denn die meisten Mistproben, die bis zu meinem Dienstantritt im Jahre 1970 geborgen worden waren, nur für die Pollenanalyse konserviert, nicht aber für die Bestimmung der empfindlichen, unverkohlten Großreste. Der Erhaltungszustand der restlichen Proben reichte nach jahrelanger Lagerung nicht mehr aus, um über die schon vorhandenen, von meinen Vorgängern durchgeführten Beschreibungen hinauszukommen. Gleichwohl sind sie in die vorliegende Untersuchung eingegangen, die ihrerseits begreiflicherweise hauptsächlich auf den pflanzlichen Rückständen in Auftragsböden beruht.

Die Gewinnung von Pflanzengroßresten begann in Archsum 1969, als in Frau F. Feindt und Frau M. Neve erstmals botanisch kompetente Mitarbeiter für diese Aufgabe zur Verfügung standen, die zu den Grabungen am Melenknop und in Alt-Archsum hinzugezogen wurden (I 29). Sie waren damals dort 24 Tage tätig, entnahmen 221 Proben insgesamt, schlämmten sie meist schon an Ort und Stelle und sahen sie soweit durch, wie es die Entscheidung erforderte, ob der Gehalt an Pflanzenresten für eine mikroskopische Detailuntersuchung ausreichte. Viele Fundeinschlüsse erwiesen sich dabei qualitativ und quantitativ als ungenügend, manche Befunde sogar als negativ. Die Artenzusammensetzung wiederholte sich in den meisten derjenigen Proben, die ich selbst zwischen 1970 und 1974 gewann, wobei ich zwar die Erfahrungen meiner Vorgänger nutzen durfte, aber nun in erhöhtem Maße auf die Vergleichbarkeit der Proben Wert legte, die mir bei einheitlicher Bergung, Aufbereitung und Bestimmung nach eigener Kenntnis gewährleistet schien. Ich sammelte das Material nun nicht mehr ausschließlich unter archäologischen Gesichtspunkten; ich hätte zwar jeden einzelnen für geeignet gehaltenen Aufschluß prüfen und dabei eine beliebig hohe Probenzahl erreichen können, aber in diesem Fall meine primäre Aufgabe in absehbarer Frist nicht zu lösen vermocht. Ich sollte die Frage nach der Entstehung der anthropogenen Böden beantworten, die Herkunft der Plaggen bestimmen und Auskunft über die Versorgung der Bevölkerung mit pflanzlichen Grundnahrungsmitteln geben, für deren Produktion nur der relativ kleine Archsumer Geestkern zur Verfügung stand; ich sollte außerdem die Veränderung der natürlichen Vegetation erschließen, soweit sie in die Proben abweichender Zeitstellung eingegangen ist. Ich begnügte mich deshalb mit Stichproben, einem Verfahren, das, im Gegensatz zu anderen Fundgruppen auch organischer Art (Tierknochen), in meinem speziellen Fall das einzig vertretbare zu sein schien. Wie umfangreich dieses Stichprobenmaterial sein mußte, stellte sich heraus, als bei fortschreitender Analysenzahl und gleichbleibendem archäologischem Befund die Häufigkeit der Taxa und deren Kombination innerhalb der Probenserie keine wesentlichen Abweichungen mehr erkennen ließen, neuartige Einsichten also nicht mehr erwartet werden durften. Nicht die Einzelprobe, sondern alle zeitgleichen Proben gleicher Herkunft zusammengenommen erlaubten es, die Serie mit einer anderen abweichender Zeitstellung zu vergleichen.

So sind denn aus einem Fundus von 232 selbst entnommenen Proben aus Profilen und Plana, die seit 1970 zugänglich waren, 144 in die *Beil. 1–14* aufgenommen worden: 53 aus dem Wohnhügel Melenknop, 7 aus dem frührömerzeitlichen Erdwerk Archsumburg und 84 aus der frühmittelalterlichen Siedlung Alt-Archsum. Dazu kommen 20 weitere Sonderproben aus dem Grabungsfundus des Melenknop *(Beil. 6)* und ein Leinsamenfund von dort, der in einem Exkurs behandelt wird (s. S. 101 f.)

Im Vordergrund der Untersuchungen standen der Wohnhügel Melenknop am Südwestrand des Geestkerns zwischen dem heutigen Dorf und einem mittelalterlichen Deichrest am Übergang zur jungen Marsch (I 174 ff.), hier Siedelschichten vom Spätneolithikum bis in die jüngere römische Kaiserzeit, die Archsumburg, ein Erdwerk der frühen römischen Kaiserzeit mit kultischer Funktion (Kossack, Harck u. Reichstein 1974, 315 ff.) und das frühmittelalterliche Dorf Alt-Archsum an der Straße zwischen Keitum und Morsum (I 183 ff.). Die Ausgräber berichten aus archäologischer Sicht über die stratigraphische Fixierung der Proben für jeden der Plätze gesondert.

Melenknop

Getreide aus Häusern

Alle Getreideproben, deren Arteninhalt Kroll in den *Tab. 8; 10; 14* u. *Beil. 6* verzeichnet hat, sind vor seinem Dienstantritt geborgen worden und stammen aus sechs verschieden alten Straten. Schon bald nach Beginn der Grabung (Herbst 1963) entdeckten wir auf Fläche 41 (I Beil. 24) im östlichen Stallbereich eines abgebrannten Langhauses aus dem 3. Jahrhundert n. Chr. Geb. (Bauperiode B 3) eine dicke Lage verbrannten, primär vielleicht schon gerösteten Korns zwischen einer basalen dunkelbraun-grünlichen Mistschicht und einer verzie-

Abb. 42 Archsum-Melenknop, Profil 18 in Fläche 41 (Lage: I Beil. 24). Profil durch den Stallgang eines Wohnstallhauses der Bauperiode B 3 mit Kornlage.

gelten Brandschuttdecke, die sich dem Gefälle des Gebäudes entsprechend gegen Osten neigte (Planum 3–5, 4,06–3,75 m NN). Dort waren die Körner besonders dicht geschüttet; in Profil 18 erreichte die Schicht eine Stärke von knapp 10 cm *(Abb. 42)*. Gegen Westen löste sich die zusammenhängende Lage in Nester auf, bis wir nur noch Streugut fanden und zwar nicht nur im Mittelgang, sondern auch in der Nähe der dachtragenden Pfosten. Der Befund erweckte den Eindruck, als hätte sich das Getreide, das auf dem Dachboden lagerte, gegen die östliche Giebelwand des Hauses verschoben und sei herabgestürzt, als die Ständer beim Brand zusammenbrachen. Wir hatten einen Beleg für die Speicherung der Ernte im Haus. Er überraschte insofern, als sichere Hinweise auf diese Bergungsart am Melenknop und wohl auch bei zeitgleichen Fundplätzen anderwärts fehlen (ausführlich S. 122 f.). Als Frau Feindt ihre Arbeit sechs Jahre später aufnahm, barg sie in der östlich benachbarten Fläche 16 aus gleicher Strate (Profile 18 und 44) zusätzliches Material (F 201). Kroll hat diese Kornkammer dann in ihrer Gesamtheit untersucht und die Zusammensetzung nach den Taxa, unter denen die Spelzgerste bei weitem dominiert, in *Beil. 6* dargestellt (9/7; 10/1.2.11; 11/4; 25/6–8; 26/20; 41/12). Die von ihm analysierte Probe 3/8 (Fläche 40) stammt aus dem Wohnteil desselben Hauses, so daß hier einer der seltenen Fälle vorzuliegen scheint, bei denen Kornspeicher und Tagesration aufeinander bezogen werden können.

Als zeitgleich erwies sich ein Nebengebäude im Westen der bis 1967 untersuchten Grabungsfläche (Fläche 1, Planum 9/10, 2,90–2,70 m NN), dessen Inneres gleichfalls Korn in einigem Umfang geliefert hat (269/13; 270/11; *Abb. 43*).

Älter war dagegen eine rot verziegelte Lehmdecke mit Korneinschlüssen in Fläche 4; sie lag auf einer Hausruine der Periode A 2 und wurde vom Schutt der Langhausperiode B 2 bedeckt (Planum 8/9); außer Spelzgerste enthielt die Probe 288/27 zu gleichen Teilen auch Nacktgerste.

Sicher in die Zeit um Chr. Geb. (Bauperiode A) gehört das als »Südhaus« bezeichnete Wohnstallhaus in Fläche III (Planum 12/13, F 219 u. K 255/6; 230/6; 288/1.17); nahe der Herdstelle (Quadrant 233) fand sich in einer verziegelten Brandschuttdecke zahlreiche Nackt-, aber auch Spelzgerste.

a

b

Abb. 43 Archsum-Melenknop, Fläche 1 (Lage: I Beil. 24). Kornschicht in einem Nebengebäude der Bauperiode B 3.

Die letzten beiden Proben stammen aus viel älterer Zeit, 282/13 (basale Kleidecke in Profil 28, Fläche 7, Planum 10) aus der späten vorrömischen Eisenzeit, 245/2 aus einer langgestreckten Grube der Bronzezeit (Fläche VI, Quadrant 124, Planum 14/15, Profil 15), hier neben Spelzgerste erstmals Emmer in größerer Menge.

Plaggenböden

Als Frau Feindt 1969 ihre Voruntersuchungen aufnahm, hatten wir bereits wesentliche Teile des Wohnhügels abgetragen und in den bebauten Zentren überall den Auftragsboden der vorrömischen Eisenzeit und vielfach schon die anstehenden pleistozänen oder frühholozänen Sande erreicht (vgl. I Beil. 24). Wo die Profile noch in forma optima bis zum gewachsenen Boden erhalten waren oder wo wir erst im Begriffe waren, die Flächen bis dahin abzuteufen, bot sich reichlich Gelegenheit, den Plaggenboden botanisch zu analysieren. In den Flächen 15 und 16 (F 1, 195, 196, 199, 216, 217) fand Feindt neben Getreidearten typische Pflanzen aus Acker- oder Schuttgesellschaften und nur wenige Nachweise für Heide *Calluna*, Naßwiesen oder andere feuchte Standorte (Sumpf-Labkraut *Galium* cf. *palustre*; Sparrige Simse *Juncus squarrosus*; Seesimse *Scirpus lacustris*). Ein ähnliches Ergebnis erzielte sie in der Nordwestfläche 21, wo vor allem wieder der Plaggenesch bis hin zu der spätneolithisch-frühbronzezeitlichen Grausandschicht (a) Gegenstand der Untersuchung war (F 5, 12, 17, 69). Obwohl eine bis ins Detail gehende Materialprüfung damals Frau Feindt nicht möglich war, gaben ihre vorläufigen Bestimmungen, die sie in ihren Tagebüchern listenartig niederschrieb, uns doch gewisse Anhaltspunkte für die Beantwortung der Frage, woher der aufgetragene Boden stammen könne, wozu sich ja schon Brunnacker unter bodenkundlichen Gesichtspunkten geäußert hatte (s. S. 2 f.). Vor allem aber: Sie veranlaßten uns, 1970 H. Kroll als ihren Nachfolger zu bitten, die Arbeit fortzusetzen und zwar wieder in Fläche 16 (K 29–56) und zusätzlich in den Flächen 18/19 (K 80–118) und 1/2 West (K 119–132), wobei nicht Flächenbefunde, sondern der Aufbau der Profile und der Pflanzeninhalt stratigraphisch fixierbarer Schichten im Mittelpunkt der Untersuchung standen.

Die von Kroll ausgewählten Probenserien verteilen sich chronologisch in folgender Weise:

1. Auf pleistozänem Sand (K 46–48: Profil 52, Fläche 16) eine Grausandschicht (*Abb. 7–10*: a), als gekappter Boden einer »unteren Landoberfläche« der Stein-Bronzezeit bezeichnet. Von insgesamt acht entnommenen Proben wurden sechs analysiert: K 46–48 aus Profil 52; K 56 aus Profil 44, beide Fläche 16; K 108 aus Profil 15, Fläche 19. Die Ergebnisse sind in *Beil. 1–2* enthalten.

2. Tiefbraun-schwarze Humusschicht (*Abb. 7–10*: e), als »mittlere Landoberfläche« bezeichnet und in die Bronzezeit datiert. Von insgesamt sieben Proben wurden vier analysiert: K 44 und 45 aus Profil 52, Fläche 16; K 109 aus Profil 15, Fläche 19; K 117 aus Profil 18, Fläche 18. Die Resultate finden sich in *Beil. 2*.

3. Humusauftrag der vorrömischen Eisenzeit (*Abb. 7–10*: g), zwischen bronzezeitlicher Schwarzschicht (Nr. 2) und Bauperiode A, als »obere Landoberfläche« bezeichnet. Als bis dahin ältester Nachweis fossiler Plaggosole maßen wir diesem Boden erhebliche Bedeutung zu. Da Bebauung fehlte, wohl aber Ardspuren erkennbar waren *(Abb. 11)*, sollte diese Ackerflur zureichende botanische Einschlüsse zur Frage freigeben, woher das aufgetragene Material stammte und wie es bewirtschaftet wurde. Dem entspricht der Umfang der Proben (26) und die Menge des dann geprüften Materials (23). Die hohe Probenzahl erklärt sich aus den Eigenschaften des Bodens. Bindiger und humoser als die bronzezeitliche Ackerkrume läßt er sich bei Trockenheit leicht zerkrümeln, er zerfällt rasch in Einzelkorngefüge. Der Anteil an feinen Sanden ist hoch, der Gehalt an lehmigen Partikeln gering, die Struktur sehr homogen. Solche Böden sind aller Erfahrung nach nahezu fundleer, am Melenknop traf das Gegenteil zu. – K 115 aus Profil 18, Fläche 18; K 85 und 92–102 aus Profil 15, Fläche 19; K 41–43 und 129–130 aus Profil 52, Flächen 16 und 1 West; K 122–123 aus Profil 33, Fläche 2 West *(Abb. 9)*; K 51–53 aus Profil 44, Fläche 16. Die Ergebnisse sind in *Beil. 3* dargestellt.

4. Siedlungsschutt und homogenisierter Boden der Bauperiode A, Straten zwischen dem Auftragsboden der vorrömischen Eisenzeit (g) und der Bauperiode B. Wahrscheinlich gehören K 127–128 aus Profil 52, Fläche 1 West in diesen Abschnitt, denn sie entstammen jener sanddurchwehten Strate, die den basalen Plaggenesch bedeckte und die wir S. 11 mit dem Buchstaben h bezeichnet hatten *(Abb. 7–8)*. K 40 aus Profil 52, Fläche 16; K 114 aus Profil 18, Fläche 18 und K 82–84 aus Profil 15, Fläche 19 markieren die Zone über dem Plaggenboden g (S. 11 i benannt *Abb. 7–8; 10*). Es handelt sich um homogenisierte Kulturerde der Bauperiode A, die randlich in Humus überging, hier schwarz gefärbt und bindig, die Lehm- und Tonfraktion deutlich höher als im liegenden Plaggenboden und mit leuchtend blauen Vivianit-Aggregaten durchsetzt. Die Strate versprach besonders gute Erhaltungsbedingungen für Pflanzenreste. Von zehn Proben insgesamt gingen sieben in *Beil. 4*

Beilage	Proben-nummer	Profil	Fläche	Befund und Datierung
1.2	K 46–48	52	16	46–48: Unter gekapptem Grausand, sonst Grausand (»untere Landoberfläche«)
	K 56	44	16	
	K 108. 110	15	19	
2	K 44. 45	52	16	Bronzezeitlicher Humus (»mittlere Landoberfläche«)
	K 109	15	19	
	K 117	18	18	
3	K 41–43	52	16	43: Grenze zwischen Humus der Bronzezeit und Plaggenesch, sonst Plaggenboden, nach oben begrenzt durch Siedlungsschutt der Bauperiode A 2, »obere Landoberfläche«
	K 51–53	44	16	Plaggenboden unter Gehöft der Bauperiode A 2 (»Flügelbau«)
	K 85. 92–102	15	19	85: Sandiger Esch auf bronzezeitlicher Oberfläche, nach oben begrenzt durch Kleilage der Bauperiode A 1; 92: Sandiger Esch unter homogenisiertem Siedlungsschutt der Periode A 1; 93–102: Auslaufende sandige Esch-Schicht, begrenzt wie oben, z. T. durchsetzt mit homogenisiertem Material der Periode A 1 bis K 98 in Fläche 19, ab K 99–102 in Fläche 25, dort zunehmend sandiger Humusauftrag auf bronzezeitlicher Oberfläche
	K 115	18	18	Humusauftrag zwischen bronzezeitlicher Oberfläche und Kulturschicht der Bauperiode A 1
	K 122. 123	33	2 W	122: Humusauftrag zwischen zwei Lagen sandigen Eschbodens (gepflügt?); 123: Sandiger Esch mit Pflugspuren (bis in bronzezeitliche Oberfläche), *Abb. 9*
	K 129. 130	52	16/1 W	Plaggenesch auf bronzezeitlicher Oberfläche
4	K 40	52	16 N	Übergang vom Plaggenboden zu Schutt der Bauperiode A
	K 82–84	15	19	82: Siedlungsschutt unter Bauperiode B 1; 83: Torfige Lage in Periode A 2; 84: Kulturschicht der Periode A 1
	K 114	18	18	Homogenisierter Auftrag oberhalb A 1, unterhalb B 1
	K 127. 128	52	1 W	Durchwehter Esch auf Plaggenboden unterhalb Siedlungsschutt der Bauperiode A
5	K 36–39. 49	52	16	36: Homogenisierter Boden der Periode B 1; 37: Über Siedlungsschutt der Periode A 2; 38: Periode A oder B 1; 39: In Siedlungsschutt der Periode A 2; 49: Sodenpackung mit Vegetationsschicht, Grubenfüllung vermutlich aus Periode B 1
	K 55	44	16	Torfige Schicht der Bauperiode B 1, über einem Haus der Periode A 2, unterhalb einer Mauer der Periode B 2, außerhalb einer Mauer der Periode B 1
	K 91	15	19	Kleihaltiger Siedlungsschutt der Bauperiode A 2/B 1 (auf A 2, unter B 1)
8	K 29–34	52	16	Bauperiode B (»Langhauszeit«), Kleisoden

Tab. 5 Archsum-Melenknop. Herkunft der Proben für die Analyse der Pflanzengroßreste.

ein (S. 11). Die A-zeitliche Schuttfazies läßt sich durch die Proben K 37–39 und K 91 der *Beil. 6* ergänzen, weil sie vom stratigraphischen Befund her etwa zeitgleich sind, obgleich sich der Schutt von der B 1-zeitlichen Bebauungsphase nicht exakt trennen läßt. Nimmt man sie dennoch hinzu, enthalten die Proben viele derjenigen Arten, aus denen sich eine mehrjährig wachsende Schuttgesellschaft zusammensetzt. Sie bedeckte die Rotschutthalden der A-zeitlichen Häuser wie deren Umfeld und weist auf eine zeitweilige Verödung der frühkaiserzeitlichen Gehöftgruppe hin. Nach Krolls Angaben, die wir in unserem Vorbericht verwendeten (Kossack,

Harck u. Reichstein 1974, 321), hatte sich die Ruderalflora vom anfänglichen Melden-Knöterich-Aspekt in eine dauerhafte Pflanzengesellschaft umgewandelt, in der außer den üblichen Unkräutern nun auch feuchtigkeitsliebende Vegetation (Sumpfbinse, Fingerkraut, Sumpfmiere, Sumpf-Labkraut und Gifthahnenfuß) und salzverträgliche Gewächse eine Rolle zu spielen begannen (zweizeilige Segge, Fuchs-Segge, Salzsimse, Salzmelde und Salzbinse). Die Vergesellung dieser Arten sprach für eine staunasse Wüstung; ein mitunter sehr kräftig ausgebildetes Ortsteinband zwischen der Schuttstrate und der darüberliegenden Siedlungsschicht B 1 unterstützte diesen Schluß. Als Ursache dafür kommt nur der Anstieg des Grundwassers in Betracht, der möglicherweise mit einer Veränderung des Meeresspiegels zusammenging, wofür allerdings jeder geologische Beleg derzeit noch fehlt.

Die Probe K 212 stammt aus der Archsumburg; es handelt sich um eine Sode aus einem wahrscheinlich frühkaiserzeitlichen Acker, mit dessen Boden man den Innenhang des Berings aufgefüllt und planiert hatte, also nicht zum Baumaterial der Mauer gehört. Die Probe, vermutlich zeitgleich mit der Bauperiode A am Melenknop, wurde der Vergleichsmöglichkeit wegen in *Beil. 4* eingereiht.

5. Bereich der älteren Bebauung während der Periode B. Von elf Proben insgesamt sind sieben analysiert und in *Beil. 5* eingetragen worden: K 36–39 und K 49 entnahm Kroll Profil 15, Fläche 16; K 55 Profil 44 in derselben Fläche; K 91 Profil 15 in Fläche 19. Über die Stellung der Proben K 37–39 und K 91 wurde unter 4. das Notwendige mitgeteilt: K 39 stammt aus Siedlungsschutt der Bauperiode A 2; K 37 und K 91 lagen darüber. Bei K 38 bleibt die Entscheidung offen, ob die Probe Bauperiode A oder B 1 zugehört. Sicher B 1-zeitlich sind die Proben K 36 und K 37, vermutlich auch K 49 und K 55. Das unverkohlte Material, durch Klei und Sand nur gering verunreinigt, war in Schutt- und Kleilagen älterkaiserzeitlicher Bauten eingebettet.

6. Straten der Bauperiode B 1–2. Von 15 Proben insgesamt sind sechs aus Profil 52, Fläche 16 analysiert: K 29–34 stammen aus den Plana 4–8 und zwar aus Siedlungsschutt und Soden einer Mauer, die sich rechtwinklig an das Langhaus der Bauperiode B 2 anschloß (Kossack, Harck u. Reichstein 1974, Beil. 10 u. S. 327 Abb. 17, c.d). Die Ergebnisse sind in *Beil. 8* verzeichnet.

Wir korrelierten die Nummern der von Kroll analysierten Proben mit den Profilen, Flächen und Befunden, aus denen sie stammen, und fixierten die Zeitstellung der Probenserien in *Tab. 5.*

(O. Harck u. G. Kossack)

Archsumburg

Von 22 Proben insgesamt gehören sieben zu der von Kroll geführten Untersuchung. Die anderen sollten bestimmte archäologische Befunde (Brandschichten, Herdstellen, Schächte) erläutern helfen, die Resultate werden bei der monographischen Beschreibung des Erdwerks vorgelegt (Bd. 3,1).

K 206-208 und K 210 *(Beil. 7)* stammen von der Sodenmauer im Ost-West-Schnitt des Jahres 1972 (Kossack u. Harck 1973, 481 Abb. 2). Kroll entnahm sie, um die Herkunft des Baumaterials zu bestimmen und die Flora des Bodens zu rekonstruieren, auf dem die Soden gestochen wurden.

Die Mauer liegt auf einer pleistozänen Kuppe, deren noch ungestörte alte Oberfläche (Höhe 2,30 m NN) sich unter Grundwassereinfluß als Feuchtpodsol oder Pseudogley-Podsol gebildet hatte. Die Erdmassen der Mauer schlossen diesen Horizont nach oben ab und verhinderten auf diese Weise den Abbau der Rohhumusauflage (A_0-Horizont). Auch hier bot sich die Möglichkeit, die ehemalige Vegetationsdecke, auf der man das Erdwerk errichtet hatte, wiederzugewinnen: K 209 und K 211 *(Beil. 7)*.

(O. Harck)

Alt-Archsum

Die Flächengrabung begann 1969. Wir zogen damals einen 6 m breiten und 60 m langen Testschnitt von Süd nach Nord (I Beil. 29: C 1.2/69). Frau Feindt führte die botanische Voruntersuchung durch und entnahm aus den beiden Profilen 3 und 5 (I Beil. 28) 60 Proben aus dem Bereich des Auftragsbodens, der den bronzezeitlichen Ackerpodsol bedeckte und von wikingerzeitlichen Straten abgeschlossen wurde (3,30–3,70 m NN), worüber wir bereits an anderer Stelle berichteten (Kossack, Harck u. Reichstein 1974, 288 ff.; 352 ff.). Eine erste Durchsicht des artenreichen Materials, deren Ergebnisse Feindt wie beim Melenknop in ihren Tagebüchern festhielt, war uns wieder insofern höchst willkommen, als wir abermals die Möglichkeit hatten, nach der Herkunft der Plaggen und nach der Art ihrer Bewirtschaftung im Eschverband zu fragen. Außer wenigen Emmerresten, Hafer und Spelzgerste fand Feindt zum ersten Mal Roggen in größerem Umfang. Die Zusammensetzung der Unkrautarten mochte der Norm entsprechen (Kornrade, Trespe, Hederich, Wicke, Feldspark, Gemeines Labkraut, Vogelmiere, Gänsefuß- und Knöterichgewächse); auch Heide *Calluna vulgaris* beobachtete sie gelegentlich. Aber der Anteil der Plaggen von feuchten Standorten schien im Vergleich zu den am Melenknop gesammelten Arten höher auszufallen (Seesimse, Sumpfbinse, Seggenarten), selbst ein Salzwiesengewächs stellte sich ein (Strand-Milchkraut *Glaux maritima*). So waren denn unsere Erwartungen als positiv zu bewerten, als Kroll 1970–1974 135 Proben nahm, von denen 36 unergiebig waren und 18 weitere aus wikingerzeitlichen Häusern stammten, die erst bei der Beschreibung der Siedlung in einem späteren Band dieser Serie behandelt werden. 81 Proben analysierte Kroll nach der Zusammensetzung und dem Mengenverhältnis der Taxa und stellte die Ergebnisse in den *Beil. 2; 9–14* zusammen. Noch einmal soviel sammelte der Grabungsleiter, Kroll berücksichtigte davon nur drei Proben (AA 5, 6 u. 19).

Mit Ausnahme von K 204 (Fläche H 3f, Lage: I Beil. 29) entnahm Kroll das Material, das er analysierte und in diesem Band beschreibt, den Profilen und Flächen, die 1969–1971 um den anfänglichen Testschnitt auf dem Grundstück Christiansen angelegt (C 1–4. 7. 13. 14) und 1970 auf die westlich benachbarte Parzelle Voss erweitert worden waren (V 3. 4. 6). Es umfaßt nun keineswegs alles, was ihm zur Verfügung stand und lohnend schien, aber es verteilt sich auf diejenigen Zeitalter, die archäologisch als erschlossen gelten dürfen, wie dies der generelle Schichtenaufbau in den erwähnten Abschnitten der Grabung zu erkennen gibt. Wir unterschieden vier verschieden alte Schichtpakete:

1. Auf pleistozäner Basis hatte sich ein Heidepodsol mit dem typischen Profil aus ortsteindurchsetztem Unterboden, Bleichsand und Humusband gebildet. Er blieb unter einem später demolierten Grabhügel erhalten (Kossack, Harck u. Reichstein 1974, 288 ff. u. Beil. 13,1 a). Bald hatte man die alte Heidefläche rund um den Tumulus gekappt und sie in einen sandighumosen Ackerboden geringer Güte umgewandelt. Dieser Ackerpodsol lag zwischen 3,20 und 3,50 m NN in durchschnittlich 10 cm Stärke dem alten Unterboden diskordant auf, wurde im $B_{fe,al}$-Bereich mit dem Ard mehrmals gepflügt *(Abb. 17, c)* und während der jüngeren Bronzezeit als Bestattungsplatz genutzt (Kossack, Harck u. Reichstein 1974, 290 f. mit Abb. 7).

2. Die Oberfläche des Ackerpodsols (A_h) erwies sich eingearbeitet in die erste Lage eines Plaggenbodens, den man in einer durchschnittlichen Mächtigkeit von 25 cm zwischen 3,25 und 3,70 m NN aufgetragen hatte. Stratigraphische Einbindung und Tonscherben des 6. Jahrhunderts n. Chr. Geb. datieren ihn einigermaßen verläßlich in die Völkerwanderungszeit *(Abb. 17,a.b)*. Die Plaggen waren wohl hauptsächlich in podsolierten Böden gestochen worden, weil sie keineswegs allein Material aus Marsch oder Watt enthalten. Dies ist auch mit ein Grund dafür, warum der basale Ackerpodsol der Bronzezeit und der Auftragsboden der Völkerwanderungszeit stratigraphisch schwer trennbar sind. Stellenweise fanden wir parallel verlaufende Rinnen zweirädriger Fahrzeuge, die sich mitunter bis in den pleistozänen Untergrund durchgedrückt hatten, also schwere Last bei feuchter Witterung transportierten. Ferner beobachteten wir gerade oder gebogene Grabenzüge in ganzen Gruppen; sie überschnitten sich und waren wie die Wagenspuren in den Untergrund eingetieft.

3. Zwischen 3,70 und 4,15 m NN folgte ein wikingerzeitlicher Plaggenesch vor allem zwischen den Gehöftgruppen dieser Zeit in einer Stärke zwischen 15 und 20 cm. Diese Ackerstücke, die sowohl in den basalen als auch in den oberen Teilen von 10 cm breiten, in einem Abstand von 25–30 cm parallel verlaufenden Pflugkritzen durchzogen waren, verglichen wir in unserem Vorbericht (Kossack, Harck u. Reichstein 1974, 363) mit den neuzeitlichen »Toften«, die den Hofplatz (Staven) umgeben. Stellenweise war Rotasche verbreitet, die vermutlich von Seegras stammt; man hatte es wohl frisch oder als Asche auf den Acker getragen, um ihn zu düngen, wofür es rezente Beispiele gibt. Über den Umfang der wikingerzeitlichen Flur, die sich auch westlich und nördlich der Gehöftgruppen verfolgen läßt, unterrichtet die Streuung zeitgleicher Tonscherben (Kossack, Harck u. Reichstein 1974, 262 Abb. 30).

4. Die abschließende Plaggendecke stammt, nach den Fundeinschlüssen zu urteilen, aus dem späten Mittelalter und der Neuzeit. Die Kuppen, in die sich das Gelände auflöst, erreichen Höhen über 5 m NN (I Beil. 27–29).

Wie schon erwähnt, sind die Bodenschichten nicht immer präzis voneinander zu trennen. Es gibt weder sicher abgedeckte Ackerpodsole der Bronzezeit noch sicher abgedeckte Auftragsböden der Völkerwanderungszeit, der Wikingerzeit oder der Zeit danach. Verglichen mit dem bronzezeitlichen Ackerpodsol erweisen sich die völkerwanderungs- und wikingerzeitlichen Plaggenböden durch höheren Kleigehalt bindiger und krümeliger. Als Kleizeiger gilt die Salzsimse *Juncus gerardi*, sie fand sich hier öfter.

Um möglichst korrekte Proben aus dem bronzezeitlichen Acker zu gewinnen, hat sie Kroll aus möglichst un-

Beilage, Datierung	Proben-Nr. Kroll	Profil-Nr.	Fläche	Archäologischer Befund
9 Bronzezeit	K 204		H 3f	Planum 3,30 m NN, Grube mit jungbronzezeitlichen Tonscherben
	K 63 [64, *Beil. 10*]	35 Ost	V 3	Bleichsand
	K 72. 73	50 Süd	C 7	Rohhumus
	K [191, *Beil. 11*] 192	72 West	C 14 Ost	Alte Oberfläche
10 Bronzezeit und älter als Wikingerzeit	K 5–7. 77	3 Ost	C 1/69	Übergang Podsol/Rohhumus, 3,20–3,50 m NN
	K 65, Tab. 19	35 Ost	V 3	Rohhumus
	K 74. 75	50 Süd	C 7	Rohhumus
	K 146	63 Nord	C 13	Alte Oberfläche
	K 153	10 West	C 3/69	Durchwehter Boden
	K 157	8 Süd	C 3/69	Durchwehter Boden
	K 164	15 Süd	C 1	Alte Oberfläche
	K 167. 168	17 Nord	C 1	Boden über alter Oberfläche
	K 180. 181. 183	70 Ost	C 14 Ost	Boden über Bleichsand u. Plaggenboden der Völkerwanderungszeit
11 Älter als Wikingerzeit	K 4. 11. 12–16	3 Ost	C 1/69	Plana zwischen 3,55 u. 3,70 m NN
	K 58. 59		V 4	Planum unter 3,90 m NN
	K 144. 145	63 Nord	C 13	
	K 151. 152	10 West	C 3/69	
	K 156	8 Süd	C 3/69	
	K 160/161	9 Nord	C 3/69	
	K 163	15 Süd	C 1	
	K 166	17 Nord	C 1	
	K 177–179	70 Ost	C 14 Ost	
	K 190	72 West	C 14 Ost	
12 Wikingerzeit	K 2. 9. 10. 18. 24	3 Ost	C 1/69	Planum zwischen 3,70 u. 4,15 m NN
	K 65–68	35 Ost	V 3	
	K 133	64 West	C 13	
	K 141	63 Nord	C 13	
	K 147. 149	10 West	C 3/69	
	K 159	9 Nord	C 3/69	
	K 174. 175	70 Ost	C 14 Ost	
	K 187	72 West	C 14 Ost	
13 Wikingerzeit, Planum und Profile	K 8. 20. 23	3 Ost	C 1/69	
	K 25. 26 a. b		V 3	Planum bei 3,90 m NN, Siedlung
	K 28		V 4	Planum bei 4,00 m NN, Siedlung
	K 60		C 4/69	Planum bei 4,00 m NN, Siedlung, Rotasche
	K 61		C 1	Planum bei 3,00 m NN, Siedlung
	K 62. 69. 70		C 2	Planum bei 4,10 m NN, Siedlung; Rohhumus auf Soden
	K 71		V 6	Planum bei 3,80 m NN, Siedlung
	K 76–78		C 1	Planum bei 3,70 m NN, Siedlung; Rohhumus auf Soden
	K 137	64 West	C 13	
	K 165	15 Süd	C 1	
	AA 6		C 1	Planum bei 3,00 m NN, Siedlung
	AA 5. 19	13	C 4/69	
14 Jünger als Wikingerzeit	K 138	63 Nord	C 13	
	K 173	70 Ost	C 14 Ost	

Tab. 6 Alt-Archsum. Herkunft der Proben für die Analyse der Pflanzengroßreste.

entmischten Eluvialhorizonten (A_e oder E) unterhalb des humosen Horizontes geborgen (Bleichsande in *Beil. 9*). Wo der Ackerpodsol nur unsicher von den aufliegenden jüngeren Schichten trennbar schien, stellte er die Proben in einer Sondergruppe zusammen (Ackerpodsole, die während der Völkerwanderungszeit von neuem bestellt wurden: *Beil. 10*). Dagegen sind die Proben aus den Plaggenböden der Völkerwanderungszeit, der Wikingerzeit und des späten Mittelalters viel genauer zu stratifizieren *(Beil. 11–12; 14)*. Dies gilt erst recht für die Pflanzenreste aus den Siedlungsschichten der Wikingerzeit, die er sowohl aus Profilen als auch in Plana barg *(Beil. 13)* und zwar in durchtretenen Anhäufungen schwarzen, verkohlten Materials (K 25. 26a. b; 28. 61. 62. 69. 71. 77. 79 u. AA 6), in Rohhumusauflagen von Soden (K 70. 76. 78) und in flittrigen, ziegelroten Aschen (K 60, nicht jedoch K 61. 62 wie in *Beil. 13* verzeichnet), die wir anfänglich für Rückstände aus der Salztorfverbrennung hielten (Kossack, Harck u. Reichstein 1974, 364).

Auf eine differenzierte Datierung des Probenmaterials ist bewußt verzichtet worden. Sie täuschte einen Wissensstand vor, der bisher nur in groben Umrissen erarbeitet werden konnte. Wir sind uns ziemlich sicher, daß die Gehöftgruppen zwischen dem 8. und 11. Jahrhundert n. Chr. Geb. bestanden. Korrekturen chronologischer Art sind nur in zwei Fällen notwendig: K 65 aus Profil 35, Fläche V 3 gehört stratigraphisch nicht in die Wikingerzeit *(Beil. 12)*, sondern in den voraufgehenden Auftragsboden; K 191 aus Profil 72, Fläche C 14 Ost datiert Kroll in die Völkerwanderungszeit *(Beil. 11)*; das Material entnahm er jedoch dem humosen Oberboden des bronzezeitlichen Ackerpodsols, der sich freilich mit dem aufliegenden Boden der Völkerwanderungszeit durchmischt haben kann.

Wir korrelierten die Proben mit den Profilen, Flächen und Befunden in *Tab. 6*. Ordnet man sie nach den Entnahmestellen in den einzelnen Grabungsabschnitten und nach den Zeitaltern, denen sie entstammen *(Tab. 7)*, kommt der Stichprobencharakter der Analysen noch klarer zum Ausdruck. Daß die Bleichsande des bronzezeitlichen Ackerpodsols nur geringfügiges Material boten, ist leicht verständlich. Die wechselnde Repräsentanz der anderen Proben mag vor allem darin begründet sein, daß unergiebiges Material bei den Analysen unberücksichtigt blieb. In wie hohem Grade es unzureichend war, darüber äußert sich Kroll nicht. In welchem Umfang die mit den archäologischen Befunden synchronisierbaren Stichproben der Zahl und der Zusammensetzung nach repräsentativen Wert besitzen, um diese Befunde unter ökologischen und agrarhistorischen Gesichtspunkten näher zu erläutern, wird Kroll selbst auszuführen haben.

(J. Reichstein)

Befund	Grundstück Voss		Grundstück Christiansen														Grundst. Holst
	Profil 35 bei N 26m	Flächen V3, 4, 6	Profil 3 bei N 60m	Profil 3 b.N 46,5m	Profil 8 bei O 33m	Profil 9 bei O 27m	Profil 10 bei N 38m	Profil 13 O 42 u. 57m	Profil 15 O 41 u. 57m	Profil 17 bei O 41 m	Profil 50 bei O 39m	Profil 63 bei O 20m	Profil 64 bei N 26m	Profil 70 bei N 52m	Profil 72 bei N 52m	Flächen C1, 2, 4/69	Fläche H 3 f
Auftragsboden Nachwikingerzeit												K 138 △		K 173 △			
Auftragsboden Wikingerzeit	K 68 ▲ K 67 ▲		K 18 ▲	K 24 ▲			K 147 ▲					K 141 ▲	K 133 ▲	K 174 ▲ K 175 ▲	K 187 ▲		
Siedlungsschichten Wikingerzeit		K 25 ○ K 26a ○ K 26b ○ K 28 ○ K 71 ○		K 20 ○ K 8 ○ K 23 ○				AA 5 ○ AA 19 ○	K 165 ○				K 137 ○			K ○○ 60·62 ○○ 69·70 ○○ 76·78 ○○ AA 6 ○	
Auftragsboden Wikingerzeit	K 66 ▲		K 2 ▲	K 9 ▲ K 10 ▲		K 159 ▲	K 149 ▲										
Auftragsboden Völkerwanderungszeit	K 65 ▲	K 58 ◉ K 59 ◉	K 4 ◉	K 11-16 ◉◉◉◉◉◉	K 156 ◉	K 160 ◉ K 161 ◉	K 151 ◉ K 152 ◉		K 163 ◉	K 166 ◉	K 75 □	K 144 ◉ K 145 ◉		K 177 ◉ K 178 ◉ K 179 ◉	K 190 ◉		
Ackerpodsol Jungbronzezeit – humoser Oberbod.	K 64 □		K 5-7 □□□	K 17 □	K 157 □		K 153 □		K 164 □	K 167 □ K 168 □	K 74 □	K 146 □		K 180 181,183 □□□	K 191 ◉		
Ackerpodsol Jungbronzezeit – Eluvial-horizont	K 63 ▣										K 73 ▣ K 72 ▣				K 192 ▣		Siedlungsgrube K204 ▣

△ ○ ▲ ◉ □ ▣ Probe bei Kroll unter den Proben aus:
- △ nachwikingerzeitlichen Auftragsböden (Beil. 4)
- ○ wikingerzeitlichen Siedlungsschichten (Beil. 3)
- ▲ wikingerzeitlichen Auftragsböden (Beil. 2)
- ◉ völkerwanderungszeitl. Auftragsböden (Beil. 1)
- □ bronzezeitlichen Ackerpodsolen, die wohl in der Völkerwanderungszeit bearbeitet wurden (Beil. 10)
- ▣ bronzezeitlichen Ackerpodsolen (Beil. 9)

(Raster:) fehlende Schicht(en) im Schichtenverband an der Stelle der Probenentnahme

Tab. 7 Alt-Archsum. Verteilung der pflanzlichen Großrestproben auf Bodenstraten, Flächen und Profilen.

MATERIALVORLAGE

Arbeitsverfahren

Warum ich für den vorliegenden Bericht hauptsächlich nur selbst entnommene Proben analysierte und aus dem Fundus von 232 nur 144, begründete ich bereits (S. 52), ich wiederhole es: Das Material sollte einheitlich geborgen und aufbereitet werden, bei der Auswertung hatte sich der eigene Kenntnisstand zu bewähren und mit wachsender Erfahrung zu erweitern. Wenn ich mich auf die tatsächlich analysierten Proben beschränke, erklärt sich das aus dem wechselnden Erhaltungszustand der Pflanzenreste. Aus dem Fundus wurden nur diejenigen Proben ausgewählt, deren Inhalt schon mit bloßem Auge als reichhaltig erkennbar war. Aus Schichten mit sehr wenigen Resten wurde von vornherein nur eine begrenzte Probenzahl bearbeitet (vgl. *Beil. 1–2; 8–9*). Besondere Aufmerksamkeit galt immer den anthropogenen Böden *(Beil. 3–4; 10–12)*. Manchmal verteilten sie sich großflächig, mitunter aber auch kleinräumig wie bei den Vorkommen aus der Zeit um Chr. Geb. *(Beil. 4)*, so daß dann nur wenige Analysen möglich waren. Bei einigermaßen gut datierten Schichten, aber mäßiger Funddichte vermehrte ich die Zahl der Proben, um genügend Material zu gewinnen *(Beil. 3; 10–12)* und in vertikaler Folge Vergleichbarkeit zu gewährleisten. Dabei achtete ich darauf, daß seltene Vorkommen möglichst geringe Werte erhielten (*Beil. 3; 10–12*, letzte Ziffernspalte).

Proben aus Siedlungs- und »Mistschichten« hatten das Spektrum zu komplettieren und über die Eigenschaften des Umlandes Aufschluß zu geben (z. B. Grad der Halinität). Hierzu genügten wenige, aber inhaltlich umfangreiche Proben vom Melenknop *(Beil. 5; 8)*, während die stets gut durchlüfteten Böden in der wikingerzeitlichen Siedlung Alt-Archsum bei gleicher Probenzahl im Vergleich zu den älteren Schichten des Melenknop keine gleichrangige Bewertung ermöglichten, weil sie unverkohlte Belege nur sehr unzureichend enthielten (vgl. *Beil. 5* mit *3*).

Um rezente Verunreinigungen durch Diasporen derjenigen Flora zu vermeiden, welche die Grabungsflächen besiedelte, wurden die Entnahmestellen in Plana und Profilen sorgfältig geputzt. Der Archäobotaniker oder der Grabungsleiter bargen dann die Proben mit sauberem Gerät und trugen die Stellen in die Feldpläne ein, um sie stratigraphisch zu fixieren.

Die Menge des Rohmaterials richtete sich nach dem zu erwartenden Gehalt an pflanzlichen Resten. Aus anthropogenen und natürlichen Böden wurde 5–10 l Masse benötigt, um einige interpretationsfähige Funde zu erhalten. Siedlungsschichten und Rohhumusauflagen liefern dagegen in 2–5 l Ausgangsmenge hinreichend pflanzliche Reste. Zur Analyse von Getreidevorräten genügt schließlich 0,5–1 l kaum verunreinigter Körner. Die Rohmasse der Proben ist demnach nicht gleich groß. Sie schwankt zwischen dem Inhalt eines Weckglases (1 l) und dem eines 10-l-Eimers.

Dem wechselnden Inhalt und den vielseitigen Herkünften entspricht eine differenzierte Bearbeitung, die auf der Grabung beginnen sollte. Ist dies nicht möglich, dann können die Proben in dicht verschlossenen, stabilen Plastikbeuteln, die mit etwas 40%igem Formaldehyd versetzt worden sind, lagern. Für den ersten Arbeitsgang sind eine Wanne, einige Eimer, DIN-Siebe und fest verschließbare Probengefäße (Weckgläser) notwendig. Die Anfangsarbeiten müssen im Freien durchgeführt werden, da die anfallenden Schlamm-Massen jeden Abfluß im Labor innerhalb kürzester Zeit verstopfen würden.

Die Erdproben weichen in reichlich Wasser, bis sie gänzlich zerfallen. Durch Zugabe von Haushaltsspülmitteln läßt sich der Vorgang beschleunigen. Ton- und Schluffpartikel, Humussubstanzen und pflanzliche Reste sind leichter als das Bodenskelet und setzen sich nach gründlichem Aufschlämmen später ab als z. B. Sande und Kies. Diesen Umstand nutzt man zur Gewinnung pflanzlicher Reste aus Böden, indem man das bewegte Probenwasser durch Siebe abgießt. Sande bleiben in der Wanne oder im Eimer zurück, Schluff-, Ton- und Humuspartikel passieren die Maschen. Größere, leichte Bodenbestandteile, u. a. die gesuchten Reste, liegen in den Sieben. Das Dekantieren wird wiederholt, bis das Wasser über den Sanden mehr oder weniger klar bleibt. Der benutzte Siebsatz hat Maschenweiten von 2,5 mm, 1,0 mm und 0,315 mm. Die Tatsache, daß die engsten Maschen einen Teil der winzigen Samen nicht fangen, muß in Kauf genommen werden, da Schluff feinere Siebmaschen verstopft. Der mehr oder minder reine, meist aber mit Schluff und Feinsand vermischte Siebinhalt bleibt bis zur weiteren Bearbeitung mit etwas Wasser und Formaldehyd versetzt in fest verschlossenen Gefäßen.

Mit Kleiproben wird ähnlich verfahren: Das bindige Material erfordert einen ungleich länger dauernden Aufwand, weil es nur sehr langsam zerfällt und die pflanzlichen Reste freigibt. Oft verstopfen hierbei Schluff und Ton die Siebe. Im Vergleich zu Erdproben benötigen Kleiproben durch größere Vorsicht beim Aufschlämmen und langwieriges Spülen ein Vielfaches an Zeit. Rohhumusauflagen dagegen, die nur wenig mit

Klei und Erde vermischt sind, und Mistproben erfordern langes Weichen in 10%iger Kalilauge. Dies erleichtert das Nachwaschen im Labor. Verkohlte pflanzliche Massen aus Siedlungsschichten verlangen eine behutsamere Behandlung. Kurzes Spülen entfernt die Sande. Dekantieren und Spülen reinigen im allgemeinen ausreichend reiche verkohlte Funde aus Kulturschichten und Vorräten.

Über die weitere Aufbereitung entscheidet im Labor die Musterung durch eine 10–40fache binokulare Lupe. Relativ saubere Proben werden nun noch ein zweites Mal in sehr feinen Kupferhaarsieben gewaschen, bis durchlaufendes Wasser klar bleibt. Schluffige, von Kleiklümpchen durchsetzte Siebinhalte und nur vorsichtig durchspülte organische Reste erfordern eine mehrtägige Behandlung in 10%iger Kalilauge, damit Tonkrusten, Klumpen und fest zusammengepreßte torfige Lagen getrennt werden. Schwach konzentrierte Salzsäure ätzt unter ständiger optischer Kontrolle Orterdebeläge von Funden ab. Bei beiden Verfahren beschließt gründliches Spülen mit Wasser in Haarsieben die Reinigungsvorgänge.

Die eingeengten Proben werden in Wasser mehrmals gründlich auf erkennbare pflanzliche Reste durchgesehen, einige Proben mit viel verkohltem Getreide und ohne unverkohlte Samen und Früchte auch vorher getrocknet. Diasporen, Blätter, Sproßteile und ähnliches werden unter einer 10- bis 40fachen binokularen Lupe mit Federstahlpinzetten ausgelesen und bis zur weiteren Bestimmung nach groben Merkmalen getrennt in kleinen Porzellantiegeln in Wasser und Glycerin (1 : 1) oder trocken aufbewahrt. Zum Teil sind weitere Reinigungs- und Bleichvorgänge erforderlich. Die endgültige Bestimmung erfolgt mit einer 65-bis 320fachen Auflicht- und einer 350- bis 1000fachen Durchlichtoptik. Atlanten und Schlüssel u. a. von Beijerinck (1947), Bertsch (1941), Körber-Grohne (1964) und Berggren (1969) geben Hinweise für die Identifikation. Von entscheidendem Wert bleibt aber die Kontrolle rezenten Vergleichsmaterials aus einer Samensammlung oder einem Herbar. Ausgezeichnet dokumentierte Veröffentlichungen u. a. von Körber-Grohne (1967); van Zeist (1970, 1974) und Behre (1969, 1972, 1973) helfen bei schwierigen Bestimmungen.

In Taxa getrennt, bleiben die ausgelesenen und bestimmten pflanzlichen Reste aller Proben nach Abschluß der Analyse als jederzeit zugängliches und überprüfbares Belegmaterial im Forschungsinstitut aufbewahrt. Es wird entweder trocken gelagert oder in einem Gemisch aus Wasser, Glycerin und Alkohol im Verhältnis 1 : 1 : 1 konserviert.

Fundkritik

Erhaltungsbedingungen

Im Gegensatz zu anderen prähistorischen Siedlungen an der Nordseeküste mit sehr reichem pflanzlichem Fundgut (Körber-Grohne 1967; Behre 1972; van Zeist 1974) liegen die durch die Ausgrabungen erfaßten Gehöfte in Archsum nicht in der Marsch, sondern auf einer im Pleistozän gebildeten Anhöhe oberhalb der Sturmflutgrenze. Auf diesem Geestareal entstanden im Holozän unterschiedliche Bodenbedeckungen: im feuchten, grundwasserbeeinflußten Randbereich Gleye oder gleyartige Böden, auf trockneren, höheren Bereichen dagegen Braunerden und Podsole (Brunnacker 1974). Diese natürlichen Böden, in erster Linie die Podsole und Braunerden, wurden seit dem Neolithikum vom Menschen stark überformt und durch Besiedlung und Zerpflügen der Bodenhorizonte verändert. Gut erhaltene, subfossile Podsolprofile sind im Grabungsbereich nur unter einem bronzezeitlichen Grabhügel in Alt-Archsum erhalten.

Die ackerbaulich kaum nutzbaren, nassen Gleyböden blieben lange Zeit unverändert, wie die gut erhaltene Oberfläche unter der Archsumburg zeigt (Kossack u. Harck 1973). In Gleyböden und Podsolen erfolgt die Humifizierung und Mineralisierung des anfallenden pflanzlichen Materials sehr langsam. Die Vegetationen beider Böden bilden unter Umständen mächtige Rohhumusschichten aus, in denen Bodenorganismen ungünstige Lebensbedingungen finden, denn die anfallende Streu ist nährstoffarm und stark sauer. Die Geestböden Archsums sind Mineralböden im Sinne Willerdings (1972). Gleye entstehen zwar von Wasser beeinflußt, da sie aber in trockenen Jahreszeiten oft gründlich durchlüftet werden, wird man sie nicht zu den Feuchtböden stellen können. Die Erhaltung pflanzlicher Reste über Jahrtausende hinweg scheint unwahrscheinlich.

Dennoch sind durch günstige Umstände Rohhumusauflagen dieser Bodentypen erhalten, die der früheren Bautätigkeit zu verdanken sind. Der einzige unbegrenzt verfügbare Baustoff der Insel war bis in die Neuzeit die Sode. Diese durch Wurzelfilz und Vegetationsdecke zusammengehaltenen Bodenstücke sind mit erheblichem Kraftaufwand transport- und verarbeitungsfähig. In ausreichender Mächtigkeit, mit der Vegetationsdecke nach unten übereinandergeschichtet und bald mit einem neuen, dichten Pflanzenkleid überzogen, ergaben sie durchaus haltbare Bauwerke. Sylter Grabhügel der Bronzezeit und die Burgen von Tinnum und Archsum bezeugen die Langlebigkeit dieser Monumentalbauten, die noch heute die Landschaft prägen. Die alltäglichen, ebenfalls aus Soden errichteten Bauten der Gehöfte zerfielen dagegen schnell. Ihre Wände waren zwar mächtig, aber zu steil und im Hausinnern nicht durch Bewuchs befestigt. Beide Faktoren förderten die Erosion und allmähliche Einebnung der Häuser.

Im und unter dem Sodenwall der Archsumburg sind Rohhumusauflagen der alten Oberfläche und der Soden erhalten geblieben. Der gewaltige Druck der Wallmasse und die Feuchtigkeit des Untergrundes bewirkten einen luftdichten Abschluß weit von der Oberfläche entfernter Schichten. Unverkohlte Pflanzenteile konnten nicht weiter abgebaut werden und blieben unversehrt *(Beil. 7)*. Ähnlich günstige Bedingungen, wenn auch in kleinerem Ausmaß, verhinderten den biologischen und abiologischen Zerfall widerstandsfähiger, organischer Substanzen in Straten, die durch Maßnahmen wie Sodenhaus- und Brunnenbau, Kleiaufschüttungen zur Einebnung u. ä. unter porenarmes, dichtes Substrat gerieten, das Austrocknung und Luftzufuhr in nur geringe Tiefen verhinderte. Begünstigt wurden die Erhaltungsbedingungen auch dadurch, daß die eisenzeitlichen Siedlungen im Randbereich des Archsumer Geestkerns lagen, in dem Sickerwässer der höher gelegenen Flächen für permanente Feuchtigkeit sorgten.

Die vielseitige Verwendung von Klei als Baumaterial, sei es als Sode oder als schieres, durch Bodenbildung nicht verändertes Sediment, bringt Vorteile für die Großrestanalyse. Das tonreiche Substrat neigt bei Verdichtungen, die im Bereich menschlicher Wohnungen infolge ständiger Belastung durch Mensch und Haustier auftreten, zur Ausbildung dichter, porenarmer Kohärentgefüge. Klei in dieser Gefügeform nimmt Wasser zwar quellend auf und gibt es unter Schrumpfen wieder ab, Wasser und Luft können aber nur in größeren Schrumpfrissen das Gefüge durchdringen. Die Evaporation des Bodenwassers wird stark herabgesetzt. Nur wenige Pflanzen, wie z. B. Kriechender Hahnenfuß *Ranunculus repens*, deren Wurzeln in die Packung eindringen und das sauerstoffarme Milieu ertragen, hinterlassen Wurzelgänge, die aber nicht weit hinabreichen und durch Quellungsvorgänge der Tonminerale wieder geschlossen werden können.

Kleipackungen ermöglichten die Erhaltung unverkohlter organischer Reste in kaiserzeitlichen Siedlungsschichten des Melenknop *(Beil. 5)*. Sie konservierten sogar Ackerfluren aus der Zeit um Chr. Geb. (*Beil. 4,* Nr. K 114. K 82. K 83. K 84). Ähnlich günstige Bedingungen fanden Samen und Früchte, die beim Hausbau in Sodenwände oder in Kleiaufschüttungen gerieten (*Beil. 3,* Nr. K 70. K 76. K 78; *Beil. 8,* Nr. K 29. K 30. K 32. K 34). Aber auch Proben mineralischer Böden, die weniger gut geschützt waren, enthielten unverkohlte pflanzliche Reste. Für Ackerböden und Siedlungsschichten der Eisenzeit sind unverkohlte Bilsenkrautsamen *Hyoscyamus niger* charakteristisch. Sie stammen aus Böden, die über längere Zeit ackerbaulich genutzt und erst später durch Baumaßnahmen abgedeckt wurden. Die Samen sind sicher älter als die darüberliegenden Kleiaufschüttungen, da in letzteren trotz besserer Erhaltungsbedingungen *Hyoscyamus* nie nachgewiesen wurde. Die Funde können aus zwei Gründen nicht rezent sein. Zum einen liegen Äcker und Siedlungsschichten so tief unter dichten, jüngeren Siedlungsschichten des Wohnhügels begraben, daß ein Transport von der Oberfläche in die genannten Zonen sicher unmöglich ist. Zum anderen ist *Hyoscyamus niger* in der Neuzeit in ganz Norddeutschland durchaus selten und unbeständig. Auf Sylt wurde er in den letzten Jahren nicht mehr gesehen und früher nur sporadisch nachgewiesen (Christiansen 1953). *Hyoscyamus*-Samen sind so charakteristisch, daß Fehlbestimmungen ausgeschlossen werden können.

Eine weitere Beobachtung spricht ebenfalls für das hohe Alter dieser Pflanzenfunde: Verkohlte und unverkohlte Samen und Früchte aus Pflughorizonten subfossiler Ackerfluren tragen oft Krusten aus Ortstein, d. h. sie lagen zeitweise im $B_{h,\ fe,\ al}$-Horizont einer Bodenbildung, die sich nach einem Materialauftrag unter einer jüngeren, darüberliegenden Oberfläche vollzog. Ortsteinkrusten auf pflanzlichen Resten wurden gehäuft in Proben übereinander geschichteter Ackerböden gefunden. In der Siedlung Melenknop liegen über dem bronzezeitlichen Acker künstlich aufgetragene Feldfluren der vorrömischen Eisenzeit und darüber die der Kaiserzeit. In Alt-Archsum bedecken anthropogene Pflughorizonte der Völkerwanderungszeit, der Wikingerzeit, des Mittelalters und der Neuzeit einen bronzezeitlich und wohl auch frühvölkerwanderungszeitlich beackerten Podsol. Der Anreicherungshorizont (Illuvialhorizont) aus Ortstein oder -erde folgt der Oberfläche und durchläuft die Pflug- und Auswaschungshorizonte (Eluvialhorizonte) mehrerer Bodenbildungsphasen.

Die gelbroten und bräunlichen Ortsteinkrusten wurden regelmäßig an verkohlten Funden und an harten, widerstandsfähigen unverkohlten Samen und Früchten der Chenopodiaceen (Gänsefußgewächse) und Polygonaceen (Knötericharten), seltener an Caryophyllaceen (Nelkengewächse), an Bilsenkraut *Hyoscyamus,* Holunder *Sambucus,* Wolfsmilch *Euphorbia* und Hahnenfuß *Ranunculus* beobachtet. Die Krusten aus komplexen Metall- und Huminverbindungen hemmen wohl durch die Giftwirkung von Aluminium- und Eisenoxiden die Zersetzung durch Bodenorganismen. Voraussetzung für diese Erhaltungsmöglichkeit sind aber eine geringe oder auf oberflächennahe Schichten beschränkte biologische Aktivität der Böden und ein zersetzungswidriger Aufbau der Diasporen. Es überwiegen daher in Ackerproben die zähen Samen und Früchte der oben erwähnten Taxa.

In Pflughorizonten mit durch Kleiauftrag erhöhtem Schluff- und Tongehalt sind unverkohlte Reste häufiger als in Böden mit überwiegendem Sand- und Feinsandanteil. Auch zarte Funde, wie z.B. Binsensamen *(Juncus)*, können in z.T. bemerkenswerten Mengen auftreten. Sie sind gut erhalten, frei von Ortsteinkrusten, aber mit Klei fest verklebt. Kleine, leichte, durch das Ausschlämmen nur oberflächlich angegriffene Kleiklümpchen, die beim Dekantieren stets in die Siebe geraten, enthalten oft kleine Samen insbesondere von *Juncus*-Arten, hin und wieder aber auch größere Samen und Früchte, wie die von Chenopodiaceen, Polygonaceen, Caryophyllaceen, Gramineen, von Brennessel *Urtica*, Wegerich *Plantago*, Froschlöffel *Alisma*, Zahntrost *Odontites*, von Hohlzahn *Galeopsis*, *Ranunculus*, Labkraut *Galium*, *Hyoscyamus* und *Sambucus*. Wie in den Kleipackungen der Siedlungen bildete sich in diesen Klumpen ein sehr dichtes und stabiles, porenarmes oder -freies Kohärentgefüge. Luft, Wasser und mit ihnen Bodenorganismen können nur vom Rande aus in das Gefüge eindringen und es langsam zerstören. Von Ton und Schluff fest umschlossenes organisches Material ist, besonders dann, wenn es heute in dauerfeuchten Tiefen unter dem Oxidationshorizont liegt, nicht mehr angreifbar, selbst wenn die umhüllende Kleischicht nur knapp mm-dick ist.

Eine Auslese widerstandsfähiger unverkohlter Diasporen fand in Ackerböden und Kulturschichten ur- und frühgeschichtlicher Siedlungen Archsums Konservierungsbedingungen, die zwischen denen der Feuchtboden- und denen der Mineralbodensiedlungen vermitteln (vgl. Willerding 1972).

Verkohlte pflanzliche Reste blieben in allen Substraten annähernd gleich gut erhalten, wenn man davon absieht, daß größere Fundstücke wie Getreidekörner durch Bodenbearbeitungsmaßnahmen in subfossilen Äckern gelitten haben, stark abgerieben und dadurch z. T. unkenntlich wurden.

Jüngere und rezente Verunreinigungen

Unverkohlte Pflanzenteile finden in den überwiegend mineralischen Straten der Grabungen in Archsum vielseitige Erhaltungsbedingungen. Rezente Verunreinigungen, die in allen nicht von dichten Kleidecken abgeschlossenen Schichten auftreten können, sind daher schwierig zu erkennen, besonders dann, wenn vermutlich rezente Diasporen ohne keimfähigen oder frischten Inhalt vorliegen. Samen und Früchte, die durch einen lebensfähigen Embryo oder durch ungewöhnlich guten Erhaltungszustand auffielen und aus diesen Gründen sicher oder wahrscheinlich rezent sind, wurden in den *Beil. 1–14* mit einem Fragezeichen vor dem Namen gekennzeichnet. Mit einem Ausrufezeichen sind diejenigen nur unverkohlt nachgewiesenen Arten aus einer sicherlich subfossilen Herkunft hervorgehoben. Es wurde darauf verzichtet, »vermutlich rezente Funde« zu kennzeichnen, wenn in derselben Beilage verkohlte Nachweise vorliegen oder wenn eine Unterscheidung in »rezent« oder »subfossil« nicht möglich war. Die Übergänge zwischen gut erhaltenem, subfossilem Material und bereits etwas korrodierten, rezenten Pflanzenresten fließen. Sichere Kriterien zur Erkennung des Alters gibt es nicht.

Die Wahrscheinlichkeit einer Verunreinigung sinkt mit steigendem Kleianteil im Boden. Der Prozentsatz an *Juncus*-Samen von der Gesamtsumme aller Reste in einer Probe ist ein guter Gradmesser für den Kleigehalt in Pflughorizonten (vgl. *Beil. 2–4; 9–12; 14*). Unverkohlte Funde in den nahezu kleifreien Ackerpodsolen Alt-Archsums sind daher wohl alle jünger, zumal sie z. T. nur geringe Korrosionsschäden aufweisen (vgl. *Beil. 9–10*). Da diese Böden aber durch späteren Bodenauftrag in tiefe, dauerfeuchte Bereiche unter den Oxidationshorizont gelangten, können die Funde sehr wohl ein beträchtliches Alter haben und z. B. im Mittelalter durch Wurzelgänge o. ä. in diese Schicht verlagert worden sein. Diese Möglichkeit jüngerer Beimischung besteht für alle Ackerfluren und Siedlungsschichten, die nicht durch Kleilagen voneinander getrennt sind. Außerdem sollte bedacht werden, daß ein Auftragsboden nur langsam entsteht und durch stetes Pflügen immer wieder mit dem alten Untergrund vermischt wird. So gehen in Alt-Archsum und am Melenknop die übereinanderliegenden Böden nahtlos ineinander über. Durch allmählichen Konsistenz- und Farbwechsel lassen sich die Horizonte aber auch ohne Kenntnis der unterschiedlichen Fundeinschlüsse trennen. Die Durchmischung erklärt das Vorkommen von *Juncus gerardi*-Samen in Ackerpodsolen. Sie wurden mit später aufgetragenem, marinem Sediment in diese nicht mit Kleisoden geplaggten Böden hinuntergepflügt.

Das durch die stratigraphische Lage oder durch datierte Fundeinschlüsse ermittelte Alter der Pflughorizonte trifft daher nur bedingt für die pflanzlichen Reste zu. Bei etwa 0,5 m mächtigen Aufträgen einer Besiedlungsphase und den im Vergleich zu heutigen Verhältnissen geringen Pflugtiefen vergangener Jahrhunderte und Jahrtausende steigt jedoch die Wahrscheinlichkeit, daß das Alter des aus der Mitte des Auftragshorizontes entnommenen Materials dem archäologisch ermittelten

Zeitraum entspricht. Dies gilt für die Plaggosole der vorrömischen Eisenzeit, der Völkerwanderungszeit und der Wikingerzeit. In den flachgründigen bronzezeitlichen Ackerpodsolen und im kaiserzeitlichen Auftragsboden wird der Anteil jüngerer und älterer Verunreinigungen höher sein als in den ersteren.

Ackerbauliche Maßnahmen des Menschen bewirkten wohl die hauptsächliche Durchmischung der Ackerkrume. Größere Bodentiere wie Hamster, Maulwurf und Fuchs fehlten früher gänzlich (Flor 1758); Regenwürmer sind auf humose, gartenhafte Böden beschränkt. Wühlende Nagetiere wie Feldmäuse u. ä. sind zwar heute wie früher häufig, scheinen aber nach Beobachtungen während der Grabungskampagnen die kleihaltige, stets feuchte und kühle Erde der Auftragsböden zu meiden und nur oberflächliche Röhrensysteme direkt unter der Pflanzendecke anzulegen. Krotowinen – mit dunklem Oberboden gefüllte Höhlen und Gänge erdbewohnender Säuger – wurden in subfossilen wie rezenten Ackerböden nicht nachgewiesen. Der Mesofauna-Besatz ist ebenfalls gering, Collembolen und Enchytraeïden wurden nur hin und wieder als außerordentliche Seltenheit aus Proben oberflächennaher Schichten aus der Wikinger- und Nachwikingerzeit ausgelesen. Die Hauptmenge der in den Böden gefundenen lebenden oder frischtoten Tiere besteht aus Fluginsekten, die während der Entnahme oder Bearbeitung in die Proben gerieten.

Die Bioturbation der Böden und der damit verbundene Transport pflanzlichen Fundguts sind vermutlich von so geringer Bedeutung, daß sie im Verhältnis zur Pflugdurchmischung vernachlässigt werden können.

Rezente Durchwurzelung

Die neuzeitlichen anthropogenen Böden Archsums, die zumeist als Acker und Grünland, heute in zunehmendem Maße auch als Bauland genutzt werden, tragen Vegetationen, die ihre Wurzeln z. T. tief in den Untergrund senden und ältere Auftragsböden erreichen. Die Durchwurzelung ist naturgemäß nahe der Oberfläche in neuzeitlichen bis mittelalterlichen Horizonten dichter als in den älteren. Sie erreicht aber in Alt-Archsum die Ackerpodsole der alten Oberfläche und deren Bleichsande, wenn auch rezente Wurzeln schon in den völkerwanderungs- bis wikingerzeitlichen Straten seltener werden. Unverkohlte, mangelhaft geschützte pflanzliche Reste können in durch Wurzelgänge belüfteten Bereichen weiter abgebaut werden. In groben Poren und Röhren, wie sie Arten und Gattungen mit kräftigen, tiefreichenden Pfahlwurzeln und Rhizomen hinterlassen – in den Grabungen z. B. Löwenzahn *Taraxacum,* Kratzdistel *Cirsium,* Schachtelhalm *Equisetum,* Ampfer *Rumex* und Hederich *Raphanus* (vgl. Kutschera 1960) –, können zudem rezente Samen und Früchte in beträchtliche Tiefen hinuntergespült werden. Diese Möglichkeit der jüngeren Verunreinigung bestand zu allen Zeiten. Die subfossilen Äcker der Grabung Melenknop sind dagegen stets frei von rezenter Durchwurzelung. Keine Pflanze vermag die dichten Kleipackungen und Siedlungsschichten des kaiserzeitlichen Wohnhügels zu durchdringen.

Katalog

Die Funde des pflanzlichen Materials sind zu Tabellen zusammengestellt. In den *Beil. 1–14* wurden sie so geordnet, daß die Taxa- und Fundmengen von links nach rechts abnehmen. Von oben nach unten sind die Funde sechs Gruppen zugewiesen, die die wahrscheinliche Herkunft nach der hauptsächlichen heutigen Verbreitung angeben. Diese Gruppen sind wie folgt überschrieben: Kulturpflanzen; Ackerunkräuter; weitere anthropogen geförderte oder bedingte Arten; Arten feuchter bis nasser, nicht oder schwach salzbeeinflußter Standorte; Heidearten; Salzmarscharten. Taxa, die aufgrund einer ungenügenden Bestimmbarkeit oder auch einer sehr weiten ökologischen Spanne nicht mit großer Wahrscheinlichkeit einer dieser sechs Gruppen zugesellt werden dürfen, bilden als eigene Gruppe den Abschluß der *Beil. 1–14.* Das Ordnungsprinzip innerhalb dieser Gruppen ist die nach unten abnehmende Stetigkeit.

Die Zahlenangaben in den Körpern der *Beil. 1–14* sind Prozentwerte. Die Bezugssumme steht im Tabellenfuß. Das Zeichen + kennzeichnet Werte zwischen 0,5 und 1,0%, das Zeichen r (für raro) Werte unter 0,5%. Die Fundmengen pro Probe sind stets zu ganzen Zahlen aufgerundet. Anderthalb Gerstenkörner zählen als zwei. Bruchteile wurden ohne Rücksicht auf Zusammengehörigkeit zu ganzen Einheiten geschätzt oder gezählt. Massenhaft auftretende, sehr kleine, aber genau bestimmbare Gewebestücke konnten unberücksichtigt und ungeschätzt bleiben, da gleichartige, mehr oder minder unvollständige Funde in großer Zahl vorlagen, d. h., zwei halbe Samen wurden in diesen Fällen nicht als einer, sondern als zwei gezählt. Größere Bruchstükke und sehr zahlreiche winzige Samen wurden in einigen Fällen nur aus einem Teil der Probe ausgelesen, gezählt und der Gesamtinhalt errechnet.

In Analysen fundarmen Materials erreichen die Summen der pflanzlichen Reste oft nicht die Zahl Hundert. Prozentzahlen ergäben täuschende Werte im Vergleich zu reichen Proben mit vielseitigem Fundgut. In diesen Fällen treten wieder die Symbole + (mehrere Funde) und r (ein Fund) an die Stelle von Zahlen. Die Summe der Reste eines Taxons aus allen Proben einer Tabelle in verkohlte und unverkohlte Reste getrennt findet man am rechten Tabellenrand, versehen mit prozentualen Angaben des Anteils an der Gesamtmenge aller Funde der Tabelle.

Die Stetigkeit des Vorkommens findet Ausdruck in der Zahl der Proben, in der ein Taxon gefunden wurde, und im gerundeten Prozentwert dieser Zahl von der Gesamtmenge der Proben einer Tabelle. Beide Angaben schließen die *Beil. 1–14* am rechten Rand ab.

Um den Zustand der Funde zu charakterisieren, wurden Prozentwerte und Symbole ausschließlich unverkohlter Reste eingeklammert. Ein Ausrufezeichen vor dem Gattungs- und Artnamen bedeutet, daß die Funde mit Sicherheit subfossil sind, ein Fragezeichen gibt Zweifel am Alter an, solche Reste können jüngere oder rezente Verunreinigungen sein. Ein Stern hinter Zahlen und Symbolen weist darauf hin, daß verkohlte und unverkohlte Reste vorliegen. Angaben nur verkohlt nachgewiesener Funde blieben ohne Zusätze.

In der zusammenfassenden *Beil. 15* sind die Herkunftsgruppen weiter aufgegliedert als in den *Beil. 1–14*. In diese Beilage sind auch die pflanzlichen Reste der Mistschichten der Kaiserzeit eingegangen, die aufgrund der erheblichen Erhaltungsunterschiede nicht quantitativ zu einer eigenen Tabelle aufgelistet sind.

Im Katalog wurden die Funde des pflanzlichen Materials alphabetisch zu jenen Herkunftsgruppen geordnet, unter denen sie in den *Beil. 1–14* aufgeführt sind. Sie werden kurz beschrieben und mit Angaben über Herkunft und Alter versehen. Es wurde versucht, in knappen Worten heutige Verbreitung und Standorte zu umreißen. Diese Bemerkungen richten sich nach Oberdorfer (1970) und Christiansen (1953) sowie nach eigenen Beobachtungen auf Sylt.

Auf eine ausführliche Fundbeschreibung konnte verzichtet werden, da differenzierte Ausführungen in früheren Arbeiten anderer Autoren vorliegen. Auf die Veröffentlichungen von Körber-Grohne (1964, 1967), van Zeist (1970, 1974) und Behre (1969, 1972, 1973, 1976b, 1983) sei nachdrücklich verwiesen. Die Nomenklatur, auch die deutsche, richtet sich weitgehend nach Oberdorfer (1970).

Kulturpflanzen

Avena spec. Hafer
Gefundene Reste: verkohlte, nackte oder nur teilweise bespelzte Karyopsen, Spelzenteile, verkohlte und unverkohlte Grannenteile *(Abb. 46,1–2)*.
Nicht näher bestimmbare Hafer kamen vereinzelt in eisenzeitlichen Proben zum Vorschein, häufiger dagegen in jüngeren Befunden der Völkerwanderungs- und Wikingerzeit. Eigenständiger Haferanbau setzt wohl erst nacheisenzeitlich ein, die frühen Funde sind unkrauthaft. Die typischen geknieten und gedrehten Hafergrannen *(Abb. 46,2)* sind in Bruchstücken erhalten, auf den Spelzen brachen sie stets direkt am Ansatz ab (s. S. 96 ff.; *Beil. 2; 4–6; 9–14*).

Avena sativa Saathafer
Gefundene Reste: bespelzte Karyopsen und leere Spelzen *(Abb. 46,3–4)*.
Nur wenige Haferkörner ließen sich exakt bestimmen, da die dafür erforderlichen Spelzen fast immer fehlen. In wikingerzeitlichen Proben sind einige teilweise oder ganz bespelzte Körner erhalten, die, dadurch gut bestimmbar, *Avena sativa* zugeordnet werden (s. S. 96 ff.; *Beil. 12–13*).

Avena strigosa Sandhafer
Gefundene Reste: bespelzte Karyopsen, leere Spelzen *(Abb. 46,5)*.
Avena strigosa wurde wohl zusammen mit *Avena sativa* angebaut. Wie die letztere ist auch *Avena strigosa* nur an den Spelzen bestimmbar und daher selten nachzuweisen. Gut erhaltene bespelzte Körner stammen aus getreidereichen völkerwanderungs- und wikingerzeitlichen Proben (s. S. 96 ff.; *Beil. 11; 13*).
Sandhafer ist eine alte Kulturpflanze, heute seltenes Ungras in Saathaferfeldern auf leichten Böden.

Camelina sativa Leindotter
Gefundene Reste: verkohlte und unverkohlte Samen, unverkohlte Schötchenklappen *(Abb. 46,6–7)*.
Kleine Cruciferensamen mit u-förmig gebogenem Embryo, deutlich hervortretendem Würzelchen und netziger Oberflächenstruktur *(Abb. 46,7)*. Die Schötchenklappen *(Abb. 46,6)* sind löffelig hohl, mit feinem Adernetz.
Camelina ist eine Kulturpflanze, die zur Ölgewinnung angebaut wurde, sie ist nur für die Kaiserzeit nachgewiesen (s. S. 100 f.; *Beil. 6*).

Cerealia indet., unbestimmbares Getreide
Gefundene Reste: verkohlte Karyopsen, Stroh.
Durch Korrosion unkenntliche Getreidekörner; besonders zahlreich sind unbestimmbare Körner in Proben aus Ackerfluren. Stetes Pflügen rieb die Kornoberfläche bis in tiefe Schichten ab. Übrig blieben ovale Kohlestückchen, deren ehemalige Form nicht mehr rekonstruierbar ist. Reste der Gerste sind im Gegensatz zu Fragmenten von Hafer und Roggen auch in schlecht erhaltenem Zustand recht gut erkennbar. Daher dürfte der Anteil der letzteren an den unbestimmbaren Körnern höher sein als der der Gerste. Aus zwei wikingerzeitlichen Proben wurden Bruchstücke von Gramineenhalmen ausgelesen, die wohl von Getreide stammen *(Beil. 3–4; 7–13)*.

Hordeum Gerste
Gefundene Reste: Spindelglieder *(Abb. 44,6)*.
Flache, sich im oberen Teil verbreiternde Ährenspindelglieder mit behaartem Rand und glänzendem, kropfartigem Wulst an der Basis (s. S. 91 ff.; *Beil. 3–6; 10–13*).

Hordeum vulgare Gerste
Gefundene Reste: verkohlte Körner.
Schlecht erhaltene, korrodierte oder stark beim Verkohlen in Mitleidenschaft gezogene Gerstenkörner, die nicht in Spelzgerste und Nacktgerste zu unterscheiden waren (s. S. 91 f.; *Beil. 2–6*).

zahlreicher nur in kaiserzeitlichen Proben, selten in eisenzeitlichen und wikingerzeitlichen Siedlungsschichten und Äckern *(Beil. 2; 5; 7; 12–13; 15).*
Lycopus europaeus ist häufig in Röhrichten und Seggenrieden, an Ufern.

Lythrum salicaria Blutweiderich
Gefundene Reste: unverkohlte Samen *(Abb. 51,23).*
Kleine, verkehrt schmal tropfenförmige Samen mit unregelmäßigen Abflachungen der Langseiten. Die Samenoberfläche bilden nur leicht zusammenhaltende langgestreckte Zellen, die oft nur noch in geringer Zahl erhalten sind. Selten in kaiserzeitlichen Siedlungsschichten *(Beil. 15).*
Salicaria wächst in staudenreichen Naßwiesen.

Oenanthe lachenalii Lachenals Wasserfenchel
Gefundene Reste: zwei unverkohlte Spaltfrüchte, stark korrodiert *(Abb. 51,1–2).*
Elliptische, an der Bauchseite abgeflachte Früchte. Die hellen, schwammigen Rippen und Griffelbasen fehlen, die rotbraunen, gekammerten Ölstriemen liegen an der Oberfläche. Nur in Proben aus kaiserzeitlichen Siedlungsschichten gefunden *(Beil. 5; 15).*
Oenanthe lachenalii wächst selten in Riedwiesen, erträgt Salz und ist heute an der Ostseeküste verbreitet.

Phalaris arundinacea Rohrglanzgras
Gefundene Reste: unverkohlte Karyopsen *(Abb. 51,40).*
Eiförmige, flache Früchte. Nabel seitlich, nicht ganz bis zur Mitte der Frucht reichend. Griffelrest oft noch vorhanden. *Phalaris arundinacea* ist auch in schlecht erhaltenem Zustand noch gut an der seitlichen Lage des Nabels zu erkennen. Die Früchte wurden nur in kaiserzeitlichen Proben gefunden *(Beil. 5; 7–8; 15).*
Dies hohe, stattliche Gras wächst in Röhrichten und Großseggenrieden.

Phragmites communis Schilfrohr
Gefundene Reste: unverkohlte Karyopsen und Rhizomknospenhüllen *(Abb. 51,18).*
Kleine Grasfrüchte mit elliptischem Nabel in der Mitte der unteren Fruchthälfte. Die leicht zu erkennenden Früchte wurden hin und wieder nur in kaiserzeitlichen Proben nachgewiesen *(Beil. 4–5; 7–8; 15).*
Phragmites ist bestands- und aspektbildend in Röhrichten.

Potamogeton cf. *pectinatus,* wohl Kammlaichkraut
Gefundene Reste: zwei verkohlte Früchte.
Abgeflachte, halbkreisförmige Früchte, die am besten mit rezenten Früchten von *Potamogeton pectinatus* übereinstimmen. Aus völkerwanderungs- und wikingerzeitlichen Proben *(Beil. 11; 13; 15).*
Potamogeton pectinatus wächst submers in nährstoffreichen, stehenden oder schwach fließenden Gewässern, schwach Salz ertragend.

Potamogeton spec. Laichkraut
Gefundene Reste: unverkohlte Früchte *(Abb. 51,41–42).*
Stark beschädigte, subfossile Früchte, die sich nicht näher bestimmen lassen (ungleich *Potamogeton pectinatus*) *(Beil. 5).*

Ranunculus sect. *Batrachium* Wasserhahnenfuß
Gefundene Reste: zwei unverkohlte Früchte *(Abb. 51,38).*
Flache, ovale, fast runde Nüßchen mit welligen, oft schräg verlaufenden Querrunzeln auf den Seiten. Sehr selten in Siedlungsschichten der Kaiserzeit *(Beil. 5; 15).*
Ranunculus-Arten der sect. *Batrachium* wachsen in stehenden oder fließenden Gewässern, flutend und/oder auf der Oberfläche schwimmend.

Ranunculus flammula agg. Brennender Hahnenfuß
Gefundene Reste: unverkohlte und verkohlte Früchte *(Abb. 51,25).*
Bikonvexe, elliptische bis ovale Früchte mit fein genetzter Oberfläche. *Ranunculus flammula*-Nüßchen wurden nur in kaiserzeitlichen Proben gefunden; besonders zahlreich in Soden der Archsumburg belegt *(Beil. 5; 7; 15).*
Flammula reptans ist bezeichnend für arme, nasse Wiesen und lückige Pioniergesellschaften entsprechender Standorte.

Ranunculus cf. *lingua,* wohl Zungenhahnenfuß
Gefundene Reste: verkohlte und unverkohlte Früchte *(Abb. 51,26).*
Schlanke, eiförmige Früchte mit sehr schmalem Rand, ziemlich glatter Oberfläche, Griffelansatz nicht so weit wie bei *R. acris* und *R. repens* zur Rückenseite hin verschoben, daher nicht dickbäuchig wirkend. Selten in kaiser- und wikingerzeitlichen Proben *(Beil. 2–3; 15).*
Der Zungenhahnenfuß gedeiht in Röhrichten und Großseggenrieden.

Rorippa palustris agg. Gewöhnliche Sumpfkresse
Gefundene Reste: unverkohlte Samen *(Abb. 51,27).*
Ovale, abgeflachte Samen mit deutlichem Epidermiszellmuster. Die Form des u-förmig gekrümmten Embryos bleibt auch in der leeren Samenschale erkennbar. *Rorippa palustris* wurde nur in einer Probe aus Soden der Archsumburg nachgewiesen *(Beil. 7; 15).*
Sie wächst in lückigen Gesellschaften nährstoffreicher Schlammböden.

Rumex hydrolapathum Teichampfer
Gefundene Reste: unverkohlte Früchte *(Abb. 51,43).*
Dreiseitige Früchte, ähnlich *Rumex crispus,* aber größer und mit flachen, kaum gewölbten Seiten. Sehr selten in kaiserzeitlichen Proben *(Beil. 7; 15).*
Das stattliche Hydrolapathum steht in Röhrichten und Seggenrieden in oder an Gewässern mit nährstoffreichen, schlammigen Böden.

Schoenoplectus lacustris Seebinse
Gefundene Reste: verkohlte und unverkohlte Früchte *(Abb. 51,13).*
Breitschultrige, eiförmige Früchte mit einer flachen und einer dachförmigen, konvexen Seite. Im Querprofil fast dreieckig, Oberfläche meist stumpf, Zellmuster deutlich. *Schoenoplectus lacustris* wurde nur in kaiserzeitlichen Proben gefunden *(Beil. 4–5; 15).*
Die Art steht in Röhrichten auf submersen, nährstoffreichen Schlammböden.

Schoenoplectus/Scirpus Binse
Gefundene Reste: unverkohlte und verkohlte Früchte.
Bei schlechter Erhaltung lassen sich die drei Binsenarten nicht immer trennen. Es gibt Übergangsformen, die bei mangelhafter Merkmalsausprägung nicht bestimmbar sind *(Beil. 4; 12–13).*

Sium erectum Aufrechter Merk
Gefundene Reste: unverkohlte Teilfrüchte.
Kleine Umbelliferenteilfrüchte mit flachem Bauch und stark gekrümmtem, fünfkantigem Rücken. Die Flächen zwischen den Längskanten bleiben recht glatt. Selten in Mistschichten der Kaiserzeit *(Beil. 15).*
Sium erectum steht in lichten Röhrichten, gern in fließendem Wasser.

Stellaria palustris-Typ Sumpfsternmiere-Typ
Gefundene Reste: verkohlte und unverkohlte Samen *(Abb. 51,31).*
Ovale, abgeflachte Samen. Oberfläche flach buckelig, jedoch sind die Buckel nicht rundkegelig wie bei *Stellaria media* (s. S. 72), sondern länglich; die Buckelfelder sind größer, ihre Ränder wellig verzahnt. Hin und wieder in Äckern und Siedlungsschichten, auch aus der Archsumburg, nachgewiesen *(Beil. 3–5; 7; 11; 13; 15).*
Nach rezentem Vergleichsmaterial sind die Samen von *Stellaria palustris* und *St. graminea* oft ähnlich und daher nicht deutlich zu trennen. *Stellaria graminea* tritt in der Regel aber als runde, *St. palustris* als ovale Form hervor (Fehlbestimmungen des Vergleichsmaterials sind nicht auszuschließen).

Thelypteris palustris Sumpflappenfarn
Gefundene Reste: unverkohlte Fiederchen *(Abb. 51,44).*
Charakteristische, gabelig-verzweigte Seitennerven kennzeichnen die Fiederchen des Sumpffarnes. Selten in Mistschichten der Kaiserzeit *(Beil. 15).*
Der Sumpffarn steht gern gesellig in lichten Bruchwäldern und in Wiesengesellschaften, die an die Brüche anschließen oder sie ersetzen.

Typha sp. (cf. *T. latifolia*) Rohrkolben
Gefundene Reste: unverkohlte Früchte *(Abb. 51,22).*
Die kleinen Früchte der Rohrkolben sind flaschenförmige, fossil durchscheinend hellgelbe, offenbar sehr haltbare Gebilde, deren pflanzliche Herkunft mangels Struktur kaum vermutet werden kann. Der Haarschopf der Früchte, der den weichen, braunen bekannten Kolben bildet, fehlt stets. Häufiger als in den Tabellen angegeben in Schichten der Kaiserzeit; die gelben »Flaschen« wurden erst spät als Rohrkolbenfrüchte erkannt *(Beil. 15).*
Der Rohrkolben ist eine Art des Süßwasserröhrichts.

Veronica scutellata Schildehrenpreis
Gefundene Reste: unverkohlte und ein verkohlter Samen *(Abb. 51,19).*
Flache, runde bis schwach ovale Samen mit einer kleinen Spitze in einer Einbuchtung am oberen Ende, zu der eine breite Linie vom zentralen Nabel läuft. Linie und Nabel sind auch auf der Rückenseite schwach zu erkennen. Oberfläche sonst glatt. Aus Soden der Archsumburg, sehr selten auch in kaiser- und wikingerzeitlichen Siedlungsschichten *(Beil. 5; 7; 13; 15).*
Veronica scutellata steht gern auf offenen, sandigen oder torfigen, sauren Böden in nassen Sumpfwiesen.

Viola palustris Sumpfveilchen
Gefundene Reste: unverkohlte Samen *(Abb. 51,34).*
19 Samen aus einer Sode der Archsumburg wurden durch den relativ reinen Fundzusammenhang als Sumpfveilchen, *Viola palustris*, bestimmt, morphologisch sind sie nicht sicher von anderen *Viola*-Arten zu trennen; auch in anderen kaiserzeitlichen Proben wohl vorhanden *(Beil. 7; 15).*
Viola palustris wächst auf nassen, nährstoffarmen, sauren Sumpfböden in Flachmooren und lichten Rieden.

Ephippien, Dauereier von »Wasserflöhen« *(Abb. 51,36).*
Winzige, netzig strukturierte Dauerstadien, ähnlich einem sehr kleinen, halben Schötchen von *Capsella bursa-pastoris*, mit ein oder zwei Eiern, die dunkler als die Ephippie sind. Diese nur in kaiserzeitlichen Proben gefundenen tierischen Reste beweisen besser als Samen oder Früchte von Wasserpflanzen die Anwesenheit glykischer oder leicht brackischer Gewässer, da viele Wasserpflanzen auch Landformen ausbilden und ihre Diasporen leichter mit Heu oder Soden verschleppt werden können. Aus diesem Grunde wurden Ephippien mit in die Tabellen der pflanzlichen Reste aufgenommen *(Beil. 4–5; 7–8).*

Heidearten

cf. *Andromeda polifolia*, wohl Rosmarinheide
Gefundene Reste: unverkohlte Blätter *(Abb. 47,14).*
Lanzettliche, derbe, am Rande schwach eingerollte Ericaceenblätter aus einer kaiserzeitlichen Probe mit reichen Heidepflanzenresten *(Beil. 5; 15).*
Andromeda polifolia wächst auf nährstoffarmen und sauren Torfböden der Hochmoore und Moorheiden.

Calluna vulgaris Heidekraut
Gefundene Reste: verkohlte und unverkohlte Samen und Früchte, Blütenknospen, beblätterte und kahle Stengel *(Abb. 47,1–4).*
Calluna-Reste sind besonders häufig in torfigen Siedlungsschichten der Kaiserzeit; in geringen Mengen treten sie aber in nahezu allen Siedlungsschichten und Ackerfluren auf, wenn auch nicht in allen Proben. Mit Heidesoden, die zu unterschiedlichen Zwecken in die Siedlung gebracht wurden, gelangten ihre schwer abbaubaren Reste in alle Straten. Es ist nicht sehr wahrscheinlich, daß *Calluna* in der unmittelbaren Nähe der Siedlungen wuchs, da sie in durch menschlichen Einfluß eutrophierten Bereichen nicht konkurrenzfähig ist *(Beil. 1–5; 7–15).*
Calluna vulgaris ist die Charakterpflanze trockener, nährstoffarmer, sandiger Heiden.

Carex pilulifera Pillensegge
Gefundene Reste: verkohlte und unverkohlte Früchte *(Abb. 47,7).*
Kleine, rundlich dreieckige bis kugelige Nüßchen, der Griffelrest sitzt der runden oberen Fruchthälfte ohne deutlichen Übergang auf. Die Früchte dieser Art sind gut von ähnlichen zu unterscheiden (Verwechselungsmöglichkeiten mit *C. ericetorum* sind nicht auszuschließen). In Äckern und Siedlungsschichten aller Zeiten vorhanden. Besonders häufig in Proben der Archsumburg nachgewiesen *(Beil. 1; 4–5; 7; 12–13; 15).*
Carex pilulifera ist in Heiden und Magerrasen verbreitet.

Empetrum nigrum Krähenbeere
Gefundene Reste: verkohlte und unverkohlte Samen *(Abb. 47,8).*
Apfelsinenscheibenartige Samen, Nabel exzentrisch auf der inneren Kante, Oberfläche stumpf. Selten in Proben aller Zeiten *(Beil. 3; 5; 8; 11–13; 15).*
Die Krähenbeere gedeiht auf Dünen, Heiden und Mooren; auf Sylt ist sie auf mageren Böden allgemein verbreitet.

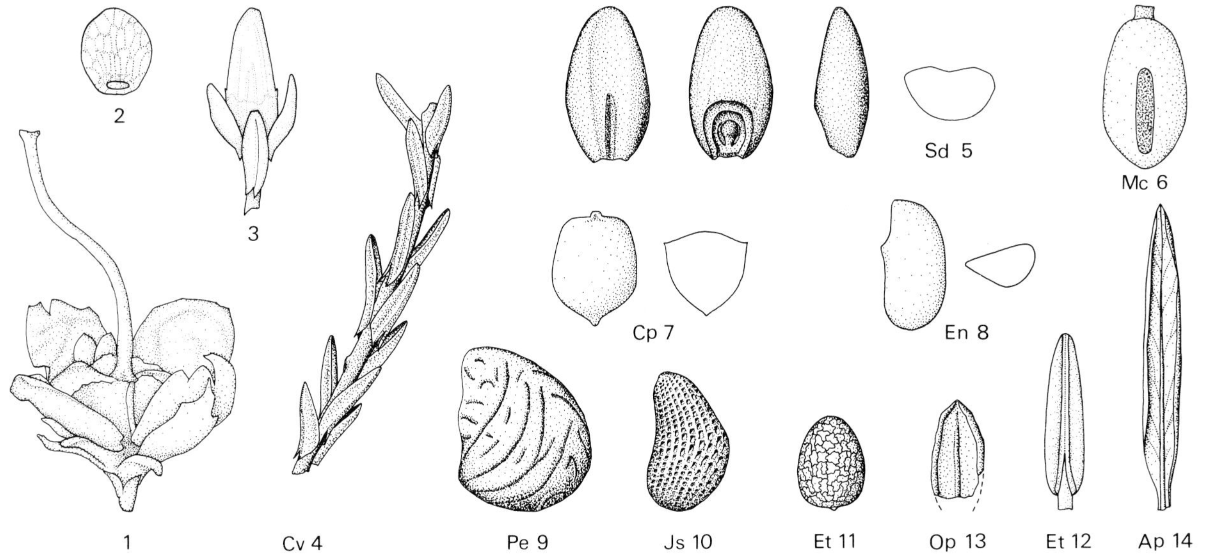

Abb. 47 Pflanzliche Funde aus Archsum. Cv = *Calluna vulgaris*, Heidekraut; 1: Frucht; 2: Samen; 3: Blütenknospe; 4: Zweig. Sd = *Sieglingia decumbens*, Dreizahn; 5: Frucht von allen Seiten und im Querprofil. Mc = *Molinia caerulea*, Pfeifengras; 6: Frucht, Bauchseite. Cp = *Carex pilulifera*, Pillensegge; 7: Frucht mit Querprofil. En = *Empetrum nigrum*, Krähenbeere; 8: Kern mit Querprofil. Pe = *Potentilla erecta*, Blutwurz; 9: Nüßchen. Js = *Juncus squarrosus*, Sparrige Simse; 10: Same. Et = *Erica tetralix*, Glockenheide; 11: Same; 12: Blatt, Unterseite. Op = *Oxycoccus palustris*, Moosbeere; 13: Blatt, Unterseite. Ap = *Andromeda polifolia*, Rosmarinheide; 14: Blatt, Unterseite.
Verkohlte (5, 7–10, 12–13) und unverkohlte Funde (1–4, 6, 11, 14).
M. 5 : 1 (14), 10 : 1 (1, 3–9, 12–13), 30 : 1 (2, 10–11).

Erica tetralix Glockenheide
Gefundene Reste: verkohlte und unverkohlte Blätter, unverkohlte Samen *(Abb. 47,11–12)*.
Samen winzig, kugelig, mit buchtig miteinander verzahnten Epidermiszellen; Blätter nadelartig schmal, mit eingerollten Rändern. Blätter regelmäßig in geringen Mengen in kaiserzeitlichen und völkerwanderungs- und wikingerzeitlichen Äckern und Siedlungsschichten; Samen nur in Soden der Archsumburg sehr zahlreich vertreten *(Beil. 4–5; 7; 11–15)*.
Tetralix ist eine typische Art feuchter Heiden mit sauren Rohhumusauflagen. Auf Sylt kommt sie in den entsprechenden Biotopen allgemein verbreitet vor.

Juncus squarrosus Sparrige Simse
Gefundene Reste: verkohlte und unverkohlte Samen *(Abb. 47,10)*.
Ungewöhnlich derbe und große Simsensamen mit großem, sehr dickwandigem Zellnetz. In den engen Zellumen sind stets große Tüpfel zu erkennen. Subfossile Samen aus der Archsumburg mußten erst gebleicht werden, ehe die charakteristische starkwandige Schicht unter einer feinen, darüberliegenden Lage mit braunen Einschlüssen sichtbar wurde. *Juncus squarrosus*-Samen wurden regelmäßig in wenigen Exemplaren in Ackerfluren, seltener in Kulturschichten, in größerer Zahl und unverkohlt in Soden und alten Oberflächen der Archsumburg gefunden *(Beil. 3–5; 7–8; 10–13; 15)*.
Die Art ist bezeichnend für sandige, feuchte Heiden und für rohhumusreiche Flachmoore. Sie wächst gern in gestörten Bereichen, an Wegen und Plaggenentnahmestellen.

Molinia caerulea Pfeifengras
Gefundene Reste: unverkohlte Karyopsen und Speicherbasen *(Abb. 47,6)*.
Eiförmige Karyopsen mit breitem Nabel, der etwas länger als die halbe Fruchtlänge ist. Die charakteristische Wellung der Zellwände kann zum Teil verschwinden. Fast alle Früchte sind im oder am Nabel aufgerissen. Die für *Molinia* typischen Sproßbasen mit eng gestauchten, angeschwollenen Internodien sind in den alten Oberflächen unter dem Wall der Archsumburg und in einigen Wallsoden ebenfalls erhalten. Häufig in Proben aus der Archsumburg, besonders aus den alten Oberflächen, selten in anderen kaiserzeitlichen Proben *(Beil. 5; 7–8; 15)*.
Molinia caerulea ist heute auf Sylt aspektbildend in feuchten Heiden und Moorwiesen auf nährstoffarmen, meist sauren und torfigen Böden.

Oxycoccus palustris Gewöhnliche Moosbeere
Gefundene Reste: verkohlte und unverkohlte Blätter *(Abb. 47,13)*.
Kleine, doppelt so lang wie breite Blättchen mit schwach eingerollten Rändern und kurzem Blattstiel. *Oxycoccus*-Blätter wurden nur aus reichen kaiserzeitlichen Proben mit viel Heidepflanzenresten ausgelesen *(Beil. 4–5; 7; 15)*.
Oxycoccus palustris wächst auf nassen Moor- und Heideböden.

Potentilla erecta Blutwurz
Gefundene Reste: verkohlte und unverkohlte Früchte *(Abb. 47,9)*.

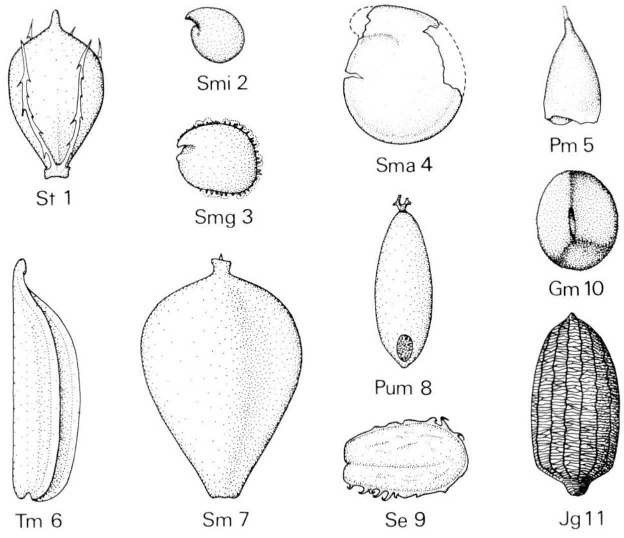

Abb. 48 Pflanzliche Funde aus Archsum. St = *Schoenoplectus tabernaemontani*, Graue Seebinse; 1: Frucht mit Perigonborsten. Smi = *Spergularia marina*, Salz-Schuppenmiere; 2: Same. Smg = *Spergularia marginata*, Flügel-Schuppenmiere; 3: Same. Sma = *Suaeda maritima*, Sode; 4: Same. Pm = *Plantago maritima*, Strandwegerich; 5: Kapseldeckel. Tm = *Triglochin maritimum*, Salz-Dreizack; 6: Teilfrucht. Sm = *Scirpus maritimus*, Meerbinse; 7: Frucht. Pum = *Puccinellia maritima*, Andel; 8: Frucht. Se = *Salicornia europaea*, Queller; 9: Same. Gm = *Glaux maritima*, Milchkraut; 10: Same. Jg = *Juncus gerardi*, Salzsimse; 11: Same. Verkohlte (7) und unverkohlte Funde (1–6, 8–11).
M. 5 : 1 (5), 10 : 1 (1–4, 6–10), 30 : 1 (11).

Schief-tropfenförmige Früchte. Bauchseite gerade, Rückenseite gekrümmt. Fruchtoberfläche rippig und warzig strukturiert, unverkohlten Exemplaren aber zum größten Teil fehlend. Selten in Siedlungsschichten und Äckern aller Zeiten, häufig in Proben aus der Archsumburg *(Beil. 3–5; 7; 11–13; 15).*

Sieglingia decumbens Dreizahn
Gefundene Reste: verkohlte Karyopsen *(Abb. 47,5).*
In Form und Größe hirseartige Karyopsen, oval oder elliptisch, mit schwach gewölbtem Rücken und stärker konvexer Bauchseite. Der Embryo fehlt oft; Scutellum länger als ein Drittel der Fruchtlänge. Nabel schmal, kurz strichförmig. *Sieglingia-* Früchte wurden regelmäßig in Äckern aller Phasen nachgewiesen *(Beil. 2–4; 9–15).*
Sieglingia wächst auf Heiden, in Magerrasen auf sauren, armen, sandigen oder torfigen Böden.

Salzmarscharten

Althaea officinalis Echter Eibisch
Gefundene Reste: unverkohlte Teilfrüchte.
Eibisch-Teilfrüchte sind ungleich dicke Scheiben, eine schwach rippige bis netzige Skulptur des dickeren Scheibenrandes greift auf die Flächen über. Der Großteil der Scheibenflächen und die dünnere Hälfte des Randes sind glatt (vgl. Behre 1976 b, 23). Selten in kaiserzeitlichem Mist *(Beil. 15).*
Der Eibisch steht hier und da in schwach salzbeeinflußten Marschwiesen der Meeresküsten sowie in den Flußmarschen großer Ströme.

Aster tripolium Strandaster
Gefundene Reste: korrodierte Früchte (»Innenfrüchte«).
Mittelgroße, distelartige Achänen. Äußere Schichten der Fruchtwand und Haarkrone (Pappus) sind nie erhalten. Eine feine Längsstreifung der erhaltenen »Innenfrüchte« erlaubt die sichere Trennung der *Aster*-Achänen von den ebenso erhaltenen *Cirsium*-Früchten, die glatter sind. Selten in kaiserzeitlichen Mistschichten *(Beil. 15).*
Tripolium gedeiht am besten auf schweren, feuchten Marschböden mit regelmäßigem Salzeinfluß.

Glaux maritima Milchkraut
Gefundene Reste: unverkohlte und verkohlte Samen *(Abb. 48,10).*

→

Abb. 49 Pflanzliche Funde aus Archsum. Bs = *Bromus secalinus*, Roggentrespe; 1: Körner. Pp = *Polygonum persicaria*-Typ, Pfirsichblättriger Knöterich-Typ; 2: seltene, dreiseitige Fruchtform; 3: gewöhnliche zweiseitige Fruchtform. Pl = *Polygonum lapathifolium*, Ampferblättriger Knöterich; 4: Frucht mit Perigonresten. Pc = *Polygonum convolvulus*, Windenknöterich; 5: Frucht. Uu = *Urtica urens*, Kleine Brennessel; 6: Frucht. Ra = *Rumex acetosella*, kleiner Sauerampfer; 7: Frucht mit Querprofil. Sa = *Spergula arvensis*, Ackerspörgel; 8: Same mit Querprofil. Aa = *Anagallis arvensis*, Acker-Gauchheil; 9: Same. Va = *Veronica arvensis*-Typ, Feld-Ehrenpreis-Typ; 10: Same. Sm = *Stellaria media*, Vogelmiere; 11: Same. Cfo = *Cerastium* cf. *fontanum*, Hornkraut; 12: Same. Ga = *Galium aparine*, Kletten-Labkraut; 13: Teilfrucht. Cg/r = *Chenopodium glaucum/rubrum*, Graugrüner/Roter Gänsefuß; 14: Same. Ca = *Chenopodium album*, Weißer Gänsefuß; 15: Same. Ag = *Agrostemma githago*, Kornrade; 16: Same. V = *Vicia* spp. Wicken; 17: Samen wohl verschiedener Arten. Ap = *Atriplex patula*-Typ, Rutenmelde-Typ; 18: Same. Ah = *Atriplex hastata*-Typ, Spießmelde-Typ; 19: Same. Cfi = *Chenopodium ficifolium*, Feigenblättriger Gänsefuß; 20: Same. Pa = *Poa annua*, Einjähriges Rispengras; 21: Frucht. Asv = *Apera spica-venti*, Windhalm; 22: Frucht. Eh = *Euphorbia helioscopia*, Sonnenwend-Wolfsmilch; 23: Same. Ta = *Thlaspi arvense*, Acker-Hellerkraut; 24: Same. G = *Galeopsis* spec., Hohlzahn; 25: Teilfrucht. So = *Sisymbrium officinale*, Wegrauke; 26: Same. Cbp = *Capsella bursa-pastoris*, Hirtentäschel; 27: Same. Mi = *Matricaria inodora*, Geruchlose Kamille; 28: Frucht ohne schwammige Gewebe. Sas = *Sonchus asper*, Rauhe Gänsedistel; 29: Frucht. Sar = *Sonchus arvensis*, Acker-Gänsedistel; 30: Frucht. Sn = *Solanum nigrum*, Schwarzer Nachtschatten; 31: Same. Lp = *Lamium* spec., cf. *L. purpureum*, Taubnessel; 32: Teilfrucht. B/S = *Brassica/Sinapis*, Kohl/Senf; 33: Same. Vt = *Viola tricolor*, Acker-Stiefmütterchen; 34: Same. Lc = *Luzula* cf. *campestris*, wohl Feld-Hainsimse; 35: Same. Sca = *Scleranthus annuus*, Einjähriges Knäuelkraut; 36: Frucht. Rr = *Raphanus raphanistrum*, Hederich; 37: Teilfrucht. Verkohlte (1, 9–10, 13, 16–17, 21, 28, 30, 35–37) und unverkohlte Funde (2–8, 11–12, 14–15, 18–20, 22–27, 29, 31–34).
M. 5 : 1 (1, 13, 17, 37), 10 : 1 (2–8, 11, 14–16, 18–26, 29–34, 36), 20 : 1 (9–10, 12, 27–28, 35).

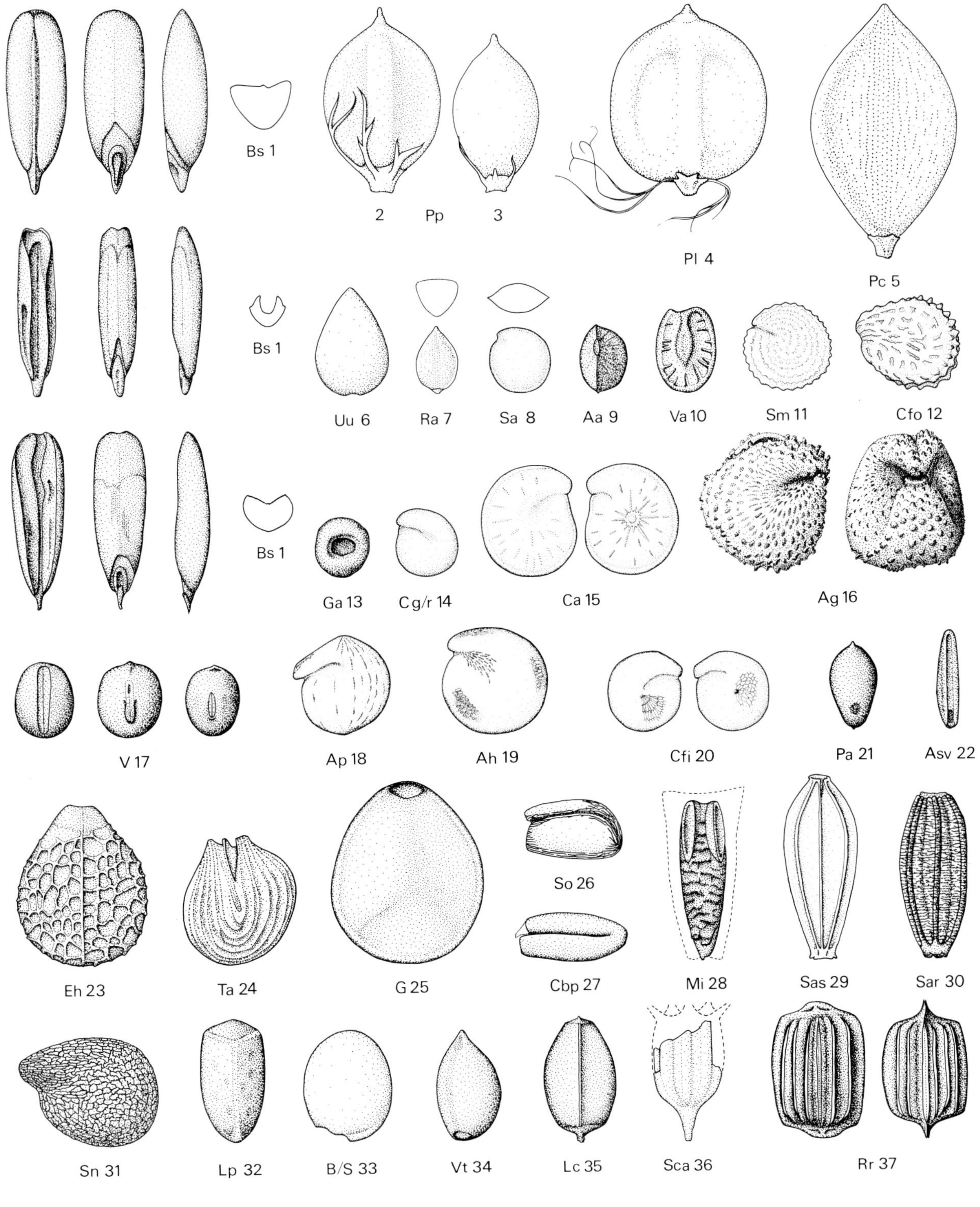
Bs 1
2 Pp 3
Pl 4
Pc 5
Bs 1
Uu 6
Ra 7
Sa 8
Aa 9
Va 10
Sm 11
Cfo 12
Bs 1
Ga 13
Cg/r 14
Ca 15
Ag 16
V 17
Ap 18
Ah 19
Cfi 20
Pa 21
Asv 22
So 26
Eh 23
Ta 24
G 25
Cbp 27
Mi 28
Sas 29
Sar 30
Sn 31
Lp 32
B/S 33
Vt 34
Lc 35
Sca 36
Rr 37

Same wie der von *Anagallis arvensis* (s. S. 70), jedoch nicht schuppig, sondern mit feinem, isodiametrischem Netz. Selten in kaiserzeitlichen Siedlungsschichten und in einer Probe aus einem völkerwanderungszeitlichen Pflughorizont *(Beil. 5; 11; 15)*.
Glaux ist in Salzrasen allgemein verbreitet.

Juncus gerardi Salzsimse
Gefundene Reste: unverkohlte und einige verkohlte Samen *(Abb. 48,11)*.
Sehr widerstandsfähige Simsensamen, die auch bei fortgeschrittener Korrosion (an den sehr breiten Zellreihen der Oberfläche) zu erkennen sind. Wenn diese fehlt, ermöglicht die typische hexagonal isodiametrische Felderung der Endospermzellen eine sichere Zuordnung. *Juncus gerardi*-Samen haben mit 24,9% den größten Anteil an der Gesamtsumme aller pflanzlichen Reste, sie sind in allen kleihaltigen Proben und in den Rohhumusauflagen von Soden des Burgwalles stets reich vertreten *(Beil. 2–5; 7–15)*.
Juncus gerardi ist eine rasenbildende Art der höher gelegenen Salzmarsch.

Plantago maritima Strandwegerich
Gefundene Reste: unverkohlte Samen und Kapseldeckel *(Abb. 48,5)*.
Die Samen von *Plantago maritima* sind erheblich größer als die von *Pl. major*, ähnlich in der Form, jedoch mit einem einzigen Nabel auf der Mitte der Bauchseite. Die Samenhaut ist wenig strukturiert, bräunlich. Selten in Mistschichten der Kaiserzeit *(Beil. 15)*.
Der Strandwegerich wächst in Salzwiesen.

Puccinellia cf. *maritima* Andel, Salzschwaden
Gefundene Reste: unverkohlte Früchte *(Abb. 48,8)*.
Ovale Grasfrüchte mit elliptischem Nabel und deutlichem, in Längsrichtung angeordnetem Netz aus viereckigen, aber meist schiefen Zellen. Nur aus kaiserzeitlichen Proben und in einer völkerwanderungszeitlichen Ackerflur nachgewiesen *(Beil. 11; 15)*.
Puccinellia maritima besiedelt tiefliegende, oft überflutete Salzrasen (Andelrasen).

Salicornia europaea Queller
Gefundene Reste: unverkohlte Samen *(Abb. 48,9)*.
U-förmig gekrümmte Samen mit hakig gebogenen Haaren. Die unverkennbaren Samen wurden nur selten in reichen kaiserzeitlichen Proben gefunden *(Beil. 5; 15)*.
Salicornia besiedelt als Pionier die nackten Wattböden des Vorlandes, im und knapp über dem Gezeitenbereich.

Schoenoplectus tabernaemontani Graue Seebinse
Gefundene Reste: unverkohlte und verkohlte Früchte *(Abb. 48,1)*.
Schmal eiförmige Früchte mit hängenden Schultern, mit einer flachen und einer schwach gewölbten Seite, im Querprofil mehr oder weniger flach elliptisch, Oberfläche stumpf, Zellmuster deutlich. Hauptsächlich in kaiserzeitlichen Proben gefunden, aber auch in je einer der vorrömischen Eisenzeit und der Völkerwanderungszeit nachgewiesen *(Beil. 3–5; 11; 15)*.
Schoenoplectus tabernaemontani bevorzugt im Gegensatz zu *S. lacustris* salzhaltige, schlickige Böden in Küstennähe.

Scirpus maritimus Meerbinse
Gefundene Reste: verkohlte und unverkohlte Früchte *(Abb. 48,7)*.
Meist vollendet tropfenförmige, seltener eiförmige Früchte. Der Griffelrest sitzt der runden oberen Hälfte meist abrupt auf. Eine Fruchtseite flach, die andere mehr oder minder gewölbt. Oberfläche glänzend, strukturiert durch ebenmäßige, schwach gewölbte Epidermiszellen, die größer sind als die von *Schoenoplectus lacustris* und *S. tabernaemontani*. In kaiserzeitlichen Siedlungsschichten vertreten, in völkerwanderungs- und wikingerzeitlichen Proben nur vereinzelt belegt *(Beil. 5; 11–13; 15)*.
Scirpus maritimus bildet Röhrichte in brackigem Wasser auf meist schweren Schlickböden.

Spergularia marina Salzschuppenmiere
Gefundene Reste: unverkohlte Samen *(Abb. 48,2)*.
Kleine, flache, rundlich ovale Samen mit fein durch kleine Papillen gemusterter Oberfläche. Rand ungeflügelt. Nur in Proben aus kaiserzeitlichen Siedlungsschichten nachgewiesen *(Beil. 5; 15)*.
Spergularia marina wächst auf offenen, salzhaltigen Marschböden.

→

Abb. 50 Pflanzliche Funde aus Archsum. Aep = *Aegopodium podagraria*, Zipperleinskraut; 1: Teilfrucht ohne Schwammgewebe. Tj = *Torilis japonica*, Klettenkerbel; 2: Teilfrucht. A = *Arctium* spec., Klette; 3: Innenfrucht. Vn = *Verbascum nigrum*, Dunkle Königskerze; 4: Same. Cv = *Chrysanthemun vulgare*, Rainfarn; 5: Frucht. Lc = *Lapsana communis*, Rainkohl; 6: Frucht. Sv = *Silene vulgaris*, Taubenkropf; 7: Same. Ma = *Melandrium album*, Weiße Lichtnelke; 8: Same. Pa = *Polygonum aviculare*, Vogelknöterich; 9: Frucht. Pm = *Polygonum minus/mite*, Kleiner/Milder Knöterich; 10: Frucht. Ud = *Urtica dioica*, Große Brennessel; 11: Frucht. M = *Myosotis* spec., Vergißmeinnicht; 12: Same. H = *Hypericum* spec., Johanniskraut; 13: Same. Hn = *Hyoscyamus niger*, Schwarzes Bilsenkraut; 14: Same. Ch = *Carex hirta*, Rauhe Segge; 15: Frucht. Rr = *Ranunculus repens*, Kriechender Hahnenfuß; 16: Frucht. Sp = *Stachys palustris*, Sumpfziest; 17: Teilfrucht. Rc = *Rumex crispus*-Typ, Krauser Ampfer-Typ; 18: Frucht; 19: Perigonteil. Rs = *Ranunculus sceleratus*, Gift-Hahnenfuß; 20: Frucht. Jb = *Juncus bufonius*, Krötensimse; 21: Same. Bm = *Bromus mollis*, Weiche Trespe; 22: Frucht. Ar = *Agropyron repens*, Kriechende Quecke; 23: Frucht. Lp = *Lolium perenne*, Ausdauernder Lolch; 24: Frucht. A = *Agrostis*-Typ, Straußgras-Typ; 25: Frucht. Pppt = *Poa pratensis/palustris/trivialis*, Rispengras; 26: Frucht. Fr = *Festuca rubra*, Rotschwingel; 27: Frucht. Pl = *Plantago lanceolata*, Spitzwegerich; 28: Same. Pma = *Plantago major*, Großer Wegerich; 29: Kapseldeckel; 30: Same. T = *Trifolium* spec., Klee; 31: Kelch, 32: Blütenblatt (Fahne); 33: Blütenblatt (Flügel); 34: Same. Pa = *Potentilla anserina*, Gänse-Fingerkraut; 35: Frucht mit Querprofil. Or = *Odontites rubra*, Roter Zahntrost; 36: Same. Pv = *Prunella vulgaris*, Kleine Brunelle; 37: Teilfrucht. To = *Taraxacum officinale*, Löwenzahn; 38: Frucht. La = *Leontodon autumnalis*, Herbst-Löwenzahn; 39: Frucht. Verkohlte (7–8, 10, 12–13, 22–24, 27–28, 34) und unverkohlte Funde (1–6, 9, 11, 14–21, 25–26, 29–33, 35–39).
M. 5 : 1 (3, 22–24, 29, 31–33), 10 : 1 (1–2, 5–6, 9–12, 15–19, 25–28, 34–39), 20 : 1 (4, 7–8, 14, 20, 30) und 30 : 1 (13, 21).

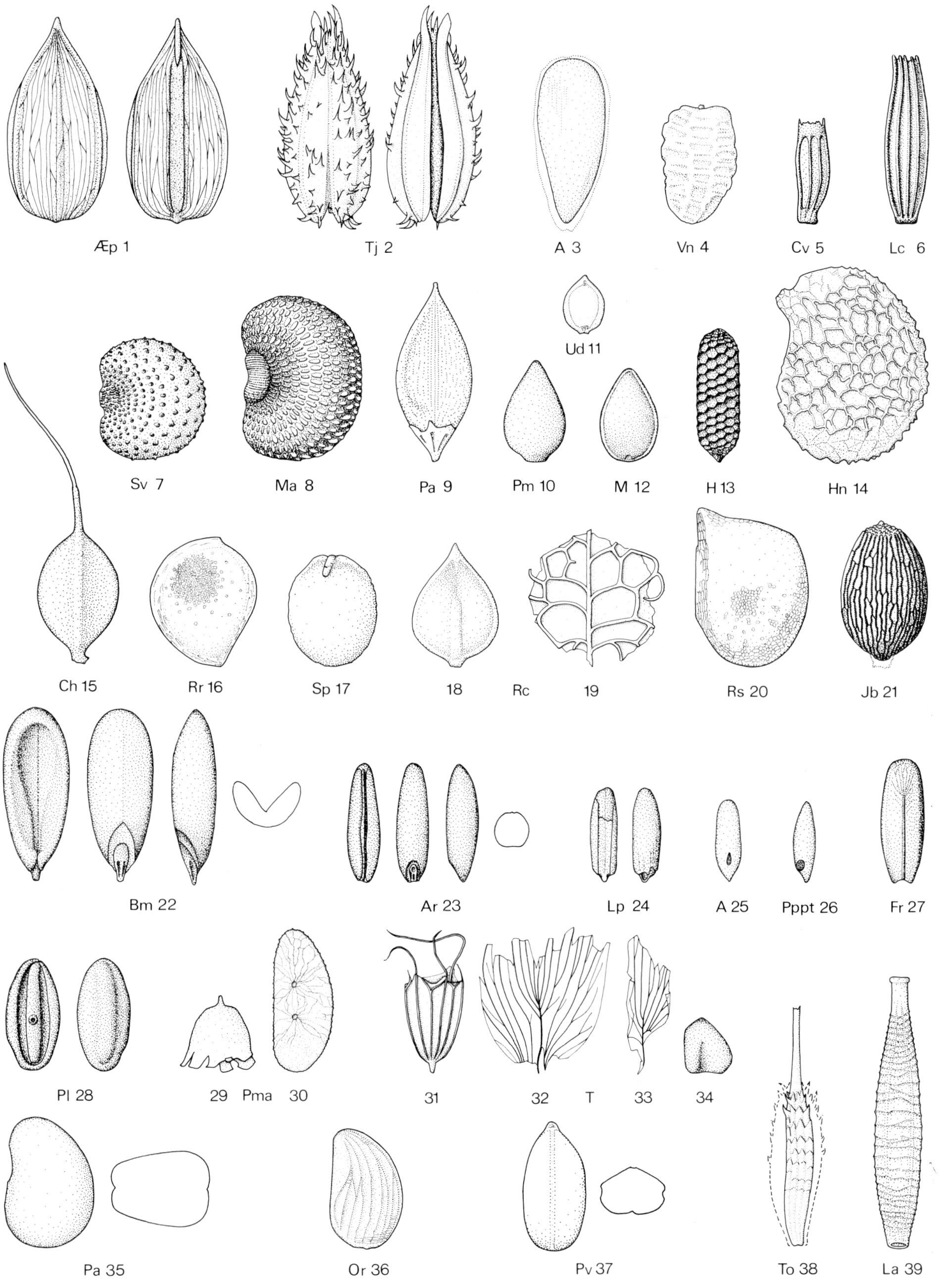
Æp 1
Tj 2
A 3
Vn 4
Cv 5
Lc 6
Ud 11
Sv 7
Ma 8
Pa 9
Pm 10
M 12
H 13
Hn 14
Ch 15
Rr 16
Sp 17
18
Rc
19
Rs 20
Jb 21
Bm 22
Ar 23
Lp 24
A 25
Pppt 26
Fr 27
Pl 28
29
Pma
30
31
32
T
33
34
Pa 35
Or 36
Pv 37
To 38
La 39

Spergularia media Flügel-Schuppenmiere
Gefundene Reste: unverkohlte Samen *(Abb. 48,3).*
Die Samen sind denen der vorstehenden Art ähnlich, aber glatter und rundum geflügelt. Nur in kaiserzeitlichen Mistschichten *(Beil. 15).*
Spergularia media wächst wie *Sp. marina* auf Marschböden mit Salzeinfluß.

Suaeda maritima Sode
Gefundene Reste: unverkohlte und verkohlter Samen *(Abb. 48,4).*
Rundlicher, unverkohlt braun und matt glänzender Same mit deutlichem Würzelchen; an der fein netzigen Oberfläche und am deutlich abgesetzten Rand leicht von *Chenopodium* und *Atriplex* zu unterscheiden (s. S. 70 f.). Selten in Proben der Kaiserzeit *(Beil. 4–5; 15).*
Suaeda wächst in lückigen Spülsaumgesellschaften der Meeresküste auf salzhaltigen, sandigen und tonigen Böden.

Triglochin maritimum Salzdreizack
Gefundene Reste: eine verkohlte Teilfrucht *(Abb. 48,6).*
Eine längliche Frucht mit einer geraden und einer konvexen Seite, am oberen Ende mit einem zur konvexen Seite hin gebogenen Schnabel. Sehr selten nur aus kaiserzeitlichen Siedlungsschichten bekannt *(Beil. 5; 15).*
Triglochin maritimum wächst in Salzmarschen der Meeresküsten.

Nicht näher bestimmbare Taxa

Agrostis-Typ Straußgras-Typ
Gefundene Reste: unverkohlte Karyopsen *(Abb. 50,25).*
Kleine, zarte, strukturarme Grasfrüchte mit kleinem, schmalem Nabel nahe der Basis. Da sie selten gut erhalten sind, ist eine Trennung der Gattung *Agrostis* von Gattungen mit ähnlichen Früchten nicht immer möglich (z. B. *Apera, Calamagrostis*). Karyopsen vom *Agrostis*-Typ wurden regelmäßig in Proben mit reichem unverkohltem Material gefunden. Sie kommen vor in Siedlungsschichten, Rohhumusauflagen von Soden und alten Oberflächen, besonders zahlreich in der Kaiserzeit, aus der unverkohltes Fundgut am besten erhalten ist *(Beil. 5–7; 12; 14–15).*

Carex spec. Segge
Gefundene Reste: verkohlte und unverkohlte Früchte.
In diesem Taxon sind alle nicht näher bestimmbaren, da unvollständig erhaltenen oder stark korrodierten Seggenfrüchte zusammengefaßt *(Beil. 3–8; 10–14).*

Caryophyllaceae div. spec. Nelkengewächse, verschiedene Arten
Gefundene Reste: verkohlte und unverkohlte Samen.
Beim Verkohlen stark in der Form veränderte, zerbrochene oder korrodierte Samen wohl verschiedener Taxa; nicht näher bestimmbar *(Beil. 3–5; 11–12; 14).*

Compositae div. spec. Korbblütler
Gefundene Reste: verkohlte und unverkohlte Achänen.
Schlecht erhaltene, verkohlte und subfossile Achänen wohl verschiedener Compositen wurden in dieser Rubrik zusammengefaßt. Die Ausprägung der Merkmale reicht nicht aus, um eine genauere Bestimmung zu ermöglichen *(Beil. 4; 7; 12–14).*

Convolvulaceae cf. *Cuscuta* Windengewächse, wohl Seide
Gefundene Reste: ein verkohlter Samen.
Ein stark beschädigter Samen mit großem Nabel und feinwarziger Oberfläche, ähnlich großen *Cuscuta*-Samen, aber größer als rezente Samen von *Cuscuta epilinum* und *C. epithymum.* Aus einer wikingerzeitlichen Siedlungsschicht *(Beil. 13).*

Abb. 51 Pflanzliche Funde aus Archsum. Œl = *Oenanthe lachenalii,* Lachenals Wasserfenchel; 1: Teilfrucht mit erhaltenem Schwammgewebe; 2: ohne diese Gewebe. Cr = *Carex riparia*-Typ, Ufersegge-Typ; 3: Frucht. Cfl = *Carex flava*-Typ, Gelbe Segge-Typ; 4: Frucht. Cfu = *Carex fusca*-Typ, Braune Segge-Typ; 5: Frucht. Cc = *Carex canescens*-Typ, Grausegge-Typ; 6: Frucht. Cv = *Carex vulpina*-Typ, Fuchssegge-Typ; 7: Frucht. Cda = *Carex disticha,* Kammsegge; 8: Frucht; 9: Schlauch. Cds = *Carex distans*-Typ, Lückensegge-Typ; 10: Frucht. Cm = *Cladium mariscus,* Schneide; 11: Frucht. Ep = *Eleocharis palustris,* Sumpfbinse; 12: Frucht. Sl = *Schoenoplectus lacustris,* Seebinse; 13: Frucht. Ja = *Juncus articulatus*-Typ, Glanzfrüchtige Simse-Typ; 14: Same. Je = *Juncus effusus*-Typ, Flattersimse-Typ; 15: Same. Js = *Juncus subnodulosus*-Typ, Knotensimse-Typ; 16: Same. Dc = cf. *Deschampsia caespitosa,* wohl Rasenschmiele; 17: Frucht. Pc = *Phragmites communis,* Schilfrohr; 18: Frucht. Vs = *Veronica scutellata,* Schild-Ehrenpreis; 19: Same. Le = *Lycopus europaeus,* Wolfstrapp; 20: Teilfrucht. Epp = *Epilobium palustre*-Typ, Sumpf-Weidenröschen-Typ; 21: Same. T = *Typha* spec., Rohrkolben; 22: Frucht. Ls = *Lythrum salicaria,* Blutweiderich; 23: Same. Gp = *Galium palustre*-Typ, Sumpf-Labkraut-Typ; 24: Teilfrucht. Rfr = *Ranunculus flammula reptans,* Ufer-Hahnenfuß; 25: Frucht. Rl = *Ranunculus lingua,* Zungen-Hahnenfuß; 26: Frucht. Rp = *Rorippa palustris,* Sumpfkresse; 27: Same. M = *Mentha* spec., Minze; 28: Teilfrucht. Ch = *Characeae,* Armleuchter-Alge; 29: Oogonium. Lfc = *Lychnis flos-cuculi,* Kuckucks-Lichtnelke; 30: Same. Sp = *Stellaria palustris*-Typ, Sumpf-Sternmiere-Typ; 31: Same. Bt = *Bidens tripartita,* Dreiteiliger Zweizahn; 32: halbe Frucht. Hmr = *Hydrocharis morsus-ranae,* Froschbiß; 33: Same ohne Schwimmgewebe. Vp = *Viola palustris,* Sumpfveilchen; 34: Same. Ca = *Callitriche* spec., Wasserstern; 35: Teilfrucht. Eph 36 = Ephippie, »Wasserfloh«-Dauerei. Hv = *Hydrocotyle vulgaris,* Wassernabel; 37: Teilfrucht. RB = *Ranunculus* sect. *Batrachium,* Wasser-Hahnenfuß; 38: Frucht. Apa = *Alisma plantago-aquatica,* Froschlöffel; 39: Embryo. Pa = *Phalaris arundinacea,* Rohr-Glanzgras; 40: Frucht. P = *Potamogeton* spec., Laichkraut; 41: Frucht. Pz = *Potamogeton zizii,* Laichkraut; 42: Frucht. Rh = *Rumex hydrolapathum,* Teichampfer; 43: Frucht. Tp = *Thelypteris palustris,* Sumpffarn; 44: Blattfiederchen.
Verkohlte (3–7, 10–13, 24–26, 31, 41–42) und unverkohlte Funde (1–2, 8–9, 14–23, 27–30, 32–40, 43–44).
M. 5 : 1 (32), 10 : 1 (1–13, 18–21, 24–28, 34, 36–37, 41–44), 20 : 1 (17, 22–23, 30–31, 33, 35, 38–40) und 30 : 1 (14–16, 29).

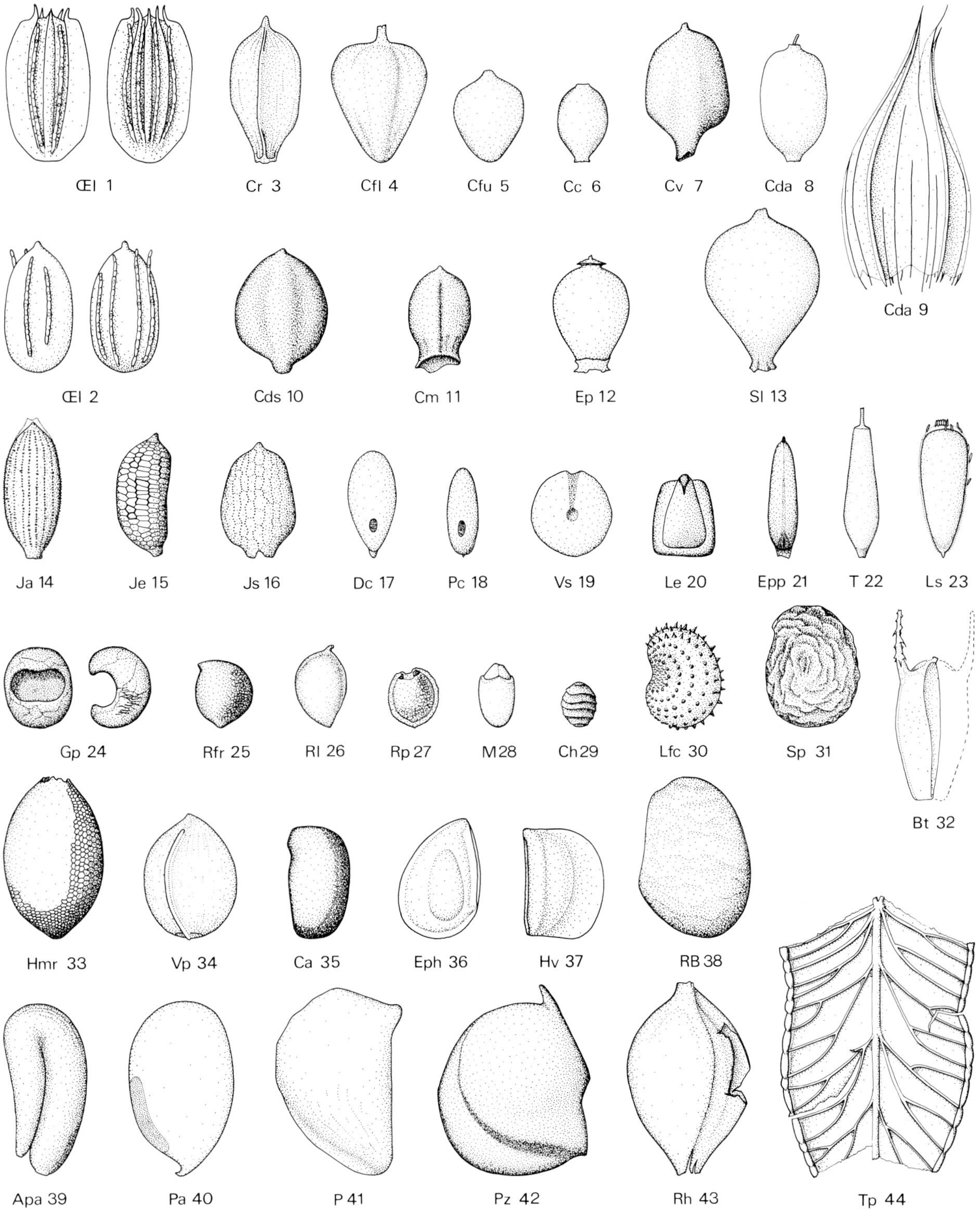
Œl 1
Cr 3
Cfl 4
Cfu 5
Cc 6
Cv 7
Cda 8
Cda 9
Œl 2
Cds 10
Cm 11
Ep 12
Sl 13
Ja 14
Je 15
Js 16
Dc 17
Pc 18
Vs 19
Le 20
Epp 21
T 22
Ls 23
Gp 24
Rfr 25
Rl 26
Rp 27
M28
Ch29
Lfc 30
Sp 31
Bt 32
Hmr 33
Vp 34
Ca 35
Eph 36
Hv 37
RB 38
Apa 39
Pa 40
P 41
Pz 42
Rh 43
Tp 44

Cruciferae div. spec. Kreuzblütler, verschiedene Arten
Gefundene Reste: verkohlte und unverkohlte Samen.
Verschiedene kleine Cruciferensamen, stark korrodiert oder nur in Teilen erhalten, daher nicht sicher zuzuordnen. Die Funde aus den völkerwanderungszeitlichen Böden sind vermutlich rezent *(Beil. 5; 7–8; 11–13).*

Gramineae div. spec. Süßgräser, verschiedene Arten
Gefundene Reste: verkohlte und unverkohlte Karyopsen.
Obwohl der Gramineen-Schlüssel von Körber-Grohne (1964) sich durchaus auf gut erhaltene, verkohlte Grasfrüchte anwenden läßt, wurde auf die Zuordnung der oft auch nur schlecht erhaltenen Funde verzichtet, da nur in wenigen Fällen eine zweifelsfreie Bestimmung von verkohltem Material möglich war. Sicher erkennbare Gramineen wie *Bromus, Agropyron, Poa annua* und *Sieglingia* können auch in schlechtem Zustand bestimmt werden, bei anderen Gattungen und Arten müßte die Erhaltung so gut sein, daß Nabel und Zellmuster der Oberfläche gut bewahrt sind. Dies ist beim Archsumer Fundgut leider nicht der Fall. Der Großteil der verkohlten Karyopsen und korrodierte subfossile sind unter diesem übergeordneten Taxon zusammengefaßt *(Beil. 2–5; 7–14).*

Juncus spec. Simse
Stark korrodierte, nicht bestimmbare Simsensamen sind in dieser Rubrik zusammengefaßt *(Beil. 4–5; 7–8; 10–13).*

Myosotis spec. Vergißmeinnicht
Gefundene Reste: verkohlte und unverkohlte Samen *(Abb. 50,12).*
Tropfenförmige, zweiseitige, glänzende Samen, am Rande und auf der Mitte der Bauchseite im oberen Teil schwach gekielt; Nabel rundlich, auf der Basis der Bauchseite; Oberfläche glatt. Da die wenigen Samen aus völkerwanderungs- und wikingerzeitlichen Böden und Siedlungsschichten nicht gut erhalten sind, mußte auf eine genauere Bestimmung verzichtet werden *(Beil. 11–12).*

cf. *Odontites*, wohl Zahntrost
Gefundene Reste: verkohlte und unverkohlte Samen *(Abb. 50,36).*
Leicht gekrümmte, schmal oval bis spindelförmige Samen mit kieligen Längsrippen, von denen eine schwach flügelig ausgebildet sein kann. Zwischen den Rippen liegen breite, flache Zellen in regelmäßigen Reihen. Auf den ersten Blick, besonders dann, wenn nur als zartes Häutchen erhalten, an einen *Juncus*-Samen erinnernd, aber drei- bis viermal so groß wie diese. Selten in kleihaltigen Ackerböden und Siedlungsschichten aller Zeiten *(Beil. 3–4; 10–11; 13; 15).*
Odontites rubra wird in drei Unterarten gegliedert, die unterschiedliche Standorte besiedeln: ssp. *litoralis* (= *Odontites litoralis* Fr.) hochgelegene Salzwiesen der Küsten, ssp. *verna* (= *Odontites verna* Bell. Dum.) feuchte, verschlämmte Äcker und ssp. *serotina* (= *Odontites rubra* Baumg. Op.) frische bis feuchte Wiesen und Weiden, ebenfalls salzertragend. Die drei Unterarten oder Arten lassen sich an ihren Samen wohl kaum unterscheiden.

Poa pratensis/trivialis/palustris Rispengräser
Gefundene Reste: unverkohlte Karyopsen *(Abb. 50,26).*
Spindelförmige Grasfrüchte mit kräftigem, rundem bis eiförmigem Nabel. Oft nicht gut erhalten, größere Früchte vom *P. pratensis/trivialis*-Typ überwiegen. Häufig nur in Proben kaiserzeitlicher Siedlungsschichten, sonst selten *(Beil. 4–5; 7–8; 12; 14).*

Potentilla spec. Fingerkraut
Gefundene Reste: verkohlte und unverkohlte freie Samen.
Diese freien Potentillensamen passen zum Teil gut in die Fruchthälften von *Potentilla anserina,* und es ist daher sehr wahrscheinlich, daß sie von dieser Art stammen. *P. erecta* fällt nicht so häufig in zwei Fruchthälften auseinander. Freie Samen wurden nicht immer gemeinsam mit Fruchthälften von *P. anserina* gefunden *(Beil. 2–5; 7; 10–13).*

Ranunculus spec. Hahnenfuß
Gefundene Reste: verkohlte und unverkohlte Früchte.
Nüßchen, die aufgrund schlechter Erhaltung nicht näher in die Arten *R. acris, R. repens* und *R. lingua* bestimmt werden konnten *(Beil. 4; 10–13).*

Rumex spec. Ampfer
Gefundene Reste: unverkohlte und verkohlte Früchte.
Korrodierte, stark verkohlte oder nur in Bruchstücken erhaltene Nüßchen, die nicht näher bestimmbar sind, wohl zum Großteil vom *Rumex crispus (Beil. 3–5; 7; 12–13).*

Trifolium-Typ Klee-Typ
Gefundene Reste: verkohlte und ein unverkohlter Samen *(Abb. 50,34).*
Kleine, rundlich ovale Samen mit deutlich abgesetztem Würzelchen; meist stark korrodiert; Oberfläche glatt. Dieser Typ ist bei kleinsamigen Fabaceen weit verbreitet, so daß eine Bestimmung kaum möglich ist, zumal die Form infolge des Verkohlens in Mitleidenschaft gezogen scheint. Die Samen wurden regelmäßig in geringen Mengen aus Proben aller Zeiten ausgelesen, aus Äckern wie aus Siedlungsschichten *(Beil. 2–5; 8–9; 11–13).*

Trifolium fragiferum und *Trifolium repens* sind auf trockeneren, selten überfluteten Marschweiden verbreitet. Es ist möglich, daß die Samen von diesen beiden Arten stammen.

Viola spec. Veilchen, Stiefmütterchen
Gefundene Reste: verkohlte und unverkohlte Samen *(Abb. 49,34).*
Ovale, oben zugespitzte Samen mit rundem etwas eingetieftem Nabel unter der Basis des Samens. Eine Nahtlinie läuft vom Nabel zur Spitze. Oberfläche glatt. Epidermiszellen sind erkennbar. Es sind wohl Samen von *Viola tricolor* agg. oder von *Viola palustris.* Sie sind selten in Proben aus Siedlungsschichten und Äckern aller Zeiten *(Beil. 2; 4–5; 10–13).*

Varia indet., Unbestimmbare Funde
Unter dieser Rubrik wurden alle nicht bestimmbaren pflanzlichen Funde zusammengefaßt. Die verkohlten Funde und ein Teil des unverkohlten Materials sind zu schlecht erhalten, um eine nähere Zuordnung zu gewährleisten. Ein Teil des subfossilen Materials konnte in rezentem Vergleichsmaterial nicht wiedererkannt werden; bei manchen fehlen für die Bestimmung wichtige Merkmale und Zellschichten *(Beil. 1–5; 7–13).*

ERGEBNISSE

Forschungsstand

Untersuchungen pflanzlicher Reste aus vor- und frühgeschichtlichen Siedlungen im Küstenbereich der südlichen Nordsee blicken auf eine lange Tradition zurück. Archäologische Ausgrabungen erschlossen vielfach durch Dauerfeuchtigkeit und Überlagerung gut konserviertes organisches Material. In den Niederlanden berichtete schon Acker Stratingh (1849) über Kulturpflanzenfunde. Beijerinck (1929–1931) veröffentlichte die erste grundlegende und systematische Untersuchung. Van Zeist (1970, 1974) trägt heute zur Kenntnis von Kultur- und Wildpflanzenfunden prähistorischer Vegetationen bei. Die reichen pflanzlichen Funde der Wurtgrabung Feddersen Wierde untersuchte Körber-Grohne im Niedersächsischen Landesinstitut für Marschen- und Wurtenforschung in Wilhelmshaven. Die Ergebnisse liegen seit 1967 publiziert vor. Behre (1965, 1970, 1972, 1973) setzte die Arbeit im niedersächsischen Küstengebiet fort. Über schleswig-holsteinische Grabungen erschienen Untersuchungen der subfossilen Pflanzenreste der Warft Tofting (Scheer 1955). Botanische Analysen aus der Warft Elisenhof in Eiderstedt hat Behre (1976 b) veröffentlicht.

Hiermit verbundene Einzelaspekte aus dem Grenzbereich zwischen naturwissenschaftlicher und historischer Fragestellung standen seit Anbeginn der neueren Feldforschung im Mittelpunkt der Diskussion. Zu diesen Themen zählen u. a. der Nachweis frühen Ackerbaus einschließlich der Versuche, durch Bodenaufbesserung die Ertragsfähigkeit zu erhalten.

Ur- und frühgeschichtliche Ackerfluren sind z. B. seit langem bekannt und in archäologischen Landesaufnahmen und Monographien vielfach beschrieben (Müller-Wille 1965). Bodenkundler widmeten sich ihnen ebenfalls, unter besonderer Berücksichtigung anthropogen aufgehöhter, sogenannter Plaggenböden (s. S. 107 ff.; Niemeier u. Taschenmacher 1939; Johannsen u. Stremme 1954; Niemeier 1959; Mertens 1961; Mückenhausen, Scharpenseel u. Pietig 1968). Botanisch hingegen wurden sie bisher kaum untersucht, da sie als fundleer oder zumindest fundarm gelten. Dies trifft in den meisten Fällen wohl durchaus zu. Zudem gehören Pflughorizonte auch in Siedlungsgrabungen größeren Ausmaßes nicht zu den regelmäßigen Funden. Körber-Grohne (1967) beschrieb z. B. einen eisenzeitlichen Ackerboden auf der alten Marschoberfläche der Feddersen Wierde und bestimmte verkohltes Getreide aus Plaggenböden (in Niemeier 1959). Schindler (1951/52) erwähnte Untersuchungen Kolumbes, nach denen Düngung mit Heideplaggen in vorgeschichtlicher Zeit durchaus bekannt war und praktiziert wurde.

Frühe Plaggenböden auf Nordfriesischen Inseln gingen bereits in die Sekundärliteratur ein (Aubin u. Zorn 1971, 25). Der geringe Raum auf den kleineren Geestkernen der Inseln erlaubte den Gehöften vielfach keinen Wechsel des Pfluglandes. Die niederen, grundwasserbeeinflußten Randbereiche waren zu naß, in der Marsch die Feldfrucht durch Sommerfluten gefährdet. Um einen ständigen Nährstoffentzug der hochgelegenen Äcker zu vermeiden, begann die Bauernschaft deshalb schon früh, die Fruchtbarkeit der Felder durch Meliorationsmaßnahmen zu erhalten und zu fördern. Die aus Braunerden und Podsolen entstandene Ackerkrume enthielt von Natur aus nur wenige Nährstoffe. Für die Pflanzenernährung wichtige basische Bodenbestandteile standen nur in geringen Mengen zur Verfügung. So erschien die Düngung der bereits in prähistorischer Zeit genutzten Felder unumgänglich.

Plaggenauftrag zählt bis ins 20. Jahrhundert auf den armen Heidelandschaften Nordwestdeutschlands und der Niederlande zu den allgemein bekannten Meliorationsverfahren. Als Plaggen oder Soden bezeichnet man die mit dem Spaten, einer Hacke oder einem speziellen Plaggenmesser abgestochenen oder -gehauenen Stücke des humosen, stark durchwurzelten oberen Horizontes von Mineralböden samt niederem Gras- und Heidebewuchs. In historischer Zeit verwandte man Plaggen entweder als Einstreu in Ställen oder vermengte sie mit Mist oder Jauche, ließ sie einige Zeit kompostieren und brachte sie dann auf die Äcker aus. Lange durchgeführter Plaggenauftrag verändert den Pflughorizont so gedüngter Felder wesentlich. Ein neuer Bodentyp entsteht: der Plaggenboden (bodenkundlich: Plaggosol), auch als Auftragsboden, anthropogener Boden, Esch oder Plaggenesch bezeichnet (zur Problematik des Begriffes Esch siehe Uhlig 1967, 155).

Kulturpflanzen

Getreide

Gerste *Hordeum vulgare*

Die Gerste *Hordeum vulgare* ist die bedeutendste der im Archsumer Material belegbaren Kulturpflanzen. Sie ist in allen vor- und frühgeschichtlichen Zeitepochen nachgewiesen. Insgesamt 111 Körner sind noch ganz oder teilweise bespelzt. Sie lassen durch den oft deutlich gekrümmten unteren Teil der Spelzen mit einer mehr oder minder ausgeprägten hufeisenförmigen Eindellung an der Basis der Deckspelze erkennen, daß die aus Archsum stammende Gerste eine lockerährige, vierzeilige Form mit hängender Ähre ist. Bei diesen Gersten krümmen sich die seitenständigen Körner eines Ährchentriplets nach oben, das mittlere bleibt gerade. Zwei- und sechszeilige Gersten haben ausschließlich gerade Körner, die Deckspelze ist an der Basis anders ausgebildet (vgl. Renfrew 1973, 78). Eine weitere Möglichkeit, vier- und sechszeilige Gersten zu unterscheiden, bietet das Längenmaß der Ährenspindelglieder. Schiemann (1948) gibt den Wert 2,5 mm als Grenze zwischen vier- und sechszeiligen Gersten an. Die sechszeilige, dichtährige hat in verkohltem Zustand kürzere Spindelglieder, die lockerährige vierzeilige dagegen längere. Meßreihen von Spindelgliedern aus dem Archsumer Material ließen sich nicht aufstellen. Ausnahmsweise gut und vollständig erhaltene Glieder sind aber stets, wenn auch nur knapp, länger als 3,0 mm. Gerstenspindelglieder unterscheiden sich von denen des Roggens durch einen erhabenen, oft glänzenden, längsgerieften Kropf an der Basis jedes Spindelglieds, der beim Zerbrechen der Spindel in der Regel am oberen Teil des nächstunteren Gliedes haftet. Gerstenspindelglieder verbreitern sich am apikalen Ende, die des Roggens sind aber nahezu parallelseitig und gehen ohne Kropf in einer leichten S-Kurve ineinander über. Oft verbleiben noch kräftige Spelzenteile – ähnlich wie bei den Spelzweizen – an der Spindel (vgl. Kučan 1979, Abb. 2–4). Durch einen hohen Anteil gekrümmter, entspelzter Körner wird die Bestimmung als vierzeilige Gerste dennoch gesichert. Auf eine exemplarische Auszählung in gekrümmte und gerade Körner wurde verzichtet, da sich auch bei gut erhaltenem Material nicht alle Körner zuordnen lassen. Es fällt auf, daß gekrümmte Körner oft merklich kleiner sind als gerade. Das mittlere Korn eines Ährchentriplets scheint begünstigt zu werden, während die beiden seitlichen Blüten in der Fruchtentwicklung häufiger gehemmt werden oder gar taub bleiben. Dies erklärt, daß das Verhältnis der sogenannten Krummschnäbel zu den geraden Früchten von 2:1 oft nicht erreicht wird.

Unter den bespelzten Körnern lassen sich zwei Formen unterscheiden, die nackten, primär lose aus den Spelzen fallenden der Nacktgerste *Hordeum vulgare nudum* und die sekundär entspelzten der Spelzgerste *Hordeum vulgare vulgare*. Nicht alle Körner aber sind in einem Zustand, der eine Unterscheidung in die Varietäten zuläßt. Bei schlecht erhaltenen Gerstenkörnern ist die Trennung nur zu einem Bruchteil oder gar nicht möglich. Diese unbestimmbaren Gerstenkörner sind als *Hordeum vulgare* aufgelistet. Da sich die Spelzgerste in schlechtem Erhaltungszustand besser erkennen läßt als die Nacktgerste, ist es möglich, daß der Anteil der letzteren unter den unbestimmbaren Körnern höher ist als der der Spelzgerste *(Beil. 6)*.

Körner der Spelzgerste *Hordeum vulgare vulgare* sind im Querschnitt kantig bis abgerundet siebeneckig, mit tiefer, V-förmiger oder trogartiger Furche auf der Bauchseite, die oft noch Reste der Vorspelze enthält. Die fünf Kanten an den Seiten und im Rücken bilden sich durch Anpressen des Korns an die Deckspelze, deren fünf Hauptleitbündel sich als Kanten am Korn abdrücken. Die zwei Kanten der Bauchseite markieren die zwei seitlichen Leitbündel der Vorspelze. Die Kornoberfläche ist glatt, am Ende und an der Basis aber oft mit Preßrunzeln. Das Kornende ist oft gerade, es wirkt wie abgeschnitten und ist flach.

Die Nacktgerstenkörner *Hordeum vulgare nudum* dagegen haben im Querschnitt abgerundet bis schwach sechseckige Früchte mit schwach gekerbten Bauchfurchen, die oft noch Reste der Raphe enthalten. Ihnen fehlt stets die Mittelrückenkante, die vier seitlichen und die Bauchkanten sind abgerundet und tragen nie Abdrücke der Spelzenleitbündel. Die Kornoberfläche ist oft gewebeartig mit langen Quer- und kurzen Längsrunzeln strukturiert, die das Korn geschrumpft erscheinen lassen. Das Kornende ist meistens gerundet und am Nabelende etwas eingezogen.

Die vierzeilige Spelzgerste ist schon zu Beginn der durch die Grabungen erschlossenen Besiedlungsphasen eine häufige, wenn auch vorerst nicht die bedeutendste Kulturpflanze: In der einzigen sicher bronzezeitlichen Probe (Nr. 245/2, *Beil. 6*) nimmt sie nach Emmer (86%) mit 13% den zweiten Platz ein vor der seltenen Nacktgerste (1%; Gesamtgetreidekornmenge = 100%). Später findet eine Veränderung statt, deren Zeitraum mangels Funden nicht erfaßbar ist. Nacktgerste wird häufiger als Spelzgerste *(Abb. 52)*. Die zusammengezählten Getreidekörner des bis zu 60 cm mächtigen Plaggenbodens der vorrömischen Eisenzeit lassen sich in unbestimmte Gerste *Hordeum vulgare* (49%), Spelzgerste *Hordeum vulgare vulgare* (4%) und Nacktgerste *Hordeum vulgare nudum* (47%) aufteilen *(Beil. 3)*.

Die vier Vorratsproben aus der Zeit um Chr. Geb. bestätigen die beherrschende Stellung der Nacktgerste, sie ist aber stets von einem Spelzgerstenanteil um ein Fünftel der Gesamtgerstenmenge begleitet *(Beil. 6)*. In einer Vorratsprobe (Nr. 288/27; *Beil. 6*) aus dem 1. Jahrhundert n. Chr. Geb. zeichnet sich eine Wende ab, die sich im Verlauf des Jahrhunderts vollzieht: Nacktgerste verliert schnell an Bedeutung und ist bald nur noch seltenes Ungras in Spelzgerste (*Beil. 6;* selbst noch in der Wikingerzeit, vgl. Behre 1969).

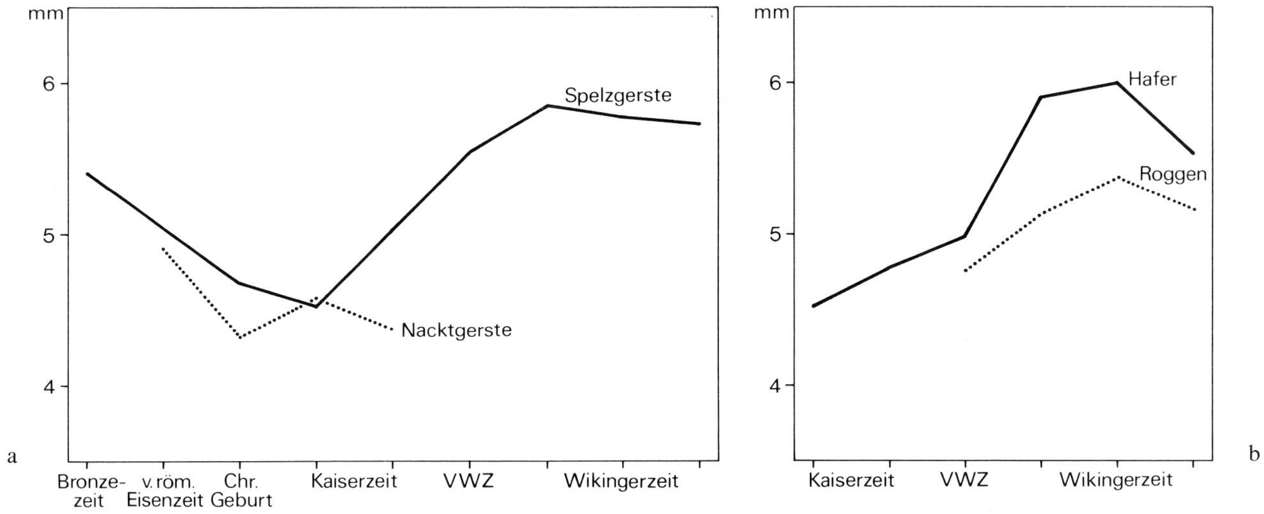

Abb. 52 Archsum. Veränderungen in den Größenverhältnissen der Nackt- und Spelzgerste und des Hafers und Roggens zwischen der Bronze- und Wikingerzeit.

Die Spelzgerste behält ihre Stellung als wichtigstes Getreide auch in der Völkerwanderungszeit *(Abb. 52)*. Leider erbrachten die Grabungen keine in diese Phase datierten Siedlungsschichten mit Vorrats- und Abfallfunden, so daß die Interpretation allein auf die in den Plaggenböden dieser Zeit überlieferten Reste angewiesen ist. Hier können die Getreidefunde allerdings über- oder unterrepräsentiert sein. Die Analysen der Getreidekörner aus diesen Böden haben einen Spelzgerstenanteil von 69% ergeben (Hafer 12%, Roggen 19% = 100%; berechnet aus Angaben in *Beil. 11*).

Auch in der Wikingerzeit bleibt Spelzgerste ein wichtiges Getreide. In den wenigen Vorratsfunden ist allerdings Roggen überrepräsentiert. Beide scheinen in annähernd gleichem Umfang angebaut worden zu sein, Hafer ist von geringerer Bedeutung gewesen *(Beil. 12–13)*. Über die mittelalterlichen-frühneuzeitlichen Verhältnisse wird an anderer Stelle berichtet (s. S. 117).

Bei der Auswertung von Meßreihen verkohlter Getreidekörner muß folgendes bedacht werden: Durch den Vorgang des Verkohlens verändern sich die Maße eines Getreidekorns. Es bläht sich auf, wird dabei in der Regel runder: Es wird kürzer, höher und breiter. Das Längenmaß nimmt daher im Gegensatz zum Höhen- und Breitenmaß ab (vgl. Hopf 1957). Breiten- und Höhenmaß können durch starkes Aufblähen beim Verkohlen unter Einwirkung großer, direkter Hitze erheblich zunehmen, während sie bei schonendem Prozeß ihre ursprünglichen Werte annähernd beibehalten. Die ursprünglichen Maße spiegeln sich in der Länge des verkohlten Korns zwar auch verzerrt wider, doch kann man sicher sein, daß der Vorgang des Verkohlens sie nicht wesentlich vergrößert hat. Will man Maße vergleichen, so empfiehlt es sich, ein Maß zu nehmen, das von unbekannten Umständen während des Verkohlens nicht stark abhängig ist. Ein Vergleich der Korngröße mittels des Längenmaßes enthält Fehler jeweils in geringen Werten.

Zwischen den Maßen der Körner und der Bedeutung der jeweiligen Art als Kulturpflanze wird eine direkte Beziehung deutlich: Je wichtiger eine Art einzuordnen ist, umso größer wird das Längenmaß *(Abb. 52,a)*. Umgekehrt zeigt diese Regel ebenfalls ihre Gültigkeit: Spelzgerste dürfte im Vergleich zur Nacktgerste in der Bronzezeit die größere Bedeutung gehabt haben *(Beil. 6)*. Von der vorrömischen Eisenzeit bis in die frühe Kaiserzeit erscheint sie dagegen nur im geringeren Umfang als regelmäßige Beimengung in Nacktgerste. Ihr Längenmaß nimmt folgerichtig von der Bronzezeit bis zur frühen Kaiserzeit um 0,87 mm im Mittel ab. Dann verliert die Nacktgerste jedoch plötzlich ihre Bedeutung zugunsten der Spelzgerste *(Abb. 53)*. Diese erfährt daraufhin eine neue Wertschätzung, die sich u. a. darin äußert, daß ihre mittlere Länge bis zum Anfang des 3. Jahrhunderts n. Chr. Geb. um 0,50 mm (11%) wieder zunimmt (*Tab. 8*, vgl. dazu *Tab. 9*).

Die stolze Stellung der Spelzgerste in der Völkerwanderungs- und Wikingerzeit spiegeln die auf mehr als 5,50 mm kletternden Längenmaße der Körner. Im 8.–9. Jahrhundert n. Chr. Geb. erreicht der Mittelwert mit 5,87 mm eine in der gesamten durch meßbare Funde belegten Zeitenfolge unerlangte Höhe *(Tab. 8)*, während das Längenmaß der Nacktgerste seine höchsten Werte in der vorrömischen Eisenzeit erzielt hat

Zeit	Nr.	L		B		H		Mittelwerte			Anzahl
		∅	(min–max)	∅	(min–max)	∅	(min–max)	L : B	L : H	B : H	
Bronzezeit	245/2	5,40	(4,0–6,8)	2,65	(1,9–3,4)	2,05	(1,2–2,7)	2,03	2,58	1,29	50
um Chr. Geburt	288/1	4,68	(3,3–6,5)	2,28	(1,6–2,9)	1,73	(1,2–2,2)	2,05	2,70	1,31	50
2. Jh. n. Chr.	25/8	4,53	(3,7–5,8)	2,39	(1,7–3,2)	1,80	(1,0–2,4)	1,89	2,51	1,32	50
3. Jh. n. Chr.	10/1	5,03	(4,0–6,3)	2,51	(1,6–3,0)	1,91	(1,2–2,3)	2,00	2,63	1,31	50
Völkerwanderungszeit	K 4	5,54	(4,0–6,9)	3,09	(1,9–4,2)	2,46	(1,3–3,0)	1,79	2,25	1,25	50
8.–9. Jh. n. Chr.	AA 19	5,87	(4,3–6,9)	3,09	(2,3–3,9)	2,44	(1,7–3,3)	1,89	2,40	1,26	50
9. Jh. n. Chr.	K 28	5,78	(4,5–7,5)	2,99	(1,7–4,4)	2,32	(1,2–3,7)	1,93	2,49	1,28	50
9.–10. Jh. n. Chr.	K 69	5,74	(4,3–7,3)	3,20	(2,0–4,3)	2,48	(1,6–3,8)	1,79	2,31	1,29	50

Tab. 8 Maße der entspelzten Spelzgerste *Hordeum vulgare vulgare* in mm ohne Embryo.

Autor	Fundort	Zeit	Mittelwerte			Anzahl
			L	B	H	
van Zeist 1970	Sijderveld	Bronzezeit	5,10	2,45	1,89	30
van Zeist 1970	Elp	Bronzezeit	5,06	2,65	1,92	33
Kroll daselbst	Archsum	Bronzezeit	5,40	2,65	1,05	50
Behre 1979	Brill	Jungbronzezeit	5,14	2,64	2,12	444
Buurman 1979	Bovenkarspel	Bronzezeit	4,53	1,91	1,34	405
Buurman 1979	Bovenkarspel	Bronzezeit	5,17	2,53	1,99	119
Buurman 1979	Bovenkarspel	Bronzezeit	5,26	2,81	2,27	152
van Zeist 1970	Gees	Frühe Eisenzeit	5,42	2,83	2,20	100
van Zeist 1970	Emerloo	Frühe Eisenzeit	5,64	2,59	1,91	100
van Zeist 1970	Angelsloo	Frühe Eisenzeit	4,91	2,31	1,69	100
Renfrew 1974	Dun Mor Vaul	5.–4. Jh. v. Chr.	4,9	2,9	2,3	–
Helbæk 1957	Dalshøj	Frühröm. Eisenzeit	6,32	2,93	2,31	–
Kroll 1980 b	Ülsby	um Chr. Geburt	4,92	2,70	2,04	50
Kroll 1980 b	Archsum	um Chr. Geburt	4,78	2,48	1,89	50
Feindt 1975	Amrum	um Chr. Geburt	5,28	2,57	1,97	400
Jessen 1933	Thy	1. Jh. n. Chr.	5,3	2,9	2,2	20
Körber-Grohne 1967	Feddersen Wierde	1. Jh. n. Chr.	5,2	2,3	1,7	100
Körber-Grohne 1967	Feddersen Wierde	1.–2. Jh. n. Chr.	5,0	2,5	1,7	150
Körber-Grohne 1967	Feddersen Wierde	2. Jh. n. Chr.	5,6	2,6	1,8	250
van Zeist 1970	Ouddorp	1.–3. Jh. n. Chr.	4,67	2,41	1,85	100
Kroll daselbst	Archsum	2. Jh. n. Chr.	4,53	2,39	1,80	50
Kroll daselbst	Archsum	3. Jh. n. Chr.	5,03	2,51	1,91	50
van Zeist 1970	Wijster	2.–5. Jh. n. Chr.	5,58	2,89	2,19	25
Helbæk 1977	Oxbøl	5.–6. Jh. n. Chr.	5,42	2,34	1,86	100
Helbæk 1977	Sorte Muld	5.–6. Jh. n. Chr.	6,30	2,73	2,20	100
Kroll daselbst	Archsum	Völkerwanderungszeit	5,54	3,09	2,46	50
Lange 1979	Brandenburg	7.–8. Jh. n. Chr.	6,32	2,96	2,42	50
Behre 1976 b	Elisenhof	8.–9. Jh. n. Chr.	5,00	2,59	1,99	948
Helbæk 1977	Aggersborg	10. Jh. n. Chr.	5,80	2,90	2,40	23
Helbæk 1977	Fyrkat	10. Jh. n. Chr.	6,39	3,26	2,63	30
Behre 1973	Middels	um 1000 n. Chr.	5,35	2,93	2,45	127
Behre 1969	Haithabu	Wikingerzeit	5,03	2,80	2,30	277
Kroll daselbst	Archsum	8.–10. Jh. n. Chr.	5,79	3,09	2,41	150
van Zeist u. Palfenier-Vegter 1979	Gasselte	9.–12. Jh. n. Chr.	5,56	2,93	2,23	100
van Zeist u. Palfenier-Vegter 1979	Gasselte	9.–12. Jh. n. Chr.	5,92	2,87	2,21	100
van Zeist u. Palfenier-Vegter 1979	Gasselte	9.–12. Jh. n. Chr.	5,45	2,78	2,14	100
Kučan 1979	Wiegboldsbur	12.–13. Jh. n. Chr.	5,52	2,99	2,47	326
Kučan 1979	Timmel	13. Jh. n. Chr.	5,53	3,10	2,54	650

Tab. 9 Maße der entspelzten Spelzgerste *Hordeum vulgare vulgare*.

Zeit	Nr.	L		B		H		Mittelwerte			Anzahl
		∅	(min–max)	∅	(min–max)	∅	(min–max)	L:B	L:H	B:H	
3. Jh. v. Chr.	6 Pr.[1]	4,89	(3,9–6,0)	2,75	(1,9–3,5)	2,10	(1,4–2,9)	1,77	2,33	1,31	28
um Chr. Geb.	288/1	4,32	(3,2–5,3)	2,40	(1,8–3,6)	1,78	(1,2–2,8)	1,80	2,42	1,34	50
2. Jh. n. Chr.	25/6	4,55	(3,8–5,8)	2,54	(2,0–3,0)	1,81	(1,2–2,2)	1,79	2,51	1,40	28
3. Jh. n. Chr.	3 Pr.[2]	4,36	(3,4–5,5)	2,44	(1,8–3,1)	1,72	(1,2–2,2)	1,78	2,53	1,42	20

Tab. 10 Maße der Nacktgerste *Hordeum vulgare nudum* in mm ohne Embryo. [1] Proben Nr. K 42. K 85. K 99. K 100. K 115. K 129; [2] Proben Nr. 10/1. 10/2. 10/11.

Autor	Fundort	Zeit	Mittelwerte			Anzahl
			L	B	H	
van Zeist 1970	Eeserveld	Neol.	4,58	2,58	1,99	100
Kroll 1980 b	Bosau	Spätneol.	4,45	2,55	1,94	100
Rowley-Conwy 1978	Lindebjerg	Frühbronzezeit	4,75	3,02	2,38	50
van Zeist 1970	Emmerhout	Bronzezeit	4,46	2,41	1,80	25
van Zeist 1970	Elp	Bronzezeit	4,78	2,74	2,15	69
van Zeist 1970	Elp	Bronzezeit	5,34	2,64	1,93	150
Hopf 1973	Schmalstede	Bronzezeit	4,57	2,47	1,81	33
Buurman 1979	Bovenkarspel	Bronzezeit	4,69	2,82	2,13	49
Renfrew 1974	Dun Mor Vaul	5.–4. Jh. v. Chr.	4,7	2,9	2,3	–
Helbæk 1957	Gørding	Vorröm. Eisenzeit	4,92	2,47	1,92	–
Kroll daselbst	Archsum	Vorröm. Eisenzeit	4,89	2,75	2,10	28
Kroll 1980 b	Stelle	1. Jh. v. Chr.	4,56	2,51	1,88	50
Kroll 1980 b	Rullstorf	1. Jh. v. Chr.	4,83	2,74	2,07	25
Kroll 1980 b	Ülsby	um Chr. Geburt	4,84	2,97	2,17	50
Feindt 1975	Amrum	um Chr. Geburt	5,04	2,70	2,07	400
Kroll 1980 b	Archsum	um Chr. Geburt	4,42	2,49	1,83	50
Kroll daselbst	Archsum	um Chr. Geburt	4,32	2,40	1,78	50
Lange 1972	Hetzdorf	um Chr. Geburt	4,92	3,04	2,28	100
Helbæk 1957	Dalshøj	Frühröm. Eisenzeit	4,59	2,70	2,08	–
Körber-Grohne 1967	Feddersen Wierde	1. Jh. n. Chr.	4,6	2,4	1,7	115
Jessen 1933	Thy	1. Jh. n. Chr.	5,3	2,9	2,2	20
Körber-Grohne 1967	Feddersen Wierde	1.–2. Jh. n. Chr.	4,5	2,3	1,6	59
Knörzer 1981	Xanten	Römerzeit	5,25	2,75	2,19	7
Behre 1969	Haithabu	Wikingerzeit	4,39	2,10	1,93	10

Tab. 11 Maße der Nacktgerste *Hordeum vulgare nudum.*

(*Abb. 52,a*). Es nimmt zwar im Verlauf der Kaiserzeit ebenfalls ab, aber nicht im gleichen Umfang wie das der Spelzgerste. Vielmehr ist das Korn der nackten Gerste, das in aller Regel geringer ist als das der Spelzgerste, im 2. Jahrhundert n. Chr. Geb. im Mittel sogar um 0,02 mm länger als das der bespelzten Form. Bezeichnenderweise verringert die Kornlänge der unkrauthaften Nacktgerste des 3. Jahrhunderts sich gegenüber der des 2. Jahrhunderts um 0,19 mm (*Tab. 10*, vgl. dazu *Tab. 11*).

Die verhältnismäßig niedrigen Längenmaße der Körner beider Gerstenformen in der Kaiserzeit können verschiedene Ursachen haben. Zum einen kann sich in Archsum der jahrhundertelange, ausschließliche Gerstenbau, nur unterbrochen durch Kulturen von Lein und Leindotter, mindernd auf die Korngröße ausgewirkt haben. Sommergerste erträgt einen ewigen Bau selbst auf Böden minderer Qualität jedoch gut und wird in einigen Gebieten Dänemarks heute seit langen Jahren nacheinander kultiviert, ohne daß sich Schäden oder Beeinträchtigungen auswirken (Brouwer 1972, 316). Andererseits kann die geringe Korngröße ein Anzeichen dafür sein, daß man dem Ackerbau nicht allzu große Bedeutung beimaß und sich mehr um das Vieh

Autor	Fundort	Zeit	Mittelwerte L	Mittelwerte B	Mittelwerte H	Anzahl
Jørgensen 1976	Sarup	Früh-/Mittelneol.	5,01	2,54	2,33	200
Kroll 1981	Dannau	Mittelneol.	5,08	2,78	2,52	200
van Zeist 1970	Eeserveld	Spätneol.	5,01	2,58	2,13	100
Helbæk 1957	Birknæs	Spätneol.[1]	5,29	2,62	2,20	–
Rowley-Conwy 1978	Lindebjerg	Frühbronzezeit	5,33	2,94	2,49	50
van Zeist 1970	Emmerhout	Bronzezeit	4,99	2,56	2,12	88
van Zeist 1970	Elp	Bronzezeit	5,28	2,64	2,18	150
Buurman 1979	Bovenkarspel	Mittel-/Spätbronzezeit	5,48	2,73	2,34	235
Buurman 1979	Bovenkarspel	Mittel-/Spätbronzezeit	5,38	2,74	2,33	115
Behre 1979	Brill	Jungbronzezeit	5,11	2,62	2,20	428
Kroll daselbst	Archsum	Bronzezeit	5,18	2,53	2,10	50
van Zeist 1970	Angelsloo	Früheisenzeit	4,66	2,15	1,84	56
van Zeist 1970	Ermelo	Früheisenzeit	4,96	2,43	2,01	100
van Zeist 1970	Gees	Früheisenzeit	4,91	2,49	2,22	30
Kroll 1980 b	Rullstorf	1. Jh. v. Chr.	5,11	2,55	2,12	50
Lange 1972	Hetzdorf	um Chr. Geburt	5,86	2,93	2,21	25
van Zeist 1970	Valkenburg	69 n. Chr.	6,38	3,20	2,68	68
Helbæk 1957	Dalshøj	Frühröm. Eisenzeit	5,76	2,65	2,24	–
Körber-Grohne 1967	Feddersen Wierde	3. Jh. n. Chr.	5,9	2,5	2,0	35

Tab. 12 Maße des Emmers *Triticum dicoccum*. [1] Datierung korrigiert nach Davidsen, zitiert in Jørgensen 1979.

sorgte, das damals in großen Herden gehalten wurde (vgl. Kossack, Harck u. Reichstein 1974).

Emmer *Triticum dicoccum*

Bis auf die bereits erwähnte bronzezeitliche Probe (Nr. 245/2; *Beil. 6*), über deren Körnermaße im Vergleich zu Vorkommen auf anderen Fundplätzen zwischen Neolithikum und römischer Kaiserzeit *Tab. 12* unterrichtet, kann Emmer *Triticum dicoccum* nur vereinzelt in Archsum nachgewiesen werden. Als eigenständige Kulturpflanze dürfte er später wohl nicht mehr angebaut worden sein. In der Form eines seltenen, ungrashaften Beigetreides hat er sich jedoch bis in die Wikingerzeit als ein Rudiment des ausgedehnten stein-/bronzezeitlichen Anbaus dieses wertvollen Brotgetreides halten können *(Beil. 12)*. Vereinzelte kaiserzeitliche Fundhäufungen – bekannt zum Beispiel von der Feddersen Wierde in der Wesermarsch und vom Bentumersiel an der Ems (Körber-Grohne 1967; Behre 1977) – können als Ausdruck römischen Einflusses auf Handel und Angebot am Rande der römischen Welt gewertet werden. Die Römer haben bekanntlich alle Weizen – Saatweizen, Emmer und Spelz – sehr geschätzt (Körber-Grohne 1967; van Zeist 1974).

Saatweizen *Triticum aestivum* s.l.

Nachweise des Saatweizens *Triticum aestivum* s.l. sind noch seltener als die des Emmers. Die wenigen Körner, die in kaiserzeitlichen und frühmittelalterlichen Proben von Archsum *(Beil. 6; 12)*, Elisenhof (Behre 1976 b), Haithabu (Behre 1969) und der Feddersen Wierde (Körber-Grohne 1967) gefunden worden sind, können nur als ungrashafte Beigetreide gewertet werden. Ein Anbau dieses Weizens muß daher als nicht erwiesen gelten.

Durch ihre bezeichnende Form lassen sich die Körner der beiden Weizenarten leicht bestimmen, das schlanke, hohlbäuchige und schiefe Emmerkorn *(Abb. 45,1)* ebenso wie das volle, runde und gedrungene Korn des Saatweizens *(Abb. 45,4)*.

Saathafer *Avena sativa* und Sandhafer *Avena strigosa*

Der größte Teil der Archsumer Haferkörner liegt leider entspelzt vor, so daß eine Bestimmung in die drei in Mitteleuropa einschließlich der Britischen Inseln gebauten Arten Saathafer *Avena sativa*, Sandhafer *Avena strigosa* und Flughafer *Avena fatua* nur in Ausnahmefällen möglich war. Eine sichere Zuordnung erfordert Spelzen oder zumindest basale Spelzenteile. Nach der Ausbildung der Abbruchnarbe, des Stielchens zum oberen Korn, nach Behaarung und Begrannung konnten sieben

Cerealia indet.	152 Körner = 15,6%	unbest. Getreide
Hordeum vulgare vulgare	553 Körner = 56,9%	Spelzgerste
Avena spec.	103 Körner = 10,6%	Hafer
Secale cereale	164 Körner = 16,9%	Roggen
Getreide gesamt	972 Körner = 100,0%	

A Getreide aus dem völkerwanderungszeitlichen Plaggenboden

Cerealia indet.	264 Körner = 22,2%	unbest. Getreide
Hordeum vulgare vulgare	490 Körner = 41,2%	Spelzgerste
Avena spec.	244 Körner = 20,6%	Hafer
Secale cereale	188 Körner = 15,8%	Roggen
Triticum spec.	2 Körner = 0,2%	Weizen
Getreide gesamt	1 188 Körner = 100,0%	

B Getreide aus dem wikingerzeitlichen Plaggenboden

Cerealia indet.	520 Körner = 2,0%	unbest. Getreide
Secale cereale	21 498 Körner = 81,9%	Roggen
Hordeum vulgare vulgare	2 170 Körner = 8,3%	Spelzgerste
Avena spec.	2 046 Körner = 7,8%	Hafer
Getreide gesamt	26 234 Körner = 100,0%	

C Getreide aus wikingerzeitlichen Kulturschichten

	Mittelwert	Maximum	Minimum	
Hordeum vulgare vulgare	38,0%	78,7%	4,4%	Spelzgerste
Secale cereale	32,4%	93,7%	0,0%	Roggen
Avena spec.	29,6%	78,8%	1,9%	Hafer
gesamt	100,0%			

D Prozentwerte der näher bestimmbaren Getreide aus den 22 reichsten Proben der Wikingerzeit

Tab. 13 Getreidearten aus Schichten der Völkerwanderungs- und Wikingerzeit in Alt-Archsum.

bespelzte Körner und acht leere Spelzen als Saathafer *Avena sativa* sowie zehn Körner und vier leere Spelzen als Sandhafer *Avena strigosa* bestimmt werden. Das sind lediglich 1,2% der Gesamtfundmenge (2478 Körner und Spelzen = 100%). Flughafer ist nicht nachgewiesen worden.

In kaiserzeitlichen Proben von Archsum tritt Hafer nur selten auf *(Beil. 4–5)*, in Gerstenvorräten erreicht Hafer nie höhere Werte als 0,5% *(Beil. 6)*; man kann daraus schließen, daß Hafer in Archsum – wie Emmer und Saatweizen – ein seltenes Ungras gewesen ist *(Abb. 53)*. In völkerwanderungszeitlichen Plaggenböden steigt der Haferanteil am Gesamtgetreide auf 10,6% an *(Tab. 13,A)*; er nimmt in der Wikingerzeit weiter zu und schwankt dann um ein Viertel des Gesamtgetreides *(Tab. 13,B–D)*. Überwiegende Hafermengen in Proben der Wikingerzeit (z. B. *Beil. 13*: K 28) belegen, daß Hafer als eigenständiges Getreide kultiviert worden ist, dieses ist für die Völkerwanderungszeit ebenfalls wahrscheinlich *(Abb. 50)*.

Ob Saat- und Sandhafer als Gemisch oder getrennt angebaut wurden, bleibt unklar. Die geringen Unterschiede zwischen den Arten lassen ein Gemisch wahrscheinlicher erscheinen. Ein Trennen des Ernteguts ist mit einfachen Mitteln kaum möglich. Der geringe Prozentsatz bestimmter Haferkörner läßt keinen Einblick in die Mengenanteile beider Arten zu. Saat- und Sandhafergemische bleiben stets artenrein. Beide bastardieren nicht aufgrund ihrer Ploidieverhältnisse im Gegensatz zu Saat- und Flughafer, die bei gemeinsamem Auftreten von einem intermediären Typ begleitet sein können (vgl. Körber-Grohne 1967; Behre 1973).

Es fällt auf, daß die kaiserzeitlichen Archsumer Hafer einen sehr hohen L:B-Index von 3,13 aufweisen. Nach Angaben von Jessen u. Helbæk (1944) liegt der Index von *Avena sativa* stets darunter. Die bespelzten (!) Hafer aus der um 1000 n. Chr. datierten Kirche von Middels (Behre 1973) unterscheiden sich ähnlich im L:B-Index: *Avena strigosa* 3,30, *Avena sativa* 3,05. Es ist möglich, daß *Avena strigosa* in den frühen kaiserzeitlichen Funden überwiegt; später sind wohl die gedrungenen Saathaferkörner häufiger (L:B-Index unter 3, *Tab. 14*, vgl. dazu *Tab. 15*). Die Anwesenheit eines Hafers ab Chr. Geb. belegen darüber hinaus unregelmäßig gefundene Bruchstücke von Hafergrannen *(Beil. 4–5)*. Ob sie allerdings zu einem ungrashaften begrannten Saathafer oder

Zeit	Nr.	L		B		H		Mittelwerte			Anzahl
		Ø	(min–max)	Ø	(min–max)	Ø	(min–max)	L:B	L:H	B:H	
2. Jh. n. Chr.	2 Pr.[1]	4,51	(4,0–5,8)	1,44	(1,1–1,7)	1,06	(0,9–1,3)	3,13	4,25	1,35	15
3. Jh. n. Chr.	4 Pr.[2]	4,77	(3,5–6,0)	1,57	(1,2–1,8)	1,24	(1,0–1,5)	2,63	3,33	1,26	36
Völkerwanderungszeit	K 177	4,97	(3,6–7,0)	1,79	(1,3–2,5)	1,66	(1,1–2,5)	2,77	2,99	1,07	24
8.–9. Jh. n. Chr.	AA 19	5,89	(3,6–7,7)	1,99	(1,3–2,6)	1,70	(0,8–2,5)	2,95	3,46	1,17	50
9. Jh. n. Chr.	K 28	5,99	(4,0–7,7)	2,23	(1,4–3,0)	1,83	(1,1–2,8)	2,68	3,27	1,22	50
9.–10. Jh. n. Chr.	2 Pr.[3]	5,52	(3,5–7,9)	1,95	(1,3–2,7)	1,70	(1,0–2,2)	2,83	3,24	1,14	50

Tab. 14 Maße des entspelzten Hafers *Avena* sp. in mm ohne Embryo. [1] Proben Nr. 25/6. 26/20; [2] Proben Nr. 10/1. 10/2. 10/11. 11/4; [3] Proben Nr. AA 5. K 61.

zu Sand- oder auch Flughafer gehören, ließ sich nicht ermitteln.

Wie bei der Gerste nimmt auch das mittlere Längenmaß der Haferkörner mit der steigenden Bedeutung dieses Getreides als Kulturpflanze zu *(Abb. 52,b)*. Es erreicht im 9. Jahrhundert, in dem haferreiche Proben am häufigsten sind, seinen höchsten Wert *(Tab. 14–15)*. Dieser Anstieg beruht einerseits sicher auf einer züchterischen Leistung, andererseits aber auch auf einem Zugewinn des Anteils der größeren Saathaferkörner in Sand- und Saathafergemischen.

Sandhafer ist heute ein seltenes Ungras in Saathaferfeldern leichter Böden, während der Flughafer schwere Böden vorzieht und derzeit auf Fehmarn und an der Westküste häufig ist und hier gefürchtet wird, da ein hoher Flughaferanteil in der Saathaferernte ihren Wert mindert. Nach Hegi und Christiansen (1953) wurde Sandhafer bis in die jüngste Vergangenheit vor allem auf der schleswig-holsteinischen Geest und bei Lübeck angebaut (vgl. auch Behre 1973).

Autor	Fundort	Zeit	Art	Mittelwerte			Anzahl
				L	B	H	
van Zeist 1970	Elp	Spätbronzezeit	*A.* cf. *fat.*	5,94	1,86	1,39	18
Kroll 1980b	Rullstorf	1. Jh. v. Chr.	*A. sat.*	5,93	2,01	1,64	50
Lange 1972	Hetzdorf	um Chr. Geburt	*A.* sp.	6,84	2,00	1,67	25
van Zeist 1970	Valkenburg	69 n. Chr.	*A.* cf. *fat.*	5,29	1,78	1,38	14
van Zeist 1970	Valkenburg	69 n. Chr.	*A.* cf. *fat.*	5,69	1,87	1,53	25
Jessen 1933	Thy	1. Jh. n. Chr.	*A. sat.*	4,78	1,48	1,35	15
Helbæk 1957	Dalshøj	Frühröm. Eisenzeit	(*A. sat./fat.*)	5,49	1,65	1,39	–
Helbæk 1957	Fjand	Frühröm. Eisenzeit	(*A. sat./fat.*)	6,24	1,62	1,37	–
Helbæk 1957	Ginderup	Frühröm. Eisenzeit	(*A. sat./fat.*)	4,78	1,48	1,35	–
Körber-Grohne 1967	Feddersen Wierde	1.–2. Jh. n. Chr.	*A. sat./fat.*	5,8	1,8	1,5	450
Kroll daselbst	Archsum	3. Jh. n. Chr.	*A.* sp.	4,77	1,57	1,24	36
Helbæk 1957	Sorte Muld	Vendelzeit	*A. sat./fat.*	5,67	1,74	1,47	–
van Zeist u. Palfenier-Vegter 1979	Gasselte	9.–12. Jh. n. Chr.	*A. sat./strig.*	5,67	2,02	1,64	50
van Zeist u. Palfenier-Vegter 1979	Gasselte	9.–12. Jh. n. Chr.	*A. sat./strig.*	5,99	2,00	1,58	100
van Zeist u. Palfenier-Vegter 1979	Gasselte	9.–12. Jh. n. Chr.	*A. sat./strig.*	5,79	1,99	1,65	100
van Zeist u. Palfenier-Vegter 1979	Gasselte	9.–12. Jh. n. Chr.	*A. sat./strig.*	5,72	1,99	1,67	200
van Zeist 1970	Dorestad	8.–9. Jh. n. Chr.	*A. sat.*	6,05	1,96	1,54	91
Behre 1976b	Elisenhof	8.–9. Jh. n. Chr.	*A. sat.*	5,39	1,92	1,65	211
Jäger 1966	Tornow	Slawenzeit	*A. sat.*	6,4	2,2	–	10
Kroll daselbst	Archsum	8.–10. Jh. n. Chr.	*A. sat./strig.*	5,80	2,05	1,74	150
Lange 1979	Brandenburg	11. Jh. n. Chr.	*A. sat.*	5,35	1,94	1,72	25
Lange 1979	Zirzow	11.–13. Jh. n. Chr.	*A. sat.*	6,29	2,37	1,88	100
Kučan 1979	Wiegboldsbur	12.–13. Jh. n. Chr.	*A.* sp.	5,45	2,03	1,74	536
Kučan 1979	Timmel	13. Jh. n. Chr.	*A. sat./strig.*	5,67	2,03	1,73	627

Tab. 15 Maße entspelzten Hafers *Avena sativa, A. strigosa, A. fatua* oder unbestimmt.

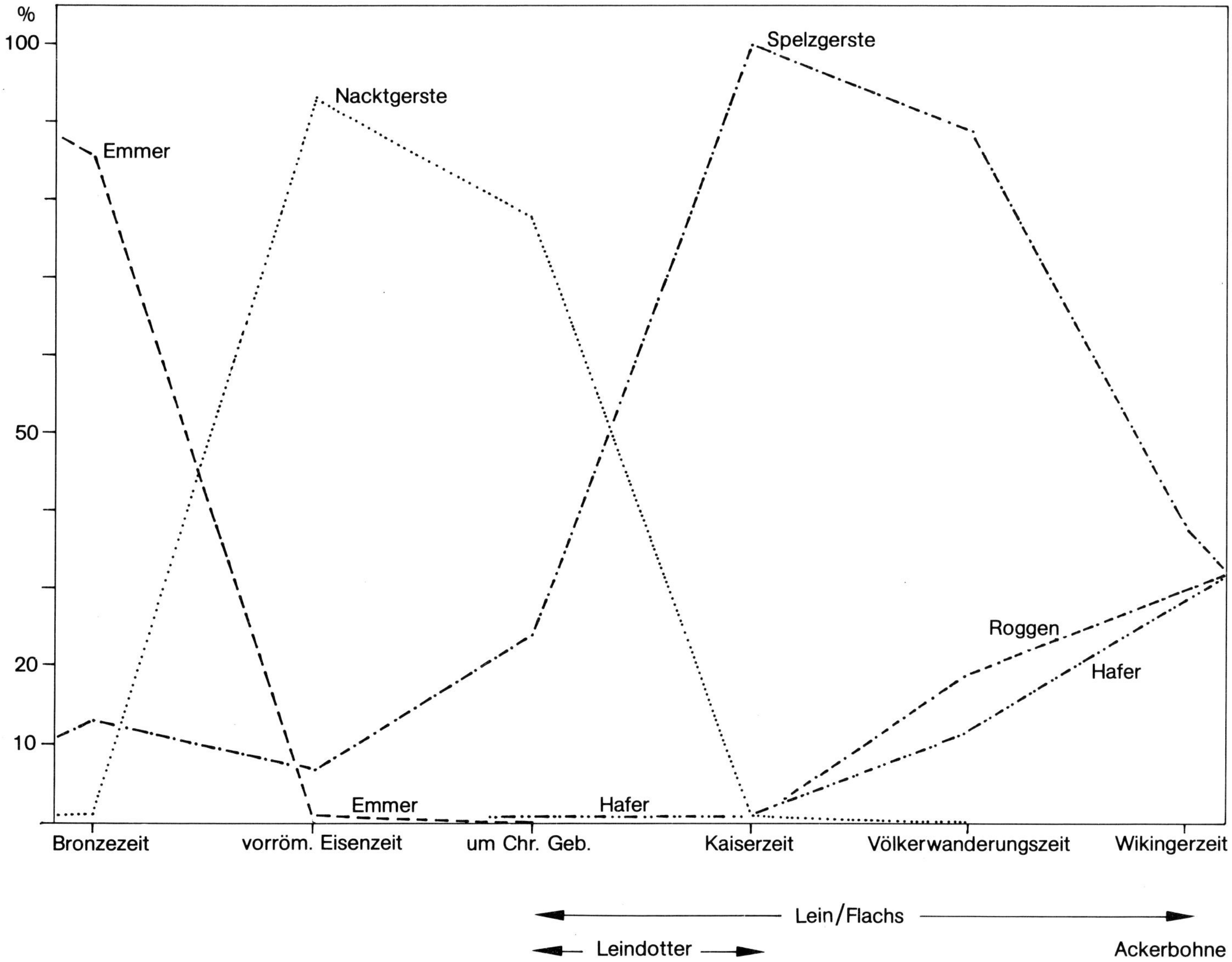

Abb. 53 Archsum. Häufigkeitsverteilung des Emmers, der Nackt- und Spelzgerste, des Hafers und Roggens zwischen der Bronze- und Wikingerzeit.

Roggen *Secale cereale*

Die schlanken, hochrückigen, am Ende plötzlich abgerundeten Roggenkörner treten ausschließlich in den späten, völkerwanderungs- und wikingerzeitlichen Ackerfluren, Vorratsfunden und Siedlungsschichten des Grabungsbereiches Alt-Archsum auf *(Beil. 10–14)*. Sie lassen sich durch ihre bezeichnende Form auch in stark korrodiertem Zustand gut bestimmen.

Schon in den völkerwanderungszeitlichen Plaggenböden stellen Roggenkörner 16,9% der Gesamtgetreidemenge dar *(Tab. 13,A)*. Dieser bereits recht hohe Wert läßt vermuten, daß Roggen sich schon bald nach seinem Erscheinen auf Sylt ausgebreitet hat *(Abb. 53)*. Es fehlen allerdings noch Hinweise, die zur Klärung der Frage dienen könnten, ob und wann Roggen als Ungras eingewandert ist (vgl. Helbæk 1977). Vielmehr erwekken die früh schon hohen Werte den Eindruck, daß er bald, vermutlich noch in der Völkerwanderungszeit, als Brotfrucht angebaut worden ist. Roggenvorratsfunde aus Pfahlspeichern der Wikingerzeit (9. Jahrhundert, Nr. AA 19,5: *Tab. 13,C; Beil. 13*) belegen den Anbau für die folgende Siedlungsperiode (vgl. auch Kroll 1980a).

Der mittlere Prozentwert des Roggenanteils im Getreide der wikingerzeitlichen Besiedlungsphasen liegt bei 32,4% *(Tab. 13, D)*. Allerdings schwanken die Einzelwerte beträchtlich (vgl. *Beil. 12–13; Tab. 13,B. C*). Demnach haben Roggen und Spelzgerste in dieser Zeit eine annähernd gleiche Bedeutung.

Zeit	Nr.	L		B		H		Mittelwerte			Anzahl
		Ø	(min–max)	Ø	(min–max)	Ø	(min–max)	L:B	L:H	B:H	
Völkerwanderungszeit	K 11	4,76	(3,5–6,0)	2,14	(1,7–2,8)	2,05	(1,7–2,5)	2,22	2,32	1,04	27
8.–9. Jh. n. Chr.	AA 19	5,12	(3,9–6,5)	2,12	(1,7–2,8)	1,93	(1,7–2,7)	2,41	2,65	1,09	50
9. Jh. n. Chr.	K 28	5,37	(4,3–6,1)	2,19	(1,3–3,0)	2,10	(1,5–2,6)	2,34	2,55	1,04	50
9.–10. Jh. n. Chr.	AA 5	5,16	(4,2–2,6)	2,06	(1,4–2,6)	1,91	(1,3–2,6)	2,50	2,70	1,07	50

Tab. 16 Maße des Roggens *Secale cereale* in mm ohne Embryo.

Das mittlere Längenmaß der Roggenkörner *(Abb. 52,b)* nimmt zwischen der Völkerwanderungs- und der Wikingerzeit von 4,76 auf 5,12 mm zu und schwankt später zwischen 5,12 und 5,36 mm (*Tab. 16*, vgl. dazu *Tab. 17*).

Rispenhirse *Panicum miliaceum*

Hirse *Panicum miliaceum* fehlt in den von mir durchgeführten Archsumer Analysen. Allgemein gehören Belege für dieses schnellwüchsige Getreide zu den Ausnahmen im Küstengebiet (vgl. Körber-Grohne 1967; Behre 1970, 1977, 1979). Die Seltenheit der Hirse kann dadurch bedingt sein, daß man sie nicht angebaut, sondern in geringen Mengen von Siedlungen der festländischen Geestgebiete eingehandelt hat (Körber-Grohne 1967, 145). Es fällt allerdings auf, daß auch dort spezielle Hirsebegleiter stets fehlen. Ungrashafte verwandte Hirsen (*Setaria*-Arten, *Echinochloa crus-galli, Digitaria*-Arten) finden sich bei regelmäßigem Rispenhirseanbau bald ein und vermögen sich dann auch in anderen Kulturen zu halten. Aus Stelle, Landkr. Harburg, liegen zum Beispiel zwei Proben von Hirsevorräten aus einer Siedlung der späten vorrömischen Eisenzeit vor (Kroll 1980). Die beigemischten Unkräuter und Kulturpflanzen erwecken einen durchaus bodenständigen Eindruck, denn sie gehören zu den zeitlich und örtlich üblichen, die auch in den Archsumer Gerstenvorräten vertreten sind (vgl. *Beil. 6* mit Kroll 1980, Tab. 3). Bemerkenswert ist dabei, daß *Chenopodium album* in diesen Proben fehlt, das in der slawischen Burg Tornow, in der Hirse ein Hauptgetreide ist, die Hirseproben prägt (vgl. Jäger 1966; spezielle Hirseunkräuter – *Setaria*-Arten und *Echinochloa crus-galli* – sind inzwischen aus Mitteldeutschland, slawische Zeit, nachgewiesen, vgl. Lange 1975, 1979). Man kann aus dem Fehlen typischer Hirsebegleiter schließen, daß Hirse sowohl im Küstengebiet als auch im anschließenden Inland keine wesentliche Bedeutung als Kulturpflanze gehabt hat.

Öl- und Faserpflanzen

Leindotter *Camelina sativa*

Aus Archsum ist der Leindotter *Camelina sativa* dreimal in größerer Menge nachgewiesen: in einer »Mistprobe« als überwiegende Kulturpflanze *(Beil. 15)*, aus einem Gerstenvorrat *(Beil. 6)* und bei einem Gefäß, das Leinsamen enthielt (s. S. 101). Sowohl beim Durchlesen der Gersten- als auch der Leinprobe fiel auf, daß Leindottersamen meistens miteinander oder nur zu einem sehr geringen Teil (Leinprobe) oder gar nicht (Gerstenprobe) mit der vorherrschenden Kulturpflanze zusammengebacken waren. Leindotter wurde wohl getrennt vom Getreide und vom Lein gelagert, bei der Fundbergung könnte es dann zu einer unbeabsichtigten Vermischung gekommen sein. Die Hinweise sprechen dafür, daß Leindotter in Archsum als eigenständige Kulturpflanze angebaut worden ist.

Ein geringer Anteil Leindottersamen in Leinsaat überrascht kaum, da der Leindotter enge entwicklungsgeschichtliche Beziehungen zum Lein aufweist, auf die auch der deutsche Name Bezug nimmt. Etliche Unterarten sind hervorragend angepaßte Leinunkräuter, aus denen die Kulturform wohl entstanden ist. Selbst ein Gemenge-Anbau aus Leindotter und Lein ist nachgewiesen: Aus Haus A in Østerbølle (Helbæk in Hatt 1938) liegt eine große Menge eines Leindotter/Leinsaatgemisches vor. Dennoch dürfte der reine Anbau des Leindotters und des Leins wohl überwiegen.

Leindotter kennzeichnet den eisenzeitlichen Ackerbau im nördlichen Mitteleuropa; es gibt ihn in nahezu jeder archäobotanisch untersuchten Siedlung im Küstengebiet (vgl. Knörzer 1978; Schultze-Motel 1979).

Die kurze Vegetationsdauer der Pflanze, ihre allgemeine Widerstandsfähigkeit und Anspruchslosigkeit bei sicherem und hohem Ertrag unterstreichen ihre hervorragende Anbauwürdigkeit für klimatisch und edaphisch ungünstige Gebiete. Das hochwertige Öl der Samen ergänzt eine kohlehydratreiche Ernährung aus Getreiden sinnvoll und gewährleistet gemeinsam mit tierischen Produkten eine ausreichende Versorgung mit Grundnahrungsmitteln.

Lein/Flachs *Linum usitatissimum*

Samen und Kapselbruchstücke des Leins *Linum usitatissimum* erhalten sich unverkohlt nur unter sehr günstigen Bedingungen. Aus reichen Proben der Kaiserzeit ist Lein zwar nur in geringer Menge, jedoch regelmäßig nachgewiesen. Verkohlte Samen gehören zu den Seltenheiten; dennoch gibt es Belege aus kaiserzeitlichen, völkerwanderungszeitlichen und wikingerzeitlichen Ablagerungen *(Beil. 5; 10; 12–13).* Besondere Umstände haben einen Leinsamenvorrat der Zeit um Chr. Geb. überdauern lassen. In einem durch Feuer zerstörten Wohn-Stallgebäude auf dem Melenknop, im »Südhaus« (vgl. Kossack, Harck u. Reichstein 1974, 304 ff.), fand man neben Gerstenvorräten im Boden eines bauchigen, zerbrochenen Großgefäßes auch verkohlte Leinsamen. Die Hitze beim Abbrennen des Hauses ließ die Saat zu einem Kuchen verbacken. Bis zu einer Höhe von 10,5 cm füllt dieser Kuchen den Boden des restaurierten und ergänzten Gefäßes, das innen an der Basis 22 cm weit ist.

Vom Kuchen abgebröselte und lose Saat ist analysiert worden *(Tab. 18)*: Gerstenkörner, Dottersamen und Unkrautsaat scheinen im losen Material häufiger zu sein als im Kuchen, auf dessen Oberfläche nur sehr vereinzelt Gerste und Leindotter zu erkennen sind. Es ist möglich, daß beim Bergen des Gefäßes verkohlte pflanzliche Reste aus der unmittelbaren Umgebung mit

Autor	Fundort	Zeit	Mittelwerte			Anzahl
			L	B	H	
Bauer (Piening) 1980	Tamm	Späthallstattzeit	4,9	2,5	2,3	23
Körber-Grohne u. Piening 1979	Bondorf	Frühlatènezeit	4,9	2,4	2,2	10
van Zeist 1976	Noordbarge	1. Jh. n. Chr.	4,99	2,14	1,95	32
Helbæk 1977	Østerbølle	1. Jh. n. Chr.	4,50	1,57	1,57	–
Körber-Grohne u. Piening 1979	Bondorf	2.–3. Jh. n. Chr.	5,6	2,1	1,9	10
Körber-Grohne u. Piening 1979	Bondorf	2.–3. Jh. n. Chr.	4,4	2,1	1,9	10
van Zeist 1976	Ede-Veldhuizen	2.–5. Jh. n. Chr.	5,05	2,31	1,98	10
van Zeist 1970	Maastricht	Römerzeit	5,12	2,16	1,91	33
Helbæk 1977	Drengsted	3. Jh. n. Chr.	4,73	1,58	1,62	15
Helbæk 1977	Oxbøl	Mitte 1. Jt. n. Chr.	5,00	2,08	1,94	–
Helbæk 1977	Sorte Muld	Mitte 1. Jt. n. Chr.	5,25	2,00	1,81	–
Helbæk 1979	Eketorp	5.–7. Jh. n. Chr.	4,97	2,10	1,92	100
Helbæk 1979	Vallhagar	Vendelzeit	5,35	1,64	1,61	50
van Zeist 1970	Odoorn	5.–9. Jh. n. Chr.	5,34	2,08	1,92	61
van Zeist 1970	Dorestad	8.–9. Jh. n. Chr.	5,64	2,03	1,88	29
Kroll 1980 b	Osterrönfeld	8.–10. Jh. n. Chr.	4,60	1,63	1,63	50
Helbæk 1977	Aggersborg	9.–10. Jh. n. Chr.	5,10	2,10	1,80	–
Helbæk 1977	Fyrkat	10. Jh. n. Chr.	6,56	2,72	2,63	–
Jäger 1966	Tornow	Slawenzeit	6,8	2,2	2,0	10
Behre 1969	Haithabu	Wikingerzeit	5,66	2,14	2,10	400
Kroll daselbst	Archsum	8.–10. Jh. n. Chr.	5,14	2,12	1,99	177
Behre 1973	Middels	um 1000 n. Chr.	4,92	2,29	2,14	50
Lange 1979	Brandenburg	11. Jh. n. Chr.	5,54	2,29	2,14	50
Lange 1979	Brandenburg	11. Jh. n. Chr.	5,60	2,17	1,92	50
van Zeist u. Palfenier-Vegter 1979	Gasselte	9.–12. Jh. n. Chr.	5,34	2,02	1,82	100
van Zeist u. Palfenier-Vegter 1979	Gasselte	9.–12. Jh. n. Chr.	4,93	2,00	1,82	100
van Zeist u. Palfenier-Vegter 1979	Gasselte	9.–12. Jh. n. Chr.	5,24	1,91	1,70	100
van Zeist u. Palfenier-Vegter 1979	Gasselte	9.–12. Jh. n. Chr.	5,36	2,15	1,95	100
Kučan 1979	Etzel	12. Jh. n. Chr.	4,98	2,23	2,04	341
Kučan 1979	Wiegboldsbur	12.–13. Jh. n. Chr.	5,07	2,13	1,86	666
Kučan 1979	Timmel	13. Jh. n. Chr.	5,31	2,39	2,14	700
Körber-Grohne 1977	Giengen	13. Jh. n. Chr.	5,4	2,4	2,1	100
Körber-Grohne 1977	Ulm	13. Jh. n. Chr.	5,7	2,2	2,0	100
Feindt 1978	Reinbek	16. Jh. n. Chr.	5,24	1,75	1,65	722

Tab. 17 Maße des Roggens *Secale cereale.* Für weitere Maße vgl. Willerding 1980, 159 Tab. 10.

Taxa	in % der Gesamtanzahl	in % des Gesamtgewichts	deutscher Name
Linum usitatissimum	70	77	Lein/Flachs
Camelina sativa	26	9	Leindotter
Hordeum vulgare nudum	2	10	Vierzeil-Nacktgerste
Hordeum vulgare vulgare	+	4	Vierzeil-Spelzgerste
Hordeum vulgare indet.	r	–	unbest. Vierzeil-Gerste
Avena sp.	r	–	ein Hafer
Chenopodium album	1	–	Weißer Gänsefuß
Atriplex patula-Typ	r	–	Rutenmelde-Typ
Spergula arvensis	r	–	Ackerspörgel
Polygonum convolvulus	r	–	Windenknöterich
Polygonum lapathifolium	r	–	Ampferbl. Knöterich
Polygonum persicaria-Typ	r	–	Pfirsichbl. Knöterich
Polygonum aviculare agg.	r	–	Vogelknöterich
Rumex crispus-Typ	r	–	Krauser Ampfer-Typ
Rumex acetosella agg.	r	–	Kl. Sauerampfer
Plantago lanceolata	r	–	Spitzwegerich
Carex hirta	r	–	Rauhe Segge
Vicia sp.	r	–	Wicke
Leontodon autumnalis	r	–	Herbst-Löwenzahn
Bromus sp.	r	–	Trespe
Galeopsis sp.	r	–	Hohlzahn
Veronica sp.	r	–	Ehrenpreis
Mentha sp.	r	–	Minze
Cruciferae indet.	r	–	Kreuzblütler
Summe und Gewicht der ausgelesenen pflanzlichen Reste; Zahlenangaben in %	85 342 St. = 100%	104,28 g = 100%	

Tab. 18 Archsum-Melenknop. Leinsamen-Vorrat aus dem Südhaus (Bauperiode A).

eingesammelt wurden, die primär nicht zum Gefäßinhalt gehören.

Spezielle Leinunkräuter sind für Archsum nicht nachgewiesen. Die bleiche chlorophyllfreie Flachsseide *Cuscuta epilinum* ist das einzige linicole Unkraut, das aus prähistorischen Funden des Küstengebietes bekannt ist. Alle Belege dieses Parasiten stammen aus kaiserzeitlichen Siedlungen (Westerohrstedt: Hinz 1954; Pogum und Jemgumkloster: Behre 1970; Bentumersiel: Behre 1977). Man kann das Fehlen leinspezifischer Unkräuter in Archsum als Zeichen für ein geringes Alter und für eine kaum vorhandene Intensität des Leinanbaus werten (vgl. Behre 1970). In der Tat sind Leinnachweise im nördlichen Mitteleuropa während der vorrömischen Eisenzeit und der Bronzezeit spärlich gegenüber den zahlreichen Leinfunden der Kaiserzeit (vgl. Körber-Grohne 1967, Tab. 31).

Die Frage, welche Nutzung des Leins im Vordergrund stand, die der ölhaltigen, nahrhaften Samen oder die der Fasern, die man zu Leinen spinnen und weben kann, läßt sich bis heute nicht zufriedenstellend entscheiden. Zur Kenntnis der eisenzeitlichen Fasernutzung des Flachses haben die Untersuchungen der Pflanzenreste auf der Feddersen Wierde wesentlich beigetragen. Beide Nutzungsarten gelten hier als gesichert (Körber-Grohne 1967).

Hülsenfrüchte

Ackerbohne *Vicia faba*

Von der Bohne *Vicia faba* wurden nur zwei verkohlte, wohl zusammengehörende Keimblätter in einer haferreichen Probe der Wikingerzeit gefunden *(Beil. 13)*. Die Samenschale fehlt, eines der Keimblätter trägt noch die Basis des Würzelchens. In kaiserzeitlichen Ablagerungen konnte die Bohne nicht nachgewiesen werden.

Die reichen unverkohlten Bohnenfunde von der Feddersen Wierde und vom Elisenhof stehen vergleichsweise seltenen Nachweisen verkohlter Bohnensamen gegenüber. So wird es wahrscheinlich, daß das Fehlen der Bohne in Archsum und auf manchen anderen Fundplätzen auf Erhaltungsauslese beruht. Eine Begründung hierfür wäre, daß die Archsumer Siedlungen beträchtlich höher über dem Meeres- und Grundwasserspiegel liegen als die Marschensiedlungen, oder daß die Erhaltungsbedingungen für das schnell rottende (»dumme«) Bohnenstroh in Archsum nicht ausgereicht haben (vgl. Behre 1976b, 16). Andererseits ist es möglich, daß die Bohne im kaiserzeitlichen Archsum tatsächlich fehlt und sich die Siedlungen der Nordseeküste in bohnenbauende Marschensiedlungen (von den Niederlanden bis einschließlich Eiderstedt: vgl. van Zeist 1970; Körber-Grohne 1967; Behre 1976b) und in bohnenlose Geestsiedlungen aufgliedern (Nordfriesische Inseln und dänische Westküste).

Nach den Ergebnissen archäobotanischer Untersuchungen in der Marsch ist die Ackerbohne eine der bedeutendsten Feldfrüchte der Eisenzeit. Andere Hülsenfrüchte dürften eine weit untergeordnete Stellung gehabt haben. Eisenzeitliche Erbsennachweise sind spärlich (Hatt 1938, 250). Etwas zahlreicher treten sie in frühmittelalterlich/frühstädtischen Fundzusammenhängen auf, zum Beispiel aus ostfriesischen Kirchen (Kučan 1979), aus Dorestad (van Zeist 1970), Hamburg (Westhusen 1958) und Århus (Fredskild 1971). Linsen sind noch seltener (vgl. Lange 1969), gleiches gilt für die Saatwicke (*Vicia sativa*, vgl. Kučan 1979).

Nutz- und Sammelpflanzen

Mögliche Sammelpflanzen

Die Grabungen erbrachten keine eindeutigen Hinweise für eine Verwendung der Samen und Früchte von Wildpflanzen und Unkräutern. Helbæk (1951, 1958, 1960) weist in mehreren Arbeiten auf diese zusätzliche Nahrungsquelle für vor- und frühgeschichtliche Bevölkerungen hin. Die begrenzte Siedlungsfläche des Archsumer Lebensraumes macht die Nutzung aller Ernährungsmöglichkeiten wahrscheinlich.

Die stärkereichen Samen und Früchte der Chenopodiaceen (*Chenopodium*- und *Atriplex*-Arten), der Polygonaceen (*Polygonum persicaria, P. lapathifolium* und *P. convolvulus*), der Gramineen (*Bromus*-Arten zum Beispiel) und der Caryophyllaceen (*Spergula arvensis*) mögen Mehl und Grützen gestreckt haben (*Abb. 46–47*). Unkrautsaat-Beimengungen darf man nicht unbesehen als unliebsam und zufällig bewerten, da sie durchaus bewußt mitgeerntet oder gesammelt worden sein können (vgl. Helbæk 1960). Als Hinweis hierzu kann eine besonders *Polygonum lapathifolium*-reiche Probe der Kaiserzeit dienen (Nr. 11/4: *Beil. 6*).

Über Gemüse wissen wir nichts: Es ist denkbar, daß man allerlei zarte Pflanzenteile, Blätter, Stiele, junge Triebe, Knospen und Wurzeln gesammelt hat, um daraus salat-, spinat- oder kohlartige Gerichte zu bereiten. Dazu kann vieles dienen. Man denke an Melden (*Chenopodium*- und *Atriplex*-Arten), an Kohl und Verwandtes (*Brassica*-Arten und andere Kreuzblütler), an Löwenzahn *Taraxacum officinale*, Ampfer *Rumex* spp., Brennessel *Urtica dioica*, wilden Sellerie *Apium graveolens* und wilde Möhre *Daucus carota*, um nur einige wenige, heute noch geläufige Wildgemüse zu nennen. Darüber hinaus gibt es landschaftsspezifische Blattgemüse: Im Küstengebiet zum Beispiel wurden noch bis in die Neuzeit einige Pflanzenarten des Watts und der Salzwiesen als Frühjahrs- und Sommergemüse gesammelt (*Salicornia europaea, Plantago maritima* und *Triglochin maritimum*).

Eine Reihe von Arten hat über den Ernährungswert hinaus medizinische Bedeutung, zum Beispiel als Salate und »Spinate« zur Skorbutprophylaxe (*Aegopodium podagraria;* vgl. Hegi), Säfte und Weine aus Beeren dienten dagegen als Linderungsmittel bei Erkältungen und zu vielem mehr (*Sambucus nigra*).

Echter Eibisch *Althaea officinalis*

Eine berühmte Heilpflanze seit klassischer Zeit stellt der Echte Eibisch *Althaea officinalis* dar. Er ist auf schweren, etwas salzbeeinflußten Böden beheimatet, sowohl in Auen, Flußmarschen und Salzstellen des Binnenlandes als auch auf den Marschen der Meeresküsten. *Althaea officinalis* wurde in Boomborg-Hatzum, Archsum und Elisenhof nachgewiesen (*Beil. 15*). In der zuletztgenannten Fundstelle kam sie in solchen Mengen und Fundzusammenhängen zum Vorschein, daß Behre (1976b) annimmt, sie sei gesammelt worden. Ihre Blätter, Wurzeln und Blüten lassen sich zu allerlei medizinischen Zwecken verwenden. Nahe verwandt, auch im Gebrauch, ist die Gattung Malva, deren Arten in synanthropem Zusammenhang hin und wieder nachgewiesen sind, zum Teil in deutlich die Nutzung belegendem Zusammenhang (*Beil. 15;* vgl. Dieck 1976).

Wald-Erdbeere *Fragaria vesca*

In einer kaiserzeitlichen »Mistprobe« wurden zwei Rosaceennüßchen gefunden, die überraschend spontan als Erdbeerkerne angesehen wurden (*Abb. 46, 11*). Manche Arten der Gattung *Potentilla* haben zwar sehr ähnliche Früchte, diese zwei aber sind in Umriß, Größe, Struktur und Textur so bezeichnend für die Wald-Erdbeere *Fragaria vesca*, daß die Bestimmung sicher erscheint (*Beil. 15*).

Die wilde Erdbeere zählt zu den Waldpflanzen, die besonders im Gebiet des artenreichen Eichenmischwaldes auf guten Böden vertreten sind. Sie fehlt heute auf allen schleswig-holsteinischen Nordseeinseln (Christiansen 1953). Die Seltenheit des Fundes ohne einen Hinweis auf einen potentiellen natürlichen Standort der Erdbeere in mittelbarer Nähe Archsums läßt ein gelegentliches Mitbringen oder Einhandeln von Früchten oder Zubereitungen glaubhafter erscheinen als ein subspontanes Vorkommen oder einen Anbau. Die Hinweise auf eisenzeitlichen Gartenbau sind bisher sehr spärlich. Die Möglichkeit seines Vorhandenseins zählt zwar zu den häufig diskutierten Fragen, aber ein Anbau von Pflanzen in diesem Rahmen wird nur im geringen Umfang ernsthaft erwogen.

Einen ähnlichen, ebenfalls vereinzelten Nachweis für einen Beerenimport – in diesem Falle der Heidelbeere *Vaccinium myrtillus* – gibt es von Elisenhof (Behre 1976b).

Holunder *Sambucus nigra*

Steinkerne des Holunders *Sambucus nigra* sind seit der Völkerwanderungszeit übliche Funde in Archsum *(Beil. 9–15; Abb. 46,12)*. Proben der vorrömischen Eisenzeit und der Kaiserzeit haben keine Fliederbeerkerne erbracht. Der Holunder scheint demnach erst spät geeignete ruderale Standorte im Siedlungsbereich erobert zu haben, die ohne ihn heute kaum vorstellbar sind. Wahrscheinlich hat man Holundersträucher im Siedlungsbereich gefördert und geschützt, vor Abholzung und Viehverbiß bewahrt, um eine reiche Ernte zu sichern. Die Beeren kann man vielseitig zu Fruchtsuppen, Mus, Most und Wein verarbeiten. Sie werden auch für einen überwiegend medizinischen Gebrauch verwendet. Darüber hinaus färbt ihr Saft Garne und Stoffe dauerhaft blaurot. Eindeutige Belege für die Nutzung – wie Holunderkerne in einem Gefäß (Feddersen Wierde: Körber-Grohne 1967) – liegen allerdings von Archsum nicht vor.

Weiteres Beerenobst

Als Belege weiteren Beerenobstes kommen ab und zu Brombeerkerne vor (*Rubus fruticosus* s.l. *Abb. 46,13*), aber stets in so geringen Mengen, wie es dem spontanen Auftreten der Brombeere in gestörten, synanthropen Pflanzengesellschaften entspricht *(Beil. 5; 12)*. Samen der Krähenbeere *Empetrum nigrum (Abb. 47,8)* und Blättchen der Moosbeere *Oxycoccus palustris (Abb. 47,13)* sind ab und zu zusammen mit anderen Heideresten gefunden worden, ohne daß sich Hinweise auf die Nutzung der eßbaren Beeren ablesen lassen.

Die Sammelfrüchte des Waldes, die Eckern, Eicheln, Nüsse, das Stein- und Kernobst, die Hagebutten, Vogel- und Weißdornbeeren, die Preisel-, Heidel- und Himbeeren fehlen sämtlich in Archsum. Die entsprechenden Sammelstandorte sind allzuweit entfernt.

Zusammenfassung

Über den prozentualen Anteil tierischer und pflanzlicher Produkte an der menschlichen Ernährung von der jüngeren Bronzezeit bis zum frühen Mittelalter gibt es keine Hinweise. Es darf wohl angenommen werden, daß Fleisch- und Milchprodukte große Bedeutung hatten. Denkt man an die von den beteiligten Archäologen berechneten großen Herden zur römischen Kaiserzeit, so wird das artenarme Kulturpflanzeninventar verständlich. Gerste, Lein und Leindotter liefern kohlehydrat- und pflanzenfettreiche Nahrungsmittel. Der Kalorienbedarf durch die Grundnährmittelgruppen Kohlehydrate und Fette dürfte somit gesichert gewesen sein. Wie es allerdings um die ebenso lebenswichtige Versorgung mit Vitaminen, Spurenelementen und Mineralien bestellt gewesen ist, läßt sich kaum abschätzen, da wir über Gemüse, Salate und andere Träger dieser Ergänzungsstoffe so gut wie nichts wissen. Obst im weitesten Sinn scheint im westlichen Küstengebiet ganz zu fehlen (vgl. auch Körber-Grohne u. Kroll 1984). Ob pathologische Bildungen, die auf Mangelkrankheiten während der Winter beruhen können und die vereinzelt nachgewiesen sind, verallgemeinert werden dürfen, ist fraglich (vgl. Caselitz 1979). Weitere gründliche pathologische Untersuchungen von Moorleichen, Leichenbränden und Skeletten aus Körpergräbern können allein weiterhelfen.

Über die Rolle der Unkräuter als Zusatznährmittel herrscht ebenfalls keine Klarheit. Relativ reine Vorratsfunde von Kulturpflanzen mit nur wenig beigemischter Unkrautsaat (s. S. 121 f.; vgl. van Zeist 1970; Kroll 1980b) stehen den Magen- und Darminhaltsuntersuchungen von Moorleichen mit langen Listen von Unkrautsaat gegenüber (vgl. Caselitz 1979). In den Intestinalanalysen können die Unkräuter aus vordergründigen Bedingungen überwiegen: Die Zubereitung der Nahrung (Brechen und Mahlen, Kochen und Backen) richtet sich nach dem jeweiligen Grundnahrungsmittel (in der Regel nach dem Getreide), das durch diese Maßnahmen mehr oder minder vollständig aufgeschlossen und damit verdaulich wird. Beigemengte hartschalige Unkrautsaat dagegen, die den Mahlsteinen und den Zähnen entgeht, passiert den Darmkanal unangefochten und kann so in den Analysen überwiegen, während der Hauptnahrungsmittelbestandteil vergänglich ist. Aber Moorleichen stellen eine besondere Fundgruppe dar, die wohl nicht repräsentativ ist (vgl. Gebühr 1979). Außerdem gibt es Hinweise auf ein gezieltes Sammeln der Unkrautsaat oder gar auf einen Anbau (vgl. Knörzer 1971b; Helbæk 1960; Jessen 1933). Hinz (1954, 88) hat dies wie folgt beschrieben: »Diese Pflanzen wurden offensichtlich auch zur Ernährung herangezogen, ohne daß daraus nun auf ein Hungerleben auf der eisenzeitlichen Geest geschlossen zu werden braucht. Den vorgeschichtlichen Menschen war sicher die Ergänzung der eigentlichen Kulturpflanzen durch allerlei Wildpflanzen eine selbstverständliche Maßnahme.«

Das Archsumer Kulturpflanzeninventar im überregionalen Vergleich

Die Zusammensetzung des Kulturpflanzeninventars aus den Archsumer Siedlungen und sein Wechsel im Laufe der Zeit entsprechen in groben Zügen dem Befund von anderen Fundplätzen im Nordseegebiet. Einkorn, Emmer, Saat-/Zwergweizen und Spelzgerste sind aus dem Neolithikum des nördlichen Mitteleuropa bekannt (vgl. Jessen u. Helbæk 1944; Jessen 1951; van Zeist 1970; Jørgensen 1976; Jørgensen u. Fredskild 1978; Kroll 1976, 1980 b, 1981). Die bronzezeitlichen Pflanzenfunde aus Archsum enthielten Emmer mit Gerste – überwiegend Spelzgerste. Sie fügen sich gut in das Bild der wenigen zeitgleichen Funde ein. Die Kombination Emmer mit Gerste ist üblich (vgl. Behre 1979; Rowley-Conwy 1978; Buurman 1979; van Zeist 1970; Pals 1977). Andere Getreide wie Spelz/Dinkel (Jørgensen 1979) oder Hirse (Helbæk 1952) scheinen selten zu sein oder fehlen fast ganz, wie zum Beispiel das Einkorn. Allgemein sinkt der Weizenanteil am Gesamtgetreidevorkommen. Gerste, im Norden besonders Nacktgerste, gewinnt zunehmend an Bedeutung und wird oft von einem steten Anteil Spelzgerste begleitet (vgl. Jessen u. Helbæk 1944, 18 ff.). In der vorrömischen Eisenzeit sind zwar viele Getreidearten nachgewiesen (Willerding 1979), doch herrscht die Nacktgerste folgerichtig vor, nach wie vor oft von der bespelzten Form in geringer Menge begleitet (s. S. 93; Jessen 1951; Helbæk in Hatt 1949; Müller-Wille 1965, 94; Kroll 1980 b, 375). Die Nacktgerste verliert aber mehr oder minder plötzlich und zu unterschiedlicher Zeit ihre Bedeutung. Dies läßt sich von Süden nach Norden fortschreitend verfolgen. In den Niederlanden vollzieht sich dieser Wandel früh. Schon in der beginnenden Eisenzeit ist Spelzgerste häufiger als Nacktgerste überliefert (van Zeist 1970). Auf der Feddersen Wierde wird um Chr. Geb. überwiegend Spelzgerste angebaut. Die nackte Form erreicht maximal 8% am Gesamtgetreide (Körber-Grohne 1967, 200 ff. mit Tab. 39–40). In Archsum vollzieht sich dagegen der Wandel vom Nackt- zum Spelzgerstenanbau erst zu Beginn des 2. Jahrhunderts n. Chr. Geb., Nacktgerste kommt später nur als verschwindend geringe Beimengung vor (s. S. 93 ff.). Wie vereinzelte Funde der Nacktgerste zeigen, hält sie sich aber noch lange Zeit als seltenes Beigetreide zur bespelzten Form (Behre 1969). Im dänischen Raum findet der Wechsel ebenfalls in der römischen Kaiserzeit statt (Jessen 1951). In Schweden ist der Rückgang der Nacktgerste nicht augenfällig; sie hält sich dort in bescheidenem Umfang während der gesamten Eisenzeit, einschließlich der Wikingerzeit (Helbæk 1979, 52 ff.).

In der Spätlatène- und der Kaiserzeit setzen besonders im Küstengebiet regelmäßige Funde des Leins und des Leindotters ein (vgl. Körber-Grohne 1967, Tab. 31; Lange 1975; Schultze-Motel 1979; Knörzer 1978; Helbæk 1954). Auch in dieser Hinsicht liegen die Archsumer Funde im Bereich des Üblichen (s. S. 100 ff.). Zur selben Zeit gewinnt Hafer offensichtlich an Bedeutung, obgleich der Befund verwirrend erscheinen könnte: Teils finden sich nur wenige Körner, die man – wie zum Beispiel die Archsumer kaiserzeitlichen Funde – eher als Ungras interpretieren wird (vgl. auch die Belege aus Amrum: Feindt 1975; aus Drengstedt und Østerbølle: Helbæk 1977; Nordbarge: van Zeist 1976; Tofting: Behre 1976 b; Hetzdorf: Lange 1972; Klein Kedingshausen: Jäger 1967), teils kommen sie in so großer Menge vor, daß Hafer als Anbauprodukt zu werten ist (Fjand: Helbæk 1977; Thy: Jessen 1933). Die Archsumer Fundstellen bilden demnach mit den erstgenannten Siedlungen eine eher konservative Gruppe, die den Haferanbau erst in der Völkerwanderungs- oder Wikingerzeit übernimmt, nachdem Hafer in niedersächsischen Siedlungen wie der Feddersen Wierde bei Bremerhaven oder Rullstorf bei Lüneburg bereits seit den Jahrhunderten um Chr. Geb. eine beträchtliche Rolle als Nahrungsmittel gespielt hat (Kroll 1980 b).

Ob das Fehlen der Ackerbohne im kaiserzeitlichen Archsum auf einer Erhaltungsauslese beruht, weil die Konservierungsbedingungen für Bohnenstroh nicht ausgereicht haben, oder aber die Bohne eine auf eigentliche Marschensiedlungen beschränkte Kulturpflanze gewesen ist, zumal sie hier regelmäßig und in großer Menge belegt wird (Behre 1976 b, 18), läßt sich nicht mit Sicherheit entscheiden. Schwerer, feuchter Marschboden sagt den Bohnen eher zu als Geestboden. Auch wenn von der Feddersen Wierde und von Elisenhof die Hauptmenge der Bohnennachweise in unverkohlter Form vorliegen, so sind doch auch etliche verkohlte Samen nachgewiesen: 250 g von der Feddersen Wierde (Körber-Grohne 1967, 177) und 279 Bohnen von Elisenhof. Im Archsumer Material wäre sie demnach in geringer Menge zu erwarten gewesen. Außer von Wierden und Terpen sind Bohnennachweise ebenfalls in den Niederlanden spärlich vertreten (vgl. van Zeist 1970, 164). Vielleicht kann hieraus geschlossen werden, daß der Bohnenanbau eine Besonderheit der Marsch der heutigen friesischen Lande bis zur Eider gewesen ist. Bohnen sind den Römern, die dorthin kamen, jedenfalls als kennzeichnend für die Gegend aufgefallen. Sie nannten Inseln danach Fabariae (vgl. Hegi s. v. *Vicia faba, Lathyrus maritimus;* Körber-Grohne 1967, 180).

Nimmt man Bohne und Nacktgerste als Kulturen kennzeichnende Anbaufrüchte an, so lassen sich aus botanischer Sicht zwei kaiserzeitliche Kulturprovinzen herausstellen: die Marschenzone mit Bohne und Spelzgerste von der Ems im Westen bis zur Eidermündung im Norden und die jütische Geestzone einschließlich der Nordfriesischen Inseln mit Plaggenwirtschaft und mit Nacktgerstenanbau ohne die Bohne (vgl. die Funde von Westerohrstedt [Hinz 1954] und Ülsby [Kroll 1980 b]). Beide Kulturprovinzen unterscheiden sich grundlegend von den römisch beeinflußten rheinländischen, niederländischen und britannischen Siedlungen, in denen Weizen (Emmer, Saatweizen, Spelz/Dinkel) eine bedeutende Stellung innerhalb des Kulturpflanzeninventars einnehmen (vgl. Knörzer 1981; van Zeist 1970; Applebaum 1972, 112 ff.).

Die relativ hohen Werte für Roggen in den völkerwanderungszeitlichen Böden Archsums überraschen. Während Roggen in den Marschengebieten auch noch in der Wikingerzeit gänzlich fehlt (Behre 1976 b, 14 ff.), gibt es aber bereits zahlreiche kaiserzeitliche Nachweise des Roggens im jütischen Bereich, so zum Beispiel aus der Sylt festländisch benachbarten Siedlung der nachchristlichen Eisenzeit in Drengsted, die aber größtenteils noch als Ungras zu bewerten sind (Helbæk 1977). In Archsum und Flögeln kann man Roggenanbau bereits in der Völkerwanderungszeit vermuten (s. S. 99; Behre 1976). Wesentliche Körnerfrucht der Geest wird Roggen in Archsum und andernorts aber erst während der Wikingerzeit (vgl. Behre 1969, 1973; Kučan 1979): Zusammen mit Spelzgerste, Hafer und ein wenig Bohnen und Lein bildet er das Inventar der Grundnahrungsmittel um die Jahrtausendwende. Hierin stimmt das Archsumer Material gut mit den Befunden aus Haithabu überein, während die Marschensiedlung Elisenhof – aus ökologischen Gründen – durch sehr geringe Roggen- und zahllose Bohnennachweise auffällt (vgl. Behre 1976 b, 1981).

Das geschilderte frühmittelalterliche Grundinventar der Kulturpflanzen wird im altslawischen Bereich zusätzlich erweitert durch reiche Funde von Hirse *Panicum miliaceum* und Weizen *Triticum dicoccum, Triticum aestivum* und auch *Triticum spelta.* Haithabuer Funde dieser Getreide beleuchten Beziehungen dorthin oder ins Rheinland (Behre 1981, 34 ff.; Abb. 13). Die Befunde aus Dorestad, der wichtigen Hafenstadt mit Südverbindungen über den Rheinweg, werden durch Zweizeilgerste, Saatweizen und ungewöhnlich zahlreiche Hülsenfrüchte charakterisiert (neben der Bohne, Erbse, Futterwicke, Linsenwicke und Linse, van Zeist 1969; vgl. auch Knörzer 1979 a). Dieser Hülsenfruchtreichtum strahlt über Ostfriesland (Kučan 1979) und Hamburg (Westhusen 1958) bis ins slawische Gebiet (Lange 1979; Jäger 1966). Das ländliche Archsum des frühen Mittelalters, fern des großen Handelsweges Dorestad–Haithabu–Birka mit seinen vielfältigen Abzweigungen (vgl. van Es 1978, 194), hat ein den geringen Handelsbeziehungen entsprechend schlichtes Kulturpflanzeninventar. Der Handelsplatz Haithabu mit seinem reichen Angebot allein an Stein-, Kern- und Beerenobst, Nüssen und Südimporten erweckt im Vergleich hierzu den Eindruck einer Weltstadt (Behre 1981, Abb. 14).

Ackerwirtschaft

Flachäcker

Das ackerfähige Land auf dem Archsumer Geestkern ist durch einen mächtigen Pflughorizont gekennzeichnet, der zum Teil ganz erheblich dicker als allgemein üblich ist (vgl. I 8 Abb. 7). Die primäre stein-/bronzezeitliche Oberfläche findet man allein unter in diese Zeit datierten Bodendenkmalen oder ungestörten Kulturschichten. Von der ältesten Bodenbildung ausgehend, läßt sich die Unterkante des ersten Pflughorizontes im anthropogen veränderten Profil wiederfinden *(Abb. 4–5).* Hier gelingt es – zuweilen gut sichtbar, andernorts nur mit Mühe kenntlich zu machen (vgl. Reichstein 1974) –, kreuz und quer in den hellen Unterboden gezogene, mit dunklem Oberboden gefüllte Ardspuren aufzudecken. Diese ersten Zeugnisse des Ackerbaus in Archsum gehören vermutlich in das späte Neolithikum oder die frühe Bronzezeit (vgl. S. 2). Flachäcker mit üblicher Mächtigkeit des Pflughorizontes, die heute noch bestellt werden, geben nur anhand des sogenannten Scherbenschleiers Auskünfte über frühere Beackerungsphasen. Allerdings macht eine häufige Bearbeitung des Bodens Scherben und andere zeitspezifische Artefakte neben der natürlichen Verwitterung zum Großteil unkenntlich, so daß über das Ausmaß des vorgeschichtlichen Anbaus auf Flachäckern nur Vermutungen möglich sind.

Glücklicherweise sind manche solcher Belege frühen Ackerbaus – stein-/bronzezeitliche Pflughorizonte – in Archsum sicher abgedeckt worden und als begrabene fA_p-Horizonte bodenkundlicher Nomenklatur erhalten geblieben. Allerdings ist unbekannt, wie groß der Zeitraum zwischen dieser Beackerung und der Konservierung zum Beispiel durch Schichtauftrag gewesen ist. Daher sind die im begrabenen Horizont erhaltenen pflanzlichen Reste nicht immer exakt datierbar: So enthält der untere, durch archäologische Funde in die Stein-/Bronzezeit datierte Pflughorizont in Alt-

Archsum regelmäßig Roggen und Hafer. Er erinnert im botanischen Fundgut an die überlagernden jüngeren Schichten. Es ist daher wahrscheinlich, daß primäre Fundinhalte nur in untergeordnetem Maß erhalten blieben (vgl. *Beil. 10* mit *Beil. 11*). Der entsprechende Horizont im Melenknop erlaubt keine eindeutige Wertung der spärlichen pflanzlichen Funde *(Beil. 2)*. Sie können eisenzeitlich oder älter sein; gegen ein hohes Alter der botanischen Reste beider von archäologischer Seite in die Stein-/Bronzezeit datierten Horizonte spricht das Fehlen des Emmers, des im Neolithikum und in der Bronzezeit bedeutenden Getreides. Die Bleichsande unter den ältesten Pflugsohlen sind so fundarm, daß sich eine Bearbeitung von Proben dieser Schichtzugehörigkeit kaum lohnt. Die Spärlichkeit der Belege verdeutlicht, daß eine Fundverlagerung in tiefere Bodenschichten nur in sehr geringem Ausmaß stattgefunden hat *(Beil. 1; 9)*. Die Aussagemöglichkeiten der Botanik zu den Archsumer Flachäckern sind demnach sehr begrenzt.

Plaggenäcker

Nimmt jedoch die Tiefe des Pflughorizontes durch Meliorationsmaßnahmen mit erhöhender Wirkung zu, so können im Glücksfall durch Farbe und Struktur trennbare und durch archäologisches Fundgut datierbare Lagen innerhalb des Pflughorizonts unterschieden werden. In Archsum gelang es, solche Auftragsböden der vorrömischen Eisenzeit, der Kaiserzeit, der Völkerwanderungs- und Wikingerzeit, dem fortgeschrittenen Mittelalter und der Neuzeit zuzuordnen. Böden mit einem vergleichbar mächtigen Pflughorizont gelten allgemein als Plaggenböden und gehören in aller Regel dem Mittelalter oder einer späteren Zeit an. Daher stellt sich die Frage, ob die zum Teil erheblich älteren Ackerhorizonte Archsums unter Umständen durch der Plaggenwirtschaft vergleichbare Maßnahmen entstanden sein könnten.

Da diese archaische Wirtschaftsweise heute kaum noch bekannt ist und oft nur als Spezifikum großer Heidegebiete gilt, erscheint es erforderlich, einige Bemerkungen über das Plaggen der Diskussion der anthropogenen Böden in Archsum voranzuschicken. Die Plaggenwirtschaft war bis zur Einführung der Handelsdünger in einem weiten Streifen der festländischen Nordseegebiete verbreitet, von Nordbelgien über die Niederlande, Nordniedersachsen, Westfalen bis ins mittlere Elbegebiet bei Magdeburg, über Schleswig-Holstein einschließlich der Nordfriesischen Inseln bis nach Jütland (Meyn 1858; Mager 1930; Niemeier u. Taschenmacher 1939; Johannsen u. Stremme 1954; Käubler 1966; Pape 1970; Conry 1974; Behre 1976a, 1980; Eckelmann 1980). In Irland gab es schließlich verwandte Verfahren (Conry 1971).

Arme Ausgangsböden sandiger Struktur auf Altmoränen und Sandern sind in der Regel für Gebiete mit Plaggendüngung charakteristisch. Weiterhin kennzeichnen sie weite Heideflächen als Plaggenmattböden, das heißt Plaggen liefernde Böden. In Heiden im weitesten Sinn liegt Humus oft in erheblichem Umfang vor, aber in sehr ungünstiger Form als Heideroh- oder Anmoorhumus oder als Torf. In ihnen sind Nährstoffe festgelegt: Weite Kohlenstoff/Stickstoff-Verhältnisse und niedrige pH-Werte verhindern die abbauende Aktivität der Bodenorganismen. Stickstoffzufuhr durch frischen tierischen Dung, verbunden mit mäßiger Feuchtigkeit und luftreicher Lagerung, verwandelt sperriges Heidekraut, sauren Rohhumus und Wurzelfilz in kurzer Zeit in einen mürben, krümeligen, lockeren und milden Kompost.

Art und Herkunft der Plaggen richtete sich nach den gegebenen Verhältnissen. Genutzt wurden gemähtes Heidekraut, zusammengerechter Rohhumus, Nadel- und Laubstreu, mehr oder minder tief abgeschlagene Plaggen aus Wald, Heide, Anmoor und Moor, von Wiesen, Weiden und Schwemmland, aus Feldrainen, Weg- und Grabenrändern.

Als Plaggen zählten ausdrücklich alle Erden, auch humoser Torf, Sand, Schlamm, Grabenaushub, Moder, Mergel, schierer Lehm und Klei. Angeschwemmtes Seegras, Tang und nährstoffreiche Strandsände des Spülsaumes wurden ebenfalls verwandt. Ferner war es üblich, Heidenarbe, Holz und Torf zu verbrennen, um die Asche als Dünger zu gewinnen und hohe Heidevegetation vor dem Plaggen abzusengen. Das Abgraben der Äcker, deren Krume man mit Stallmist kompostierte, um sie dann wieder auf dasselbe oder ein anderes Feld zurückzubringen, stellt eine besondere, vielfach angewandte Meliorationsmethode dar. Haushaltsabfälle und Aschen der Herdfeuer gelangten ebenfalls über Plaggen- und Misthaufen auf die Äcker. Gern grub man vorgeschichtliche Abfall-Lager ab, zum Beispiel Muschelhaufen, die als mürber Kalklieferant sehr beliebt waren (Kersten u. La Baume 1958, 238).

Glockenheide oder mit Pfeifengras bewachsene Plaggen waren sehr begehrt; Grünlandplaggen, besonders wenn sie von Überschwemmungswiesen stammten, galten als nährstoffreich. Torfige Lagen wurden möglichst gemieden und lieber als Brennstoff genutzt: Sie trocknen stark aus, nehmen Wasser dann schwer wieder an und verkompostieren nur langsam. Die Frühjahrsbearbeitung pflügte die unzersetzten Soden dann wieder hoch, und es sah danach aus, als ob »het land bezaaid was met dode kraaien« (Domhof 1953). Kurz, es wurde genommen, was verfügbar war und was man entbehren konnte (Niemeier u. Taschenmacher 1939; Domhof 1953; Niemeier 1959; Pape 1970; Conry 1971, 1984; Selle 1975).

Zeit des Plaggenschlagens war der Vorsommer. Mit einem speziellen Werkzeug, der Plaggenschaufel, hob man die Soden ab oder schlug sie mit einem sensenartigen Messer (Domhof 1953). »Das Plaggenhauen, ein eigentliches Abschälen der obern Bodenfläche sammt der darauf befindlichen Vegetationsdecke, einem eigentlichen Grasrasen oder einem Haide- und Moosfilz, geschieht mit einem breiten, halbmondförmigen Eisen, dessen innere Seite scharf geschliffen ist. Das Instrument trägt den Namen Quicke und ist so gebaut, daß, wenn das Eisen platt auf der Erde liegt, es seinen Stiel nach der conkaven Seite hin schräge aufwärts wendet. Der Hieb mit der Quicke geschieht unter den rechten vorgestreckten Fuß und wird die dadurch losgelöste Plagge mehrmals eingerollt und mit dem Fuße festgehalten, bis sie groß genug ist, nämlich 15 Zoll breit und 3 Fuß lang« (Meyn 1858, 6). Die Quicke und ein zweizinkiger Stab zum Festhalten der Plagge sowie das gefährlich aussehende Schlagen unter den rechten Fuß sind bei Domhof (1953) abgebildet.

»Der Landmann sucht auf die mannigfaltigste Weise seine Plaggen in den Mist zu bringen« (Meyn 1858, 7). Es gibt zwei häufige Methoden. Zur einen zählte die Einstreu in Ställe: Heideplaggen kamen bevorzugt in Schafställe, Sand in Pferdeställe. Das kostbare, oft als Winterfutter dienende Stroh blieb dem Rindvieh vorbehalten, das aber bei Mangel oft auch mit Plaggen vorliebnehmen mußte. In sogenannte Tiefställe streute man Plaggen nach, bis der Mist so hoch lag, daß die Ställe zu niedrig wurden (Meyn 1858). In Hürden, in denen das Vieh über Nacht zusammengehalten wurde, und auf Melkplätzen dienten Plaggen ebenfalls zum Aufsaugen des Dungs. Zur anderen Methode gehörte das Anlegen von Plaggenmieten: Zu diesem Zweck fuhren die Bauern im Sommer, vor allem im Juni, Plaggen und Mist auf dem Felde zusammen und schichteten aus beidem lockere Mieten auf, wobei Busch zwischengelagert wurde, wenn sich die Plaggen als nicht locker genug erwiesen. Regen und Wärme ließen die mit einer Erhitzung der Miete verbundene Kompostierung schnell beginnen. Daher entstand der Name »Brennen« für diesen Vorgang. »... wenn die Miete im Herbst eröffnet wird, (ist) die Hitze (oft) noch so groß, daß der Arbeiter kaum darin stehen kann, ja die Beispiele von Selbstentzündung der im freien Felde stehenden Mieten sind keineswegs ganz selten« (Meyn 1858, 9). In kurzer Zeit, günstigenfalls in neun, zehn Tagen, war der Prozeß beendet und ein lockerer Kompost entstanden, der schnell ausgebreitet und möglichst noch warm untergepflügt wurde (Meyn 1858, 9; Niemeier u. Taschenmacher 1939).

Die Menge des aufgetragenen Düngers und die Frequenz richteten sich nach der Qualität des Plaggendungs und des Bodens, nach der Fruchtfolge, der Verfügbarkeit der Plaggenmattböden und nach dem Viehbestand. Dauerackerland wurde häufiger, meistens im Herbst vor der Winterroggensaat, gedüngt – jedes Jahr oder alle zwei bis drei Jahre – als Wechselland. Man setzte 100 Plaggen einem Fuder gleich (Wagenladung; Meyn 1858) oder ein Fuder zehn Zentnern (Niemeier u. Taschenmacher 1939). Mit diesen Angaben läßt sich allerdings nicht exakt rechnen, da Maße und Gewichte regional stark voneinander abwichen. Täte man es dennoch, so wöge eine 30 × 75 cm große Plagge 5 kg (umgerechnet aus 15 Zoll, 3 Fuß, Meyn 1858). Umgerechnete Angaben für eine Volldüngung schwanken zwischen 30 bis 100 Fuder/ha oder 300 bis 1000 Zentner/ha oder 1,5 bis 5,0 kg/m². Der auf die Felder verbreitete Dung bestand vorwiegend aus Plaggen. Es werden Verhältnisse von 1 : 2 bis 1 : 10 Plaggen zu Mist angegeben (Meyn 1858; Niemeier u. Taschenmacher 1939).

Um das heutige Ackerland Archsums einmal mit Plaggendung zu versorgen, benötigte man bei einem Auftrag von 5 kg/m², einem Verhältnis von Plaggen zu Mist von 1 : 9 und einer Ackerfläche von 158 ha, mehr als 1,5 Millionen Plaggen einer Landfläche von 35,5 ha (Selle 1975). 1580 Fuder Mist und 14 220 Fuder Plaggen müßten zu Mieten zusammengefahren und wieder verstreut werden. Diesen Eindruck einer Sisyphusarbeit muß zumindest ein Fremder, der dieser Arbeit zusah, auch empfunden haben (Meyn 1858).

Heideflächen brauchen etwa 5–40 Jahre Zeit, bis sie wieder von neuem abgeplaggt werden können. Je häufiger und intensiver sie benutzt werden, um so länger dauert die Regenerationszeit. Wenn man eine Erholungsdauer von 15 Jahren, reine Heidestreugewinnung und Düngung alle drei Jahre annimmt, so würden die Bewohner Archsums ein Plaggenmattgebiet von 177,5 ha benötigen, bei jährlichem Plaggenauftrag eine Fläche von mehr als 500 ha, mehr als das Dreifache der Ackerfläche. Die Angaben in der Literatur sind allerdings wegen der langen Regenerationszeiten des Plaggenmatts oft erheblich höher. Sie schwanken hier zwischen dem 5- bis 20-, ja bis 40fachen der Feldfläche. Wird die Heide aber zu oft geplaggt, so verliert sie ihr Wiederbesiedlungsvermögen, sie stockt aus. Kahle Flächen bleiben zurück; Flugsand- und Binnendünenbildung sind die Folgen. Wandernde Dünen bedrohten im 16. bis 18. Jahrhundert Ländereien und ganze Dörfer der westlichen Geest Schleswig-Holsteins. Ursache der

Versandung könnte durchaus eine intensive Plaggenentnahme gewesen sein (Mager 1930, 292 ff.; Niemeier u. Taschenmacher 1939; Pyritz 1972).

Mit Nachdruck erwähnen Niemeier und Taschenmacher (1939), daß die Plaggenwirtschaft nicht auf große Heidegebiete beschränkt ist. Wie aus der Aufzählung des als Plaggen verwendeten Materials hervorgeht, gibt es eine Fülle von Ausweichmöglichkeiten. In Archsum boten sich zum Beispiel Marschsoden, Klei, Seegras und Tang an.

Meliorationsmaßnahmen mit Soden sind aus dem 18. Jahrhundert verbürgt. Ihre Herkunft lassen Flurnamen in den älteren Marschen vermuten, in denen ein Grünlandgebiet Säddegrefting heißt (von Sode und Graben, Selle 1975). Flor (1758 VI 8) schildert die Düngung mit Seegras und Tang: »Man fähret den im September und October häufig an die Insul treiben Tang oder Meer=Gras je mehr je besser von dem Ufer an die Häuser, macht davon große Haufen und breitet selbiges den Winter über in die Miste=Pfützen unter die wenige Dünge, ja auch wohl so naß über die Rogkensaat...«. Alle Felder wurden jedes Jahr bebaut, Brachen konnte sich die Archsumer Bevölkerung nicht leisten. Man baute Roggen und Gerste, in geringen Mengen auch Hafer, Erbsen und Bohnen (Flor 1758; Selle 1975).

Waren die Methoden der Plaggengewinnung, ihre Herkunft und Aufbereitung durchaus verschieden, so war das Prinzip stets gleich: Der kostbare Stallmist wurde nicht ungestreckt auf die Äcker gebracht, sondern seine hohe biologische Aktivität dazu ausgenutzt, rohes organisches und anorganisches Material ackerfremder Bereiche in milde, pflanzenverfügbare Formen umzuwandeln und festliegende Nährstoffe extensiv genutzter Wirtschaftsbereiche den Feldern zukommen zu lassen. Stallmistzufuhr über Plaggendüngung hatte den entscheidenden Vorteil, daß Mist mit großen Humus- und Erdmassen im Stall oder in der Miete zu Kompost wurde. Man führte dem Acker so mehr und »wurzelfertigen« Dünger zu, den der sandige, meistens inaktive Boden nicht mehr aufzubereiten brauchte. Plaggenwirtschaft vereinigte Stallmistzufuhr, Gründüngung und Erdmischung und war deshalb in der mageren Geest der reinen Mistdüngung überlegen. Dauerackerbau (Einfeldwirtschaft) ohne Brachen und mit überwiegender Getreidekultur, vielfach mit langjährigen Roggenfolgen (Ewiger Roggenbau), wurde möglich und war vielfach mit Plaggendüngung verbunden (Behre 1976a, 1980). Diese Form der Ackernutzung erforderte starke Düngerzufuhr; Stallmist allein reichte nicht aus. Stroh war knapp, und so streckte man den Dünger mit Plaggen (Meyn 1858; Niemeier u. Taschenmacher 1939; Domhof 1953). »Diese Plaggenwirtschaft hatte so tief Wurzeln gefaßt, daß sich bei den Bauern oft die Meinung herausgebildet hatte, Roggen vermöge ohne Plaggendünger nicht recht zu gedeihen« (Niemeier u. Taschenmacher 1939, 32).

Es ist jedoch auch mit Abweichungen zu rechnen. Brennstoff war wohl stets knapp auf Archsum. »Die Brenn=Materialien sind gar wenige vorhanden und bestehen aus etwas abgehacktes kurtzer Heide und daselbst dünne abgestochene Rasen, die auch nicht bey allen Dörfern sich findet. Torf=Erde wird nur an ein paar Örthern im Kirchspiel Morsum in ein oder zween Geest=Wiesen zu ergraben seyn und würde doch nur ein weniges betragen; dahero die Einwohnere zu das schädliche Hülfs=Mittel greifen, wessen man sich in Syrien und Ägypten auch bedienen muß, nemlich gedürreten Vieh- und Schaafe=Mist oder Dunck zum Feuer zu legen und dabey das Essen zu kochen und den Ofen zu heitzen; oder man muß Torf und Holtz von Hoyer, der Eider oder der Elbe zu Schiff herüber=bringen ...« (Flor 1758 VI 28). Demnach stünde kaum Mist und Heide zum Plaggen zur Verfügung, wenn auch die Asche doch noch das Feld und die Gärten düngte (Flor 1758 VI 28). So blieben nur mehr oder minder dünne Jauche und Grünlandplaggen übrig. Der Auftrag erfolgte vermutlich ohne Mistbeigabe. Da diese Plaggen aber keinen schwer abbaubaren Rohhumus enthalten, ist sie auch nicht zwingend erforderlich. Auftrag ohne Mist wird auch in der Literatur belegt. »... so hat man auf schwere Böden Sandplaggen, auf Sandäcker lehmige und anlehmige Erde, schieren Lehm mit und ohne Umweg durch den Stall gefahren« (Niemeier u. Taschenmacher 1939, 37). »Oft sieht man auch, daß frische Heideplaggen auf die Äcker gebracht und untergepflügt werden ...« (Graebner 1925, 138).

In den großen Heidegebieten der »klassischen« Plaggenwirtschaft verwendete man aber zum Großteil Heideplaggen und Schafs- und Rindermist, um damit vorwiegend den Roggen zu düngen. Ausgedehnter, häufiger Winterroggenbau, Plaggenwirtschaft und eine dadurch bedingte Ausweitung der Heidevegetation auf dem Plaggenmatt beginnen zeitgleich mit allgemeinen, zum Teil erst in Ansätzen erfaßten Veränderungen am Übergang zum frühen Mittelalter. Zu diesen Neuerungen zählen unter anderem die Christianisierung und die Ausbildung der Grundherrschaft (Behre 1976a; 1980, 40 ff.).

So unterschiedlich die Methoden des Plaggendüngens auch sind, das Ergebnis ist stets das gleiche: Es entsteht ein anthropogener Pflughorizont von zum Teil beträchtlicher Mächtigkeit. »Der Hauptwurzelraum, der den Kulturpflanzen dieser Böden zur Verfügung steht, ist eine Schöpfung der Bauern« (Niemeier u. Taschenmacher 1939, 32).

Archsumer Plaggenwirtschaft

Zeitliche Abfolge

Über die Methoden des Plaggenauftrags in ur- und frühgeschichtlicher Zeit sind nur Vermutungen möglich. Die erhaltenen pflanzlichen Reste in den anthropogenen Böden Archsums gestatten es jedoch, die Herkunft des Materials zu spezifizieren.

Neben Kulturpflanzenresten und der Saat der synanthropen Ackerflora enthalten schon die stein-/bronzezeitlichen Ackerpodsole auch Pflanzenreste ackerfremder Bereiche in zum Teil größeren Mengen (zum Beispiel *Juncus gerardi* in Nr. 110: *Beil. 3;* Nr. 153: *Beil. 10*). Die geringe Mächtigkeit der Ackerpodsole und ihre Wiederbenutzung in späterer Zeit, in der sicher der Plaggenauftrag begann, lassen aber jüngere Verunreinigungen (s. S. 64 f.) als Verursacher dieser Funde wahrscheinlicher erscheinen als eine voreisenzeitliche Plaggendüngung. Störungsfrei abgedeckte Akkerfluren der Bronzezeit, die diese Frage klären helfen könnten, sind erst spät erkannt worden und deshalb hier nicht berücksichtigt (s. S. 2 mit *Abb. 3*).

Die bis zu 60 cm mächtigen anthropogenen Pflughorizonte der vorrömischen Eisenzeit entstanden sicher durch Plaggenwirtschaft *(Beil. 3).* Die ackerfremden pflanzlichen Reste dieser Böden lassen sich drei Landschafts- und Vegetationsbereichen zuordnen: zum einen der Heide, zum anderen feuchten bis nassen, vielleicht anmoorigen Geestflächen und zum dritten der Marsch. Plaggen der beiden erstgenannten Standorte überwogen in der vorrömischen Eisenzeit; dieses läßt sich allein aus dem sandigen Grundgerüst des Pflughorizontes schließen, der im wesentlichen Einzelkornstruktur aufweist. Zwar sind unverkohlte Salzsimsen-Samen aus der Marsch häufiger als Reste der zwei anderen Bereiche (s. *Beil. 3*), die Diskrepanz wird aber dadurch verständlich, daß Kompostierungsprozesse (s. S. 107; 111; Meyn 1858, 9) organische Substanzen in und auf Plaggen von leichten, sandigen Böden schneller und gründlicher angreifen können als im Kleiverband, da das hier vorhandene dichte Gefüge pflanzliche Reste gut schützt (s. S. 63). Zarte Samen und Früchte aus den Marschen erhalten sich daher stets besser und zahlreicher in den Pflughorizonten als die im Prinzip wesentlich widerstandsfähigeren Heidepflanzen, die oft genug nur in verkohltem Zustand die Zeit überdauerten.

Die botanischen Analysen bringen kaum Hinweise auf die Art der an der Bodenbildung beteiligten Plaggen. Pedologische Untersuchungen Brunnackers lassen die Herkunft der Soden aus feuchten Reliefdepressionen des Geestkerns vermuten (I 50 ff. u. Brunnacker u. Kroll 1984). Diese Annahme ist durchaus mit den pflanzlichen Befunden in Einklang zu bringen: Cyperaceen (Carices, *Eleocharis*) sind regelmäßig in den Proben vertreten. Heidearten finden in den tiefgelegenen Geestbereichen ebenfalls zusagende Standorte, auch wenn man die Feuchtigkeit schätzende Glockenheide *Erica tetralix* erwarten würde, die in vorrömischen Böden noch fehlt. Besenheide, Sparrige Simse und Dreizahn-Gras sind keineswegs auf trockene, podsolierte Heideböden beschränkt *(Calluna vulgaris, Juncus squarrosus, Sieglingia decumbens).* Wie das Vorkommen der Samen der Salzsimse *Juncus gerardi* zeigt, wurden wohl in geringem Umfang auch Marschsoden zum Plaggen verwendet *(Beil. 3).*

In der älteren römischen Kaiserzeit war Archsum außerordentlich dicht besiedelt; die archäologischen Untersuchungen lassen rund 100 Gehöfte mit rund 1000 Stück Großvieh vermuten (Kossack, Harck u. Reichstein 1974, 314). Die geringe Mächtigkeit der Plaggenböden aus dieser Zeit könnte ein Zeichen für die Vernachlässigung des Ackerbaus zugunsten der Viehhaltung sein (Besiedlungsphase A 1.2; Kossack, Harck u. Reichstein 1974). Die Herkunft der Plaggen ist aus ähnlichen Bereichen zu erwarten wie in der vorrömischen Eisenzeit: Sie dürfte im Übergangsbereich zwischen der ackerbaulich nutzbaren Geest und der Marsch zu suchen sein. Heidepflanzen sind dort ebenso vertreten wie Arten der Salzwiesen. Das Plaggenmattgebiet lag demnach in der Zone der staunassen und vergleyten Böden am Geestrand, das bezeichnenderweise in bezug auf archäologisches Gut stets fundleer hervortritt (vgl. I 50 ff.). Auch Heide im weitesten Sinne könnte dort gestanden haben. Allerdings beherrschten die typischen Heidezwergsträucher wohl nicht den Aspekt, sondern Süß- und Sauergräser (*Molina caerulea, Sieglingia decumbens,* Junci und Carices). Wie das Artenspektrum des Plaggenmatts aussah, zeigen die Pflanzenreste aus dem Wall der Archsumburg in Ausschnitten. Hier sind Soden und alte Oberflächen vortrefflich erhalten *(Beil. 7).*

Die erwähnte dichte Besiedlung während der älteren Kaiserzeit läßt größere, zusammenhängende Gebiete mit Zwergstrauchbewuchs auf trockenen Bereichen des Geestkerns unwahrscheinlich erscheinen. Solches Land wird dem Ackerbau vorbehalten gewesen sein. Die ehemalige Heide ist wohl kaum vergleichbar mit den heutigen Heideflächen von Morsum oder gar mit den *Arnica montana*-geprägten Flächen von Kampen.

Das stete Vorkommen der Salzsimse *Juncus gerardi* zeigt, daß Marschsoden auch in der Kaiserzeit zum Verbessern der Felder dienten *(Beil. 4).*

In der Völkerwanderungszeit ändert sich die Wirtschaftsweise, der Kleiauftrag überwiegt fortan bei der Melioration. Die völkerwanderungs- und wikingerzeitlichen Böden sind bindiger, krümeliger als die eisenzeitlichen, ihr Kleigehalt ist bedeutend höher. Die Salzsimse ist ein guter Kleizeiger der Böden. Ihr prozentualer Anteil an der Gesamtsumme der pflanzlichen Reste steigt in den völkerwanderungs- und wikingerzeitlichen Proben auf 74 und 62% gegenüber 22% in der vorrömischen Eisenzeit und 10% in der älteren Kaiserzeit an (vgl. *Beil. 11–12* mit *Beil. 3–4*). In den Proben tritt neben der Salzsimse auch die Meerbinse *Scirpus maritimus* auf, in der Völkerwanderungszeit ferner das Milchkraut und Andel (*Glaux* und *Puccinellia*). Sie belegen die Herkunft aufhöhenden Materials aus den Marschen. Aber die Geestbereiche bleiben ebenfalls weiterhin Plaggenmatt, die entsprechenden Arten wurden auch in frühgeschichtlichen Böden regelmäßig gefunden *(Beil. 11–12)*. Der Viehbestand während der Völkerwanderungs- und Wikingerzeit ist nach dem archäologischen Befund (Boxenzahl pro Siedlung) wesentlich geringer als vorher in der Kaiserzeit. Er beträgt in der Wikingerzeit für den ganzen Geestkern etwa 100 bis 200 Stück Großvieh. Diese Zahl hielt sich bis in die Neuzeit. Im Jahre 1709 gab es beispielsweise 152 Rinder und Pferde in Archsum (Kossack, Harck u. Reichstein 1974). Der Unterschied von der Kaiserzeit zur Wikingerzeit blieb nicht ohne Folgen für die Wirtschaft: In den Jahrhunderten um Chr. Geb. gab es, bedingt durch die hohe Viehzahl, ausreichend Mist zum Düngen der Äcker. Als später der Viehbestand drastisch zurückging, mußte man das Wenige sinnvoll verwenden. Es wäre durchaus möglich, daß aus diesem Grunde in der Kaiserzeit nur geringe Plaggenauflagen entstanden sind, da reiner Mist ohne Plaggen kaum aufhöhend wirkt. Dem widerspricht aber die geringe Korngröße der Getreide in der Kaiserzeit (s. S. 93 ff.). Meyn (1858, 10) schreibt zu diesem Problem: »... es fehlt in den zum Theil sehr großen Kirchdörfern und Marktflecken nicht an großen Brau= und Brennereien, wo Mastvieh gehalten und Stallfütterung im ausgedehntesten Maaße betrieben wird, so daß die Menge des Mistes oft mehr als ausreichend für das Land=Areal eines solchen Eigenthums ist. Allein man hat auf diesen Wirthschaften, wenn die Eigenthümer sich von der mühseligen Plaggenarbeit freimachen wollten, die Frucht abnehmen und den Körnerertrag des Roggens, vorzugsweise des Sommerroggens, sich mindern sehen«.

Die Auftragsböden der Völkerwanderungs- und Wikingerzeit sind dagegen mächtig. In dieser Besiedlungsphase war der Mist vermutlich knapp und mußte wohl auch zum Heizen der Herdfeuer dienen (s. S. 109). Die Korngröße dagegen übertrifft die der eisenzeitlichen Getreide wesentlich (s. S. 93 ff.).

Methoden

Über die Art und Weise, wie der Mist unter die Plaggen gebracht wurde, läßt sich kaum etwas aussagen. Der Grabungsbefund schließt aber Tiefstallwirtschaft aus. In den Stallteilen der Häuser stand das Vieh zu beiden Seiten eines zum Beispiel in der Kaiserzeit gepflasterten Mittelganges. Die Jauche floß durch ein Loch in der Stallwand hinaus. Bei dieser Aufstallung ist nur eine häufige Mistentfernung und Einstreu möglich.

Sicher gilt, daß Plaggen niederer Geestbereiche in großen Mengen in die damalige Siedlung gebracht wurden, zumal die gleichen pflanzlichen Reste wie auf den Äckern in den Kulturschichten der Wohnplätze auftreten *(Beil. 4–5)*. Es ist bemerkenswert, daß Salzsimsen-Samen in wikingerzeitlichen Siedlungsschichten fast fehlen, in den gleichzeitigen Pflughorizonten dagegen stets häufig vorkommen *(Beil. 12–13)*. Dieses kann man als Hinweis dafür werten, daß Marschplaggen ohne Umweg über den Dorfbereich, das heißt ohne Dunganreicherung, auf die Äcker gelangten.

Pflanzliche Reste, die vermutlich von Geestplaggen stammen, liegen überwiegend in verkohlter Form vor. Es läßt sich nicht klären, wie sie verkohlten. Es bestehen zwei Möglichkeiten: Zum einen brannte man Heide und Wiesen einige Zeit vor dem Plaggenhauen ab, um zähes altes Holz und Strohtuniken der Heidegräser zu vernichten und um frischen, saftigen Neutrieb und düngekräftige Asche zu gewinnen. Beides erleichtert die Kompostierung und beschleunigt den Abbauprozeß. Zum anderen benutzte man Heidekraut und Rohhumus als Brennstoff, denn Holz war knapp und düngte mit der Asche die Felder. Abgesehen davon, daß beides nebeneinander möglich ist, erscheint die erste Deutung wahrscheinlicher: Oft liegen unverkohlte Reste neben den zahlreicheren verkohlten vor, besonders von der Besenheide *Calluna vulgaris.*

Zum Alter der frühesten Verwendung von Seegras und Tang als Plaggen konnten die botanischen Analysen nichts beitragen. Mächtige Lagen roter Aschen im wikingerzeitlichen Dorf Alt-Archsum wären vielleicht als Seegras- und Tang- oder als Salztorfasche zu erklären (s. S. 58, vgl. noch Kossack, Harck u. Reichstein 1974, 363 f.; Marschalleck 1973). Diese Lagen enthalten aber nur die üblichen pflanzlichen Reste der Siedlungen (*Beil. 13*, Rote Aschen). Kleine rote Flitter in Auftragsböden machen die Verwendung dieses Materials als Dünger wahrscheinlich.

Es können keine Zweifel darüber bestehen, daß die pflanzlichen Reste durch die Tätigkeit des Menschen in die anthropogenen Böden gelangten. Der Phosphatgehalt (P_2O_5 z. B. belegt durch Vivianitvorkommen im kaiserzeitlichen Pflughorizont) als langwährender Zeiger der Fruchtbarkeit eines Bodens ist noch heute so hoch, daß eine Heidevegetation auf wüsten Äckern nicht konkurrenzfähig wäre. Anspruchsvollere Pflanzen würden Keimlinge der Heidepflanzen bald verdrängen. Brandrodungen von Heideflächen als Urheber der in den Äckern enthaltenen pflanzlichen Reste sind unwahrscheinlich, da natürlich ausgebildete alte Oberflächen, abgesehen von den Befunden in der Archsumburg und unter einem Grabhügel, in Alt-Archsum fehlen. Vielmehr spricht das Bild der nahezu stets anthropogen überformten Bodenprofile in den Grabungen für eine ständige Bearbeitung oder Besiedlung. Auftragsböden auf gut erhaltenen, begrabenen Bodenprofilen, wie sie für jüngere, mittelalterliche und neuzeitliche Plaggenböden zum Beispiel des Ammerlandes bezeichnend sind (vgl. von Raupach 1955), fehlen in Archsum genauso wie Anzeichen für die Urbarmachung jungfräulichen Landes.

Auch die Salzsimsen-Samen müssen in Marschsoden auf die Felder gebracht worden sein. Gegen die Annahme, daß sie mit Überflutungen auf die Felder gelangten, sprechen die im Grabungsbefund fehlenden Sturmflutschichten und die Zusammensetzung der Unkrautvegetation. In durch Sturmfluten gefährdeten Feldern würden die salzertragenden Meldenarten *Atriplex* statt Weißen Gänsefußes *Chenopodium album* überwiegen (vgl. Anbauversuche Körber-Grohne 1967).

Behre (1976a, 1980) hat darauf hingewiesen, daß anthropogene Böden, die älter als frühmittelalterlich datiert und nicht mit dem Ewigen Roggenbau verbunden sind, nicht als Plaggenböden und die Bewirtschaftung der Äcker nicht als Plaggenwirtschaft bezeichnet werden sollen. Aber die unvermittelt erscheinende frühmittelalterliche Landschaftsveränderung, bedingt durch den Beginn des Winterroggenbaus mit Plaggendüngung, die er am Dunumer Beispiel dokumentiert hat, wird nur dann verständlich und vorstellbar, wenn allgemein bekannte, aber in minderem Maß praktizierte Vorläufer dieser Meliorationsweise vorhanden gewesen sind, die ein wesentliches Umdenken in die neue Methode nicht erforderlich gemacht haben. Anderenfalls ist nach menschlichem Ermessen eher mit einem vorsichtigen Probieren und einer allmählichen Verbreitung als mit einem plötzlichen, umfassenden Beginn »innerhalb eines oder weniger Jahrzehnte« zu rechnen, auch wenn man starken grundherrschaftlichen Druck bei der Einführung der neuen Wirtschaftsweise annimmt (Behre 1980, 33). Als eher noch verzögernder Begleitumstand kommt hinzu, daß Roggen eine mehr oder minder neue Feldfrucht gewesen ist und sich von den bis dahin gebauten Sommergetreiden durch seinen längeren Wachstumsrhythmus als Winterkorn wesentlich unterscheidet. Für Meliorationsmaßnahmen bleibt daher nur die kurze Zeit zwischen Ernte und neuer Aussaat, eine Zeitspanne von wenigen Wochen bis zur Dauer eines knappen Vierteljahres. Die anthropogenen Böden in Archsum sind mächtige Zeugnisse dieser Vorläufer der »klassischen« Plaggenböden und -wirtschaft und sollen deshalb mit den hinlänglich geschilderten Einschränkungen als solche bezeichnet werden.

Verwandte, frühe Meliorationsmaßnahmen

Frühe, eisenzeitliche Plaggenböden bleiben nicht auf Sylt beschränkt, sie sind in gleicher Art seit längerem auch von Föhr bekannt. Dort erschließt ein kleines Kliff – das Gotingkliff – den geologischen Aufbau und die Bodenhorizonte. Die Humuslagen enthalten eisenzeitliche Siedlungsspuren, wie aus Untersuchungen hervorgeht (Johannsen u. Stremme 1954; Kersten u. La Baume 1958, 236 ff.; Kroll 1980a). Auf der benachbarten Insel Amrum, wo Dünen weite Bereiche der westlichen alten Ackersysteme überlagern und zeitweise wieder freigegeben haben, sind im nicht überdünten Gebiet aus den alten Äckern wohl im Verlauf des Mittelalters und der Neuzeit ebenfalls Plaggenböden entstanden. Der Übergang zwischen den älteren Wölbäckern und jüngeren Aufträgen erscheint dort gänzlich verwischt (Hingst 1980, 323 Karte 1–2). Frühe, durch meliorierenden Auftrag gewachsene Ackerböden sind ebenfalls weiter nördlich an der jütländischen Westküste zu vermuten. Hier finden sich Wohnhügel vom Archsumer Typ, die sogenannten byhøje. Es fehlen allerdings bisher eindeutige Angaben zu den hier angeschnittenen Böden in der Literatur (vgl. Jensen 1976).

Plaggenböden entstehen wohl häufig aus älteren Wölbäckern. Diese Verbindung erschwert ihre Datierung (vgl. Niemeier 1972; Zoller 1969; Behre 1976a, 218 ff.). Unter den Amrumer Dünen haben die eisenzeitlichen bis mittelalterlichen Ackerbeete oder Wölbäcker allerdings weitgehend ihre Form bewahrt. Der dünne Scherbenschleier in den Pflughorizonten der Beete spricht ganz allgemein für Düngung (Hingst 1980, 321). Das erhöhte Beet hat gegenüber dem flachen Akker den Vorteil des vergrößerten Wurzelraumes, ferner wird Nässe schneller abgeleitet und der Boden rascher erwärmt. Aus den Zwischengräben aufgeschaufeltes Material des Untergrundes führt dort angereicherte, eingeschwemmte und noch primär vorhandene Mineralien und Spurenelemente wieder zu. In klimatisch ungünstigen Gebieten, zum Beispiel in Irland, hat sich die Ackerbeetkultur bis in die Neuzeit erhalten (Evans 1973, 40 ff.). Auf Amrum sind neben Ackerbeeten und Plaggenböden durch meliorierende Maßnahmen erhöhte, bisher nicht genau datierte Acker-»Wälle« nachgewiesen, die mit 6–16 m breiter sind als die Beete, die nur zwischen 4 und 5 m messen (Hingst 1980). Sie sind unter Umständen mit ebenfalls 8–16 m breiten Ackerwällen von Flögeln aus den Jahrhunderten um Chr. Geb. vergleichbar, deren Untersuchung einen Auftrag meliorierenden Materials – neben Dung Oberboden der Umgebung – wahrscheinlich gemacht hat und die wohl, anders als die Wälle der klassischen celtic fields, den eigentlichen Acker und nicht dessen Begrenzung darstellen (Zimmermann 1976; Gebhardt 1976, vgl. auch Brongers 1976, 61 ff.). Zimmermann (1976, 89) erwägt außerdem, ob Material des Untergrundes auf die Wälle gebracht wurde, um die oberflächlich verarmte Ackerkrume wieder mit Mineralien und Spurenelementen anzureichern. Dies wäre ein dem Mergeln vergleichbares Verfahren gewesen.

Mergel sind ton- und kalkhaltige Gesteine mit einem $CaCO_3$-Gehalt von mehr als 10 und weniger als 70%. Sie leiten über von kalkhaltigen Lehmen und Tonen zu den Kalksteinen. Die hochgradig kalkigen, kreidigen Mergel lassen sich allerdings nur mit Vorsicht auf versauerte, arme Äcker auftragen: In sandigen Heideböden liegt zum Beispiel ein beträchtliches Nährstoffpotential in Rohhumus fest. Dieses Potential läßt sich durch den pH-Wert erhöhenden Kalkauftrag oder durch Stickstoffzufuhr freisetzen. Beides schafft günstige Bedingungen für Bodenorganismen, die die Nährstoffe des Rohhumus in mobile, pflanzenverfügbare Formen abbauen können. Die Folge ist eine gute Fruchtbarkeit, aber nur für kurze Zeit; denn der sandige Boden vermag die mobilen Nährstoffe nicht zu halten und mergelt aus (»Mergel macht die Väter reich und die Söhne arm.«). Unfruchtbarer Bleichsand bleibt zurück.

Es ist damit zu rechnen, daß alle möglichen mineralhaltigen Erden des Untergrundes, in denen mobile, austauschfähige Nährstoffe entweder noch enthalten oder zusätzlich angereichert sind, als Mergel auf die Äcker gebracht worden sind. In Schleswig-Holstein und angrenzenden Gebieten werden dies hauptsächlich kalkhaltige, stark lehmige Geschiebe sein, deren verhältnismäßig niederer Kalkgehalt der geologischen Definition Mergel zum Teil nicht entspricht. Die Tonminerale der Geschiebe erhöhen – wohl auch in Verbindung mit Humus aus Mist – über die Düngewirkung hinaus die wasserhaltende Kraft und die Austauschkapazität des Bodens. Sie vermögen somit Wasser und Nährstoffe in mehr oder minder pflanzenverfügbarer Form vorübergehend zu speichern und bei Bedarf wieder abzugeben. Der Boden mergelt bei Verwendung dieser Erden nicht aus.

Ein Beispiel mergelähnlicher Meliorationsmaßnahmen können in eisenzeitliche Ackerwallsysteme einbezogene Gruben sein, wie sie Jankuhn (1955, 1958) für das Außelbeker Gehege beschrieben hat. In diesen offensichtlich anthropogenen, mit dem Ackersystem zeitgleichen oder älteren Gruben steht fetter, grauer Lehm an, dessen Verwendung als Meliorationsmittel für die oberflächlich entkalkten, sandig-lehmigen Äcker durchaus vorstellbar ist. Der Auftrag dieses Lehms läßt sich nicht nachweisen. Stetes Pflügen homogenisiert die Ackerkrume, die sich aus denselben oder aus ähnlichen Lehmen entwickelt hat und weiter verändert. Die außergewöhnliche Größe der Ülsbyer Gerstenkörner (Kroll 1980a), die wohl auf diesem Boden reiften, legt eine Düngung aber sehr nahe.

Ein Bodenauftrag läßt sich am besten auf kurzfristig besiedelten, extremen Standorten nachweisen, die dann entweder durch natürliche Faktoren oder durch menschliche Tätigkeit sicher abgedeckt worden sind. Gute Beispiele hierfür bieten Befunde von der Halbinsel Eiderstedt: Siedlungsuntersuchungen auf einem alten Strandwall haben unter anderem ergeben, daß die Siedler in der vorrömischen Eisenzeit molluskenschalenhaltigen Wattenschlick auf den Strandwallsand aufgetragen haben, um einen ertragfähigen Ackerboden zu erhalten (vgl. Bantelmann 1970, 54). Strandwallsände sind zwar – vor allem jüngere – verhältnismäßig nährstoffreich, haben aber eine sehr geringe wasserhaltende Kraft, die der Auftrag von tonigem, schluffigem, fruchtbaren Wattenschlick erheblich verbessern kann.

Molluskenschalen als Kalkdünger sind in der Neuzeit auf Föhr verwendet worden. Es ist bekannt, daß eisenzeitliche Muschel- und Schneckenabfallhaufen abgegraben und diese Muschelerde auf die Äcker gefahren wurde (Kersten u. La Baume 1958, 238). Wie weit diese Methode des Kalkens zurückgeht, läßt sich aber nicht nachweisen. Die Schalen werden in kalkbedürftigen Böden schnell abgebaut. Neben diesen eindeutigen Belegen gibt es weitere Hinweise und Vermutungen für meliorierenden Auftrag (vgl. van der Hammen u. Bakker 1971, 151 u. 155; Schindler 1951, 144; Grohne 1957, 66).

Der spätrömische Auftragsboden von Krefeld-Gellep wird nach pedologisch-systematischen Gesichtspunkten von den Bodenkundlern in die Gruppe der Hortisole, Gartenböden, eingeordnet (Mückenhausen 1977, 139). Steeger (1939) hat als erster auf diese Böden im Bereich des Gelleper Gräberfeldes hingewiesen, Niemeier (1972) hat sie später noch einmal ausführlich erörtert. Das reiche Kulturpflanzeninventar des römischen Rheinlandes (vgl. zuletzt Knörzer 1981) enthält eine Fülle von Pflanzen, die nährstoffreiche und tiefgründige Gartenerden verlangen (zum Beispiel die Gelleper Rüben: Knörzer 1967a). Immerhin waren die römisch-niederrheinischen Gemüse so gut, daß sie nach Plinius alljährlich an den kaiserlichen Hof nach Rom geliefert wurden (Knörzer 1981, 136). Mit entsprechend guten, tiefgründigen, anthropogen erheblich meliorierten Böden war durchaus zu rechnen. In die gleiche bodensystematische Gruppe der Hortisole gehört wohl auch die »dark earth« der spätrömischen Städte Britanniens (vgl. MacPhail 1981).

Diese Beispiele des frühen Meliorierens der Äcker belegen den hohen Bekanntheitsgrad solcher Maßnahmen. Es ist anzunehmen, daß dem Beginn der klassischen, mittelalterlichen Plaggenwirtschaft Maßnahmen vorausgingen, die mit gutem Recht ebenfalls in dieser Weise bezeichnet werden können. Plaggenwirtschaft ist von Archsum spätestens aus der vorrömischen Eisenzeit nachgewiesen und blieb in den folgenden Besiedlungsphasen bestehen, wie älterkaiserzeitliche, völkerwanderungs- und wikingerzeitliche, mittelalterliche und neuzeitliche Auftragshorizonte und schriftliche Quellen zeigen.

Wenn auch Plaggenwirtschaft den Ewigen Roggenbau auf Dauerackerland aus armen Sandböden in weiten Teilen Nordwesteuropas erst ermöglichte und viele Plaggosole erst frühmittelalterlich entstanden, so kann man den Zeitraum des Beginnens dieser Wirtschaftsweise im frühen Mittelalter und die enge Bindung an den Roggen doch nicht auf alle Landschaften Nordwesteuropas übertragen. In Archsum baute man in der Eisenzeit als einziges Getreide Gerste an, später kamen Hafer und Roggen hinzu. Dies ist ohne Abstriche auf die Nachbarinseln Föhr und Amrum übertragbar (Johannsen u. Stremme 1954; Kersten u. La Baume 1958, 266; Hingst 1980).

Gebiete mit Plaggenwirtschaft sind durchaus nicht auf große Heidelandschaften beschränkt, wie die vorliegende Untersuchung zeigt. Alleinige Voraussetzung scheint das Vorhandensein größerer, nicht beackerter Flächen zu sein. Es können zum Beispiel Gebiete gleicher Art sein: Hier entscheidet vielleicht die Lage des Hofes, ob ein Areal als Ackerland oder als Plaggenmatt dienen soll. In anderen Fällen bestimmen möglicherweise die landschaftlichen Gegebenheiten die Lage der Feldflur, während das nicht ackerfähige Land – zum Beispiel tiefliegende Geest und Marschen der Nordfriesischen Inseln – als Plaggen liefernde Fläche übrig bleibt. Irische Plaggenböden entstanden sogar durch den Auftrag nährstoffreicher Strandsände. Mit und ohne Stallmist, Seegras und Tang dienten sie als Dünger. Auf den so entstandenen Böden baut man heute mit gutem Erfolg Weizen, Gerste und Kartoffeln, ja sogar Zuckerrüben an (Conry 1971).

Eigenschaften der Archsumer Plaggenböden

Der Plaggenauftrag veränderte die Eigenschaften der Ackerböden entscheidend. Die natürlichen Böden auf den höheren Geestbereichen in Archsum bestanden aus Braunerden, die allerdings zur Podsolierung neigen, und aus Podsolen. Die tieferen grundwasserbeeinflußten Zonen bedeckten dagegen Gleye oder gleyartige Böden (vgl. Brunnacker 1974; Brunnacker u. Kroll 1984). Die erstgenannten ergeben zwar gutes Ackerland, jedoch hält ihr sandiges Grundgerüst Wasser so schlecht, daß sie bei ständiger Bewirtschaftung verarmen. Auch Auftrag reiner Heideplaggen verbessert die Bodenstruktur: Humusanreicherung und Vergrößerung des Wurzelraumes erhöhen die Wasserkapazität und verbessern die Nährstoffversorgung (Wohlrab u. Langner 1965). Die Pflughorizonte sind erstaunlich gut durchmischt. Ihre Homogenität läßt auf die Verwendung effektiver Ackergeräte schließen, die den ritzenden überlegen waren. Die frühe Verwendung des Streichbrettpflugs und des Spatens (»Escher«) als wirksame Geräte zur Saatbeetbereitung eines mit Plaggen gedüngten Ackers dürfte wahrscheinlich sein.

Das Ackerunkrautspektrum der vorrömischen Eisenzeit enthält eine Reihe von Zeigerpflanzen für Bodeneigenschaften (nach Ellenberg 1950, 1978; Lange 1973; Oberdorfer 1970):

Versauerungszeiger
- Ackerspörgel *Spergula arvensis*
- Einjähriges Knäuelkraut *Scleranthus annuus*
- Kleiner Sauerampfer *Rumex acetosella*
- Feld-Hainsimse *Luzula campestris*

Stickstoffzeiger
- Weißer Gänsefuß *Chenopodium album*
- Pfirsichblättriger Knöterich *Polygonum persicaria*
- Windenknöterich *Polygonum convolvulus*
- Vogelknöterich *Polygonum aviculare*
- Vogelmiere *Stellaria media*
- Hirtentäschel *Capsella bursa-pastoris*
- Schwarzer Nachtschatten *Solanum nigrum*
- Schwarzes Bilsenkraut *Hyoscyamus niger*
- Kletten-Labkraut *Galium aparine*
- Große Brennessel *Urtica dioica*
- Krauser Ampfer *Rumex crispus*

Krumenfeuchtigkeitszeiger
- Ampferblättriger Knöterich *Polygonum lapathifolium*
- Krötensimse *Juncus bufonius*
- Zipperleinskraut *Aegopodium podagraria*
- Große Brennessel *Urtica dioica*

Garezeiger
- Ackerspörgel *Spergula arvensis*
- Rutenmelde *Atriplex patula*
- Schwarzer Nachtschatten *Solanum nigrum*
- Hirtentäschel *Capsella bursa-pastoris*

Sandzeiger
Rauhe Segge *Carex hirta*

Aus der Unkrautzusammensetzung geht hervor, daß die Äcker der vorrömischen Eisenzeit fruchtbar, aber versauert waren. Die Zufuhr von Plaggen aus tiefliegenden Geestbereichen, wo Sickerwässer austauschbare Ionen (Ca^{++}, Mg^{++}, K^+ und Na^+) auswuschen, förderte diese Versauerung. Trotz des überwiegend sandigen Auftrags wird die Krume jedoch einen so günstigen Wasser-, Luft- und Nährstoffhaushalt gehabt haben, daß der Gerstenanbau (s. S. 91 ff.) gute Erträge erbrachte.

Kleiaufträge in den Siedlungen der römischen Kaiserzeit schufen neue Standorte für einige Arten der synanthropen Flora *(Beil. 5)*. Lehmzeiger wie Kriechender Hahnenfuß, Acker-Hellerkraut, Sonnenwend-Wolfsmilch *(Ranunculus repens, Thlaspi arvense, Euphorbia helioscopia)* und Verdichtungs- und Feuchtigkeitszeiger wie Krötensimse, Krauser Ampfer, Gänsefingerkraut, Mastkraut und der Verschlämmungszeiger Sumpfziest treten erstmals auf oder werden häufiger *(Juncus bufonius, Rumex crispus, Potentilla anserina, Sagina procumbens, Stachys palustris)*. Einige von ihnen besiedelten sicherlich auch die nahegelegenen Äcker, obwohl der Auftrag von Marschsoden vermutlich noch gering war *(Beil. 4)*. Dieses gilt besonders für Acker-Hellerkraut, Sonnenwend-Wolfsmilch, Gänse-Fingerkraut, Sumpfziest und für das Mastkraut.

Bemerkenswert ist das plötzliche, regelmäßige Auftreten des Versauerungszeigers Hederich *Raphanus raphanistrum* in Siedlungsschichten und Vorräten des 1., besonders aber des 2. und 3. Jahrhunderts n. Chr. Geb. Hiermit verbindet sich das häufigere Vorkommen des Ampferblättrigen Knöterichs *Polygonum lapathifolium (Beil. 5–6)*. Welche Einflüsse in diesen Funden Ausdruck finden, ist ungewiß; die weite ökologische Spanne beider Arten ermöglicht keine genaue Deutung des Phänomens. Abgesehen davon, daß der Kleigehalt der kaiserzeitlichen Böden wohl höher ist und daß die reiche Viehhaltung dieser Zeit den Nährstoffgehalt der Siedlungs- und Ackerböden vermehrte (hohe *Chenopodium album*-Werte, *Beil. 5–6*), dürften die Eigenschaften der kaiserzeitlichen Plaggenböden die gleichen gewesen sein wie die der vorrömischen Eisenzeit. Allerdings gilt dieses nur für die Siedlung der älteren Kaiserzeit. Ackerfluren der anschließenden jüngeren Kaiserzeit konnten nicht aufgedeckt werden.

In der Völkerwanderungszeit bestellte man in der frühen Phase den alten stein-/bronzezeitlichen Ackerpodsol von Alt-Archsum. Das Kulturpflanzenspektrum dieses Pflughorizontes (Gerste, Hafer und Roggen) zeigt, daß kaum bronzezeitliches oder gar älteres Fundgut darin enthalten ist. Die pflanzlichen Reste werden daher vermutlich alle aus der völkerwanderungszeitlichen Nutzung stammen (*Beil. 10*, vgl. Nr. 245/2: *Beil. 6*). Da der Ackerpodsol auf Dauer wohl keine ausreichenden Erträge erbrachte, begann man mit Geest- und Marschsoden aufzuplaggen. Die Unkrautzusammensetzung des entstandenen Auftragsbodens entspricht der des wikingerzeitlichen, beide werden deshalb hier gemeinsam besprochen. Die Analysen der pflanzlichen Reste dieser Böden ergaben folgende Zeigerarten *(Beil. 11–12)*:

Säurezeiger
Ackerspörgel *Spergula arvensis*
Kleiner Sauerampfer *Rumex acetosella*
Hederich *Raphanus raphanistrum*
Feld-Hainsimse *Luzula campestris*

Stickstoffzeiger
Weißer Gänsefuß *Chenopodium album*
Vogelmiere *Stellaria media*
Pfirsichblättriger Knöterich *Polygonum persicaria*
Windenknöterich *Polygonum convolvulus*
Vogelknöterich *Polygonum aviculare*
Sonnenwend-Wolfsmilch *Euphorbia helioscopia*
Hohlzahn *Galeopsis* sp.
Große Brennessel *Urtica dioica*
Kletten-Labkraut *Galium aparine*
Schwarzer Nachtschatten *Solanum nigrum*
Krauser Ampfer *Rumex crispus*
Quecke *Agropyron repens*

Krumenfeuchtigkeitszeiger
Ampferblättriger Knöterich *Polygonum lapathifolium*
Krötensimse *Juncus bufonius*
Große Brennessel *Urtica dioica*

Garezeiger
Ackerspörgel *Spergula arvensis*
Rutenmelde *Atriplex patula*
Schwarzer Nachtschatten *Solanum nigrum*

Lehmzeiger
Kriechender Hahnenfuß *Ranunculus repens*
Sonnenwend-Wolfsmilch *Euphorbia helioscopia*
Geruchlose Kamille *Matricaria inodora*
Acker-Gänsedistel *Sonchus arvensis*

Verdichtungszeiger
Krötensimse *Juncus bufonius*
Krauser Ampfer *Rumex crispus*
Kriechender Hahnenfuß *Ranunculus repens*
Sumpfziest *Stachys palustris* (Verschlämmungszeiger)

Die Fruchtbarkeit geht neben den zahlreichen stickstoffzeigenden Arten auch aus der Getreidekorngröße dieser Besiedlungsphasen hervor (s. S. 93 ff.). Der Auftrag von Marschsoden mit hohem Ton- und Schluffgehalt führte Kalk, zum Beispiel als Schalen von Meeresorganismen in marinen Sedimenten, und mit den Tonmineralen des Kleis austauschbare Kationen zu. Dennoch blieb die Bodenreaktion sauer, wie die weiterhin häufigen Zeigerarten Ackerspörgel, Kleiner Sauerampfer und Hederich belegen *(Spergula arvensis, Rumex acetosella, Raphanus raphanistrum).* Die Kleizufuhr erhöhte die wasserhaltende Kraft des Bodens, verbesserte das Gefüge und düngte zugleich. Sie kann aber auch ungünstige Folgen gehabt haben, unter anderem Bodenverdichtung und Staunässe. Das Vorkommen von Krötensimse, Kriechendem Hahnenfuß und Sumpfziest scheinen darauf hinzuweisen *(Juncus bufonius, Ranunculus repens, Stachys palustris).*

Es ist jedoch zu bedenken, daß Samen und Früchte einiger aufgeführter Zeigerarten auch durch den Plaggenauftrag in die Äcker gelangt und die genannten Schlüsse daher unzutreffend sein können.

Im Mittelalter und in der Neuzeit blieb die Plaggendüngung weiterhin Garant für die Fruchtbarkeit auf den Archsumer Äckern. Da es in der Neuzeit keine Heideflächen in Archsum mehr gab, wurden vorzugsweise Marschwiesen als Plaggenmatt ausgenutzt (Selle 1975). Strenge Vorschriften beschränkten die Zahl der Haustiere und regelten die Bewirtschaftung der Äcker. Dung war stets eine Mangelware. Dennoch blieben die Äcker Archsums fruchtbar, sie wurden hoch besteuert und ihr Ertrag mit denen der Schleswiger Geest und der Köge verglichen (Flor 1758; Selle 1975). Fluten zerstörten aber oft Saat und Ernte und schwemmten das Heu fort. Die Bevölkerung verarmte daher zusehends (Selle 1975).

Der Marschplaggenauftrag bedingte oft Staunässe, die die Bearbeitung der Äcker im Herbst und Frühjahr und die Bergung der spät reifenden Feldfrüchte erschwerte. Das Regenwasser mußte in Gräben abgeleitet werden (Selle 1975, Beil. 2,a. b). Weiterhin schädigte das Plaggen die Viehweide, die in der Neuzeit kaum zum Gräsen des wenigen Viehs und zur Heugewinnung für die Winterfütterung reichte.

Soden und Plaggen dienten seit der Bronzezeit nicht nur zum Düngen der Felder, sondern sie waren auch das einzige stets verfügbare Baumaterial. Aus ihnen errichtete man viele monumentale und alltägliche Bauten, Grabhügel, die Sylter Burgen, Häuser, Brunnen, Deiche, Grenzwälle und anderes. Die zu Bauzwecken oder zur Düngung gestochenen Soden hinterließen weite, offene Flächen, die die Weide schmälerten und Sturmfluten die Erosion erleichterten. Ständiger Nährstoffentzug durch das Abgraben der oberen Bodenschicht minderte die Qualität der Wiesen und Weiden.

Trotz gelegentlicher Staunässe sind die ackerbaulichen Eigenschaften der anthropogenen Böden auf dem Archsumer Geestkern im Vergleich zu den meisten klassischen Plaggenböden – besonders den grauen – als erheblich besser zu beurteilen (vgl. Mückenhausen 1977, 137 ff.; Eckelmann 1980). Geringe Wasserkapazität und schwere Benetzbarkeit, die Mückenhausen für die grauen Böden angibt, treffen dank des Kleiauftrags für die Archsumer Pflughorizonte nicht zu, ebenso nicht eine geringe Reserve an Basen, Phosphor und Spurenelementen. Die Übereinstimmung mit den braunen Plaggenböden pedologischer Definition ist hingegen gut.

Anbau, Ernte, Verarbeitung

Fruchtfolgen

Wiederholter Anbau derselben Kulturpflanze auf derselben Fläche kann zu Massenvermehrungen von spezifischen Parasiten und Schädlingen dieser Kulturpflanze führen, die auf derart verseuchten Böden kümmert und keine genügenden Erträge liefert. Dieser komplexe, nicht allein darauf zurückzuführende als »Bodenmüdigkeit« bezeichnete Effekt ist unabhängig von der Fruchtbarkeit des Areals. Durch einen Wechsel mit anderen Kulturpflanzen wird sie allmählich so verringert, daß man die Pflanze, derer der Boden müde war, wieder mit Erfolg anbauen kann. Lange Fruchtfolgen mit zahlreichen, möglichst verschiedenen Kulturpflanzen verhindern die Bodenmüdigkeit; bei geringem Arteninventar sind zum Beispiel Brachen eine Möglichkeit, Bodenmüdigkeit zu vermeiden oder zu beheben. Die archäologische Erforschung der hauptsächlich Bodenmüdigkeit bedingenden Nematoden – kleine wurmförmige Parasiten, die außerordentlich haltbare Dauerstadien bilden – steckt erst in den Anfängen (vgl. Webley 1974; Webley u. Dennell 1978). Eine Bestimmung der Dauerstadien bis zur wirtspflanzenspezifischen Art ist bereits teilweise möglich. Der Nachweis von bodenhygienischen Maßnahmen zur Erhaltung genügender Erträge ist daher für Siedlungen mit Dauerackerbau von großer Bedeutung.

Es ist unbekannt, ob in Archsum andere Feldfrüchte als die hier nachgewiesenen und beschriebenen angebaut worden sind – zum Beispiel Gemüse im weitesten Sinn – und ob es feste Anbaurhythmen gegeben hat. Fruchtfolgen dokumentieren sich in Vorräten dadurch, daß von der vorigen Ernte des Ackers etliches bei der Ernte verstreut wird, im Folgejahr keimt, mit der Neusaat heranwächst und in der nächsten Ernte in geringen Mengen – wenige Prozent – als Beifrucht auftritt (vgl. Jäger 1966).

Da der Archsumer Geestkern recht klein und zeitweise sehr dicht besiedelt gewesen ist, sind die Ackerflächen wohl oft gepflügt und besät worden. Weiteres durch Rodung neu zu gewinnendes Land stand nicht unbegrenzt zur Verfügung. Um Bodenmüdigkeit und -verarmung sowie Häufungen von Pflanzenkrankheiten zu verhindern, sind häufiger Fruchtwechsel und Brachen erforderlich. Brachen lassen sich archäologisch nur schwer nachweisen. Die Anzahl der bekannten Feldfrüchte ist in der Eisenzeit gering (Gerste, Lein und Leindotter). Nach Brouwer (1972, 316) erscheint eine längere Monokultur der Sommergerste in einem maritimen Klima durchaus möglich, da sie den Boden nur wenige Monate im Jahr beansprucht. Dennoch läßt sich im Laufe der Jahrhunderte ein Rückgang der Erntequalität und -quantität sicher nicht vermeiden, der sich wohl in der geringen Korngröße kaiserzeitlicher Gerste und im Wechsel zur Spelzgerste ausdrückt (s. S. 93 ff.). Wintergersten dagegen vertragen wiederholten Anbau schlecht und bringen sichere Erträge nur in langen Fruchtfolgen. Dies mag als weiterer Hinweis zur Frühjahrsaussaat der Archsumer Gersten dienen (s. S. 118).

Ähnlich unproblematisch wie der langjährige Sommergerstenanbau ist die Aussaat des Winterroggens in wenig unterbrochenen Folgen. So ist in Verbindung mit der Plaggenwirtschaft der sogenannte Ewige Roggenbau möglich gewesen (vgl. Behre 1976a, 1980).

Weizen, besonders Saatweizen, ist jedoch empfindlicher. Es ist daher nicht verwunderlich, daß sich Fruchtfolgen zuerst anhand des Fundgutes aus weizenbauenden slawischen Siedlungen rekonstruieren ließen. Durch reiche Vorratsfunde aus einem Brandhorizont mit regelmäßigem Anteil an Gastgetreiden stellte Jäger (1966) eine Fruchtfolge mit drei- oder mehrjährigem Zyklus für die Äcker der Burg Tornow fest (vgl. auch Herrmann 1981): Hier folgte Sommerkorn auf Roggen, darauf Winterweizen oder -gerste, später wieder Roggen und so fort. Ähnliches gilt wohl für Lubomia (Szydłowski u. Wasylikowa 1973). Diese Folgen entsprechen dem mittelalterlich-frühneuzeitlichen Dreifeldersystem, bei dem nach Winterfrucht Sommerfrucht gebaut wird und zwischen Sommerung und nächster Winterung eine Brache eingeschaltet ist. Diese läßt sich schlecht mit archäologischen Mitteln nachweisen, da es kaum eine Brache anzeigende Pflanzen gibt – es sei denn, sie habe länger als ein Jahr angedauert.

Die fast vollkommen reinen Gerstenvorräte aus der Kaiserzeit in Archsum gelten als Hinweis dafür, daß Gerste in langjährigen Folgen nacheinander angebaut und nur ab und zu durch Lein- und Dottersaaten unterbrochen worden ist. Die Gerstenbeimischung im Leinsamenvorrat aus dem Südhaus (s. *Tab. 18*) weist auf eine Folge Gerste – Lein hin. Gleiches belegt die Gerstenbeimischung in den wikingerzeitlichen Roggenvorräten: Auf Gerste folgte Roggen.

Im Gegensatz zum robusten und wüchsigen Dotter reagiert der Lein sehr empfindlich auf durch ihn selbst oder durch Leindotteranbau hervorgerufene Bodenmüdigkeit. Er braucht lange Folgen, bevor er wieder ohne Ertragsminderung auf derselben Fläche angebaut werden kann. Vielleicht um Schäden enger Fruchtfolgen und dauernden Anbaus zu vermeiden, haben die Archsumer Bauern schon während der vorrömischen Eisenzeit in der Plaggenwirtschaft eine Methode gefunden, die mühevoll, aber erfolgreich, Dünger und neuen Boden, vermutlich als Ersatz für Brachen, zuführt (s. S. 110). Roggen erträgt häufigen Anbau noch besser als Sommergerste und erleidet bei Plaggendüngung selbst auf armen Böden keine Einbußen. Durch die Möglichkeit des Wechsels von Winterroggen, Sommergerste, Hafer und der Nichtgetreide sind in der Völkerwanderungs- und Wikingerzeit sichere Ernten wohl gewährleistet gewesen.

In Archsum hat sich die Dreifelderwirtschaft kaum durchgesetzt. Sie ist zum Beispiel aus historischer Zeit nirgends belegt. Auch die Verkoppelung in der Neuzeit fand auf Sylt gegen das Gebot nicht statt. Man baute weiterhin Winterroggen und Sommergerste an, aber nicht in festen Folgen, sondern nach Belieben und Bedarf. Auf speziell geeigneten Flächen kann es wohl auch zu langjährigen Folgen gekommen sein. Diese Bewirtschaftungsweise, Dauerfeldbau (Einfeldwirtschaft), war nur durch Plaggenwirtschaft und strenge Regelung möglich (vgl. Selle 1975). Nichts spricht dagegen, Einfeldwirtschaft schon früh in Archsum zu vermuten, zumal die bereits aus der vorrömischen Eisenzeit nachgewiesene Plaggenwirtschaft mit Dauerfeldbau verbunden ist (s. S. 115 f.). Die Möglichkeit eines langwährenden Dauerfeldbaus ist zum einen in den nachgewiesenen Meliorationsmaßnahmen begründet, zum anderen aber auch in nicht zu unterschätzendem Maß im unprätentiösen, zwar schlichten, aber beständigen Kulturpflanzeninventar.

Sommergetreide – Wintergetreide

Die meisten Getreide sind einjährige Pflanzen, die alle mehr oder minder ausgeprägt einen gleichartigen Wachstumsverlauf zeigen. Zwischen dem Erstarken der Jungpflanze und dem Schossen, das mit dem Ausschieben der Ähren endet, liegt eine Phase, in der sich die Pflanze bestockt. Der kurze, primäre Sproß verzweigt sich und bildet mehrere bis viele Kurztriebe, die unter günstigen Umständen alle Ähren bringen können. Die Bestockungszeit dauert unterschiedlich. Sie ist kurz bei Sommergetreiden, die bei Aussaat im Frühjahr noch im gleichen Jahr blühen und fruchten, lang hingegen bei den Wintergetreiden, die im Herbst gesät werden, sich bis zum Frühjahr reich bestocken und dann entsprechend mehr ährentragende Langtriebe je Saatkorn schieben. Durch Aussaattermin, Säweite und pflegende Maßnahmen einerseits und durch Züchtung andererseits gelingt es, die Bestockungszeit zu beeinflussen und in Verbindung mit Winterhärte oder Schnellwüchsigkeit Winterformen oder Sommerformen einer Getreideart zu erzielen.

Die Wirtschaftsweise – Herbst- oder Frühjahrsaussaat – wirkt sich auf die Unkrautflora der Getreidefelder aus. Im Wintergetreide haben Samenunkräuter mit längerer Entwicklungszeit und geringeren Temperaturansprüchen die Möglichkeit, im Herbst und zeitigen Frühjahr zu erstarken und können dann mit den raschwüchsigen Sommerunkräutern konkurrieren oder deren Heranwachsen durch einen bereits geschlossenen Bestand verhindern. Im Sommergetreide behalten die wärmeliebenden, raschwüchsigen Unkräuter die Oberhand, wenn spät gesät wird, zum Beispiel Hirse; bei früher Aussaat, so der Gerste, entsteht eine Mischform, die für ur- und frühgeschichtliche Äcker bezeichnend zu sein scheint. Die Unterschiede zwischen den einzelnen Gesellschaften sind um so deutlicher, je kalkhaltiger der Ackerboden und je kontinentaler das Klima ist. Daraus folgt, daß die Unterschiede auf den sauren, kalkarmen Plaggenböden Archsums mit dem ausgeglichenen, wintermilden und sommerkühlen Sylter Klima gering sind.

Auf den eisenzeitlichen Äckern Archsums bestimmten Allerweltsunkräuter den Aspekt (*Polygonum*-Arten, *Chenopodium*- und *Atriplex*-Arten, *Stellaria media, Spergula arvensis, Thlaspi arvense* und andere mehr, vgl. *Beil. 3–4*). Den Eindruck, daß die eisenzeitlichen Kulturpflanzen Sommerfrüchte waren, vermitteln Arten wie Schwarzer Nachtschatten, Sonnenwend-Wolfsmilch, Rauhe und Acker-Gänsedistel (*Solanum nigrum, Euphorbia helioscopia, Sonchus asper* und *S. arvensis*). Arten, die Herbstbestellung und Wintergetreide anzeigen, sind entweder spärlich oder fehlen ganz. Etliche Arten sprechen dafür, daß die Stoppeln nach der Ernte vergrasten (*Poa*- und *Agrostis*-Arten, *Agropyron repens* und *Lolium perenne; Carex hirta, Bromus mollis* und *Plantago lanceolata*). In diesen Rasen finden auch das Gänse-Fingerkraut, Kriechender Hahnenfuß, Krauser Ampfer, Große Brennessel und wohl auch die Dunkle Königskerze zusagende Standorte (*Potentilla anserina, Ranunculus repens, Rumex crispus, Urtica dioica* und *Verbascum nigrum*).

Erst spät, in Verbindung mit Roggen, treten vermehrt Belege auf, die Herbstbestellung des Roggens vermuten lassen. Als Zeiger für Wintersaat können besonders die Arten Roggentrespe *Bromus secalinus*, Kornrade *Agrostemma githago* und Saatwicke *Vicia sativa* gewertet werden. Die Unkräuter des Sommergetreides bleiben aber in der Überzahl, zum einen aus regionalen Gründen, zum anderen, da Gerste, Hafer, Lein und Bohnen weiterhin im Frühjahr bestellt werden.

Der Lämmersalat *Arnoseris minima* kennzeichnet Felder mit Wintersaat des Roggens und mit Plaggendüngung (Ellenberg 1978, 665 Abb. 397). Eine schöne mittelalterliche *Arnoseris minima*-Gesellschaft hat Knörzer (1979a) von der Burg Brüggen vorgestellt. Weitere Belege der Art gibt es aus England (Underdown in Ayers 1979), Lübeck (Lynch u. Paap 1982) und Lüneburg (Behre 1981). Von Archsum gibt es keine *Arnoseris*-Belege. Allerdings lassen die Gesamtfunde der Archsumer Ackerunkräuter Gesellschaften erahnen, die als *Scleranthus annuus-Arnoseris minima*-Assoziation beschrieben sind (vgl. Tüxen 1970, 20 f.; besonders die Subassoziation von *Juncus bufonius* und verwandte Gesellschaften). Es handelt sich dabei offensichtlich um Sommerfrucht-Ackerunkrautgesellschaften in Archsum mit überwiegenden Allerweltsunkräutern.

In Archsum baute man in der Bronze- und Eisenzeit ausschließlich, in der Völkerwanderungs- und Wikingerzeit überwiegend Sommerfrüchte an. Allein der Roggen stellt ein Wintergetreide dar. Applebaum (1954, 1972) gibt für das südliche England der römischen Zeit Spelz und Roggen als Winterkorn an, während der Anbau von Gerste, Emmer, Saatweizen und Hafer als Sommerkorn angenommen wird. Jäger (1966) nimmt neben Roggen auch Gerste und Saatweizen als Winterfrucht und lediglich Hafer und Hirse als Sommerfrüchte der slawenzeitlichen Äcker bei der Burg Tornow an. Im hiesigen Gebiet kommt der Wintergetreidebau erst mit der Einführung des Roggens auf, dessen Kultur sich in der zweiten Hälfte des 1. Jahrtausends n. Chr. Geb. weiträumig einbürgert und in Verbindung mit der klassischen Plaggenwirtschaft die Agrarlandschaft entscheidend verändert (vgl. Behre 1976a; Groenman-van Waateringe in: Thrane 1979).

Die Unterscheidung in Sommerkorn und Winterkorn ist demnach lediglich anhand charakteristischer Unkräuter möglich. Allerdings sollte nicht vergessen werden, daß neolithische bis eisenzeitliche Funde von Getreide oft sehr rein sind und häufig keine aussagekräftigen Unkräuter enthalten. Als sicher kann Wintergetreidebau für die bandkeramischen Einkorn/Emmerkulturen mit viel Roggentrespe gelten, sofern Einkorn und Trespen häufig vertreten sind. Roggen wurde und wird nahezu ausschließlich als Winterfrucht gebaut; Hafer und Hirsen lassen sich dagegen mangels Winterhärte erfolgreich nur als Sommergetreide ziehen. Von den Weizen und Gersten gibt es sowohl Sommer- als auch Winterformen, genügend Winterhärte macht bei Spelz/Dinkel und Einkorn die Herbstaussaat empfehlenswert, während die anderen durch Schneelagen und Nässeempfindlichkeit leicht auswintern können. Heute kennt man vom Saatweizen und von den mehrzeiligen

Gersten ebenfalls harte Rassen, die vorwiegend als Wintergetreide gesät werden. Demgegenüber wird die Zweizeilgerste (Braugerste) ausschließlich als Sommerfrucht gehandhabt.

Roggen, von Applebaum (1972) zusammen mit Spelz als Wintergetreide Britanniens in römischer Zeit angegeben, scheint in den römischen Kolonien des unteren Rheins nicht in großem Umfang angebaut worden zu sein. Ein Nachweis des Roggenanbaus fehlt bisher (Knörzer 1981). Spelzfunde sind in den Niederlanden aber mit römischer Besatzung verbunden. Das Hauptgetreide der römischen Niederlande ist wohl Saatweizen, der jedoch oft mit Emmer und Spelz in minderen Anteilen vermischt ist. Roggen, Kornrade und Roggentrespe gelten als typische Unkräuter. Dies erweckt den Eindruck, daß Saatweizen Winterkorn war (van Zeist 1970; vgl. auch Jäger 1966; Szydłowski u. Wasylikowa 1973; Willerding 1980). Es ist aufgrund größerer Roggentrespenbeifunde möglich, aber nicht sicher belegbar, daß die frühen dänischen Spelzfunde (Jørgensen 1979) ebenfalls als Wintergetreide zu interpretieren sind.

Angebauter Roggen wird schon früh von seinen charakteristischen Unkräutern Roggentrespe und Kornrade begleitet (Sorte Muld und Aggersborg: Helbæk 1957; Haithabu: Behre 1969; Tornow: Jäger 1966; Lubomia: Szydłowski u. Wasylikowa 1973), so daß man ihn als Wintergetreide stets werten kann. Die Kornrade, auch in den Archsumer Funden selten, fehlt in einigen Roggenproben Norddeutschlands (den Burg/Texel: van Zeist u. Palfenier-Vegter 1979; Middels: Behre 1983; Osterrönfeld: Kroll 1980b). Es mag sein, daß sie im westlichen Küstengebiet nicht so konkurrenzfähig gewesen ist wie im Inland (so in Tornow: Jäger 1966). Das östliche Elbe- und das Odergebiet mit seinen Südbeziehungen zur mittleren Donau während der älteren Eisenzeit und auch in den nachfolgenden Perioden bis zur slawischen Zeit liegt außerhalb des unmittelbar vergleichbaren Bereiches (vgl. Lange 1971).

Relativ reine Gersten- und Haferproben aus Siedlungen des westlichen mitteleuropäischen Flachlandes sind oft frei von Wintergetreideunkräutern (Eeserveld, Sijderveld, Elp, Ouddorp und Wijster: alle van Zeist 1970; Feddersen Wierde: Körber-Grohne 1967; Jemgumkloster und Middels: Behre 1972, 1973; Thy: Jessen 1933. Andere jütische Fundplätze: Helbæk 1954, 1977; Rullstorf und Ülsby: Kroll 1980b).

Bedingt durch Herbstaussaat der Weizen sind aus dem römischen Machtbereich Roggen und typische Wintergetreideunkräuter sehr früh bekannt, während in der Germania libera die einjährigen Sommerunkräuter noch überwiegen. Mit Einsetzen des Roggenbaus treten die Charakterarten des Wintergetreides allmählich auch in den letztgenannten Bereichen auf. Dies bedeutet, daß der Anbau von Winterroggen sich durchsetzt (Behre 1976a, 1980; Lange 1973). Während im Küstengebiet der Nordsee durch den weiteren ausgedehnten Anbau von Sommergetreiden, zum Beispiel Gerste und Hafer, eine intermediäre Unkrautgesellschaft entsteht, überwiegen im östlichen, slawischen Bereich die Wintergetreideunkräuter so stark, daß Jäger (1966) der Meinung ist, auch mehrzeilige Gerste und Saatweizen könnten als Winterfrucht kultiviert worden sein. Alleinige Sommerfrüchte bleiben hiernach Hirse und Hafer. Jedoch hat Jäger Kornraden- und Roggentrespensaat sogar in Hirse gefunden, die allgemein als Gastgeberin einer sehr ausgeprägten Sommerfruchtunkrautgesellschaft gilt.

Reiner Anbau – Anbau von Gemengen

Es fällt auf, daß in Funden mit vielen verkohlten Getreidekörnern selten eine Art oder Form allein vertreten ist. Einzig die späten kaiserzeitlichen Spelzgerstenvorräte sind rein. Nacktgersten-, Emmer- und Haferkörner kommen so selten vor, daß sie nur als Ungräser gewertet werden können. Roggen in den Vorratsproben der Wikingerzeit überwiegt deutlich: 94% Roggen, 4% Spelzgerste, 2% Hafer = 100% (Nr. AA 19: *Beil. 13*). Die Gerste- und Haferkörner können als unerwünschte Beigetreide gelten. Roggenfelder werden verhältnismäßig frei von anderen Getreiden gewesen sein, wenn man bedenkt, daß Roggen als einzige Feldfrucht im Wintergetreiderhythmus bestellt worden ist. Bei Lein und Leindotter ist getrennter Anbau ebenfalls wahrscheinlich (s. S. 100 ff.).

Mit Ausnahme der spätkaiserzeitlichen Vorräte wurden Emmer, Spelz- und Nacktgerste und Hafer nie rein gefunden. Es liegt daher nahe anzunehmen, daß man sie als Mengkorn angebaut hat: Spelzgerste mit Emmer in der Bronzezeit, Nacktgerste mit Spelzgerste in der Eisenzeit, Spelzgerste mit Hafer in der Wikingerzeit. Auch andernorts bestehen zum Beispiel bronzezeitliche Vorratsfunde aus Emmer/Gerstengemischen (Brill: 89% Spelzgerste, 11% Emmer, Behre 1979; Lindebjerg: 74% Nacktgerste, 26% Emmer, Rowley-Conwy 1978; Emmerhout: 45% Emmer, 55% Nacktgerste, van Zeist 1970; Elp 98: 69% Emmer, 31% überwiegend Nacktgerste, van Zeist 1970). Daneben kommen reine Gerstenvorräte vor (Zijderveld: Spelzgerste, van Zeist 1970; Elp 69: Nacktgerste, van Zeist 1970; Schmalstede: Nacktgerste, Hopf 1973). Die erwähnten Funde scheinen einen bronzezeitlichen Gemengebau des Emmers mit Gerste zu bestätigen; Knörzer (1967b) vermutet den Anbau von Weizen/Trespen-Gemischen für bandkeramische und Rössener Kulturen des Rheinlands. Demnach wäre der Gemengebau seit alters bekannt.

Folgende Getreidegemenge sind neben Hülsenfrucht/Getreidegemengen in historischer Zeit verbreitet und beliebt gewesen:

– Weizen/Roggen (80–55/20–45%) als Wintermengkorn (frz. méteil, altfrz. miscelin, engl. maslin, monkcorn),
– Gerste/Hafer oder Gerste/Hafer/Sommerroggen als Sommergemenge (frz. tremis, engl. dredge, drage; nach Becker-Dillingen 1927; Arber 1934; Dieckmann 1958; Brouwer 1972).

Nach Brouwer und Becker-Dillingen bringen Gemenge in klimatisch und edaphisch ungünstigen Lagen sicherere und höhere Erträge als Reinsaaten. Die Wurzelsysteme verschiedener Arten durchdringen sich und verfilzen, während die der gleichen Art sich ausweichen. Im Gemenge wird dadurch eine größere Standdichte und damit ein höherer Ertrag erzielt (Brouwer 1972; Becker-Dillingen 1927). Besonders der Anbau des Sommergemenges aus Gerste und Hafer, oft zusätzlich mit Bohnen gemischt, ist in Norddeutschland noch in diesem Jahrhundert verbreitet gewesen. In Süddeutschland überwog mehr die Aussaat des Wintergemenges aus Weizen und Roggen. Das Sommergemenge bringt in nassen Jahren und sauren Bodenbereichen gute Haferernten, in trockenen Jahren und auf kalkhaltigen Böden gedeiht dagegen die Gerste besser. Ein standfestes Getreide verhindert das Lagern einer starklaubigen und weichhalmigen anderen Art oder Sorte oder bietet rankenden Hülsenfrüchten Stütze. Eine solche stabilisierende Funktion kann die Gerste im starklaubigen und zum Lagern neigenden Emmer gehabt haben.

Über den prähistorischen Anbau von Gemengen ist nicht sehr viel bekannt. Es fällt aber auf, daß Getreidefunde selten rein auftreten. Häufig enthält das Hauptgetreide Beimengungen anderer Arten, deren Prozentanteile so hoch sind, daß man sie schwerlich als Gastgetreide oder als Ungräser werten kann. Es gibt keine absoluten Kriterien für eine Unterscheidung zwischen Zufallsfunden und bewußtem Anbau, zumal ungrashafte Getreide in Mißernten überwiegen können. Van Zeist (1970, 154) erwägt daher den Anbau von Gemengen, allerdings läßt sich dies außer in sehr glücklichen Einzelfällen wohl kaum klären. Auch bei eindeutigen Fundumständen können Störungen kaum ausgeschlossen werden.

Sicherlich ist die Gemengekultur sehr alt. Gegenüber der Reinsaat hat sie manche Vorteile (s. S. 116 f.). Schon die bandkeramischen Emmer/Einkornfunde mit viel Roggentrespe dürften als Gemenge angesehen werden (vgl. Knörzer 1967b; auch Januševič 1975; Willerding 1965, 58; Klichowska 1975, 142; Bertsch u. Bertsch 1949, 30 u. 39). Ein ähnliches, sehr frühes Gemenge aus nacktem Weizen mit (wildem?) Roggen vermutet Hillman (1978) für das akeramische Can Hasan III in Anatolien und führt an, daß auch in der heutigen Zeit mit Ungrasroggen durchsetzte Weizenfelder als unfreiwilliges Gemenge gern in Kauf genommen werden. Solche unbeabsichtigten Gemenge aus zum Teil dominierendem Wildroggen in Weizen sind aus späterer Zeit auch von der Krim bekannt (Januševič 1975, 27 Tab. 2: 3. Jahrhundert v. Chr. Geb.). Vielleicht gehört der Roggen/Weizenfund aus der Magdeburger Kirche zu dieser Gruppe (Stoll u. Jäger 1967). In der Neuzeit war das Roggen/Weizengemenge als Wintermengkorn sehr beliebt (siehe oben). Zu den möglichen Sommergemengen zählt auch die im Neolithikum und in der Bronzezeit übliche Fundkombination: Emmer mit Gerste (s. S. 96; vgl. Behre 1979; Helbæk 1954; van Zeist 1970; Kroll 1981). Applebaum (1972, 113) gibt an, daß Emmer mit Gerste im Sommergetreide Englands von Bedeutung gewesen ist.

Die Gersten der vorrömischen Eisenzeit und der frühen Kaiserzeit liegen als Gemisch vor, das aus überwiegend Nacktgerste mit einem steten Anteil Spelzgerste besteht. Obwohl Gersten zum Großteil selbstfruchtbar sind und dazu oft blühen, ohne daß sich die Spelzen öffnen (Brouwer 1972, 355), bastardieren gemeinsam angebaute Spelz- und Nacktgersten. Der Bastard spaltet in die ursprüngliche bespelzte und in die nackte Form auf, die bespelzte ist dominant. Man könnte demnach das regelmäßige Spelzgersten/Nacktgersten-Gemisch der Eisenzeit nicht nur als ein Gemenge aus zwei Gerstenvarietäten auffassen, die sich in mancher Beziehung ergänzen, sondern auch als eine unerwünschte Aufspaltung einer genetisch nicht reinen Population werten. Um den Anteil der dominanten, bespelzten Form gering zu halten, wäre demnach eine Auslese des Saatguts erforderlich. Es gibt auch reine Nacktgerstenfunde, die in Nordwesteuropa allerdings meistens bronzezeitlich datiert sind (siehe oben).

Das lose, aus den Spelzen fallende Korn der Nacktgerste hat manche Vorteile: Es ist küchenfertig, das mühsame Entspelzen entfällt somit. Das harte, glasige Korn heutiger Sorten ist im Vergleich zur Spelzgerste verdaulicher, eiweißreicher und rohfaserärmer (vgl. Brouwer 1972, 348). Doch die Nacktgerste hat auch erhebliche Nachteile: Ihr Stroh ist weich, starklaubig und nicht sehr standfest (Schiemann 1948; Becker-Dillingen 1927). Der Ertrag ist im Vergleich zur Spelzgerste erheblich geringer (Brouwer 1972). Sie ist empfänglicher für Pflanzenkrankheiten (Helbæk 1958), die reifenden, ungeschützten Körner sind Vögeln leicht zugänglich. Hinzu kommt, daß die nackten Körner ohne die schützenden Spelzen leichter die Keimfähigkeit verlieren und sich dann die ohnehin große Neigung zum Schimmeln noch verstärkt. Spelzgerstenvorräte sind auch bei Massenlagerung und ungünstigen Bedingungen widerstandsfähiger und haltbarer.

Die geringere Haltbarkeit der Nacktgerste kann es unter Umständen erforderlich gemacht haben, die Ernte durch Darren zu konservieren. Dieses Darren oder Rösten ist zugleich der erste Arbeitsgang zum Schälen der Spelzgerste, die sich durch sichere und hohe Erträge, Unempfindlichkeit, Stand- und Lagerfestigkeit auszeichnet. Vielleicht hat man sie deshalb in der fortgeschrittenen Kaiserzeit der Nacktgerste vorgezogen, deren Vorteile vergleichsweise gering erscheinen, wenn man die begrenzte Ackerfläche des Archsumer Geestkerns, die extremen Umweltbedingungen der meernahen Siedlungen und die schlechten Lagermöglichkeiten in den Archsumer Sodenhäusern bedenkt.

Unkrautbesatz der Vorratsproben

Mit dem Wechsel vom Nackt- zum Spelzgerstenbau fällt eine allgemeine Änderung auf, die auch die begleitende Unkrautvegetation betrifft. In den frühen Nacktgerstenvorräten treten neben dem stets häufigen Weißen Gänsefuß *Chenopodium album* regelmäßig der Pfirsichblättrige und der Windenknöterich auf (*Polygonum persicaria* und *Polygonum convolvulus*). In den Spelzgerstenfunden des 2. und 3. Jahrhunderts ist der Hederich bezeichnend (*Raphanus raphanistrum*); der Pfirsichblättrige wird in der Fundmenge vom Ampferblättrigen Knöterich übertroffen (*Polygonum lapathifolium*), während der Windenknöterich seltener erscheint. Da die Prozentwerte oft unter 0,5% liegen, kommt diese Veränderung im Tabellenkörper nicht deutlich zum Ausdruck. Sie geht aber aus den absoluten Werten am Tabellenrand hervor (s. *Beil. 6*). Der Hederich tritt in der Kaiserzeit nicht neu auf, er ist bereits bronzezeitlich nachgewiesen (Werth 1937).

Es ist möglich, daß im wechselnden Gerstenbau und im Unkrautbesatz Hinweise faßbar werden auf einen Umwelteinfluß, der auch Ursache für zahllose weitere Veränderungen des 2. nachchristlichen Jahrhunderts sein kann. In den Jahrhunderten um Chr. Geb. ist die flache Marsch besiedelbar (Fundplatz Westerland 25: Kossack, Harck u. Reichstein 1974; vgl. auch Haarnagel 1979; Hoffmann 1981; Müller-Wille 1981). Im 2. Jahrhundert n. Chr. Geb. ist ein Wandel abgeschlossen. Die Häuser Archsums sind nun einzelne, große Langhausgehöfte. Die Siedlungen in der ebenen Marsch werden verlassen, zum Teil überflutet und von marinen Sedimenten überdeckt (Müller-Wille 1981, 200 ff.), oder, wie die Feddersen Wierde, sie werden zu Warften aufgehöht. Eine steigende Sturmflutfrequenz, die zahlreiche Sturmflutbänder in der letztgenannten Siedlung dokumentieren (Haarnagel 1979), läßt sich für Archsum nicht nachweisen. Die Bänder fehlen, denn die Siedlungen Archsums liegen wesentlich höher als die Warften auf Geestkuppen.

In den Analysen pflanzlicher Reste aus Archsum fällt auf, daß viele Arten nur oder vorwiegend aus der Kaiserzeit nachgewiesen sind, die feuchte bis nasse oder gar submerse Böden oder stehendes oder langsam fließendes Süßwasser besiedeln (*Beil. 4–5; 15*).

Nur aus der Kaiserzeit nachgewiesene Taxa:
cf. *Andromeda polifolia, Bidens tripartita, Callitriche* sp., *Cladium mariscus, Hydrocharis morsus-ranae, Oenanthe lachenalii, Oxycoccus palustris, Phalaris arundinacea, Phragmites communis, Potamogeton* sp., *Ranunculus* sp. (Sektion *Batrachium*), *R. flammula, Rorippa palustris, Rumex hydrolapathum, Schoenoplectus lacustris* und *Viola palustris.*

Vorwiegend aus der Kaiserzeit nachgewiesene Taxa:
Alisma plantago-aquatica, Juncus articulatus-Typ, *Hydrocotyle vulgaris, Lychnis flos-cuculi, Mentha* sp. und *Veronica scutellata.*

Sicher sind diese zahlreichen Nachweise in erster Linie in den besonders guten Erhaltungsbedingungen der Kaiserzeit begründet (s. S. 62 ff.). Das Fehlen von Belegen aus älteren und jüngeren Besiedlungsphasen kann somit auf ungünstigeren Bedingungen und Begleitumständen beruhen. Hinzu kommt, daß die pflanzlichen Reste aus siedlungsfernen Gebieten stammen können und mit Wirtschaftsmaßnahmen wie Plaggendüngung, Heu- und Streuernte und mit anderem mehr in die Siedlungen gelangt sind. Doch weist die durch eine dauerfeuchte Lagerung bedingte Erhaltung ebenfalls auf Nässe hin. Die aufgezählten Taxa sind heute auf den entsprechenden Standorten vertreten (Ausnahmen: *Andromeda polifolia, Cladium mariscus, Hydrocharis morsus-ranae* und *Oenanthe lachenalii*, vgl. Christiansen 1953), und nichts spricht gegen die Annahme, daß sie Sylt kontinuierlich besiedeln.

Es ist sehr wahrscheinlich, daß sich ein zunehmender Feuchtigkeitseinfluß in der Kaiserzeit auswirkt. Der Plaggenboden der vorrömischen Eisenzeit unter den Siedlungsschichten der Kaiserzeit enthält aber in den vermutlich autochthonen pflanzlichen Resten keinerlei Hinweise auf eine derartige Vernässung (*Beil. 3*), obwohl in dieser Zeit eine Meerestransgression ausklingt (s. S. 184; Behre 1979, 42; Müller-Wille 1981, 199 ff.).

Hingegen haben organische Reste in den Siedlungsschichten der frühen Kaiserzeit *(Beil. 4–5)* gute Erhaltungsbedingungen gefunden. Arten nasser Bereiche sind zahlreich in den Analysen vertreten. In dieser Zeit ist aber die Marsch relativ trocken und damit besiedelbar (s. S. 182; Hoffmann 1981). Kleipackungen allein genügen nicht zur guten Bewahrung unverkohlter pflanzlicher Reste. Ausreichende, ständige Feuchtigkeit ist zusätzlich erforderlich. Aus dieser zweiten Bedingung, die die so zahlreichen Funde der Kaiserzeit ermöglichte, folgt die Vermutung, daß in der Kaiserzeit eine Vernässung einsetzte. Zunehmende Feuchtigkeit – sei es durch vermehrte Regenfälle oder durch einen Anstieg des Grundwasserspiegels, der mit dem des Meeres in direkter Beziehung steht – kann den wurtartigen Ausbau der Archsumer Siedlungen erfordert haben und zugleich Grund sein für die Veränderungen in den Unkrautbeimengungen der Vorräte und für den Wechsel im Gerstenbau. Helbæk (1958, 109 u. 115) nimmt ebenfalls steigende Feuchtigkeit als Ursache für den Übergang zum Anbau der bespelzten Gerste an.

Eine Klimaverschlechterung ist als den mittleren Teil des Subatlantikums Nordwestdeutschlands kennzeichnend bekannt (vgl. Oberbeck 1975, 486 ff.; 664 ff., bes. Abb. 262). Auf eine warmtrockene Phase bis zur letzten Hälfte des 1. Jahrtausends v. Chr. Geb. folgte ein kühlerer, feuchterer Zeitabschnitt. Ein direkter Einfluß des Meeres auf die Sylter Marsch und den Geestrand in den Jahrhunderten n. Chr. Geb., der in den anderen Marschengebieten die Siedlungstätigkeit erheblich beeinflußte (vgl. Müller-Wille 1981, 200), läßt sich für das Sylter Gebiet vorläufig nicht nachweisen. »Es muß daher angenommen werden, daß er (der Meeresspiegel) in dieser Zeit unter dem bereits in vorchristlicher Zeit erreichten Niveau gelegen hat« (I 121).

Das vermehrte Auftreten von Halophyten in den Archsumer Analysen von pflanzlichen Resten der Kaiserzeit ist sicher nur durch die guten Erhaltungsvoraussetzungen der Zeit bedingt. Erheblich zahlreicher nachgewiesene Taxa des Süßwasserbereiches lassen den Salzeinfluß auf die Siedlungen gering erscheinen und vermuten, daß die Samen und Früchte der Salzmarschpflanzen durch die Tätigkeit des Menschen in die Siedlung gelangt sind *(Beil. 5)*.

Erntemethoden

Ein Vergleich von Unkrautbeimengungen aus eisenzeitlichen auf der einen und wikingerzeitlichen Vorräten auf der anderen Seite ergibt, daß in den frühen Proben fast nur hochwüchsige Unkräuter vertreten sind, obwohl niedere Arten wie zum Beispiel *Rumex acetosella* oder *Spergula arvensis* aus gleichzeitigen Ackerfluren und Siedlungsschichten zahlreich nachgewiesen wurden *(Beil. 6)*. In den wikingerzeitlichen Proben (Nr. AA 19; AA 5: *Beil. 13*) sind Unkräuter wesentlich häufiger, und auch kleinbleibende Arten wie *Rumex acetosella, Spergula arvensis* und *Poa annua* fehlen nicht. Es ist möglich, daß im unterschiedlichen Unkrautbesatz eine unterschiedliche Ernteweise Ausdruck findet.

Das Fehlen niederer Unkräuter in bronze- und eisenzeitlichen Vorräten macht es wahrscheinlich, daß die Feldfrüchte hoch am Halm geschnitten oder gebrochen wurden. Dabei sind nur die im Ährenhorizont reifenden Unkräuter – zufällig oder beabsichtigt (s. S. 196) – mit erfaßt worden. Die reicheren Beimengungen in den wikingerzeitlichen Roggenernten können durch eine rationellere Methode des Einbringens bedingt sein, in der tief am Halm geschnitten wurde und so auch niedrige Unkräuter in die Garben und das Dreschgut gelangten (vgl. Knörzer 1971 b). Der Grund für einen tieferen Schnitt läge vielleicht bei einem erhöhten Bedarf an Stroh, das als Werkstoff, als Futter oder Streu diente. Diese Erntemethoden gelten nur für das Getreide. Wie die Untersuchungen des Materials auf der Feddersen Wierde gezeigt haben, sind die anderen Kulturpflanzen gerauft worden (Lein, Leindotter, Bohnen; vgl. Körber-Grohne 1967). Dieser Vorgang begründet die reiche Unkrautbeimengung im kaiserzeitlichen Leinsamenvorrat *(Tab. 18)*.

Kornlagerung

Das Problem der Aufbewahrung von Erntevorräten aller Art läßt sich anhand der Ausgrabungen in Archsum nur in begrenztem Umfang klären. Obgleich zahlreiche Hausruinen, Speicherfundamente und Gruben sowohl bei den Großgrabungen als auch in Verbindung mit den Probeeinschlägen vollständig untersucht oder aber in Teilen angeschnitten werden konnten, gelang es nur in zwei Fällen, eindeutige Befunde zu diesem Themenkreis zu dokumentieren. Diese magere Ausbeute überrascht keineswegs. Entsprechende Beobachtungen liegen auch von anderen Großgrabungen vor: Auf der Feddersen Wierde bei Bremerhaven fand W. Haarnagel (1979, 239 ff.) lediglich in einem der 68 untersuchten Gebäude eine verkohlte Getreideschicht; Getreidevorräte innerhalb abgebrannter Wohnstellen aus der Eisenzeit Dänemarks sind ebenfalls nur in geringem Umfang bekannt im Vergleich zur Gesamtzahl der untersuchten Hausstellen (vgl. allgemein Brøndsted 1963).

Die Grabung auf dem Wohnhügel Melenknop förderte drei Hausruinen aus der römischen Kaiserzeit mit verkohltem Getreide im Brandschutt zutage, obwohl Brandschutt allein den Innenraum von wenigstens sieben Gebäuden vollständig oder teilweise bedeckte. Die drei Befunde verteilen sich auf den Wohnteil eines 14 m langen und 5,60 m breiten Wohnstallhauses aus der Frühphase der Bauperiode A, auf ein 36 m langes und 7,70 m breites Nebengebäude der Bauperiode B 3 *(Abb. 43)* und den Stall eines zeitgleichen Langhauses *(Abb. 42)*, über dessen stratigraphische Position *Beil. 25* unterrichtet.

Sowohl von der Funderhaltung als auch von der Dokumentation her gesehen stellen die Reste des erstgenannten Bauwerkes im Süden des untersuchten Wohnhügels den interessanteren Komplex dar: Das in Nord-Süd-Richtung in wenig geneigter Hanglage errichtete Haus bestand aus einem Wohnteil mit einem Innenmaß von 5,60 m Länge und 4,20 m Breite, einer mit Lehmestrich ausgelegten Diele von 1,60 m Länge, die in einen 5,60 m langen Stallteil mit gepflastertem Mittelgang und einem Jauchedurchfluß in der südlichen Stirnmauer überging. Im Wohnteil dominierte eine rundliche, einfach gebaute, 1,20 m messende Herdstelle aus einer Lage faustgroßer Steine, die ein rotverziegelter Lehmauftrag überdeckte. Der Abstand vom Mittelpunkt der nicht direkt unter der Mittelachse des Hauses gelegenen Herdplatte zur verkohlten Trennwand (?) zwischen Wohnteil und Diele betrug 2,20 m, zur westlichen Längswand 1,90 m, zur östlichen dagegen 2,30 m, während die Entfernung zur nördlichen Schmalseitenwand bei 3,40 m lag. In diesem geräumigen hinteren Bereich des Wohnstallhauses fanden sich bei der Ausgrabung viele erhaltene oder unterschiedlich beschädigte, aufrecht stehende Gefäße mit Getreidefüllung. Zu diesen Behältnissen zählt u. a. der mehrfach von Kroll erwähnte Leinsamenvorrat (s. S. 100 f.). Andere, teilweise umgekippte Töpfe steckten dagegen in einer mächtigen, parallel zur Wand gehäuften Lage verkohlten Getreides. Weiteres kam in einer geringmächtigen Schicht unmittelbar um den Herd zum Vorschein. Reste verkohlter Hölzer im Getreidehaufen stammten entweder von der Dachkonstruktion oder aber sie gehörten zu einfachen Abstellborden, auf denen die Töpfe vermutlich gestanden haben. In diesem Zusammenhang deuten die Profile durch das Haus und die Planumbefunde einige bemerkenswerte Unterschiede an: Der charakteristische ziegelrote Brandschutt von lockerer Konsistenz erstreckte sich nur auf den Wohnteil, während die Diele kaum und der Stallbereich gar nicht durch Brandreste bedeckt waren. Sofern das Fehlen von Brandschutt nicht auf eine Bewirtschaftung des Hausplatzes nach der Feuersbrunst zurückgeführt werden kann und somit eine Homogenisierung der Deckschichten anzeigt, müßte es als Hinweis auf einen begrenzten Teilbrand gelten, der das trockene Dach des Wohnbereiches, nicht aber das durch den Dunst der Tiere feuchtgehaltene Stalldach vernichtet hat. Ein derartig markanter Wechsel von »trocken« zu »feucht« innerhalb eines Hausdaches könnte daher die Aufbewahrung von Getreidevorräten in Herdnähe begründen. Diese Annahme wird indirekt durch ähnliche Befundbeobachtungen auf dem Melenknop unterstrichen. Von den abgebrannten Häusern auf diesem Wohnhügel zeigten zwei Hausruinen Brandschutt innerhalb des Wohnbereiches, nicht aber im Stallteil. Das bereits erwähnte Haus auf der Feddersen Wierde kann als weiterer Beleg für diese Annahme herangezogen werden: Haarnagel (1979, 240) beschreibt ausführlich, daß die Brandschicht mit Gefäßen, verkohltem Getreide und Resten von abgestürzten Regalen allein die Wohnhälfte bedeckte, während am Stall und am Speicher nur geringe Brandspuren erkennbar waren.

Die Aufbewahrung der Getreidevorräte im Wohnteil eisenzeitlicher Häuser erscheint nach den bisher veröffentlichten Funden von der jütischen Halbinsel ein allgemein verbreiteter Brauch gewesen zu sein. Aus mehreren Grabungsberichten geht hervor, daß die Getreidefunde als geschlossene Schicht in diesem Gebäudeteil (Amrum: Feindt 1975), im Bereich zwischen Herdstelle und der inneren Schmalseitenwand (Oksbøl: Hatt 1958; Solbjerg: Hatt 1928; Østerbølle: Hatt 1938; Ginderup: Kjær 1928 u. Hatt 1935) oder aber um die zentrale Feuerstelle gefunden wurden (Fredsø: Hatt 1958; Ginderup: Kjær 1930). Lediglich in einem Nebengebäude der völkerwanderungszeitlichen Siedlung bei Oksbøl (Hatt 1958) kamen Getreidevorräte auch im Stallbereich zutage.

Dieser Befund ist deshalb von Bedeutung, weil das dritte große kaiserzeitliche Getreidevorkommen in einem abgebrannten Haus des Melenknop, eine gleichmäßig verbreitete, mächtige Schicht, im Stall des zentral auf der Kuppe gelegenen Langhauses aus der Periode B 3 Archsumer Zählung aufgedeckt wurde (s. S. 53 mit *Abb. 42*). Den Wohnteil des Gebäudes bedeckte dagegen eine mehrschichtige Lage nahezu verziegelter Keramikscherben, offensichtlich ohne Getreidebeimengung.

Ob die Getreidevorräte darüber hinaus auch in den Speichern gelagert worden sind, ließ sich bei den Ausgrabungen nicht feststellen. Südlich der Langhausbebauung auf dem Melenknop fand sich eine ausgedehnte, mit Brandresten und verkohltem Getreide durchsetzte Schicht, die entweder von einem Speicherbrand stammen könnte oder aber Schutt aus einem wiederaufgebauten Gebäude darstellt.

(O. Harck)

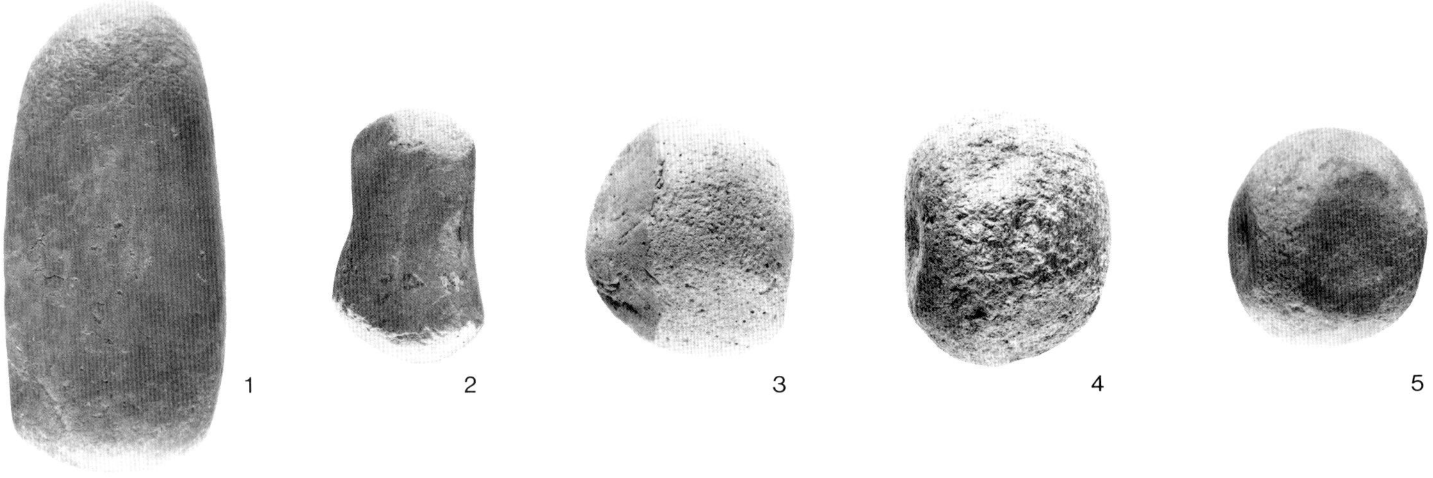

Abb. 54 Archsum-Melenknop. Schlägel oder Stößel (1–2) und Schlagsteine (3–5). Stein. M. 1 : 3.

Verarbeitung

Holz- und Kleingerät aus Stein, granitene Mühlen

In welchem Zustand das Getreide gelagert wurde, schwerlich erntefrisch und voller Feuchtigkeit, sondern getrocknet oder geröstet, darüber sagt der makroskopische Befund so gut wie nichts (s. S. 122 f.). Und doch kann gar kein Zweifel sein, daß die Haltbarkeit, die ein volles Jahr lang hätte gewährleistet sein müssen, von solcher Vorbehandlung abhing. Das konnte auf vielerlei Weise geschehen, ohne daß der wichtige Vorgang archäologisch belegbar wäre. Hätten wir das Glück gehabt, Öfen aufzufinden wie H. Hinz in Westerohrstedt bei Husum, wäre das Verfahren auf direktem Wege erschließbar gewesen: Nahe einem dreischiffigen Wohnstallhaus und einer Mahlhütte der älteren römischen Kaiserzeit erschloß er eine Anlage, die er in Kenntnis volkskundlich erhobener Parallelen scharfsinnig als Getreidedarre rekonstruierte[1]. Er wies ferner darauf hin, daß Schiebe- und Drehmühlen nur krachend trockene Körner mahlen konnten, und zitierte dabei G. Hatt, der in praktischem Versuch zu diesem einleuchtenden Ergebnis kam. Deshalb wird man auch für das Archsumer Getreide Röstung anzunehmen haben, die natürlich nicht bis zur Verkohlung führen durfte, in welchem Zustand sich hier das allermeiste Korn befindet, weil die Häuser, in denen es lagerte, niederbrannten *(Abb. 42–43)*.

Wie man das Korn aus den Ähren brachte, es entspelzte und aus diesen und anderen pflanzlichen Produkten Nahrungsmittel herstellte, wissen wir auch nicht genau genug. Häufig fanden wir Steingerät, mit dem man schlagen, reiben und quetschen oder das man als Mörser, Stößel und Schlegel verwenden konnte, und zwar auf allen Wohnplätzen der Gemarkung in derart hoher Zahl und so wenig spezialisiert, daß es allen möglichen Zwecken gedient haben wird. Die Mörser *(Abb. 57,2; 59,7)* sind auf der Flachseite gemuldet und dort rauh, weil man Körner darin zerstieß oder zerrieb. Mit den von H. Hingst beschriebenen »Töpfersteinen« sind sie kaum zu verwechseln, denn die Rundmulden sind bei diesen Stücken bei der Rotation einer langsam drehenden Töpferscheibe eingeschliffen worden[2]. Zu den Mörsern gehören längliche, walzenförmige Schlegel oder Stößel mit Schlagmarken an den Enden *(Abb. 54,1–2; 57,1.4)*. Wer Mühlsteine nacharbeiten und scharfe Kanten auf deren Mahlflächen beseitigen oder gar Getreide in kleinen Mengen zerreiben wollte, nahm rundliche, seltener längliche, aber immer handliche Feldsteine *(Abb. 54,3–5; 57,3)*. Vielfach haben sie gürtelförmige umlaufende Kanten und sind öfters facettiert oder an der Seite mit ausgearbeiteten »Daumenmulden« ausgestattet, der Stein mag dann bequemer in der Hand gelegen haben. H. Lies berichtet nach Beobachtungen von P. Reichard bei Naturvölkern, daß Mahl- und Reibsteine alle Wochen durch Klopfen aufge-

[1] Hinz, Eine vorgeschichtliche Getreidedarre. In: Die Heimat 61, 1954, 213 f.; ders., Vorgeschichte des nordfriesischen Festlandes. Die vor- u. frühgesch. Denkmäler u. Funde in Schleswig-Holstein 3 (1954) 68; 207; ders., Zur Entwicklung des Darrenwesens. Zeitschr. f. Volkskde. 51, 1954, 88 ff. – Hinz machte uns freundlicherweise auf das Buch von I. Talve aufmerksam: Bastu och torkhus i Nordeuropa (1960).

[2] H. Hingst, Eine eisenzeitliche Töpferscheibe aus Wenningstedt-Braderup auf Sylt. Offa 29, 1972, 138 ff.

Abb. 55 Archsum, Fundstelle 59 (Topographie: I 193 Abb. 80). Langhaus der älteren römischen Kaiserzeit mit gepflastertem Stallgang, gepflasterter Diele und Wohnraum mit Herdstelle, dabei Mühlstein.

Lfz.-Nr.	Anzahl	Bruchstücke von Mühlsteinen aus Basaltlava				Fundstelle					
		Art	Gewicht gr	Ø cm	Dicke cm	Grundstück	Fläche	Fd.-Nr.	Koordinaten Ost	Koordinaten Nord	Höhe m über NN
1	1	von Halbfertigfabrikat	3993	–	> 12,0	Christiansen	G 1/68	–	ohne nähere Angaben		
2	2		35	–	2,6	Christiansen	C 2/69	72	35	16,10	4,20–4,00
3	1	Randstück *Abb. 61,1*	185	ca. 50	2,0–2,2	Christiansen	C 2/69	205	36,25	27,30	3,95
4	2	zusammenpassend	420	–	5,9	Christiansen	C 3/69	238	19–20,25	44,05–40,35	4,20–4,00
5	50		2540	–	ca. 5,0	Christiansen	C 3/69	245	31,30	37,80	4,04
6	1		85	–	4,5	Christiansen	C 3/69	910	20–25	40–44	4,00–3,80
7	14		65	–	–	Christiansen	C 4/69	201	42,05	29,20	4,50
8	1	Randstück *Abb. 61,5*	75	ca. 50	1,6–1,8	Christiansen	C 4/69	544	40–44	40–44	3,60
9	1		185	–	2,7–2,9	Christiansen	C 4/69	1003	44–48	36–40	3,40–3,20
10	1	Randstück *Abb. 61,4*	330	ca. 48	2,8–3,0	Christiansen	C 4/69	1034	52–56	36–40	3,20–3,00
11	1	Randstück	375	ca. 50	2,0–2,2	Christiansen	C 1	414	48–52	48–52	4,60
12	1	Randstück	400	ca. 50	2,0–2,2	Christiansen	C 1	487	48–52	44–48	3,82
13	1	Randstück *Abb. 61,7*	580	ca. 50	3,0–3,2	Christiansen	C 1	578	58,80	49	3,60
14	4	zusammenpassend	340	–	6,7	Christiansen	C 1	998	55	59	2,35
15	1		130	–	4,0	Christiansen	C 2	431	48–52	20–24	4,22
16	1		175	–	1,5–1,8	Christiansen	C 2	458	52–56	28–32	4,20
17	1	Randstück	105	ca. 45	1,6–1,8	Christiansen	C 2	789	56–60	32–36	3,80–3,60
18	1	Viertelteil *Abb. 61,9*	2160	ca. 47	3,2–3,6	Christiansen	C 2	987	53	25	3,60–3,40
19	1		210	–	2,4–2,5	Christiansen	C 2	1013	48–52	28–32	3,40–3,20
20	1		190	–	3,5–3,7	Christiansen	C 2	1025	44–48	24–28	3,40–3,20
21	9		430	–	–	Christiansen	C 13	708	18	33	4,20–4,00
22	10		180	–	–	Christiansen	C 13	714	18,70	22	4,20–4,00
23	83		680	–	–	Christiansen	C 13	730	27,30	26,20	4,12
24	1	Randstück	165	ca. 51	1,4–1,6	Christiansen	C 13	739	19	30	4,00–3,80
25	1		290	–	4,4–4,6	Christiansen	C 13	751	16–20	32–36	3,80–3,60
26	1		140	–	3,0	Christiansen	C 13	752	20–24	32–36	3,80–3,60
27	6		530	–	6,8	Christiansen	C 15	1048	15	37,60	4,00–3,80
28	1	vom Einfülltrichter (?) *Abb. 61,6*	760	–	6,7	Christiansen	C 17	1212	57,50	60,50	4,20–4,00
29	17		1700	–	5,0	Christiansen	C 18	1206	57	73,50	3,60–3,40
30	7		350	–	4,0	Christiansen	C 23	1826	51,60	9,70	4,00–3,80
31	6		230	–	3,3	Christiansen	C 23	1870	55	5,40	3,80–3,60
32	4		110	–	–	Christiansen	C 25	1923	44,50	2,20	3,90
33	1	Mahlfläche gerillt *Abb. 61,2*	270	–	2,5–3,0	Voss	V 3	429	110,60	0	4,25
34	5	Randstück	520	ca. 50	3,2–3,5	Voss	V 4	352	102–107	12–16	3,22
35	3		100	–	–	Schule	S 5	1599	1	–49	3,50–3,30
36	14	Randstück (8 zusammenpassend)	580	ca. 50	2,6–3,0	Holst	H 2 b	1402	28	37	4,50–4,40
37	5	zusammenpassend	600	–	4,4–4,6	Holst	H 2 b	1407	27,50	35,50	4,40–4,30
38	13		220	–	2,4	Holst	H 2 d	1466	31,75	32,50	4,40–4,30
39	1	Randstück	400	ca. 50	2,6–2,8	Holst	H 3 a	1658	10	78	4,20–4,10
40	26		450	–	2,6–3,0	Holst	H 3 c	1799	35	74,60	4,20–4,00
41	14		150	–	–	Holst	H 3 c	1833	33,80	68,80	4,00–3,80
42	4		120	–	2,4	Holst	H 3 d	1716	48,20	55,20	4,50–4,40
43	3	Randstück *Abb. 61,3*	1170	ca. 45	2,2–2,4	Holst	H 3 e	1878	53,40	52,70	4,40
44	2	zusammenpassend	165	–	4,3	Holst	H 3 f	1845	68	75,80	3,95–3,90
45	2		90	–	2,8	Holst	H 5 a	2073	22,20	8,50	3,60–3,40
46	5	Randstück	570	ca. 50	3,1–3,3	Holst	H 6 a	2061	28	22,50	4,40–4,20
47	5		120	–	–	Holst	H 6 b	2206	31,40	15	4,35–4,15
48	4		30	–	–	Holst	H 6 b	2214	33,20	14,60	4,30–4,10
49	3	zweiseitig scharriert, zusammenpassend *Abb. 61,8*	250	–	6,2	Holst	H 6 b	2245	37,60	16,60	4,40

Tab. 19 Alt-Archsum. Mühlsteine aus Basaltlava. Maße und Fundstellen.

rauht, also nachgebessert werden mußten, weil sie glatt geschliffen waren und zum Mahlen nicht mehr taugten[3]. Zahlreich sind auch die Quetschgeräte; 30 zufällig ausgewählte runder Form wogen im Durchschnitt 1 kg, davon ein Drittel über 1000 g, je sechs in drei Hunderterklassen zwischen 1000 und 700 und nur zwei zwischen 700 und 500 g. Stecken in dieser Gewichtsstufung charakteristische Zahlenwerte, werden wir in der Tat mannigfaltige Zwecke vermuten dürfen.

Unglücklicherweise blieb Gerät aus Holz auf allen Fundplätzen so gut wie gänzlich aus, obwohl sich dieser

[3] Lies, Die vor- und frühgeschichtlichen Drehmühlsteine im Bezirk Magdeburg. Jahresschr. Halle 47, 1963, 287 ff.; 310.

Werkstoff als Baumaterial in den tieferen, gut durchfeuchteten Straten fast immer leidlich erhalten hatte, wenn es nicht bewußt entfernt und später wiederverwendet wurde, was sich aus der Holzknappheit auf der Insel von selbst erklärt. Deshalb wissen wir über Acker- und Erntegeräte überhaupt nichts und können bei dieser mißlichen Quellenlücke nur die technischen Kenntnisse und Verfahrensweisen, die anderwärts aus Pflug, Egge, Harke oder Spaten erschließbar sind, auch für die Archsumer Bauernschaft in Anspruch nehmen. Wir halten es für bemerkenswert, daß selbst Werkzeug aus Eisen wie Sicheln und Sensen oder Maschinenzubehör wie Haken- oder Pflugschar hier nirgends zu entdecken waren. Man hatte sie wohl immer in Sicherheit gebracht, gab man Haus und Siedlung auf.

Dagegen haben wir Mühlsteine in erheblicher Menge sammeln können, wenn wir die Feldflur des Dorfes begingen, um noch unbekannte Siedelplätze zu entdekken, auch in den Vorgärten der Gehöfte, sogar verbaut in kunstvoll gesetzten Steinmauern (»Friesenwälle«), die sie umgeben, und unter Schotter eines Weges, der das wikingerzeitliche Dorf Alt-Archsum durchquerte (I 183) und wohl jünger ist als die Bebauung selbst (*Tab. 19,* Nr. 33). Frühmittelalterliche Exemplare waren in umgelagerten Siedelschichten dieses Dorfes und in zeitgleichen oder jüngeren Auftragsböden desselben Areals enthalten. Seltener trafen wir das Gerät in den Wohnstallhäusern an, auf dem römerzeitlichen Melenknop nur in ein oder zwei Fällen (Fläche 40: I Beil. 24, Bauperiode B 2), auf Fundstelle 59 (I 193 Abb. 80), einer Geländekuppe am Südrand des Geestkerns mit einem Gehöft aus der älteren Kaiserzeit *(Abb. 55),* hier neben der Herdstelle im Wohnraum, und in Wenningstedt-Braderup auf der Westerländer Geest, wo Hingst ein ebenso altes und gleichartiges Gebäude ausgegraben hatte[4]. Mühlsteine in Herdnähe begegnen ja ziemlich regelmäßig in Dörfern der älteren Eisenzeit auf der jütischen Halbinsel und in der nordwestdeutschen Küstenzone: Skørbæk Hede, Ginderup und Mariesminde lieferten dafür ebenso treffliche Beispiele wie die Wurt Feddersen Wierde im Lande Wursten, selbst wenn dort wie überall viel Steinbruch immer wieder auch außerhalb der Häuser zum Vorschein kam[5]. Die Lage in Herdnähe darf deshalb wohl als die primäre angesehen werden: Die Hausfrau mahlte das Korn im Haus und zwar in denjenigen Portionen, die sie brauchte, um eine Mahlzeit aus Grütze zu kochen oder den Teig für das Fladenbrot vorzubereiten, das sie auf der Herdplatte buk, denn Backöfen gab es in keinem einzigen Gebäude und auch an keiner anderen Stelle des bebauten Areals, soweit der Umfang unserer Flächengrabungen ein solches Urteil zuläßt. Die Bauern im wikingerzeitlichen Alt-Archsum verhielten sich nicht anders. Nur kamen hier Mühlsteine außer in dreischiffigen Langbauten auch in Grubenhäusern vor, einer Bauform, die allerdings immer auf ein bestimmtes Gehöft bezogen war, in römerzeitlichem Kontext aber Archsum fehlt.

An Gesteinsarten verwendete man dort während der römischen Kaiserzeit und auch noch in der Wikingerzeit Granit und Granitporphyr. Sie stammen zwar aus heimischen Geschieben, wurden aber in den uns bekannten Gehöftgruppen nicht verarbeitet; die Fertigprodukte kamen von außerhalb, man schärfte sie nur nach, wenn es unerläßlich war. Während der Wikingerzeit war es vor allem dunkelgraue poröse Weichbasaltlava vom Bellerberg bei Mayen in der Vordereifel, die man zu einfachen Scheibenmühlen verarbeitet hatte, natürlich auch wieder im Produktionsbereich des Rohstoffs[6]. Daß Basaltlava schon vordem auf Sylt eine gewisse Rolle gespielt haben muß, zeigt der Mühlenrest aus dem Schotterweg (*Tab. 19,* Nr. 33); die Reibfläche ist gerillt und damit typisch für die römische Kaiserzeit, in später datierten Fundzusammenhängen fehlt dieses wichtige Detail[7]. Von einer Basaltlava-Mühle aus ei-

[4] Hingst a.a.O. (Anm. 2) 139 Abb. 1; ders. in: Führer zu vor- u. frühgesch. Denkmälern 9: Schleswig, Haithabu, Sylt (1968) 234 ff.

[5] J. Brøndsted, Nordische Vorzeit. Bd. 3, Eisenzeit in Dänemark (1963) 106 f. mit Abb. S. 101 (Haus H); 130 ff.; 181; W. Haarnagel, Die Grabung Feddersen Wierde. Methode, Hausbau, Siedlungs- und Wirtschaftsformen sowie Sozialstruktur. Feddersen Wierde 2 (1979) 179.

[6] J. Röder wurde 1968 eine Steinprobe vom Stück *Tab. 19,* Nr. 1 aus Alt-Archsum vorgelegt. Er teilte mit, es handele sich eindeutig um Basaltlava des Bellerberges, doch eher aus dessen nördlichem Strom (Kottenheimer Feld) als aus dem südlichen (Mayener Feld). Mit letzter Klarheit seien solche Aussagen auch auf mineralogischem Wege nicht zu machen. Brief v. 11. 10. 1968 an Reichstein. – Neuerdings wurden mineralogische Hinweise zur Herkunft von in Haithabu gefundenen Mühlsteinen aus der Eifel (Lavafelder südlich des Bellerbergs bei Mayen und nördlich von Mendig) veröffentlicht; vgl. dazu P. K. Hörmann u. A. Richter, Vergleichende mineralogisch-petrographische Untersuchungen an Mühlsteinresten aus Haithabu und Bruchsteinproben aus der Eifel. Ber. über die Ausgrabungen in Haithabu 18, 1983, 93 ff.

[7] Zu kaiserzeitlichen Basaltlavamühlen: Noch immer lesenswert: H. Jacobi, Römische Getreidemühlen. Saalburg Jahrb. 3, 1912, 75 ff., bes. 83 ff.; O. H. Harsema, Geimporteerde basaltlava maalstenen uit de Romeinse tijd uit Groninger wierden. Varia Bio-Archaeologica 31, 1956, 139 ff.; F. Höxter, F. Michels u. J. Röder, Die Geschichte der Basaltlava-Industrie von Mayen und Niedermendig. Jahrb. f. Gesch. u. Kultur d. Mittelrheins u. seiner Nachbargebiete 2/3, 1950/51, 10 zum Schärfen der Mühlen: »Es hat den Anschein, als sei hier ein technisches Erfordernis aus fremden Mühlsteinherstellungen aus unporösen, harten Steinen wie etwa Granit unnötigerweise auf die Basaltlava übernommen worden, die von Natur aus ihre rauhe, scharfe Mahlfläche behält. Hätte dieses Rillen der Mühlen einen erheblichen Fortschritt gebildet, wäre es nicht später wieder aufgegeben worden.«

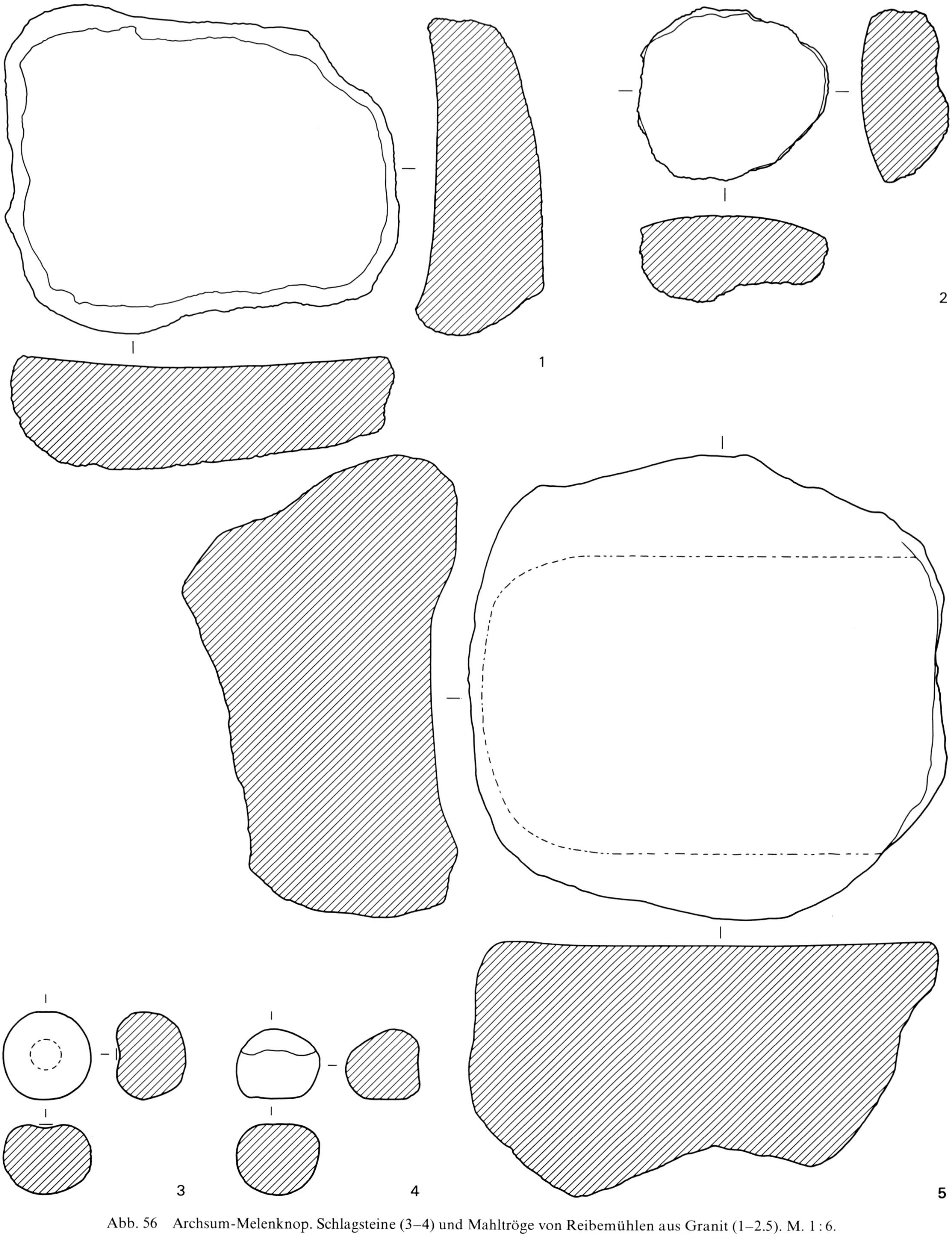

Abb. 56 Archsum-Melenknop. Schlagsteine (3–4) und Mahltröge von Reibemühlen aus Granit (1–2.5). M. 1 : 6.

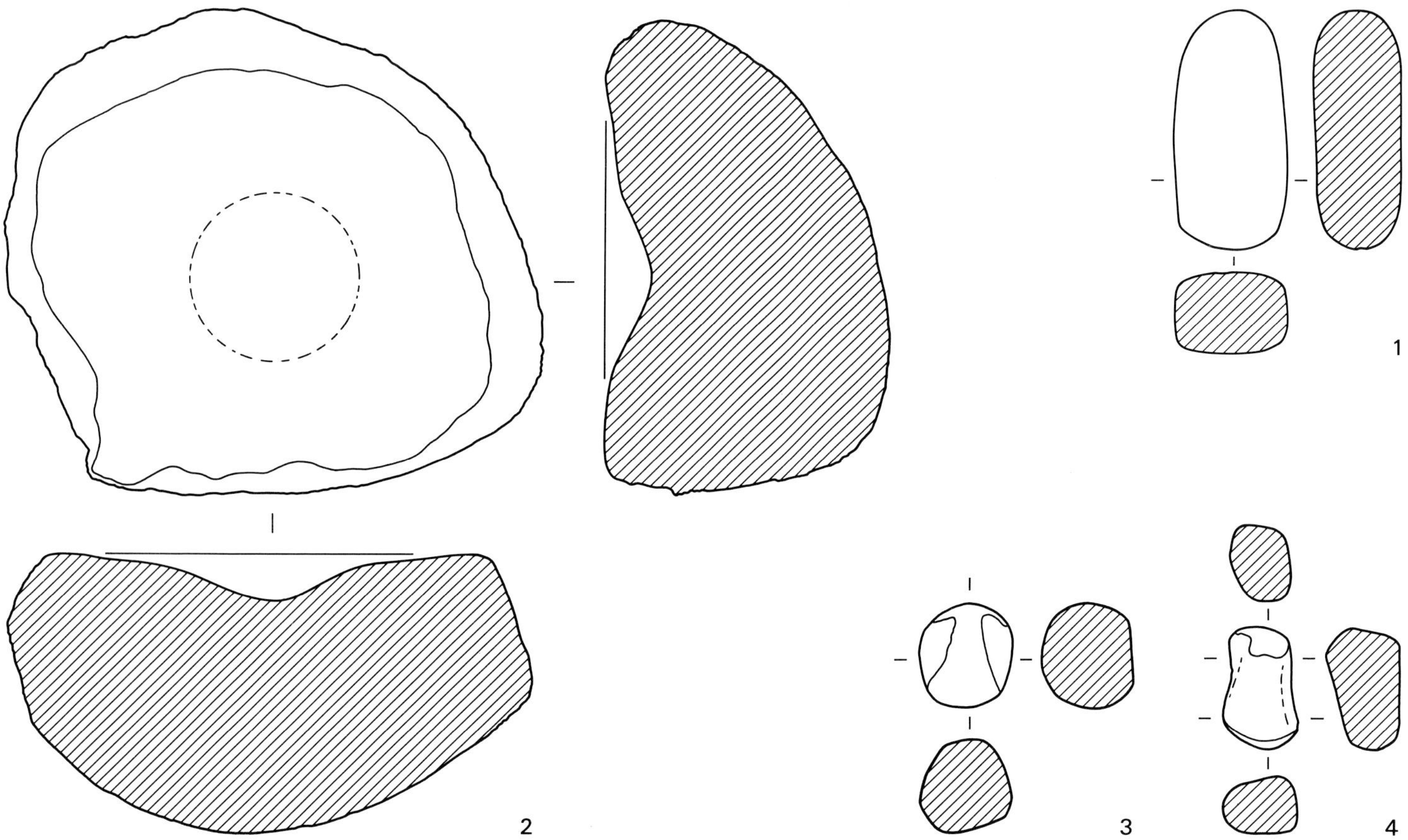

Abb. 57 Archsum-Melenknop. Mahltrog eines Mörsersteins (2), Schlegel oder Stößel und Schlagstein (1.3–4). M. 1 : 6.

nem frühkaiserzeitlichen Haus bei Nebel auf Amrum berichtete Hingst[8]. In noch älterer Zeit gelangten solche Mühlen rheinischer Herkunft in die Flachsiedlung unterhalb der Wurt Feddersen Wierde, die während der Jahre um Chr. Geb. entstand[9]. So wird man denn das Urteil A. Bantelmanns, der das Fabrikat in der Wurt Tofting (Eiderstedt) erst in Baustraten des 2. Jahrhunderts fand und dieses Datum für den Beginn der Einfuhr generell gelten lassen wollte, zu revidieren haben[10].

Wie schon bemerkt, sind es am Melenknop und auf zeitgleichen Archsumer Wohnplätzen fast ausschließlich granitene Mahlsteine und zwar in zwei Grundformen, der Schiebe- oder Reibemühle aus Mahltrog und Läufer und der Drehmühle mit zentraler Lochung für die Achse. Da kaum ein Exemplar vollständig überliefert ist, also meist entweder nur der Boden- oder der Läuferstein, fällt es schwer, die Einzelstücke oder gar den weitaus häufigeren Steinbruch nach Varianten zu gruppieren, und weil das meiste nicht aus datierten Straten stammt, ist es so gut wie unmöglich, chronologisch nutzbare Formenreihen zu bilden. Das trifft ja leider auch auf den größten Teil der auf dem Festland geborgenen Stücke zu, wie Lies bemerken mußte, als er sich mit den Drehmühlensteinen seines Magdeburger Arbeitsfeldes beschäftigte, oder O. H. Harsema, der das Material aus der Provinz Drenthe gesammelt hat[11]. Dennoch kamen beide unter formal-technologischen und chronologischen Kriterien zu einer Grundordnung, die sich verwenden läßt.

Besonders häufig fanden wir die seit alters her bekannten trogförmigen Mahlsteine aus Findlingen mit rundem oder ovalem Umriß, wenige Male noch funktionsfähig, meist beschädigt, halbiert oder fast ganz zertrümmert *(Abb. 56,1.5; 58,2; 59,8–9)*. Gewöhnlich zwischen 40 und 50 cm lang und 25–30 cm breit, gab es doch auch ungleich größere und schwerere Stücke (L. bis 86, Br. bis 40, Dicke über 20 cm), die ein Mann allein unmöglich hatte heben oder schleppen können.

[8] a.a.O. (Anm. 2) 141 Anm. 10.

[9] Haarnagel a.a.O. (Anm. 5) 281.

[10] Bantelmann, Tofting. Eine vorgeschichtliche Warft an der Eidermündung. Offa-Bücher 12 (1955) 70.

[11] Lies a.a.O. (Anm. 3) u. Harsema, Maalstenen en Handmolens in Drenthe (1979).

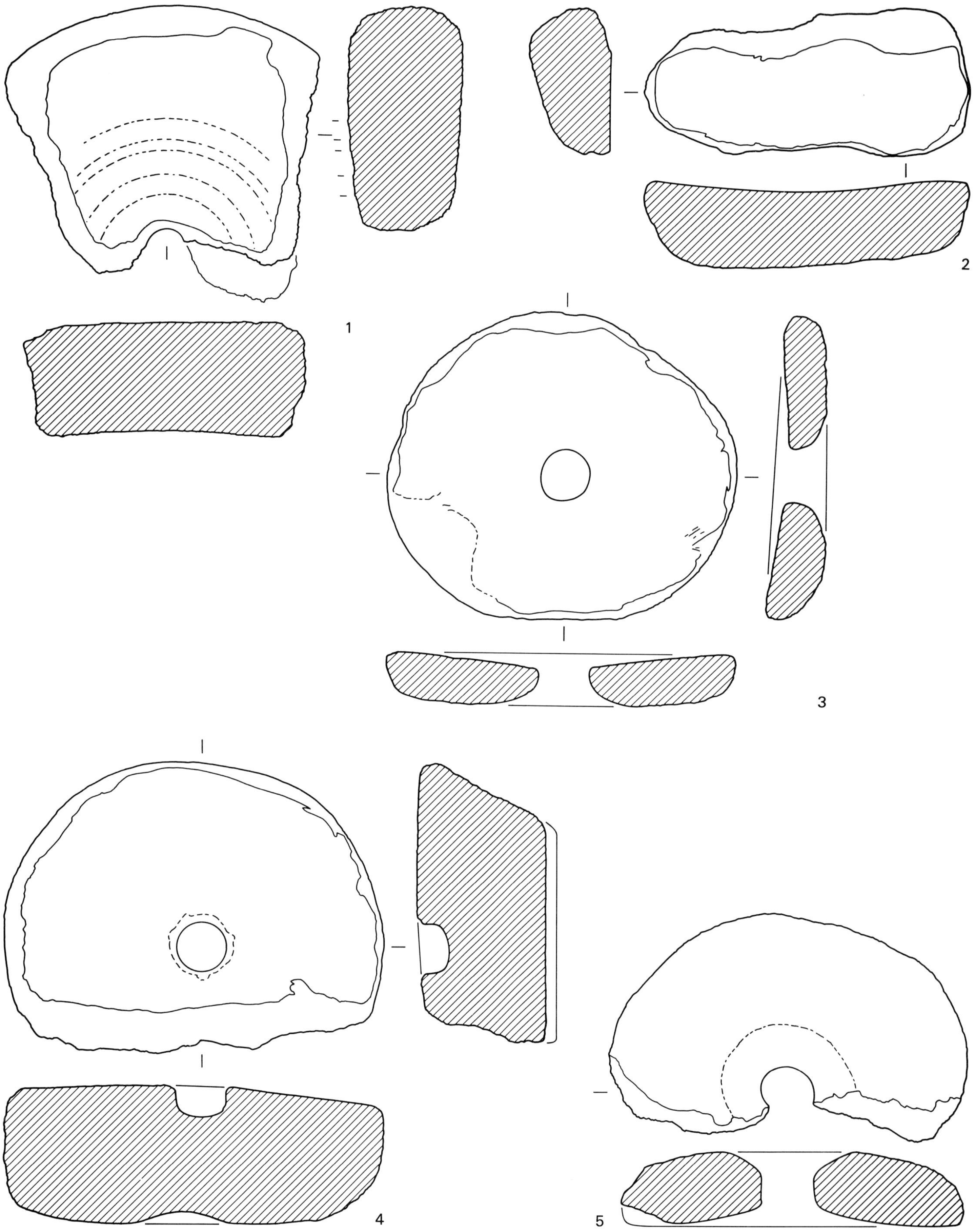

Abb. 58 Archsum-Melenknop. Mahltrog einer Reibemühle (2) und Drehmühlen aus Granit (1.3–5). M. 1 : 6.

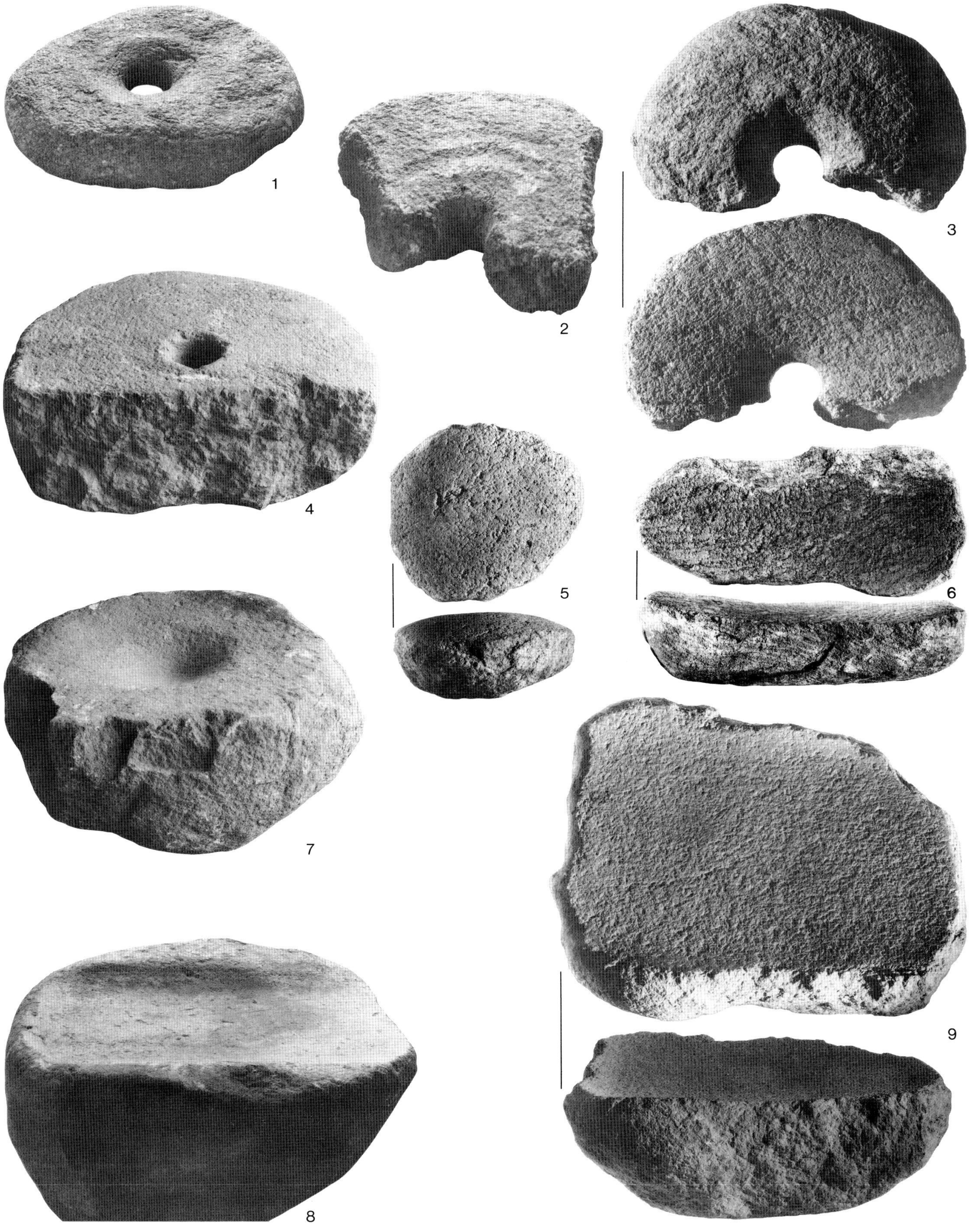

Abb. 59 Archsum-Melenknop. Reibe- und Drehmühlen aus Granit. M. 1 : 6.

Mehrmals fanden sich Schlagmarken am Rand *(Abb. 59,9),* auch geschliffene Kanten an den Langseiten, die das Mahlgut oder das Mehl daran hindern sollten, seitlich herauszufließen *(Abb. 56,5; 59,8).* Bei der Mahlbahn beobachteten wir wenige Male ebene Flächen, etliche waren im Querschnitt flach-muldenförmig, im Längsschnitt dagegen plan, die allermeisten hatten konkave Arbeitsflächen. Ein Exemplar (L. 50, Br. 38, Dicke 16 cm) ließ sich beidseitig verwenden, Ober- wie Unterseite waren als Mahlbahn hergerichtet worden. Die zugehörigen Läufer paßte man begreiflicherweise der Form der Bodensteine an. Im Umriß rund bis oval und auch randlich vielfach zugerichtet, fielen sie durchweg kleiner als die Unterlage aus (L. 18–39, Br. 10–35, Dicke 7–26 cm), während ihr Querschnitt eine konvexe Form erhielt *(Abb. 56,2; 59,5).*

Als Typus neuartig und in die Zukunft weisend darf die granitene Drehmühle bezeichnet werden, eine Maschine, die dem einfachen Mahltrog weit überlegen war. E. Henning experimentierte mit ihr, gewann Mehl aus 2 kg Weizen in einer halben Stunde und brauchte bei zwei Mahlgängen für die Hälfte Korn nur zehn Minuten weniger Zeit[12]. Daß sie eine mediterrane Erfindung war, weiß man seit langem, auch daß die Festland- und Inselkelten sie benutzten[13]. Wann sie nach Germanien kam, war bisher strittig. Man dachte wohl an Entlehnung von den Römern an der Wende von der älteren zur jüngeren Kaiserzeit (2. Jahrhundert n. Chr. Geb.). Dafür sprachen datierte Funde in Dänemark und auf Eiderstedt (Tofting)[14]. Von der Wurt Feddersen Wierde kennt man Beispiele bereits aus den ältesten Bauhorizonten (um Chr. Geb. und 1. Jahrhundert danach)[15], und da wir in einer Steinpackung der Archsumburg den Rest eines Bodensteins sekundär verbaut entdeckten, wird die Maschine auch auf den Nordfriesischen Inseln schon in der älteren römischen Kaiserzeit bekannt gewesen sein. Unglücklicherweise blieb in Archsum wieder kein einziges vollständiges Exemplar erhalten, so daß sich keine Formenreihe aufstellen läßt und die Frage nach den Werkstätten, von denen die Bauern das Gerät bezogen, abermals offenbleiben muß.

Der schwere Bodenstein *Abb. 58,4* wird etwa Form I nach Lies entsprechen. Die Oberfläche verläuft fast waagerecht (Neigungswinkel 5°), das zentrale Spurloch, das die hölzerne Achse aufzunehmen hatte, ist noch halbrund und ziemlich flach gebohrt. Bodensteine dieser Art messen im Radius 20–30 cm, sind 17–18 cm stark, das Spurloch, randlich gelegentlich profiliert, ist in der Regel 6 cm weit und 3–4,5 cm tief. Unter dem Bestand an Läufersteinen paßt keiner so recht dazu, außer vielleicht das Stück *Abb. 58,1; 59,2,* das wegen seiner blockartigen, klobigen Gestalt in Frage käme, wenn es nicht konzentrische Rillen auf der Mahlfläche trüge, ein Detail, das möglicherweise den gleichen Zweck verfolgte wie die etwas anders angelegte Furchenschärfung auf römischen Drehmühlsteinen, nämlich das Korn abwechselnd zu mahlen und das gemahlene leichter nach außen zu transportieren.

Die anderen Läufersteine sind brotlaibartig flach und sogar dünn wie eine Scheibe (6 cm), haben einen Durchmesser von 28–50 cm, ihre Mahlfläche ist kräftiger gewinkelt (9–10°), die zentrale kreisrunde Lochung (Mahlmund oder Mahlauge) abgeschrägt und 6,5 cm weit *(Abb. 58,3. 5; 59,1. 3).* Keines der Stücke läßt im Mahlmund Widerlager für die hölzerne Traverse erkennen; sie nahm den Zapfen auf, der in stets zylindrischer Lochung des Bodensteins befestigt war, regulierte den Abstand zwischen den Steinen und ermöglichte die Drehung des Läufers. Keines besitzt seitliche Bohrlöcher für die Drehhebel; der Läufer mußte von der Peripherie her angetrieben werden, vielleicht mit einem Handgriff, den man an einer abgeplatteten Stelle des Randes montiert haben mag (vgl. *Abb. 58,5; 59,3*). Alle diese Läufer gehören vermutlich zu Bodensteinen mit vollständiger Durchlochung: Die hölzerne Achse durchfuhr die Unterlage in ganzer Stärke. Ist das so richtig beurteilt, dann kommt wohl allein Form V nach Lies in Betracht, die er für frühgeschichtlich hält. Tatsächlich stammen etliche Läufersteine vom Areal der wikingerzeitlichen Siedlung Alt-Archsum.

(O. Harck u. G. Kossack)

[12] Henning, Untersuchungen zum Mahlvorgang an vor- und frühgeschichtlichen Getreidemühlen. Beitr. Gesch. Thüringens (1968). Dazu ders., Ethn.-Arch. Zeitschr. 7, 1966, 71 ff.

[13] J. Déchelette, Manuel II, 3 (1914) 1386 ff. – J. D. G. Clark, Prehistoric Europe. The Economic Basis (1952) 122 ff. – Kleiner Gleichberg: G. Neumann, Vor- und Frühgeschichte. In: Das Gleichberggebiet. Werte dt. Heimat 6 (1963) 14 ff.; 45 Abb. 17. Staré Hradisko: J. Meduna, Staré Hradisko II. Fontes Arch. Mor. 5 (1970) Taf. 56. Manching: G. Jacobi, Werkzeug und Gerät aus dem Oppidum von Manching. Die Ausgrabungen in Manching 5 (1974) 130 ff. u. Taf. 89–95. Latène: P. Vouga, La Tène (1923) 77 f. u. Taf. 26. Basel (Gasfabrik): E. Major, Gallische Ansiedlung mit Gräberfeld bei Basel (1940) 31 ff. Bundenbach: R. Schindler, Die Altburg von Bundenbach. Trierer Grabungen u. Forsch. 10 (1977) 50.

[14] Brøndsted a.a.O. (Anm. 5) 241 f.; Bantelmann a.a.O. (Anm. 10).

[15] Haarnagel a.a.O. (Anm. 5) 280 f.

Mühlsteine aus Basaltlava

Wir sammelten in Langbauten (*Tab. 19,* Nr. 4. 6. 8. 9. 21. 27. 29. 30. 43: 47mal), Grubenhäusern (*Tab. 19,* Nr. 2. 3. 5: 53mal), Gräben (*Tab. 19,* Nr. 14. 34: 9mal) und in umgelagerten Siedlungsabfällen und zeitgleichen oder jüngeren Auftragsböden insgesamt 343 Bruchstükke aus Mayener Basaltlava[16], darunter daumenkuppengroße Brocken, dann auch Ränder, die es erlauben, Dicke und Durchmesser wenigstens näherungsweise zu ermitteln, und schließlich Teile der glatten oder scharrierten Arbeitsflächen. Sie alle sind in *Tab. 19* nach Art,

[16] Zur Gesteinsbestimmung vgl. Anm. 6.

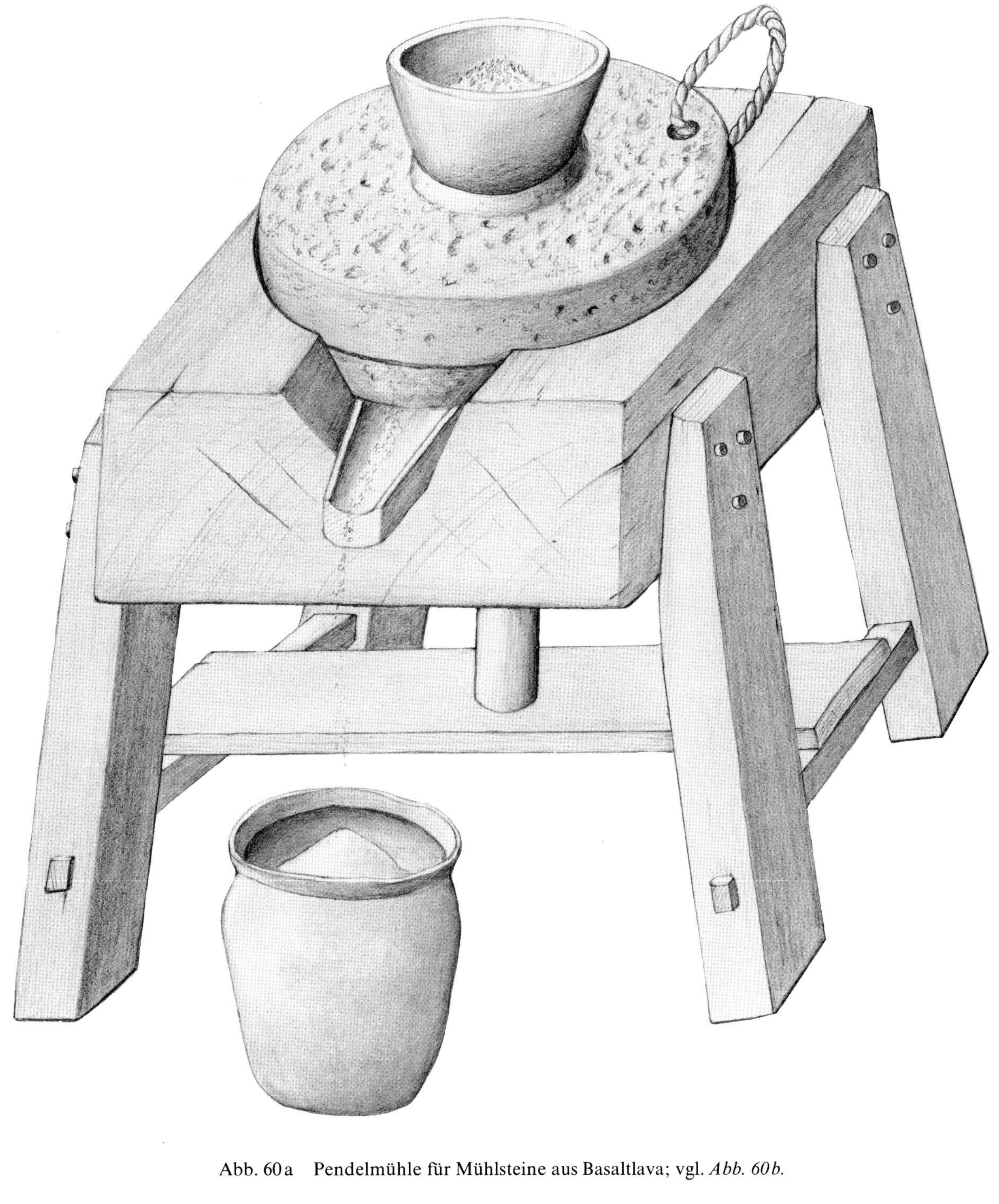

Abb. 60 a Pendelmühle für Mühlsteine aus Basaltlava; vgl. *Abb. 60b.*

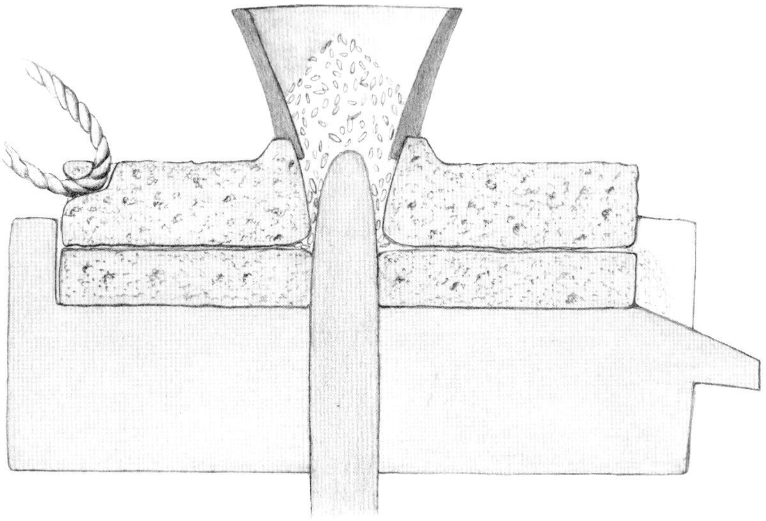

Abb. 60 b Pendelmühle für Mühlsteine aus Basaltlava. Nach F. Höxter, F. Michels und J. Röder.

Gewicht, Maßen und Standort zusammengestellt und gehören zu ein und demselben Typus: Die Körner wurden zwischen zwei horizontal drehenden Mühlsteinen zerquetscht und zerrieben, dem Boden- oder Unterstein und dem Läufer, dessen Mühlauge zu einem Fülltrichter verstärkt ist. Beide Steine sind gleich flach (6 cm), sie behielten ihre Rauheit und Griffigkeit, weil die Porosität des Gesteins Glättung verhinderte. Bei einem Durchmesser von rund 50 cm waren sie wahrscheinlich in ein gezimmertes Gestell eingebaut. Eine am Rand des Läufers befestigte Schlaufe erlaubte es, ihn im kräftigen Schwung um ein Drittel oder bis zur Hälfte vor- und zurückzudrehen (»Pendelmühle«) *(Abb. 60,a. b)*[17].

Die Rekonstruktion erfolgt am besten aus dem Vierteltteil eines Läufers, der vom Einfülltrichter bis zum Rand und mit dem Ringloch erhalten blieb, in das man die Schlaufe für den Antrieb steckte (*Tab. 19,* Nr. 18; *Abb. 61, 9*). Der Durchmesser kann mit etwa 50 cm nur ungefähr errechnet werden, weil der Außenrand des porösen Materials wegen nicht exakt kreisrund verläuft. Das gilt erst recht für 13 weitere Randstücke (*Tab. 19,* Nr. 3. 8. 10–13. 17. 24. 34. 36. 39. 43. 46); aber legt man sie zur Ermittlung der Radien auf eine Scheibe mit konzentrischen Ringen, dann sind neun Exemplare mit dem 50 cm-Kreis ziemlich kongruent, vier mit 48 (*Tab. 19,* Nr. 10), 47 (*Tab. 19,* Nr. 18) und 45 cm (*Tab. 19,* Nr. 17. 43) kleiner, einer größer (*Tab. 19,* Nr. 24 mit 51 cm). F. Höxter, F. Michels und J. Röder geben für Mayener Mühlsteine des 8.–10. Jahrhunderts einen Durchmesser von 40–50 cm an[18]. Die Archsumer Fragmente bestätigen es.

Das Mühlenauge war gewöhnlich 12 cm weit gebohrt, und wo es ansetzt, war es nabenartig verstärkt. So entstand ein Einfülltrichter, der bei *Tab. 19,* Nr. 18 die scharrierte Oberfläche um 1,3 cm überragt.

Ein wichtiges Detail ist das Ringloch am Rande und zwar nicht nur deshalb, weil es genauso wie die Verstärkung des Mühlauges (*Tab. 19,* Nr. 28) sonst unbestimmbare Teilstücke als Läufer identifizieren hilft (*Tab. 19,* Nr. 13. 18), sondern weil es die Antriebsart erläutert. An der Innenseite des Stegs, an dem eine Schlaufe befestigt war, um den Läufer in wechselnder Richtung zu bewegen, sieht man deutliche Schleifspuren. Sie finden sich ferner an der zerbrochenen Ringöse des Randstücks *Tab. 19,* Nr. 14. Der Lederriemen rutschte demzufolge je nach der Bewegungsrichtung hin und her (»Pendelmühle«), und da beide Male nur die Innenseite des Stegs betroffen ist, läßt sich denken, daß die tangential gerichtete Zugkraft der größeren Hebelwirkung wegen von außen her ansetzte. Höxter, Michels und Röder stellten die Schlaufen nach innen stehend dar[19]. Diese Einzelheit läßt sich nach den Archsumer Befunden korrigieren.

Kann man Teilstücke mit Hilfe charakteristischer Merkmale als Läufer wiedererkennen, bleibt die Entscheidung, sie Bodensteinen zuzuweisen, häufig unsicher, vor allem, wenn man sich nur auf die noch ermittelbare Höhe berufen kann. Der Spielraum ist beträchtlich. Soweit nämlich an dem zertrümmerten Material meßbar, waren die bereits eingeschliffenen Exemplare

[17] Zur Konstruktion und Arbeitsweise der Mühlen: Höxter, Michels u. Röder a.a.O. (Anm. 7) 1 ff. Ebd. 6/7, 1954/55, 7 ff. – Zu den Steinbrüchen zusammenfassend noch Röder, Antike Steinbrüche in der Vordereifel. In: Neue Ausgrabungen in Deutschland (1958) 268 ff.

[18] Höxter, Michels u. Röder a.a.O. (Anm. 7) 13.

[19] Ebd. 7 Abb. 4.

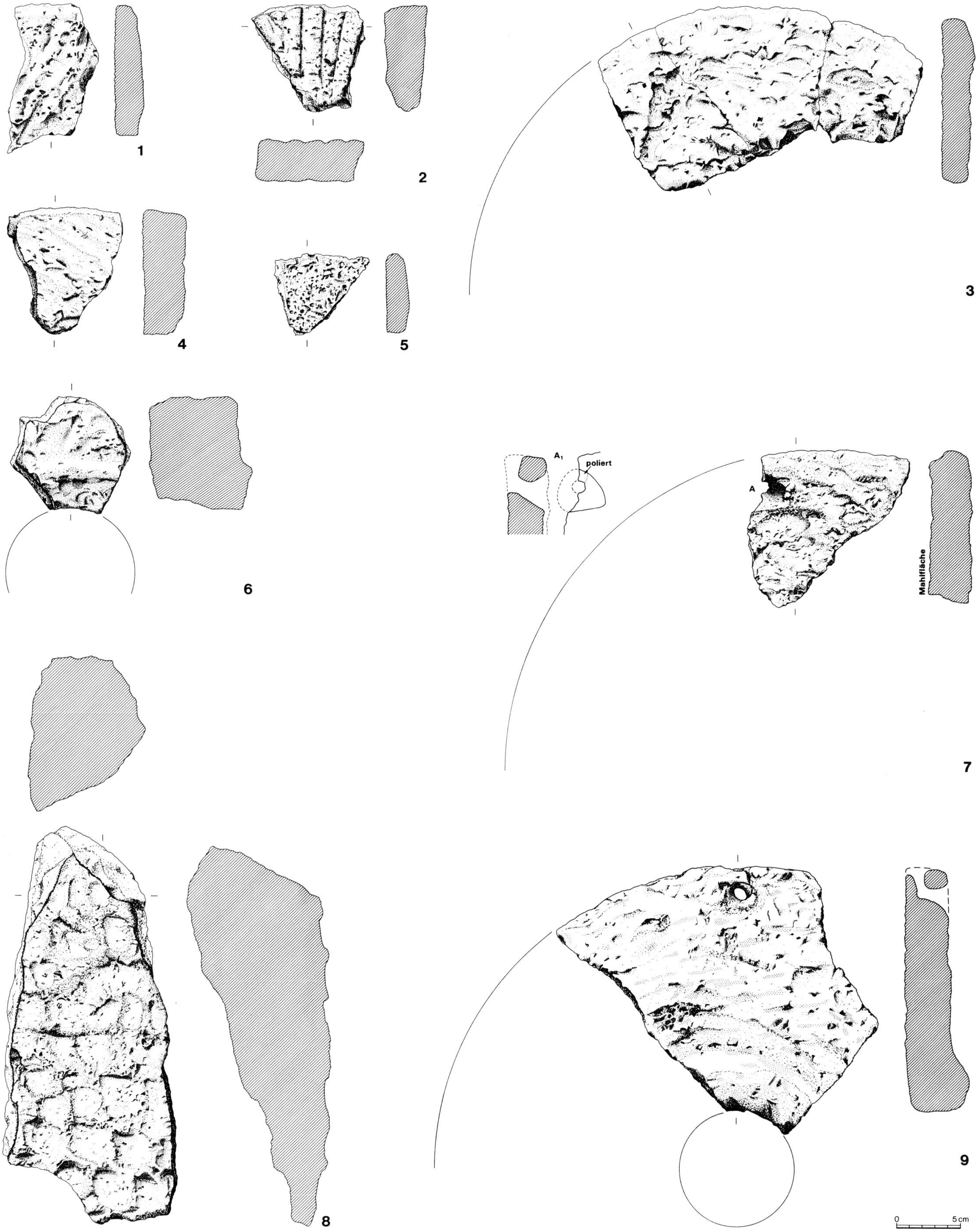

Abb. 61 Alt-Archsum. Fragmente von Drehmühlen aus Basaltlava. M. 1 : 4.

Tab. 19, Nr. 2–48 zwischen 1,4 und 6,8 cm dick. Wie stark waren die Mühlsteine ursprünglich? *Tab. 19,* Nr. 49 *(Abb. 61,8)* zeigt an zwei annähernd parallelen Flächen Scharrierungen, die bei der Zurichtung der Oberflächen entstanden. Es handelt sich wohl um das Fragment eines unbenutzten Stückes von 6,2 cm Stärke. *Tab. 19,* Nr. 14 und 27 waren schon eingeschliffen und trotzdem dicker. *Tab. 19,* Nr. 1, offenbar ein größeres, keilförmiges Bruchstück eines Rohlings mit Hauspuren vom Abbau oder von grober einseitiger Zurichtung, erreicht eine Stärke von 12 cm. Deshalb kann man nicht sagen, wo die obere Grenze lag[20].

Die Steine schliffen sich bei der Nutzung stetig ab, bis sie nicht mehr brauchbar waren. Das Ende war bei Läufern spätestens dann erreicht, wenn die Schlaufe um die randliche Ringöse in die Ebene der Mahlfläche geriet. Bei *Tab. 19,* Nr. 13 *(Abb. 61,7)* war es bereits der Fall, Nr. 18 stand kurz davor *(Abb. 61,9).* Beide Male waren etwas mehr als 3 cm übriggeblieben. Ein noch schmalerer Läuferstein war nutzlos, wohl auch deshalb, weil dann das notwendige auflastende Gewicht verlorenging. Dünnere Stücke stammen deshalb höchstwahrscheinlich von Bodensteinen.

Höxter, Michels und Röder rechnen mit einer Verstellbarkeit frühmittelalterlicher Mühlen auf grob und fein, indem sie den Läufer mit einem metallenen Drehzapfen verbinden, der in einer Hartholztraverse lief, die man vor- und zurückschlagen konnte[21]. Solches Lager hätte im Mühlauge Spuren hinterlassen müssen, wir fanden sie bei keinem Exemplar. Die Läufersteine werden statt dessen um eine Hartholzachse gedreht worden sein, die dünner als das Mühlenauge war. Das Korn rutschte möglicherweise aus einem aufgesetzten hölzernen Trichter nach oder wurde von Hand ständig aufgefüllt. Es bildete sich dabei zwischen der Lochwand und der Achse eine Art Kugellager, das den Läufer arretierte. Um das Auge herum ist der Läufer in einer rund 5 cm breiten Zone zur Mitte hin konkav geschnitten; der entstehende »Schluck« zwischen Läufer und Bodenstein beträgt 8 mm, ein Hohlraum, der randwärts schnell verflacht. In diesen Schluck gerät das Mahlgut, wo es mit der Drehung zerquetscht und zentrifugal verdriftet. Ähnlich den eisenzeitlichen Drehmühlen wird mit leichtem Gang zu rechnen sein[22]. Da das Mahlgut zwischen den Reibflächen eine Gleitschicht bildete, dürften sich die Steine nicht aneinandergerieben haben.

Wieviel Korn man mit einer Drehmühle aus Basaltlava mahlen konnte, bis sie verschlissen war, darüber wären genaue Meßdaten erwünscht. Kennten wir nämlich die Nutzungsdauer, ließe sich die Umschlagfrequenz im Gütertausch ermitteln, bei dem die Mühlen aus rheinischer Basaltlava eine erhebliche Rolle spielten.

(J. Reichstein)

Vegetationsareale

Die Unkräuter der Äcker

Auf die Unkräuter der Äcker ist schon bei der Erörterung der Eigenschaften von Plaggenböden eingegangen worden (s. S. 114 ff.). Bezeichnend für den Unkrautbesatz ist eine Artenarmut, die auch die heutigen landwirtschaftlich genutzten Flächen der westlichen Geest in Schleswig-Holstein charakterisiert. Viele Unkräuter, besonders bezeichnende des Wintergetreides, ziehen basische und neutrale Böden den sauren vor und fehlen deshalb in den Plaggenböden Archsums wie in den heutigen Feldern (vgl. z. b. Knörzer 1971 a).

Den größten Teil der Unkrautfunde in Archsum stellen die Arten, die eine saure Bodenreaktion vorziehen oder ertragen. Es sind überwiegend einjährige Arten der Sommerfruchtfelder, wie die der Gattungen Gänsefuß und Melde *Chenopodium* und *Atriplex.* Regelmäßig vertreten sind auch Ackerspörgel, Vogelmiere und Kleiner Sauerampfer *(Spergula arvensis, Stellaria media, Rumex acetosella),* seltener dagegen Kohl/Senf, Hirtentäschel, Hohlzahn, Kletten-Labkraut, Geruchlose Kamille, Spitzwegerich, Großer Wegerich, Einjähriges Rispengras und Stiefmütterchen/Veilchen (*Brassica* sp., *Capsella bursa-pastoris, Galeopsis* sp., *Galium aparine, Matricaria inodora, Plantago lanceolata, P. major, Poa annua, Viola* [*tricolor?*]). Ausnahmen bilden die Quecke, Hornkraut, Kratzdistel, Vergißmeinnicht, Einjähriges Knäuelkraut, Schwarzer Nachtschatten, Rauhe und Acker-Gänsedistel, Acker-Hellerkraut, Kleine Brennessel, Glanzloser und Feld-Ehrenpreis (*Agropyron repens, Cerastium* sp., *Cirsium palustre/arvense, C. vulgare, Myosotis* sp., *Scleranthus annuus, Solanum nigrum, Sonchus asper, S. arvensis, Thlaspi arvense, Urtica urens, Veronica opaca, V. arvensis*). Vielleicht haben auch Weiche Trespe, Weiße Lichtnelke und Gifthahnenfuß die Felder besiedelt *(Bromus mollis, Melandrium album, Ranunculus sceleratus).* Funde aus Vorratsproben der Wikingerzeit scheinen diese Annahme zu bestätigen *(Beil. 13).* Ein Teil der Krötensimsen-Samen *Juncus bufonius* aus Ackerproben kann von Pflanzen stammen, die in nassen Perioden die verschlämmte Krume begrünt haben (s. S. 115).

[20] Röder beurteilte 1968 eine Photographie von der behauenen Seite des Rohlings: Die Werkzeugspuren seien typisch für die »Haithabuzeit«, die Bearbeitungsspuren ihm aus Haithabufunden geläufig. Sie schienen ihm eine Werkstatttradition im Kottenheimer Steinbruch widerzuspiegeln (Brief an Reichstein v. 11. 10. 1968).

[21] Höxter, Michels u. Röder a.a.O. (Anm. 7) 13.

[22] Ebd. 9.

Die Kombination dieser Arten erinnert an heutige Unkrautbesätze in Sommerfruchtäckern auf sauren, feuchten bis durchlässigen Sandböden Nordwestdeutschlands, für die *Spergula arvensis* bezeichnend und namengebend ist (vgl. Tüxen 1970, 31 ff.). Aus den eisenzeitlichen Gesellschaften, mit einem Übergewicht an Allerweltsunkräutern, entwickelt sich im Verlauf des Mittelalters auf armem Boden mit regelmäßigem Winterroggenbau eine durchaus ähnliche Assoziationsgruppe, die einige weitere Arten auszeichnen (so *Agrostemma githago, Bromus secalinus* und *Vicia tetrasperma;* vgl. Behre 1980). Besonders typisch ausgeprägt ist diese Unkrautflora auf grauen Plaggenböden mit Roggenbestellung (vgl. Ellenberg 1978, 665 Abb. 397; Tüxen 1970, 19 ff.). Sie erhielt ihren Namen nach *Arnoseris minima,* dem Lämmersalat. Von Archsum gibt es jedoch keine Belege der Art, denn die Äcker sind verhältnismäßig nährstoffreich, so daß dieses lichthungrige, zwergige Pflänzchen armer Sandfluren vielleicht nicht konkurrenzfähig genug gewesen ist.

Die wikingerzeitlichen, von Wintergetreideanbau beeinflußten Unkrautfluren Archsums nahmen eine Mittlerstellung ein zwischen den eisenzeitlichen und den mittelalterlichen, ausgeprägten Roggengesellschaften mit zahlreichen stärker differenzierenden Arten wie *Agrostemma githago, Centaurea cyanus, Bromus secalinus* und auch *Apera spica-venti* (vgl. Willerding 1980, 165 ff.; Kroll 1980 b, 380 ff.). Die bekannten Korn-Blumen, zu denen neben *Agrostemma githago* weiterhin *Delphinium consolida, Anthemis arvensis, Papaver dubium* und *P. rhoeas* sowie *Legousia speculum-veneris* gehören, fehlen in den Äckern der westlichen älteren Geest in Schleswig-Holstein, da die Bodengüte hier zum Teil nicht ausreicht. Ihr gelegentliches Auftreten besonders in mittelalterlich-frühneuzeitlichen Funden könnte demnach für einen Getreideimport sprechen (vgl. Lynch u. Paap 1982).

Funde der Großen Brennessel, des Zipperleinskrauts, des Krausen Ampfers und von Königskerzen (*Urtica dioica, Aegopodium podagraria, Rumex crispus* und *Verbascum* sp.) lassen darauf schließen, daß siedlungsnahe Äcker eine Zeitlang nicht bestellt worden sind *(Beil. 4).* Vielleicht begründet ihr Erscheinen die Annahme einer Wüstungsphase zwischen zwei unterschiedlichen Bauformen auf dem Melenknop (vgl. Kossack, Harck u. Reichstein 1974). Eindeutige Anzeichen für Brachen fehlen, wenn auch etliche Arten dafür sprechen, daß die Stoppeln nach der Ernte vergrasten (*Poa*- und *Agrostis*-Arten, *Agropyron repens, Lolium perenne, Carex hirta, Bromus mollis* und *Plantago lanceolata*). In diesen Rasen finden z. B. auch Gänse-Fingerkraut, Hahnenfuß, Ampfer und Große Brennessel zusagende Standorte, die vermutlich als Viehweide benutzt wurden (*Potentilla anserina, Ranunculus* spp., *Rumex* spp., *Urtica dioica; – Arnoseris* = Lämmersalat).

Obwohl die Plaggenböden aller Zeiten sehr gut homogenisiert sind, kann man wohl davon ausgehen, daß eine geringe Pflugtiefe, eine im Vergleich zu heutigen Methoden extensive Bearbeitung und eine vermutlich geringe Standdichte des Getreides auch ausdauernden Kräutern und vor allem Gräsern ein gutes Gedeihen in den Feldern ermöglicht haben. So dürfte ein Teil der unbestimmten Gramineenfrüchte aus den Ackerproben primärer Herkunft sein. Stärkerer, rasiger Unkrautbesatz begründet das Abbrennen der Stoppeln vor dem Pflügen, um die Bearbeitung zu erleichtern und um jedenfalls einen Teil der Unkrautsaat zu vernichten. Das würde das Vorhandensein von zahlreichen verkohlten Samen- und Fruchtfunden in den Äckern erklären.

Exkurs: Roggentrespe, Kornrade und Bilsenkraut

Einige Ungräser und Unkräuter in Archsum verdienen eine ausführliche Würdigung. Im folgenden werden deshalb die Vorkommen der Roggentrespe *Bromus secalinus,* der Kornrade *Agrostemma githago* und des Bilsenkrauts *Hyoscyamus niger* eingehend erläutert.

Besonders in den späten Böden und Siedlungsschichten Archsums treten große Grasfrüchte auf, die sich von den Getreidekörnern unterscheiden. Sie sind kleiner als die Getreidefunde, schmal, im Querprofil flach bis breit oval oder erscheinen V-förmig, da sich die Seiten des Korns um die Bauchfalte biegen. Auf dem Rücken der Körner fällt eine Längslinie in der Mitte auf, die Bauchseite ist durch längliche Felder strukturiert. Es handelt sich hierbei um Früchte der Trespen (Gattung *Bromus*). Eine Bestimmung der Art bereitet ziemliche Schwierigkeiten. Zwar scheiden viele Arten aus, da sie lange und sehr schmale Früchte aufweisen, dennoch verbleiben aber vier miteinander ähnliche Früchte: Roggentrespe *Bromus secalinus,* Ackertrespe *B. arvensis,* Weiche Trespe *Bromus mollis,* incl. *B. hordeaceus.* Sie haben alle die bezeichnende Felderung der Bauchseite, den Mitterükkenstrich und ähnliche Größe. Sie lassen sich in zwei Gruppen mit zahlreichen Übergangsformen aufteilen.

Die Früchte der Weichen Trespe *Bromus mollis* neigen zum Hohlkreuz. Das Korn ist sehr breit und durchscheinend dünn. Die Ränder krümmen sich am Rand nur wenig hoch, so daß eine schuhlöffelartige Form entsteht. Die Früchte der Roggen- und der Ackertrespe *B. secalinus* und *B. arvensis* behalten in der Regel eine gerade Rückenlinie. Ihre Seiten krümmen sich oft so stark um die Bauchfalte, daß nicht selten ein stark V-förmiges oder gar ein geschlossenes Profil entsteht. Die Seitenränder berühren sich dann über der Bauchfalte. Das

Art	Zeit	Nr.	L ⌀	L (min–max)	B ⌀	B (min–max)	H ⌀	H (min–max)	L : B ⌀	Anzahl
B. cf. *secalinus*	8.–9. Jh. n. Chr.	AA 19	4,80	(4,3–5,2)	1,60	(1,3–1,8)	1,77	(0,9–1,8)	2,98	16
B. cf. *secalinus*	9. Jh. n. Chr.	K 28	4,87	(4,3–5,8)	1,83	(1,4–2,2)	1,37	(1,1–1,8)	2,68	26
B. cf. *secalinus*	9. Jh. n. Chr.	K 26 b	4,68	(4,0–5,2)	1,75	(1,2–2,4)	1,44	(0,9–2,0)	2,70	12
B. cf. *secalinus*	9. Jh. n. Chr.	K 26 a	5,01	(4,4–5,4)	1,95	(1,7–2,1)	1,58	(1,1–1,8)	2,57	6
B. cf. *secalinus*	9. Jh. n. Chr.	K 77	5,00	(4,4–5,6)	1,93	(1,7–2,3)	1,50	(1,3–1,9)	2,59	9
B. cf. *secalinus*	9. Jh. n. Chr.	K 2	4,68	(4,1–5,0)	1,97	(1,7–2,4)	1,40	(1,2–1,7)	2,38	9
B. cf. *secalinus*	8.–9. Jh. n. Chr.	gesamt	4,83	(4,0–5,8)	1,81	(1,2–2,4)	1,37	(0,9–2,0)	2,66	78
B. secalinus	rezent	gesamt[1]	5,91	(4,6–6,9)	1,50	(1,2–1,8)	1,43	(1,1–1,7)	3,93	31
B. cf. *mollis*	8.–9. Jh. n. Chr.	gesamt[2]	4,93	(4,3–5,5)	2,12	(1,2–2,4)	0,97	(0,6–1,1)	2,54	8
B. mollis	rezent	gesamt[1]	5,75	(4,7–6,6)	1,83	(1,5–2,2)	0,90	(0,5–1,3)	3,13	18

Tab. 20 Maße von *Bromus*-Früchten in mm ohne Spelzen und Embryo. [1] Vgl. *Tab. 21*; [2] aus den Proben Nr. K 85. K 28. K 11. K 109. K 62. K 2.

Art	Herkunft	Jahr	L ⌀	L (min–max)	B ⌀	B (min–max)	H ⌀	H (min–max)	L : B ⌀	Anzahl
B. secalinus	Gießen	1969	5,68	(4,6– 6,3)	1,44	(1,2–1,8)	1,38	(1,1–1,6)	3,95	20
B. secalinus	Gatersleben	1962	6,34	(5,4– 6,9)	1,63	(1,3–1,8)	1,54	(1,2–1,7)	3,89	11
B. arvensis	Karlsruhe	1967	5,20	(5,4– 5,8)	1,05	(0,9–1,3)	1,01	(0,8–1,2)	4,98	16
B. arvensis	Oulu	1972	5,24	(4,7– 5,7)	1,42	(0,8–1,7)	0,97	(0,9–1,2)	3,82	11
B. racemosus	Bremen	–	7,45	(7,0– 7,8)	1,90	(1,6–2,2)	1,40	(1,2–1,7)	3,97	4
B. mollis	Besançon	1972	5,80	(5,3– 6,6)	1,82	(1,5–2,2)	0,97	(0,8–1,3)	3,19	9
B. mollis	Bremen	1972	5,70	(4,7– 6,2)	1,85	(1,6–2,2)	0,84	(0,5–1,0)	3,07	9
B. hordeaceus	Köln	1967	6,88	(6,7– 7,3)	1,73	(1,3–2,3)	1,15	(1,0–1,4)	4,09	6
B. hordeaceus	Berlin	1967	5,52	(4,7– 6,7)	1,32	(0,7–1,9)	0,83	(0,5–1,2)	4,51	17
B. ramosus	Aachen	1967	5,33	(4,8– 6,0)	0,95	(0,8–1,1)	0,92	(0,8–1,0)	5,65	11
B. benekeni	Halle	1966	7,25	(6,6– 8,1)	1,78	(1,5–2,0)	0,68	(0,5–1,0)	4,08	12
B. benekeni	Halle	1967	7,77	(7,5– 8,2)	1,75	(1,7–1,8)	0,73	(0,6–0,9)	4,44	14
B. erectus	Gatersleben	1958	6,85	(6,1– 7,5)	1,45	(1,2–1,7)	0,81	(0,6–0,9)	4,74	12
B. erectus	Bremen	1972	7,56	(7,0– 8,5)	1,03	(0,8–1,2)	0,90	(0,8–1,0)	7,43	3
B. inermis	Münster	1968	6,94	(6,4– 7,2)	1,32	(1,0–1,6)	1,06	(1,0–1,3)	5,40	5
B. inermis	Gatersleben	1958	6,88	(5,6– 8,1)	1,75	(1,2–2,1)	0,52	(0,4–0,7)	3,95	14
B. sterilis	Münster	1967	9,30	(8,5–10,1)	1,42	(1,0–1,7)	0,86	(0,8–1,0)	6,72	10
B. sterilis	Aachen	1972	9,93	(8,7–10,8)	1,10	(1,0–1,3)	0,91	(0,8–1,1)	9,13	13
B. tectorum	Bremen	1972	7,46	(6,0– 8,0)	1,10	(0,8–1,3)	0,72	(0,5–0,8)	6,91	13
B. tectorum	Bremen	1972	7,92	(7,2– 8,4)	1,27	(1,0–1,5)	0,67	(0,5–0,8)	6,28	13

Tab. 21 Maße rezenter *Bromus*-Früchte in mm ohne Spelzen und Embryo.

Bezugsart	L ⌀	L (min/max)	B ⌀	B (min/max)	H ⌀	H (min/max)	L : B ⌀
B. secalinus	– 18,3	(– 32,3/ – 19,3)	+ 20,0	(– 20,4/ + 59,0)	– 3,9	(– 37,0/ + 39,8)	– 32,3
B. mollis	– 26,0	(– 14,9/ – 12,1)	– 1,1	(– 20,0/ + 9,1)	+ 42,2	(+ 80,0/ + 53,8)	– 14,9
B. arvensis	– 7,4	(– 23,3/ + 11,1)	+ 51,0	(± 0,0/ + 100,0)	+ 38,3	(– 9,4/ + 101,0)	– 41,0

Tab. 22 Maßabweichungen verkohlter *Bromus*-Früchte der Wikingerzeit aus Alt-Archsum (*B.* cf. *secalinus*, n = 78, vgl. *Tab. 20*) in Prozenten rezenter, unverkohlter *Bromus*-Früchte (vgl. *Tab. 21*), deren Maße jeweils gleich hundert gesetzt.

Korn wirkt dadurch sehr schmal und hoch, es ist massiger, besonders das von *Bromus secalinus.*

Vermutlich haben sich Trespenkörner beim Verkohlen ebenso verhalten wie Getreidekörner (vgl. Hopf 1955, 1957), denn beide unterscheiden sich prinzipiell nicht. Die Trespen werden ebenfalls kürzer, breiter und höher. Allerdings beeinträchtigt ein Verhalten, am reichen Archsumer Material beobachtet, die Formveränderung: Die hochgekrümmten Seiten des Korns klappen wieder auseinander, das Korn wird dadurch breiter und, absolut gerechnet, flacher, obwohl es sich häufig beträchtlich aufbläht. Im Querschnitt wird es stumpfwinkliger V-förmig bis flach-oval, oft noch mit konkaver Bauchseite.

Im Vergleich mit rezenten, entspelzten Roggentrespenfrüchten müssen verkohlte Früchte der Art demnach kürzer und flacher, aber breiter sein; gegenüber den rezenten Früchten der Weichen Trespe müssen sie höher, nicht aber breiter sein, da sie über mehr aufblähbare Masse verfügen. Von rezenten Ackertrespenkörnern sollen sie sich durch größere Breite und Höhe unterscheiden (s. *Tab. 20–22*).

Aus ökologischen Gründen sind allein die Weiche Trespe, die Roggentrespe und die Ackertrespe in archäologischen Funden mit viel Getreide denkbar *(B. mollis, B. secalinus, B. arvensis)*: Die erste ist eine Art mit weiter Standortspanne, Roggen- und Ackertrespe sind dagegen die einzigen im nördlichen Mitteleuropa vorkommenden Ackerungräser der Gattung. In den Archsumer Analysen treten beide Formen auf: Die breiten und flachen, oft hohlrückigen Früchte finden sich nur selten im Gegensatz zu den geraden und massigen Körnern. Die letzteren weichen wie oben gefordert in ihren Maßen von denen rezenter Früchte ab *(Tab. 20–22)*. Sie können daher als Roggentrespe *Bromus* cf. *secalinus*, die breiten und flachen dagegen als Weiche Trespe *Bromus* cf. *mollis* bestimmt werden. Die Ackertrespe ist mit morphologischen Merkmalen nicht sicher von der Roggentrespe trennbar. Die Zuordnung wird allerdings dadurch bestärkt, daß die Weiche Trespe heute auf Sylt allgemein verbreitet ist, während die Roggentrespe auf den Nordfriesischen Inseln zwar nicht mehr so häufig wie noch im 19. Jahrhundert vorkommt (damals war sie als lästiges Ungras in Roggen gefürchtet), aber sie wird im Gegensatz zum Festland auf den Inseln noch regelmäßig nachgewiesen. Die Ackertrespe (und auch *B. hordeaceus*) sind nach Karten der Landesstelle für Vegetationskunde in Kiel von Sylt nur sehr selten belegt.

Früchte der Weichen Trespe fanden sich unregelmäßig in Proben aller Zeiten verteilt. Entsprechendes Fundgut der Roggentrespe ist vor der Völkerwanderungszeit spärlich. Es gibt sie zwar auch gelegentlich in kaiserzeitlichen Vorräten *(Beil. 6)*, stetig und häufig allerdings sind sie erst in der Wikingerzeit, nachdem Funde – zusammen mit Roggen – in der Völkerwanderungszeit einsetzten *(Beil. 11–13)*.

Die Roggentrespe ist eine gute Zeigerpflanze für Wintergetreidebau. Im Gegensatz zu vielen anderen Wintergetreideunkräutern, die bei Frühjahrskeimung auch im Sommergetreide zur Blüte und Reife gelangen, zum Beispiel Kornrade und Kornblume, ist die Roggentrespe streng an den Wintergetreiderhythmus gebunden: Im ersten Vegetationsjahr bestockt sich die Roggentrespen-Jungpflanze, unabhängig von der Jahreszeit der Keimung, je nach Vegetationsdauer mehr oder minder umfangreich und bildet einen niederen Blattschopf. Aus diesem Horst schießen im nächsten Jahr nach der winterlichen Ruhepause die Blütensprosse (vgl. Korsmo 1930, 218). Diesen Wachstumsverlauf kann ihr ungestört nur das Wintergetreide bieten (s. S. 118).

Die Kornrade *Agrostemma githago* fehlt in den Archsumer Funden bis zur Völkerwanderungszeit. Sie bleibt auch in der Wikingerzeit selten und erreicht im Getreide dieser Periode nur eine geringe Besatzdichte (0,1% in der reichen Roggenprobe Nr. AA 19: *Beil. 13*). In gleichzeitigen Funden aus anderen Grabungen sind Radensamen häufiger, in Haithabu erreichen sie in einer Roggenprobe 6,1 Gewichtsprozente (Nr. 54: Behre 1969) und in Elten – ebenfalls zusammen mit Roggen – 4,8 Gewichtsprozente (Knörzer 1967b, 103).

Die Kornrade zählt wie die Roggentrespe zu den bezeichnenden Getreideunkräutern und ist früher ein regelmäßiger Bestandteil der Halmfruchtäcker gewesen. Sie ist allerdings in einer Landschaft ohne Getreidebau nicht existenzfähig. Zusammen mit Kornblume, Mohn, Wucherblumen und Rittersporn hat sie das bunte Bild sommerlicher Getreidefelder bis in unser Jahrhundert geprägt. Verbesserter Saatgutreinigung, besonders mit speziellen Radensieben, gelang es in wenigen Jahrzehnten in der ersten Hälfte unseres Jahrhunderts, die Kornrade in weiten Gebieten mit intensivem Ackerbau auszurotten. Radikale Maßnahmen hatten sich als nötig erwiesen, da Radensamen Mühlenprodukte nicht nur unansehnlich machen und geschmacklich verändern, sondern auch vergiften, denn Radensamen enthalten das ziemlich gesundheitsschädliche Agrostemmasapotoxin.

Wie die Roggentrespe *Bromus secalinus* ist die Kornrade *Agrostemma githago* hochgradig an das Wintergetreide angepaßt. Ihr Same hält im Gegensatz zur Mehrzahl der Unkräuter keine Keimruhe, sondern läuft unter günstigen Bedingungen sofort nach der Reife auf. Herbstkeimung ist daher die Regel. Die Fruchtkapseln der Kornrade reifen im Ährenhorizont, werden mitgeerntet und geben die Samen oft erst beim Dreschen frei. Diese sind groß und schwer und lassen sich mit einfachen Mitteln wie Worfeln oder ähnlichem nicht aus dem Dreschgut entfernen. Sie gelangen so ins Saatgut, keimen ebenso rasch und sicher wie das Getreide und haben gleich gute Lebenschancen.

Nach trockener Winterlagerung mit Sommerkorn ausgesät, blüht und fruchtet sie auch in Gerste, Hafer und Hirse, wenn ihr auch die längere Entwicklungszeit im Wintergetreide mehr zusagt (Korsmo 1930; Jäger 1966). Sie tritt daher besonders gern in Roggen auf und gilt als Charakterart lichter, herbstbestellter Halmfruchtäcker.

Die Kornrade dürfte wohl zusammen mit dem Roggen nach Sylt eingewandert sein. Vergiftungen durch das Agrostemmasapotoxin kann man ausschließen, da die Kornrade in den Archsumer Funden sehr selten vorkommt *(Beil. 11–13).*

In den Archsumer Analysen, sowohl aus Äckern als auch aus Siedlungsschichten, gehören Bilsenkrautsamen *Hyoscyamus niger* zu den stetigen Funden der vorrömischen Eisenzeit und der Kaiserzeit *(Beil. 2–5; 7).* Sie fehlen in Getreide- und Ölsaatvorräten und in allen Proben, die jünger sind als kaiserzeitlich. Eisenzeitliche Nachweise des Bilsenkrautes sind nicht ungewöhnlich. Es gibt Belege von der Feddersen Wierde (Körber-Grohne 1967), von Boomborg-Hatzum (Behre 1979) und von Elisenhof (Behre 1979).

Wenn auch das Bilsenkraut reichlich Samen produziert, so ist die Fundhäufung in der Archsumer Eisenzeit dennoch bemerkenswert: Die Art gilt als vagante, unbeständige Schutt- und Ruderalpflanze, die in lückigen, gestörten Vegetationen in Siedlungen meistens nur hin und wieder auftritt. Sie ist heute in Schleswig-Holstein ziemlich selten, jedoch von Sylt gemeldet (Christiansen 1953). Der verwandte Schwarze Nachtschatten tritt dagegen in den Analysen wesentlich seltener hervor, obwohl er heute ein beständiger und häufiger Bestandteil synanthroper Vegetationen ist. Seine reifen Beeren sind eßbar und durchaus wohlschmeckend. Die Häufung der Bilsenkrautfunde bleibt ungeklärt, auch wenn man eine bessere Erhaltungsfähigkeit der derberen Bilsenkrautsamen annimmt, die in einer trockenen Kapsel reifen, während die saftige Beere des Schwarzen Nachtschattens leicht vergeht.

Als meistens zweijährige oder einjährig überwinternde Art zieht das Bilsenkraut wenig gestörte Bereiche wie Schutthalden, Wegränder und Hausplätze vor und fände in den Sommerfruchtäckern der Eisenzeit – in Gerste, Lein und Leindotter – kaum zusagende Standorte. Dennoch sind Funde in eisenzeitlichen Äckern reichlich belegt *(Beil. 2–5; 7).* Es gibt allerdings auch schnellwüchsige und kurzlebige Formen der Art, die ebenfalls Äcker besiedeln (*Hyoscyamus niger* var. agrestis).

So liegt die Vermutung nahe, daß das Bilsenkraut als Arznei oder Droge angebaut wurde. Mehrere hundert Bilsenkrautsamen aus einem wikingerzeitlichen Frauengrab bei Fyrkat in Jütland bestätigen die Nutzung der Pflanze in späterer Zeit (Helbæk 1977). Die Lage der Samen in der Bestattung könnte für den Inhalt eines vergangenen Beutels am Gürtel sprechen. Alle Teile der Pflanze enthalten hochwirksame Alkaloide, darunter das Hyoscyamin. Im klassischen Altertum war die Pflanze als bedeutendes Heilmittel bekannt. Extrakte und Tinkturen aus frischen und getrockneten Blättern und Wurzeln, Salben mit Ölauszügen und der Rauch verbrannter Samen dienten bis in die Neuzeit zur Behandlung von allerlei Leiden. Sie beruhigten und lösten Krämpfe, linderten rheumatische Erkrankungen, Ohren- und Zahnschmerzen und halfen als Anästhetikum kleine Operationen besser ertragen. Andererseits wirken die Arzneien halluzinogen, machen toll, erzeugen Visionen – unter anderem die des Fliegens – und spielten daher im Hexenglauben des Mittelalters eine bedeutende, unrühmliche Rolle, wie auch Zubereitungen aus verwandten Gattungen, aus Tollkraut *Scopolia carniolica* und der Tollkirsche *Atropa belladonna* (vgl. Hegi).

Rechnet man mit einem eisenzeitlichen Anbau des Bilsenkrautes, so ergibt sich ein weiteres Problem: Das Anbauschema der Eisenzeit ist auf die kurzen Wachstumszeiten der Gerste, des Leins, des Dotters ausgerichtet. Das Bilsenkraut beansprucht aber als zweijährig hapaxanthe Pflanze einen Standort für längere Zeit und erfordert deshalb andersartige Pflegemaßnahmen, die eher an Gartenbautechniken erinnern. Gartenbau jedoch ist für die Eisenzeit bisher nicht schlüssig nachgewiesen worden (s. S. 75; 141; vgl. Körber-Grohne u. Kroll 1984).

Die Vegetation der Siedlungen

Viele Ackerunkräuter haben auch im durch Mensch und Tier eutrophierten Siedlungsbereich geeignete, offene Standorte gefunden wie *Chenopodium album, Atriplex patula* und *A. hastata, Polygonum lapathifolium* und *P. persicaria, Stellaria media, Matricaria inodora, Capsella bursa-pastoris, Brassica* sp., *Galeopsis* sp., *Lamium* sp., *Euphorbia helioscopia* und *Solanum nigrum.* Mit diesen Unkräutern werden auch die Wegrauke *Sisymbrium officinale* und der Graugrüne/Rote und der Feigenblättrige Gänsefuß vorgekommen sein *(Chenopodium glaucum/rubrum, Ch. ficifolium).* Auf Wegen und Plätzen dürften sich trittverträgliche Gesellschaften gebildet haben. Hierzu zählen Reste des Vogelknöterichs, des Gänsefingerkrautes, des Kriechenden Hahnenfußes, des Weißklees, des Mastkrautes, der Kleinen Brunelle, des Herbstlöwenzahns und des Einjährigen Rispengrases *(Polygonum aviculare, Potentilla anserina, Ranunculus repens, Trifolium repens, Sagina procumbens, Prunella vulgaris, Leontodon autumnalis, Poa annua).*

Vernäßte Bereiche an Gräben, Rinnen und Pfützen begünstigten unter Umständen die Wachstumsmöglichkeiten der Flattersimse, des Wolfstrapps, des Dreiteiligen Zweizahns, des Gifthahnenfußes, der Minzen, des Sumpfziests und des Krausen Ampfers (*Juncus effusus*-Typ, *Lycopus europaeus, Bidens tripartita, Ranunculus sceleratus, Mentha* sp., *Stachys palustris, Rumex crispus*). Der letztere kann auch, zusammen mit der Quecke, dem Ausdauernden Lolch, der Rauhen Segge, mit Kratzdisteln, Malven und dem Seifenkraut in trokkenen Gebieten gestanden haben (*Agropyron repens, Lolium perenne, Carex hirta, Cirsium* spp., *Malva* sp., *Saponaria officinalis*). Ähnliche, wenig gestörte Bereiche zogen Königskerzen, Kletten, Rainkohl, Rainfarn, Klettenkerbel, Kletten-Labkraut und Spitzwegerich vor (*Verbascum* sp., *Arctium* sp., *Lapsana communis, Chrysanthemum vulgare, Torilis japonica, Galium aparine, Plantago lanceolata*). Herden der Großen Brennessel *Urtica dioica* und des Zipperleinskrautes *Aegopodium podagraria* prägten nährstoffreiche, frische Dorfzonen. Beide Arten stehen gern mit dem Schwarzen Holunder *Sambucus nigra* zusammen, der, wie auch die Brombeere *Rubus fruticosus,* auch als Obststrauch angepflanzt sein kann.

Die Siedlung Melenknop charakterisieren in der Kaiserzeit einige die Sommerwärme schätzende Arten. Sie fehlen dagegen in späteren Schichten: Das Bilsenkraut, die Schneide und der Feigenblättrige Gänsefuß (*Hyoscyamus niger, Cladium mariscus, Chenopodium ficifolium;* s. *Beil. 15*) weisen darauf hin, daß es in der Kaiserzeit trotz der in dieser Zeit angenommenen Vernässung oder Klimaverschlechterung doch noch wärmer gewesen ist als in späteren Besiedlungsphasen. Der Feigenblättrige Gänsefuß konnte in Archsum zwar nicht so häufig wie auf der Feddersen Wierde nachgewiesen werden (Körber-Grohne 1967; vgl. auch Behre 1970; van Zeist 1974). In reichen Proben kommt er aber ab und zu vor.

Typische Dorfunkräuter wie die Kleine Brennessel *Urtica urens* sind in der Minderzahl. Ein Großteil dieser Pflanzen gehört zur Gruppe der Kulturflüchtlinge aus der Vergangenheit, die zeitweise als Gemüse wie der Gute Heinrich *Chenopodium bonus-henricus,* als Färbepflanze (so die Färberresede *Reseda luteola*) oder schlicht ornamenti gratia angepflanzt wurden, wie zum Beispiel das Märzveilchen *Viola odorata.* Sie können aber auch Begleiter einer Kulturpflanze gewesen – wie die Unkrauthirsen – und so ins Gebiet gelangt sein. Manche dieser typischen Dorfpflanzen stellen alte Heilkräuter dar, wie das Schöllkraut, der Löwenschwanz, das Eisenkraut und die Schwarznessel *(Chelidonium majus, Leonurus cardiaca, Verbena officinalis, Ballota nigra).* Letztere ist von Boomborg-Hatzum belegt (Behre 1970). Löwenschwanzfunde setzen erst im frühen Mittelalter ein (vgl. Kosina 1977, 1981; Lynch u. Paap 1982; Walter u. Straka 1970, 411 ff.). Möglicherweise bezeugen die Archsumer Bilsenkrautbelege eine solche Ansiedlung als Heilpflanze in synanthropen Unkrautfluren (s. S. 75; 140).

Die durchweg sehr schlichten Pflanzengesellschaften der Archsumer Gehöfte entsprechen in groben Zügen den nordwestdeutschen und niederländischen Küstensiedlungen der Eisenzeit (vgl. van Zeist 1974, 359 ff.).

Die höheren Geestflächen

Die dichte Besiedlung Archsums in der Kaiserzeit läßt vermuten, daß das Pflanzenkleid der höheren Geest stark anthropogen überformt gewesen ist (vgl. I 193 Abb. 80). Dennoch wird es extensiv genutzte Flächen gegeben haben. Aus den unteren Straten der Grabung Alt-Archsum fehlen Hinweise auf eine eisenzeitliche Nutzung des Geländes: Weder Nacktgerste noch Bilsenkraut als die für den Melenknop bezeichnenden Arten konnten aus dem wikingerzeitlichen Bereich Alt-Archsum nachgewiesen werden. Dieses und die durchaus unterschiedliche Mächtigkeit der humosen, anthropogenen Auflagen (vgl. I 8 Abb. 7) machen es wahrscheinlich, daß es auf dem Geestkern große, ackerbaulich nicht bewirtschaftete Gebiete gab.

Diese nur wenige 100 m von den kaiserzeitlichen Gehöften entfernten Flächen müssen außerhalb der engeren Ackerflur gelegen haben und sind vielleicht als Weideareal oder Plaggenmattgebiet in die Bewirtschaftung einbezogen gewesen, bevor in der Völkerwanderungszeit eine neue Beackerung und Melioration dieser wohl schon bronzezeitlich kultivierten Flächen eingesetzt hat (vgl. Harck S. 32 f.). Zwischenzeitlich können sie im weitesten Sinn verheidet gewesen sein. Der große Holzbedarf der vielen kaiserzeitlichen Siedlungen (Kossack, Harck u. Reichstein 1974, 313 Abb. 15) dürfte eine Bewaldung schnell vernichtet und eine Neubildung verhindert haben. Die Waldlosigkeit Archsums ist sicher eine Folge der intensiven Holznutzung und Beweidung seit frühester Zeit. Klimatische und edaphische Faktoren allein halten nur einen schmalen, einige 100 m breiten Streifen an der Westküste waldfrei, der dann als sogenannte Küstenheide ausgebildet ist; dieser Streifen wird sich in der Kaiserzeit aber weit westlich der heutigen Strandlinie in Nord-Süd-Richtung erstreckt haben. Aber auch hier fassen Weidengebüsche in wenig exponierten Lagen bald Fuß. Auf diluvialen Böden darf man einen Eichenwald annehmen, der als Krüppelholz im Westen beginnt und, bedingt durch die Windschur, in einem nur sehr geringen Neigungswinkel zu einem niederen Eichenmischwald ansteigt (Raabe 1981, 93). In diesem Wald wird – nach Osten zunehmend – die Buche auf guten Böden vorstellbar, wenn sie auch in den Holzanalysen nicht nachgewiesen worden ist (vgl. I 166 Tab. 13). Den durch Holzeinschlag und Viehverbiß im weiten Umkreis der Siedlung vernichteten Wald ersetzen niedere Vegetationen, eben Heiden. Typische Heidezwergsträucher (wie *Calluna vulgaris, Empetrum nigrum* und *Erica tetralix*) charakterisieren diese Flächen nur bedingt; Gräser (*Agrostis tenuis, Festuca* sp., *Deschampsia flexuosa*) können den Aspekt der lichten Triften ebensogut prägen. Trockene Gebiete wie zum Beispiel die alte Oberfläche unter der wikingerzeitlichen Siedlung Alt-Archsum haben wohl Plaggen und Streu geliefert, deren pflanzliche Reste (Heidearten, *Tab. 3–5*) und bearbeitete Flintgeräte in den eisenzeitlichen Siedlungsschichten und Ackerböden erhalten geblieben sind (vgl. I 50 ff.).

Die niederen Geestränder

Durch die Analysen der gut erhaltenen alten Oberfläche unter der Archsumburg, der Wallsoden *(Beil. 7)* und der Siedlungsschichten aus der frühen Kaiserzeit *(Beil. 5)* bestehen genaue Vorstellungen über die Vegetation entlang der niederen Geestränder.

Die alte Oberfläche, auf der man den Sodenwall der Burg errichtet hat, ist hauptsächlich mit Pfeifengras *Molinia caerulea* bestanden gewesen (Proben Nr. 211 a–c: *Beil. 7*). Da Strohtuniken und Speicherbasen dieses Grases nicht ausgezählt, sondern nur die gut erhaltenen Früchte erfaßt wurden, ist der Prozentsatz des Pfeifengrases im Vergleich zur Blutwurz, zur Sparrigen Simse und zur Pillensegge zu gering *(Potentilla erecta, Juncus squarrosus, Carex pilulifera)*. Das Pfeifengras herrschte vor. Weitere Seggen, Besen- und Glockenheide, Sumpf-Sternmiere und Straußgräser charakterisieren den Bauplatz der Burg als feuchte Heide, an die sich die trockene der höheren Geest und die bewirtschafteten Flächen angeschlossen haben (*Carex fusca*-Typ, *Calluna vulgaris, Erica tetralix, Stellaria palustris, Agrostis* sp.).

Die Soden für den Wall hat man wohl in tieferliegenden, feuchten Bereichen in der unmittelbaren Umgebung gestochen. Sie sind zum Teil ebenfalls noch Heiden gewesen, und waren entsprechend der Nässe des Standortes mit viel Glockenheide und Pfeifengras bewachsen. Die Moosbeere und die Rosmarinheide sind hier auch vorstellbar *(Oxycoccus palustris, Andromeda polifolia)*. Diese Vegetationen leiten über in Kleinseggensümpfe der Anmoore und Niedermoore mit kargem Nährstoffhaushalt beziehungsweise, bei besserer Versorgung, in Seggensümpfe und Riede, die sich in der Übergangszone zwischen Geest und Marsch erstreckt haben (s. S. 143).

An der Wasseroberfläche schwimmende und untergetaucht lebende Pflanzen wie Wasserstern, Wasserhahnenfuß, Laichkräuter und Froschbiß belegen, daß es am Geestrand und in der Marsch offene Süß- oder nur sehr leicht brackische Gewässer gegeben hat (*Callitriche* sp., *Ranunculus* sect. *Batrachium, Potamogeton* sp., *Hydrocharis morsus-ranae*). An diesen Gewässerrändern haben Dreiteiliger Zweizahn, Wolfstrapp, Froschlöffel und auch Krauser Ampfer, Gifthahnenfuß und Knötericharten günstige Standorte gefunden (*Bidens tripartitia, Lycopus europaeus, Alisma plantago-aquatica, Rumex crispus, Ranunculus sceleratus, Polygonum* spp.; vgl. *Beil. 5; 7*). Es ist wahrscheinlich, daß diese offenen, nicht allzu tief anzunehmenden Gewässer ebenfalls anthropozoogen entstanden sind. Röhrichte hätten sie schnell gänzlich durchwachsen und verlanden lassen, sofern nicht das weidende Vieh immer wieder tief watend die beliebten Röhrichthalme verbissen und so lichtes Wasser und offene Ufer als geeignete Standorte für die genannten Arten geschaffen hätte. Der Geestkern Archsums entwässert untertägig in die Marsch, aus der Rinnen und Priele ins Meer ziehen. Natürliches, offenes Süßwasser im Geestbereich kann man demnach ausschließen. Die kopfstarken Rinderherden der Kaiserzeit haben sich die nötigen Tränken im Süßwassergebiet des Grenzbereichs Geest/Marsch wohl selbst geschaffen und sie durch Tritt und Verbiß offengehalten.

Ausreichende Wasserversorgung des Rindviehs, das Brackwasser nur ungern säuft, besonders wenn es – wie angenommen – in der Salzmarsch weidet, zählt zu den Grundvoraussetzungen für eine intensive Viehhaltung, wie sie aus dem kaiserzeitlichen Archsum allein durch die Wohnstallhäuser dokumentiert ist (Kossack, Harck u. Reichstein 1974, 327 Abb. 17 u. Beil. 10).

Die Vegetation der Marsch

Arten des Quellerwatts, der Andelwiese und der tieferen Salzsimsenwiese sind in den Archsumer Analysen bezeichnenderweise selten oder fehlen ganz. Diese Vegetationseinheiten entsprechen dem Watt und den Schaf- und Rinderwiesen Elisenhofs (Behre 1976 b, Abb. 7) und dem Quellerwatt einschließlich der unteren Stufe des Rotschwingelrasens nach Raabe (1981, Abb. 23). Seltene Nachweise besonders der Arten des Andelrasens sind auch für die Feddersen Wierde charakteristisch (Puccinellietum maritimi, vgl. Körber-Grohne 1967, 23). Es gibt aber weder für den Andelrasen noch für weitere Vegetationen der gleichen Zone (Keilmeldenstrupp, vgl. Raabe 1981) Hinweise im Archsumer Material. Daher erübrigen sich Diskussionen darüber, ob diese regelmäßig salzbeeinflußten Vegetationseinheiten so weit entfernt von den Siedlungen gelegen haben, daß sie in eine Bewirtschaftung nicht einbezogen waren oder ob es sie – vielleicht aufgrund einer Abbruchkante der höheren zur niederen Marsch und zum Watt oder wegen eines sie ersetzenden *Scirpus maritimus*-Röhrichts – nicht gab (vgl. Körber-Grohne 1967, 23 Abb. 7; Raabe 1981, 91). Eine Abbruchkante trennt ein höheres Wirtschaftsgrünland vom Salzeinfluß, und Arten der dadurch geprägten Vegetationen kommen fast nicht vor (vgl. Wolf 1979).

Die Arten der höher gelegenen, selten und überwiegend im Winter überfluteten Flächen der Herbstlöwenzahn-Salzsimsenwiesen sind hingegen in den Archsumer Analysen oft nachgewiesen (hochgelegene Subassoziation mit *Bromus mollis* des Juncetum gerardi und tiefgelegene, nasse mit *Eleocharis uniglumis* der Körber-Grohneschen Nomenklatur [1967]; Subassoziation von *Leontodon autumnalis* mit und ohne *Bromus mollis* [Behre 1976b]; subass. Leontodontetosum autumnalis und Eleocharitetosum des Juncetum gerardi von van Zeist [1974]; oberer Rubra-Rasen der Raabeschen Nomenklatur [1981]). Diese Flächen sind mahdfähig und ergeben ein kurzes, aber gutes Heu. Sie gehen im oberen Bereich kaum merklich in ein »normales« Wirtschaftsgrünland über (die jeweils nachgewiesenen Arten s. *Beil. 15*).

Hoffmann (1981, 116) nimmt für die kaiserzeitliche Marsch eine Höhe von 1,00 m über NN an. Auf der Marsch hatte sich eine Vegetation gebildet, die nach heutigen Maßstäben eine Höhe von 0,70 m über MThw erfordern würde (Raabe 1981). Der daraus auf der Grundlage unseres NN errechnete Tidenhub ergibt den erstaunlich geringen Wert von 0,60 m (0,30 m unter, 0,30 m über NN). Auch wenn man Setzungen der Sedimente einkalkuliert (vgl. Hoffmann 1981), erhöht sich der Tidenhub nicht auf derzeitige Werte (vgl. DHI 1980, 102). Daraus kann man folgern, daß entweder der Tidenhub in der Kaiserzeit sehr gering gewesen ist oder der Meeresspiegel unter heutigem NN gelegen hat. Als dritte Möglichkeit besteht: Beide Annahmen treffen zu. Hinweise, die eine dieser Annahmen wahrscheinlicher als die anderen machen würden, gibt es weder von geologischer noch von botanischer Seite (vgl. I 121).

Im Tidebereich der die Marsch durchziehenden Wasserläufe sind die Arten des sogenannten Brackwasserröhrichts oft ohne Konkurrenz. Diesen Gesellschaften leiht die Meerbinse *Scirpus maritimus* ihren Namen. Zusammen mit der Grauen Seebinse *Schoenoplectus tabernaemontani* besiedelt sie den unteren Rand der Wasserläufe bis tief unter MThw. Allerdings hat dieses Röhricht seinen Namen nicht zu Recht erhalten, denn es erträgt nur schwach salziges Wasser. Bei 15‰ Salzgehalt gedeiht es bereits nicht mehr (vgl. Körber-Grohne 1967, 25 Abb. 5), sein Optimum liegt weit unter diesen Salzgehalten (vgl. Raabe 1981). Im oberen Bereich des Tidenhubs und darüber bedrängten die Arten des eigentlichen Röhrichts, die zum Teil ebenfalls geringen Salzgehalt vertragen, das Meerbinsenröhricht. Seebinse, Rohrkolben, Rohrglanzgras und Wasserschwaden (*Schoenoplectus lacustris, Typha* sp., *Phalaris arundinacea, Glyceria maxima*) mit den allgemeinen Begleitern nasser Standorte haben an den Wasserläufen gewiß zusagende Standorte gefunden. Dies gilt besonders für das Schilf *Phragmites communis*, dessen erstaunlich großes ökologisches Potential ohne genaue Kenntnis der Bewirtschaftung kaum abschätzbar ist. Man geht sicher nicht fehl, wenn man große Schilfbestände in nassen Marschgebieten vermutet. Die Landseite dieser Röhrichte haben stellenweise sicherlich Großseggenriede bestanden *(Beil. 15).* Die Röhrichte und Riede leiten je nach Lage, Untergrund und Bewirtschaftung über in die feuchte Sumpfbinsen- und in die Herbstlöwenzahn-Salzsimsenwiese oder in die Kleinseggen- und Pfeifengraswiesen der nassen Geestränder. Man kann eine vermittelnde Hochstaudenflur vermuten (Raabe 1981, 90 ff.), deren Arten aber nicht nachgewiesen sind.

Wie für Elisenhof (Behre 1976b, 37), so darf man auch für Archsum eine farnreiche Süßwasserröhrichtgesellschaft annehmen (mit *Dryopteris palustris;* Gruppe III der Feddersen Wierde-Röhrichte, vgl. Körber-Grohne 1967, 77 ff.), wenn auch außer dem Nachweis von Sumpffarnfiederchen die Hinweise dafür spärlich sind und man sich den Sumpffarn zusammen mit Sumpfreitgras und Rasenschmiele zu den ersten Bäumen des Geestrandes überleitend vorstellen kann *(Dryopteris* [= *Thelypteris*] *palustris, Calamagrostis lanceolata, Deschampsia caespitosa).* In einem solchen Bereich vermutet auch Körber-Grohne (1967, Abb. 7) das Farnröhricht. Andelrasen und Salzsimsenwiese sind als Wirtschaftsgrünland anthropogene Vegetationen, die durch intensive Beweidung und Schnitt entstehen. Natürliche Bestände dieser Rasen sind allein bei intensivem regelmäßigem Wildverbiß, zum Beispiel durch dichte Wildganspopulationen oder an Salzquellen des Binnenlandes denkbar, Beispiel hierfür sind aus dem Brenner Moor am Traveufer bei Bad Oldesloe bekannt (Bobrowski 1974). Der Andelrasen ersetzt das Keilmeldenstrupp (Salzmelde *Halimione* [= *Obione*] *portulacoides;* Raabe 1981), das weit in den Bereich der Salzsimsenwiese *Juncetum gerardi* hineinreichen würde. Zusammen mit dem weißgrauen Salzbeifuß, den blaßlilablauen Blütenständen des »Halligflieders« und den rosa Köpfchen der Grasnelke verleiht auch die eigentümlich silbergraue Salzmelde den meernahen, unbeweideten Flächen einen uns heute fremden Eindruck *(Artemisia maritima, Limonium vulgare, Armeria maritima, Halimione portulacoides).* Daran würde sich eine Rotschwingel-reiche Staudenflur anschließen, in der bei entsprechend geringen Salzgehalten das Schilf mit begleitenden Hochstauden zunehmend konkurrenzfähig wird und auch ohne obertägiges Wasser ausgedehnte Bestände bilden kann (*Festuca rubra, Phragmites communis;* vgl. Raabe 1981). Die Sumpfbinsen-Salzsimsenwiese kann als durch Beweidung entstandene Ersatzgesellschaft der Röhrichte angesehen werden, die schnell endgültig verbissen sind. Ob gleiches auch für die Herbstlöwenzahn-Salzsimsenwiese zutrifft, läßt sich schwer abschätzen.

In welchem Umfang anthropogene Wiesen und Weiden die potentiell natürlichen Vegetationen ersetzt haben, entzieht sich ebenfalls der Beurteilung. Der hohe, für das kaiserzeitliche Archsum errechnete Viehbestand (Kossack, Harck u. Reichstein 1974, 314) deutet allerdings auf riesige Wiesen- und Weidenareale in der Marsch hin. Der Verbiß beschränkt das Röhricht auf unzugängliche Bereiche. Die Annahme eines ausgedehnten Vorlandes deckt sich mit den Ergebnissen der geologischen Untersuchungen Hoffmanns (I 116), der ebenfalls annimmt, daß es größer als heute gewesen ist.

Die Vegetation des Plaggenmatts

Plaggenhauen und Kleigraben haben großflächige, offene Bodenstellen in weiten Bereichen des Archsumer Landes hinterlassen. Pionierpflanzen besiedelten diese rohen Böden mehr oder minder schnell wieder, bis sie von Arten der ursprünglichen Vegetation verdrängt und die Wunden wieder geschlossen wurden.

Raschwüchsige Acker- und Siedlungsbegleiter erobern bald trockene, nährstoffreiche Standorte. Ruderalunkräuter wie die Gänsefuß- und Meldenarten, Geruchlose Kamille, Knötericharten und Krauser Ampfer begrünen schnell frische, eutrophe Fluren in Siedlungsnähe (*Chenopodium album, Ch. glaucum/rubrum, Atriplex patula, A. hastata, Matricaria inodora, Polygonum* spp., *Rumex crispus*). Auf nassen Böden gesellen sich ihnen Dreiteiliger Zweizahn, Wolfstrapp, Gifthahnenfuß, Wasserpfeffer und weitere Begleiter nasser Standorte hinzu *(Bidens tripartita, Lycopus europaeus, Ranunculus sceleratus, Polygonum hydropiper).*

Länger dauert die Narbenbildung in den edaphisch ungünstigeren Heiden, Sümpfen und Marschen. Heidepflanzen wachsen nur langsam. Wenn das Substrat nicht allzu ausgehagert ist, laufen Keimlinge der Besen- und Glockenheide auf offenen Böden aber erstaunlich schnell und zahlreich auf *(Calluna vulgaris, Erica tetralix).* Die Sparrige Simse und der Kleine Sauerampfer schätzen gestörte Bereiche *(Juncus squarrosus, Rumex acetosella).* Gräser können große Flächen schnell überziehen. Vielleicht hat die Plaggenwirtschaft das Dreizahn-Gras *Sieglingia decumbens* gefördert. Es fehlt heute in den Heiden Sylts zwar nicht, fällt aber kaum auf. In nassen Heiden und niederwüchsigen Sümpfen bilden Simsenarten in lückigen Vegetationen in kurzer Zeit dichte Rasen (*Juncus articulatus*-Typ, *J. bufonius*). Brennender Hahnenfuß, Schildehrenpreis und Sumpfkresse besiedeln ebenfalls gern gestörte, lichte Gesellschaften *(Ranunculus flammula, Veronica scutellata, Rorippa palustris).* Ihnen können sich auch die Gelbe Segge und die Sumpfbinse zugesellt haben (*Carex flava*-Typ [*Carex serotina?*], *Eleocharis palustris;* vgl. Nr. 207 u. 210 in *Beil. 7*).

Auf den fruchtbaren Böden der Kleientnahmestellen in den höheren Marschen finden Arten der Trittrasen gute Wachstumsmöglichkeiten: Hierzu zählen Gänse-Fingerkraut, Vogelknöterich, Großer Wegerich, Kriechender Hahnenfuß, Einjähriges Rispengras, Herbst-Löwenzahn, Löwenzahn und Simsenarten. Besonders die Krötensimse gedeiht auf den offenen Böden der Plaggen- und Kleientnahmestellen besser als in dichten Rasen. Ihre Samen und Früchte sind in den Kleisoden der Hauswände, Packungen und im Wall der Burg erhalten (Nr. 208: *Beil. 7;* Nr. 70, 76 u. 78: *Beil. 13*). Dort hat man Soden wohl in kurzen Abständen gestochen, ehe dichtere Vegetationen wieder nachgefolgt sind. Dadurch sind möglicherweise Senken entstanden, in denen sich Wasser sammelte. Der Froschlöffel *Alisma plantago-aquatica* hat darin gut stehen können (aus Nr. 34: *Beil. 8* sind allein 734 Embryonen der Art ausgelesen worden). Auch in der niederen, salzbeeinflußten Marsch ist die Krötensimse *Juncus bufonius* (incl. *J. ranarius!*) noch existenzfähig und kann in gestörten Bereichen schnell dichte Rasen bilden. Andel, Milchkraut, Queller, Schuppenmiere und die Sode als licht- und platzfordernde, konkurrenzschwache Halophyten stehen ebenfalls gern auf offenen Böden (*Puccinellia* sp., *Glaux maritima, Salicornia europaea, Spergularia* spp., *Suaeda maritima*). Zu diesen wachstumsgünstigen Arealen gehören Tritt- und Erosionsflächen und Klei- und Sodenentnahmestellen, z. T. erheblich oberhalb des

Salzeinflusses, und somit außerhalb ihrer eigentlichen Verbreitungszone (vgl. Raabe 1981, 53 Tab. 8).

Streu- und Futterversorgung der Haustiere

Vermutlich hat man alle beschriebenen Bereiche des Archsumer Lebensraumes in irgendeiner Weise genutzt. Durch die natürlichen Gegebenheiten sind nur wenige Bereiche des Geestkerns um die Siedlungen als Ackerland brauchbar gewesen. Die knappe, dazu geeignete Fläche erlaubte keinen häufigen Wechsel des Pfluglandes. Aus diesem Grund begann man früh mit dauernder Bewirtschaftung der Äcker, die, um schnelle Verarmung zu vermeiden, in zunehmendem Maße melioriert werden mußten. Solche Maßnahmen sind in der Archsumer Plaggenwirtschaft und den daraus entstandenen anthropogenen Humushorizonten dokumentiert.

Nicht beackerte Geestflächen dienten als Plaggenmatt, als Streuwiese und – wohl besonders zur nassen Jahreszeit – als trittfeste Weide, wenn auch die Vegetationen der degradierten Braunerden, Podsole und Gleye des Geestkerns keine guten Dauerweiden ergeben. Hauptsächliche Sommerweide des Viehs wird das Marschgebiet gewesen sein. Vielleicht lagen die nicht gemähten, niederen Marschwiesen weit außerhalb des mittelbaren Siedlungsumfeldes. Arten des Andelrasens als unterste Salzwiese (vgl. Behre 1976b, Abb. 7) sind wohl aus diesem Grunde in Archsum kaum nachgewiesen (s. S. 143).

Die Ortung der Heu- und Streuwiesen anhand der Analysen von aufgedeckten Mistlagen in den untersuchten Siedlungen, besonders dem Melenknop, ist mit Schwierigkeiten verbunden. Denn die Lage der Wohnstätten verhältnismäßig hoch auf Geestkuppen hat nicht dieselben guten Erhaltungsbedingungen geboten, für die die Feddersen Wierde als Beispiel berühmt geworden ist. Zudem findet sich im Stall Material unterschiedlicher Funktion, zum Beispiel Heu und Streu zusammen, es bildet ein kaum wieder zu trennendes Gemisch. Beim Lagern des Mistes außerhalb des Stalles kommt noch ein erheblicher Teil hinzu: zum einen Samen und Früchte der den Mist besiedelnden und der umgebenden dörflichen nitrophilen Ruderalvegetation, zum anderen Abfälle aus dem gesamten Wirtschaftsbereich, Druschreste und vieles andere mehr.

Jedoch kann man die Herkunftsflächen des Heus und der Streu vermuten: Sicher hat man die Heide im weiten Sinn nicht nur zum Plaggen, sondern auch zur Streugewinnung benutzt: Besenheidereste sind im Mist zum Teil sehr häufig. Sparrige Simse, Krähenbeere, Blutwurz und Pfeifengras kommen ebenfalls vor *(Juncus squarrosus, Empetrum nigrum, Potentilla erecta, Molinia caerulea).* Gering vertreten sind die Arten der niederen Marsch, wie Andel, Salz-Dreizack, Strandwegerich, Milchkraut, Sode und Queller (*Puccinellia* sp., *Triglochin maritimum, Plantago maritima, Glaux maritima, Suaeda maritima, Salicornia europaea*). Häufiger findet man dagegen die Arten der höheren Salzmarsch, sowohl die der trockenen Zone mit Salzsimse, Rotem Zahntrost, Kleearten, Rotschwingel, Großem Wegerich, Gänsefingerkraut, Rispengräsern, Weicher Trespe und Herbst-Löwenzahn (*Juncus gerardi, Odontites rubra, Trifolium* spp., *Festuca rubra, Plantago major, Potentilla anserina, Poa pratensis/trivialis, Bromus mollis, Leontodon autumnalis*), diese leiten sowohl über in das trockene Wirtschaftsgrünland mit Kammgras, Fuchsschwanzarten und Scharfem Hahnenfuß *(Cynosurus cristatus, Alopecurus myosuroides/pratensis, Ranunculus acris)* als auch in das der nassen Salzwiese mit Salzsimse, Sumpfbinse, Kleiner Brunelle, Lachenals Wasserfenchel, Gelber Segge und Glanzfrüchtiger Simse (*Juncus gerardi, Eleocharis palustris/uniglumis, Prunella vulgaris, Oenanthe lachenalii, Carex flava, Juncus articulatus*-Typ), die in die Feuchtwiesen mit Kuckucks-Lichtnelke, Wolfstrapp und Minze übergehen (*Lychnis flos-cuculi, Lycopus europaeus, Mentha* sp.). Wie die Arten der niederen Marsch, so sind auch die des sogenannten Brackwasserröhrichts, z. B. Meerbinse, Fuchssegge-Typ, Zweizeil-Seggen selten (*Scirpus maritimus, Carex vulpina*-Typ, *C. disticha*), oder aber sie fehlen ganz wie die Graue Seebinse *Schoenoplectus tabernaemontani.* Häufiger sind die Arten der eigentlichen Röhrichte wie Schilf, Rohrkolben, Rohrglanzgras, Wasserschwaden und Blutweiderich (*Phragmites communis, Typha* sp., *Phalaris arundinacea, Glyceria maxima, Lythrum salicaria*) und die des farnreichen Röhrichts, das zum Bruchwald überleitet mit den Arten Sumpffarn, Sumpfreitgras und Rasenschmiele *(Dryopteris thelypteris, Calamagrostis lanceolata, Deschampsia caespitosa).* Daraus ergibt sich zwingend, daß die wesentlichen Bereiche des kaiserzeitlichen Archsumer Wirtschaftslandes oberhalb des regelmäßigen Salzeinflusses lagen und in der warmen Jahreszeit von Salzwasserüberflutungen weitgehend verschont blieben. Winterliche Hochwässer sind hingegen kaum abschätzbar, da sie die Vegetation in ihrer Ruhe kaum stören und der Boden durch die Herbst- und Winterregen und die Sickerwässer der Geest so mit Süßwasser vollgesogen ist, daß ein Austausch der Wässer kaum stattfindet.

Die dichte Besiedlung zur Kaiserzeit und der hohe damalige Viehbestand machen deutlich, daß nicht nur das Ackerland, sondern auch das mahdfähige Grünland sehr knapp bemessen war (vgl. die Berechnungen Haarnagels 1979). Zwar läßt sich der Futter- und Streubedarf

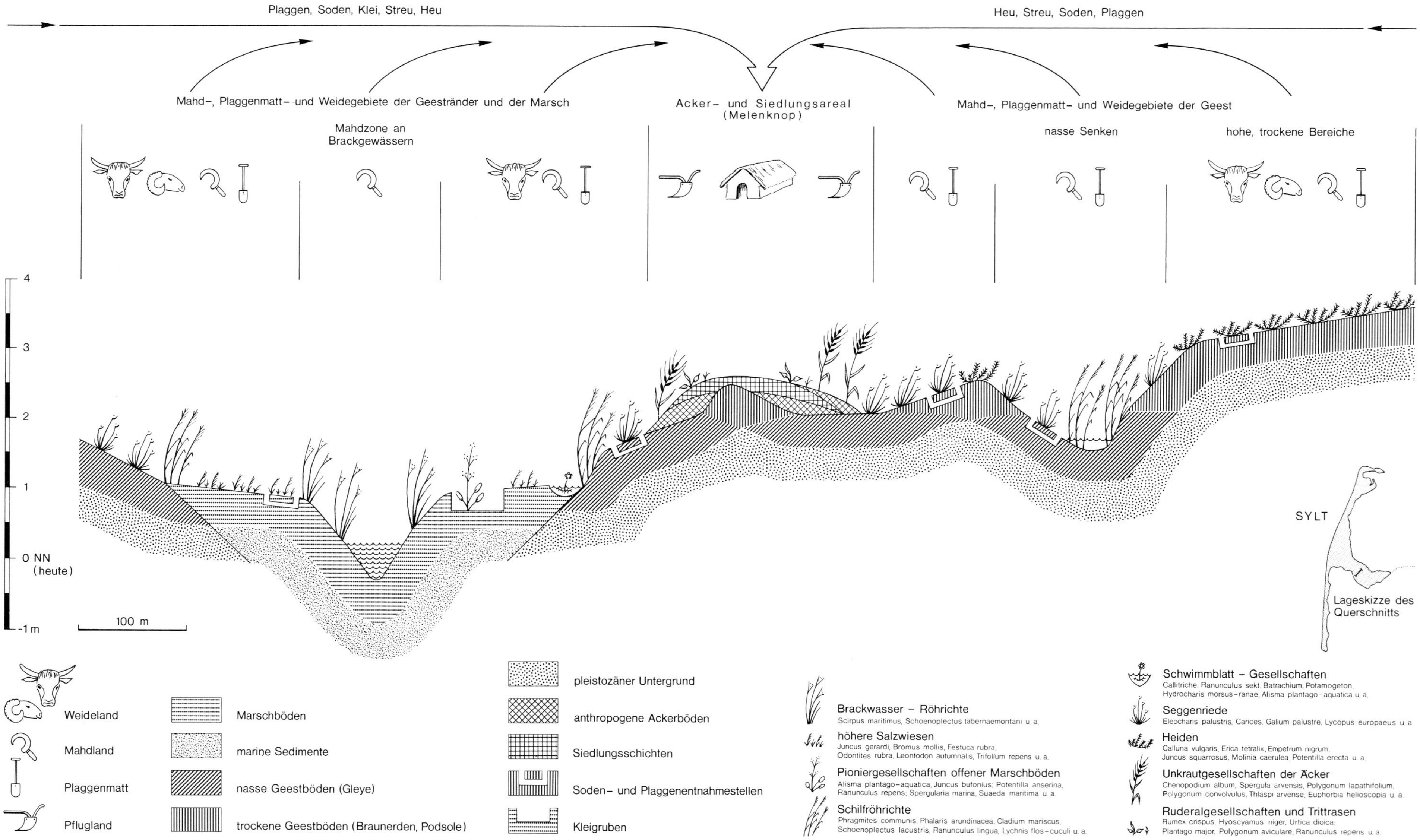

Abb. 62 Querschnitt durch den Archsumer Wirtschaftsraum in der Zeit um Chr. Geb. Oberflächenrelief maßstäblich überhöht, ausgenommen die Siedlungsschichten, die Äcker und Wasserrinnen.

relativ niedrig ansetzen; denn man kann annehmen, daß die Zeit, in der das Vieh im Winter aufgestallt war, recht kurz gewesen ist, es im späten Herbst und im zeitigen Frühjahr auf den ständig betretbaren Geestflächen, auf den Stoppeläckern und Heiden noch ausreichend Futter hat finden können und daß Pferde und Schafe/Ziegen unter Umständen gar nicht aufgestallt worden sind (vgl. Haarnagel 1979). Dennoch ist mit Maßnahmen zu rechnen, die die Viehweide regelten, wie sie aus der frühen Neuzeit bekannt sind (vgl. Selle 1975). Nach der Ackerbestellung im Frühjahr bis zur Ernte der Feldfrüchte im Hochsommer – zur selben Zeit schossen die Gräser und Kräuter der Heuwiesen – wird es notwendig gewesen sein, das Vieh mit Hirt und Hund von den Äkkern und dem zum Schnitt vorgesehenen Wirtschaftsgrünland fernzuhalten, um mit den damaligen Instrumenten (vgl. Haarnagel 1979 Taf. 46,5; Harck 1972 Taf. 63,1. 7) von den kurzhalmigen Marschwiesen ertraggünstig hochwertiges Winterfutter zu erzielen. Reicheres, nicht besseres Schnittgut liefern die Röhrichte, Riede, Seggenbestände und Pfeifengraswiesen, die, grün geschnitten, ebenfalls ein brauchbares Winterfutter abgeben. Spät, oft erst auf Eis mähfähig werden die sonst unzugänglichen Sumpfgebiete und Röhrichte in tieferem Wasser. Dieses Schnittgut kann als Streu interpretiert werden. Es enthält in größerer Menge ausgebildete Samen und Früchte als das früh geschnittene Heu, das im Mist sicherlich unterrepräsentiert ist.

Die bunte Mischung des pflanzlichen Materials im Mist resultiert endlich aus der Enge des Lebensraumes, die schon früh zur Düngung der Äcker führte: Man hat nicht allein dasjenige als Futter und Streu verwenden können, das sich am besten dafür eignet, sondern hat vielmehr auch minderwertiges oder mit viel Mühe zu bergendes Schnittgut verwenden müssen. Wird nun das empfindliche ökologische System der Wiesen und Weiden durch klimatische Faktoren, durch eine zunehmende Tidenamplitude oder durch einen Anstieg des Meeresspiegels gestört, so fallen durch die zum Teil sehr geringen Höhenunterschiede zwischen den einzelnen Vegetationseinheiten erhebliche, in der Kaiserzeit nutzbar gewesene Flächen aus. Dieses kann den beträchtlichen Rückgang der Siedlungen und des Viehbestandes nach der Kaiserzeit bis hin zur Neuzeit bewirkt haben. »Sobald nämlich schriftliche Überlieferung einsetzt, hören wir Klagen über katastrophale Sturmfluten, häufige Versalzung der Wiesen, Vernichtung der Heuernte selbst bei mittelmäßigen Seewinden, Verlust der Tiere u. a. m., so daß Rinderhaltung in größerem Umfang gar nicht möglich war« (Kossack, Harck u. Reichstein 1974, 315).

Die unbeackerten Flächen dienten nicht nur als Viehweide, Heu- und Streuwiese, sondern auch in ganz beträchtlichem Umfang als Plaggenmatt, als Areale zum Sodenstechen und zum Kleigraben. Die Sode war der einzig unbegrenzt verfügbare Baustoff der Insel bis in die Neuzeit. Diese durch Wurzelfilz und Vegetationsdecke zusammengehaltenen Bodenstücke kann man gut transportieren und verarbeiten, wenn hierzu auch ein erheblicher Kraftaufwand erforderlich ist. Mit der Vegetationsdecke nach unten übereinandergeschichtet und bald mit einer neuen, dichten Pflanzendecke überzogen, ergeben sie bei nicht allzu steilen Flanken durchaus haltbare Bauwerke. Die Sylter Grabhügel der Bronzezeit und die Burgen von Tinnum und Archsum bezeugen die Langlebigkeit dieser Monumentalbauten, die noch heute die Landschaft prägen. Die profanen, ebenfalls aus Soden errichteten Bauten der Gehöfte zerfielen dagegen schnell. Ihre Wände waren zwar mächtig, aber zu steil und im Hausinnern nicht dauerhaft durch Bewuchs befestigt, beide Faktoren förderten die Erosion und allmähliche Einebnung der Ruinen.

Bauten wie die Archsumburg zeigen, daß neben den großen Flächen, die man allein für den Normalbedarf an Soden, Plaggen und schierem Klei kahlgrub, bei Sondervorhaben zusätzlich weite Nutzlandbereiche längere Zeit ausfielen. Es hat bei ungünstigem Untergrund durchaus etliche Jahre dauern können, bis die Vegetationsdecke sich wieder über den Entnahmestellen geschlossen hat und ertragfähig geworden ist.

So sind Flächen, die weder als Ackerland noch als Dauerweide oder aber als ertraggünstige Heu- und Streuwiese taugen, nicht als Ödland zu bezeichnen: Gerade diese nicht direkt nutzbaren Gebiete der Archsumer Siedlungskammer haben als lebensnötige Reserven eine dichte, relativ kontinuierliche Besiedlung des Archsumer Geestkerns erst ermöglicht.

Vergleich mit anderen Fundplätzen

Die Siedlungen Archsums unterscheiden sich wesentlich von anderen, ebenfalls botanisch untersuchten Wohnplätzen im Küstengebiet. Sie finden sich nicht in der Marsch, sondern erheblich höher auf Geestkuppen *(Abb. 62)*. Die Marschensiedlungen sind jedoch nicht einheitlich: Boomborg-Hatzum und Jemgumkloster (Behre 1970, 1972) lagen in den Auenwäldern der Emsflußmarsch in ganz eindeutigem Süßwassermilieu. Wie diese, so entstand auch die Feddersen Wierde als Flachsiedlung (Haarnagel 1979), aber nicht in der Fluß-, sondern in der Seemarsch. Die Feddersen Wierde wird im Verlauf der Zeit über die Anlage von Kernwurten zur Dorfwurt ausgebaut. Eine Mittelstellung zwischen den erstgenannten Wohnplätzen an der Ems und der Feddersen Wierde nimmt die Siedlung Tofting an der Eiderschleife in der Nähe des Mündungsästuars ein. Die Warft Tofting entstand nicht durch planmäßigen Auftrag, sondern durch allmähliche Erhöhung der Wohndielen in den Häusern und durch langsames Anhäufen von Siedlungsschutt in der Umgebung, wodurch eine tellartige Schichtung entstanden ist. Sie ist somit in der Entstehung durchaus den Wohnhügeln in Archsum vergleichbar (vgl. Harck u. Reichstein 1970, 55 ff.). Die Anlage der wikingerzeitlichen Wurt Elisenhof erfolgte in der Seemarsch auf einem Uferrücken der Eider. Sehr bald gingen die Bewohner zum Wurtenbau über und schufen schnell eine genügend hohe Siedlungsstelle, die zudem durch die allgemeine Siedlungstätigkeit und erneute Aufträge weiter anwuchs (vgl. Behre 1976 b).

Vergleicht man den Salzeinfluß auf das Umland während der Zeit um Chr. Geb. bis zum 2. Jahrhundert n. Chr. Geb., so zeigen die Archsumer Marsch, das Gebiet um die Feddersen Wierde und um Tofting durchaus übereinstimmende Merkmale (vgl. Behre 1976 b, 63 ff.). Als Vegetation darf man weiträumig die höhere (Herbstlöwenzahn-)Salzsimsenflur vermuten.

Im 2. Jahrhundert n. Chr. Geb. erfolgt in der Umgebung der Feddersen Wierde eine Vernässung, die sich in einer Zunahme von Belegen des sogenannten Brackwasserröhrichts und der nassen Sumpfbinsen-Salzsimsenflur dokumentiert (vgl. Körber-Grohne 1967, 24 Abb. 8). In derselben Zeit darf man auch in Archsum eine zunehmende Vernässung vermuten (s. S. 121 f.). Zugleich steigt die Anzahl der Marschenüberflutungen im Küstengebiet (vgl. Haarnagel 1979, 61 ff.; Müller-Wille 1981, 200). Dieser Meereseinfluß zeigt sich dramatisch in einer Verdichtung der Halophytennachweise von Tofting im 3. und 4. Jahrhundert n. Chr. Geb. (Behre 1976 b, 24 Tab. 68).

Sicher sind einige der Veränderungen im Archsumer Siedlungswesen (vgl. Kossack, Harck u. Reichstein 1974, 321 ff.) und im Kulturpflanzeninventar auf die zunehmende Vernässung und den steigenden Salzeinfluß auf die Marschwiesen – nicht auf den Geestkern – zurückzuführen. Dies macht sich in der Siedlung nur indirekt bemerkbar. Es kann zu einer Verminderung des Viehbestandes geführt haben, denn die ertragreichen Heu- und Streuwiesen verwandeln sich unter Salzeinfluß und Beweidung in niedrige, kaum Winterfutter liefernde Andel- und Salzsimsenrasen, vor allem, wenn die Marsch wegen häufiger Überflutung für längere Zeit als bisher als Viehweide ausfiel. In der Wikingerzeit ist diese Regression des nutzbaren Marschenlandes erneut faßbar: Die Siedlungen Archsums liegen in dieser Zeit im Inneren des Geestkerns, weit entfernt von dessen Rand (I 193 Abb. 80, Nr. 30–31). Die Erhaltungsbedingungen für unverkohlte pflanzliche Reste sind auf den sandig-lehmigen Geestböden entsprechend dürftig. Die reichen Funde der wikingerzeitlichen Wurt Elisenhof an der Eidermündung aber zeigen, daß deren Weidegebiet regelmäßigem Salzeinfluß unterlag; lediglich die höchsten Flächen nahe der Wurt erlaubten einen bescheidenen sommerlichen Ackerbau. Als Heuwiese diente die höhere Herbstlöwenzahn-Salzsimsenflur. Schilf und anderes Röhricht als Streu mußte von weit entfernten Bereichen des Unterlaufs der Eider geholt werden (Behre 1976 b, 35 ff.). Ausgedehnte Rinderhaltung war kaum möglich, das Schaf als anspruchsloseres und leichter zu überwinterndes Haustier überwiegt (Behre 1976 b, 65).

ZUSAMMENFASSUNG

Die hier analysierten pflanzlichen Großreste stammen aus subfossilen Naturböden, Pflughorizonten, Plaggenböden und Siedlungsschichten, die durch archäologische Ausgrabungen in Archsum auf Sylt erschlossen wurden.

Während die Funde in Siedlungsschichten und Naturböden teilweise gut bewahrt waren, kamen aus Akkerböden nur verkohlte und eine Auslese widerstandsfähiger unverkohlter Pflanzenfunde zutage.

In der vorrömischen Eisenzeit begann die Archsumer Bauernschaft die Felder mit Plaggen zu düngen. Es entstanden hierdurch mächtige anthropogene Ackerböden, die seitens der Archäologen in die vorrömische Eisenzeit, die frühe römische Kaiserzeit, die Völkerwanderungs- und Wikingerzeit und das Mittelalter und die Neuzeit datiert werden.

Pflanzliche Reste in den Auftragsböden lassen die Herkünfte der Plaggen in trockenen und feuchten Geestbereichen (Heide und Sumpfwiesen) und in der Marsch vermuten. In den eisenzeitlichen Besiedlungsphasen überwiegt der Auftrag von Geestmaterial, in der Völkerwanderungszeit und bis in die Neuzeit der Klei enthaltende Marschbodenauftrag.

Der Plaggenauftrag veränderte die Gestalt und die Eigenschaften der Ackerböden in Archsum und damit die Landschaft entscheidend, die Fruchtbarkeit der Felder nahm zu.

Auf den Archsumer Äckern baute man vorwiegend Getreide an: Emmer und Gerste in der Bronzezeit, Nackt- und Spelzgerste in der Eisenzeit bis ins 2. Jahrhundert n. Chr. Geb. und ausschließlich Spelzgerste in der jüngeren Kaiserzeit. Hafer und Roggen waren neben der weiterhin geschätzten Spelzgerste die Getreide der Völkerwanderungs- und Wikingerzeit. Lein konnte aus der Kaiserzeit bis in die Wikingerzeit belegt, Leindotter dagegen nur aus der Kaiserzeit, die Ackerbohne nur aus der Wikingerzeit nachgewiesen werden.

Es konnten proportionale Beziehungen aufgedeckt werden zwischen der Bedeutung einer Kulturpflanze und dem Längenmaß ihrer Früchte und zwischen der Bedeutung des Ackerbaus gegenüber der Viehzucht und dem Längenmaß der Getreidekörner.

Die Funde einiger Unkräuter wurden interpretiert. Bezeichnende Wintergetreidebegleiter wie Kornrade und Roggentrespe ließen eine Herbstaussaat des Roggens gegenüber der Frühjahrsbestellung der übrigen Kulturpflanzen wahrscheinlich werden.

Getreidefunde aus Vorräten und Abfällen sind selten einartig. Dies legte die Vermutung nahe, daß zwei oder mehrere Arten als Gemenge angebaut wurden: Emmer mit Spelzgerste in der Bronzezeit, Nackt- und Spelzgerste in der Eisenzeit und Gerste und Hafer in der Völkerwanderungs- und Wikingerzeit. Spelzgerste in der jüngeren Kaiserzeit und Roggen wurden dagegen wohl rein kultiviert.

Der Unkrautbesatz in Vorratsproben ließ Schlüsse auf Ernte-Methoden zu. In der Bronze- und Eisenzeit erntete man die Ähren wohl hoch am Halm, später (in der Wikingerzeit) setzte sich der Schnitt nahe der Erdoberfläche durch.

Die Artenkombination der Getreide und Unkräuter Archsums unterscheidet sich nicht wesentlich von denen anderer Fundplätze des südlichen Nordseegebietes.

Die Pflanzenfunde ermöglichten Aussagen über die Vegetationsverhältnisse um die ur- und frühgeschichtlichen Siedlungen Archsums *(Abb. 51)*.

Nach den Unkräutern geschlossen, waren die Ackerböden Archsums zwar fruchtbar, aber versauert. Kleiauftrag vermochte die saure Bodenreaktion nicht zu ändern.

In der Eisenzeit, in der anthropogene Böden das Relief der Archsumer Geest noch nicht vollständig und in geringerer Mächtigkeit bedeckten, gab es noch differenziertere Landschafts- und Vegetationsformen als heute. Heide, Sumpfwiesen und Riede überzogen extensiv bewirtschaftete Bereiche des Archsumer Lebensraumes. Aus der Kaiserzeit konnte Süßwasser nachgewiesen werden; zahlreich gefundene Reste von Feuchtigkeit schätzenden Pflanzen ließen eine Vernässung vermuten. Die Marsch, damals selten überflutet und relativ trokken, diente als Weideland und ermöglichte eine intensive Viehhaltung.

Der Meereseinfluß auf den Archsumer Lebensraum war in dieser Besiedlungsphase vermutlich gering. Steigende Überflutungsfrequenzen und -amplituden wirkten sich auf Landschaft und Besiedlung erst in frühgeschichtlicher Zeit aus.

LITERATURVERZEICHNIS

Acker Stratingh, G., 1849: Aloude staat en geschiedenis des vaterlands II 1. – Groningen.

Applebaum, Sh., 1954: The Agriculture of the British Iron Age as exemplified at Figheldean Down, Wiltshire. – Proc. Prehist. Soc. 20, 103–114.

Applebaum, Sh., 1972: Roman Britain. In: H. P. R. Finberg (Hrsg.), The Agrarian History of England and Wales I 2, 3–277. – Cambridge.

Arber, A., 1934: The Gramineae. A Study of Cereal, Bamboo and Grass. – Cambridge.

Aubin, H. u. Zorn, J. W., 1971 (Hrsg.): Handbuch der Deutschen Wirtschafts- und Sozialgeschichte 1. – Stuttgart.

Ayers, B., 1979: Excavations at Chapel Lane Staith 1978. – East Riding Archaeologist 5 (Hull Old Town Ser. 3). Hull.

Bantelmann, A., 1970: Spuren vor- und frühgeschichtlicher Besiedlung auf einem alten Strandwall bei Tating, Eiderstedt. – Probleme Küstenforsch. im südl. Nordseegebiet 9, 49–55.

Bauer, R., 1980: Tamm (Kreis Ludwigsburg). – Fundber. Baden-Württemberg 5, 83–86.

Becker-Dillingen, J. A., 1927: Handbuch des Getreidebaus einschließlich Mais, Hirse und Buchweizen. – Berlin.

Behre, K.-E., 1965: Untersuchungen zu den Umweltverhältnissen der Bewohner einer spätbronze-früheisenzeitlichen Siedlung von Boomborg-Hatzum, Kr. Leer. – Germania 43, 374.

Behre, K.-E., 1969: Untersuchungen des botanischen Materials der frühmittelalterlichen Siedlung Haithabu. – Ber. Ausgr. Haithabu 2, 7–55.

Behre, K.-E., 1970: Die Entwicklungsgeschichte der natürlichen Vegetation im Gebiet der unteren Ems und ihre Abhängigkeit von den Bewegungen des Meeresspiegels. – Probleme Küstenforsch. im südl. Nordseegebiet 9, 13–47.

Behre, K.-E., 1972: Kultur- und Wildpflanzenreste aus der Marschgrabung Jemgumkloster/Ems (um Christi Geburt). – Neue Ausgr. u. Forsch. in Niedersachsen 7, 164–184.

Behre, K.-E., 1973: Mittelalterliche Kulturpflanzenfunde aus der Kirche von Middels (Stadt Aurich/Ostfriesland). – Probleme Küstenforsch. im südl. Nordseegebiet 10, 39–47.

Behre, K.-E., 1976a: Beginn und Form der Plaggenwirtschaft in Nordwestdeutschland nach pollenanalytischen Untersuchungen in Ostfriesland. – Neue Ausgr. u. Forsch. in Niedersachsen 10, 197–224.

Behre, K.-E., 1976b: Die Pflanzenreste aus der frühgeschichtlichen Wurt Elisenhof. Stud. Küstenarch. Schleswig-Holstein Ser. A 2. – Bern–Frankfurt/M.

Behre, K.-E., 1977: Acker, Grünland und natürliche Vegetation während der römischen Kaiserzeit im Gebiet der Marschensiedlung Bentumersiel/Unterems. – Probleme Küstenforsch. im südl. Nordseegebiet 12, 67–84.

Behre, K.-E., 1979: Ein jungbronzezeitlicher Getreidefund aus Ostfriesland. – In: U. Körber-Grohne (Hrsg.), Archaeo-Physika 8 (Festschr. M. Hopf) 11–20.

Behre, K.-E., 1980: Zur mittelalterlichen Plaggenwirtschaft in Nordwestdeutschland und angrenzenden Gebieten nach botanischen Untersuchungen. – In: H. Beck, D. Denecke u. H. Jankuhn (Hrsg.), Untersuchungen zur eisenzeitlichen und frühmittelalterlichen Flur in Mitteleuropa und ihrer Nutzung 2. Abhandl. Akad. Wiss. Göttingen, Phil.-Hist. Kl. 3 F. 116, 30–44. Göttingen.

Behre, K.-E., 1981: Zur Nahrungswirtschaft der Wikingerzeit im nördlichen Mitteleuropa. – Zeitschr. Arch. 15, 25–40.

Behre, K.-E., 1983: Ernährung und Umwelt der wikingerzeitlichen Siedlung Haithabu. Die Ergebnisse der Untersuchungen der Pflanzenreste. – Die Ausgrabungen in Haithabu 8. Neumünster.

Beijerinck, W., 1929–1931: De subfossiele plantenresten in de terpen van Friesland en Groningen 1: Vruchten, zaden en bloemen. 2: Diatomeen-schalen. 3: Overige makro- en mikroskopische resten. – Wageningen 1929 (1). 1930 (2). 1931 (3).

Beijerinck, W., 1947: Zadenatlas der nederlandsche flora. Ten behoeve van de botanie, paleontologie, bodemcultuur en warenkennis. – Wageningen. Neudruck Amsterdam 1976.

Berggren, G., 1969, 1981: Atlas of Seeds and Small Fruits of Northwest-European Plant Species with Morphological Descriptions 2: Cyperaceae. 3: Salicaceae – Cruciferae. – Stockholm 1969 (2). 1981 (3).

Bertsch, K., 1941: Früchte und Samen. Ein Bestimmungsbuch zur Pflanzenkunde der vorgeschichtlichen Zeit. Handb. d. praktischen Vorgeschforsch. 1. – Stuttgart.

Bertsch, K. u. Bertsch, F., 1949: Die Geschichte unserer Kulturpflanzen. – Stuttgart.

Bobrowski, U., 1974: Das Brenner Moor bei Oldesloe. – Kieler Notizen z. Pflanzenkde. in Schleswig-Holstein 6, 18–34.

Brøndsted, J., 1963: Nordische Vorzeit. Bd. 3, Eisenzeit in Dänemark. (Liste 400 ff.; 427 ff.) – Neumünster.

Brongers, J. A., 1976: Air Photography and Celtic Field Research in the Netherlands. – Nederlandse Oudheden 6. Amersfoort.

Brouwer, W., 1972: Handbuch des speziellen Pflanzenbaus 1. – Berlin.

Brunnacker, K., 1974: Die Böden des Geestkerns von Archsum. – In: G. Kossack, O. Harck u. J. Reichstein, Zehn Jahre Siedlungsforschung in Archsum auf Sylt. Ber. RGK 55, 261–427, bes. 386–415.

Brunnacker, K. u. Kroll, H., 1984: Der Geestkern von Archsum auf Sylt. Pedologische und botanische Befunde. – In: G. Kossack, P. Schmid u. K.-E. Behre (Hrsg.), Archäologische und naturwissenschaftliche Untersuchungen an ländlichen und frühstädtischen Siedlungen im deutschen Küstengebiet (5. Jh. v. bis 11. Jh. n. Chr.) 103–109. Weinheim.

Buurman, J., 1979: Cereals in Circles. Crop Processing in Bronze Age Bovenkarspel (the Netherlands). – In: U. Körber-Grohne (Hrsg.), Archaeo-Physika 8 (Festschr. M. Hopf) 21–37.

Caselitz, P., 1979: Aspekte der Ernährung in der römischen Kaiserzeit, dargestellt an der Moorleiche von Windeby I. – Offa 36, 108–115.

Christiansen, W., 1953: Neue kritische Flora von Schleswig-Holstein. – Rendsburg.

Conry, M. J., 1971: Irish Plaggensoils. Their Distribution, Origin and Properties. – Journal of Soil Science 22, 401–416.

Conry, M. J., 1974: Plaggen Soils. A Review of Man-made Raised Soils. – Soils and Fertilizers 37, 319–326.

DHI 1980: Deutsches Hydrographisches Institut Hamburg. Hoch- und Niedrigwasserzeiten für die Deutsche Bucht 1981. – Hamburg.

Dieck, A., 1976: Malvenfunde bei einer völkerwanderungszeitlichen Moorleiche von Dörgen, Stadt Haselünne, Kr. Meppen, und andere vor- und frühgeschichtliche Malvenfunde. – Nachr. Niedersachs. Urgesch. 45, 463–467.

Dieckmann, K., 1958: Unsere Nutzpflanzen. – Berlin.

Domhof, J., 1953: Stroiselwinning voor Potstallen in Verband met de Profielbouw van Heide in oude Bouwlandgronden. – Boor en Spade 6, 162–168.

Eckelmann, W., 1980: Plaggenesche aus Sanden, Schluffen und Lehmen sowie Oberflächenveränderungen als

Folge der Plaggenwirtschaft in den Landschaften des Landkreises Osnabrück. – Geol. Jahrb. R. F 10, 3–83.

Ellenberg, H., 1950: Unkrautgemeinschaften als Zeiger für Klima und Boden. – Landwirtschaftliche Pflanzensoziologie 1. Stuttgart.

Ellenberg, H., 1978: Vegetation Mitteleuropas mit den Alpen in ökologischer Sicht. – Stuttgart.

van Es, W., 1978: Inleiding [zu: Dorestad]. – Spiegel Historiael 13, 194 f. = ROB Overdrukken 105.

Evans, E. E., 1973: The Personality of Ireland. Habitat, Heritage and History. – Cambridge.

Feindt, F., 1975: Vorläufiger Bericht über einen Fund von verkohltem Getreide aus einem kaiserzeitlichen Haus auf der nordfriesischen Insel Amrum. – Folia Quaternaria 46, 41–48.

Feindt, F., 1978: Ein Beitrag zur Problematik der Stichprobenentnahme am Beispiel eines Fundes von verkohltem Getreide aus dem 16. Jahrhundert in Reinbek. – Mitt. Inst. f. Allg. Botanik Hamburg 16, 195–203.

Flor, M. R., 1758: Nachrichten von der Insul Sylt. Zusammengetragen 1758. – In: E. Schmid (Hrsg.), Nachrichten von der Insul Sylt, zusammengetragen 1758 von Martin Richard Flor. Nordfries. Jahrb. N. F. 10, 51–92.

Fredskild, B., 1971: Makroskopiske Planterester fra det ældste Århus. – In: H. H. Andersen, P. J. Crab u. H. J. Madsen, Århus Søndervold. En byarkæologisk undersøgelse. Jysk Arkæologisk Selskabs Skrifter 9, 307–318. København.

Gebhardt, H., 1976: Bodenkundliche Untersuchung der eisenzeitlichen Ackerfluren von Flögeln-Haselhörn, Kr. Wesermünde. – Probleme Küstenforsch. im südl. Nordseegebiet 11, 91–100.

Gebühr, M., 1979: Das Kindergrab von Windeby. Versuch einer »Rehabilitation«. Mit Anhängen von H. Jokkisch u. R. Helmer. – Offa 36, 75–107.

Graebner, P., 1925: Die Heide Nordwestdeutschlands und die sich anschließenden Formationen in biologischer Betrachtung. – Die Vegetationen der Erde 5. Leipzig.

Groenman-van Waateringe, W., 1979: Nogle Aspekter af Jernalderens Agerbrug i Holland og NV Tyskland. – In: H. Thrane (Hrsg.), Fra Jernalder til Middelalder. Beretning fra et symposium 17.–19. maj 1979 afholdt af Odense Universitet, S. 75–86. Odense.

Grohne, U., 1957: Die Bedeutung der Biologie für die vorgeschichtliche Siedlungsforschung, insbesondere in der Marsch. – Beitr. Frühgesch. Landwirtschaft 3. Wiss. Abhandl. Dt. Akad. Landwirtschaftswiss. Berlin 24, 48–72. Berlin.

Haarnagel, W., 1979: Die Grabung Feddersen Wierde. Methode, Hausbau, Siedlungs- und Wirtschaftsformen sowie Sozialstruktur. – Feddersen Wierde 2. Wiesbaden.

van der Hammen, T. u. Bakker, A. J., 1971: Former Vegetation, Landscape and Man in the Dinkel Valley. – In: T. van der Hammen u. T. A. Wijmstra (Hrsg.), The Upper Quaternary of the Dinkel Valley. Mededel. Rijks Geol. Dienst N. S. 22, 147–158.

Harck, O., 1972: Nordostniedersachsen vom Beginn der jüngeren Bronzezeit bis zum frühen Mittelalter. – Materialh. Ur- u. Frühgesch. Niedersachsen 7. Hildesheim.

Harck, O. u. Reichstein, J., 1970: Archäologische Siedlungsforschung auf Sylt. – Christiana Albertina 9, 55–68.

Hatt, G., 1928: To vigtige Bopladsfund fra ældre Jernalder, fra Mors og Himmerland. – Aarbøger, S. 219 f.

Hatt, G., 1935: Jernalderbopladsen ved Ginderup i Thy. – Nationalmus. Arbejdsmark, S. 37–51.

Hatt, G., 1938: Jernalders bopladser i Himmerland. – Aarbøger, S. 119–266.

Hatt, G., 1949: Oldtidsagre. – Det Kongelige Danske Videnskabernes Selskab Arkæologisk-Kunsthistoriske Skrifter 2, 1. København.

Hatt, G., 1958: A Dwelling Site of Early Migration Period at Oxbøl, Southwest Jutland. – Acta Arch. 29, 142–154.

Hegi, G. (Hrsg.): Illustrierte Flora von Mitteleuropa. – München 1908 ff., jetzt Berlin–Hamburg.

Helbæk, H., 1938: Planteavl. – In: G. Hatt, Jernalders bopladser i Himmerland. – Aarbøger, S. 165 f.; 216–226; 249 f.

Helbæk, H., 1951: Ukrudtsfrø som næringsmiddel i førromersk jernalder. – Kuml, S. 65–74.

Helbæk, H., 1952: Spelt (*Triticum spelta* L.) in Bronze Age Denmark. – Acta Arch. 23, 97–107.

Helbæk, H., 1954: Prehistoric Food Plants and Weeds in Denmark. A Survey of Archaeological Research 1923–1954. – Danmarks Geol. Undersøgelse, R. 2, 80; 250–261.

Helbæk, H., 1957: Bornholm Plant Economy in the First Half of the First Millenium A. D. – In: O. Klindt-Jensen, Bornholm i Folkevandringstiden og forudsætningerne i tidlig Jernalder 259–277. København.

Helbæk, H., 1958: Grauballemandens sidste Måltid. – Kuml, S. 83–116.

Helbæk, H., 1960: Comment on *Chenopodium album* as a Food Plant in Prehistory. – Ber. Geobotan. Inst. Eidgenöss. Techn. Hochschule, Stiftung Rübel 31, 16–19.

Helbæk, H., 1977: The Fyrkat Grain. A Geographical and Chronological Study of Rye. – Exkurs in: O. Olsen u. H. Schmidt, Fyrkat. En jysk vikingeborg 1. Borgen og bebyggelsen. Nordiske Fortidsminder B 3. København.

Helbæk, H., 1979: Agronomic Practises in Migration Period Eketorp. – In: U. Näsman u. E. Wegraeus (Hrsg.), Eketorp. Fortification and Settlement on Öland/Sweden. The Setting, S. 115–127. Stockholm.

Herrmann, J., 1966: Tornow und Vorberg. Ein Beitrag zur Frühgeschichte der Lausitz. – Dt. Akad. Wiss. Berlin, Schr. Sektion Vor- u. Frühgesch. 21. Berlin.

Herrmann, J., 1981: Probleme der Fruchtwechselwirtschaft im Ackerbau des 8. und 9. Jh. am Beispiel ausgewählter schriftlicher und archäologischer Quellen. – Zeitschr. Arch. 15, 1–9.

Hillman, G., 1978: On the Origins of Domestic Rye – *Secale cereale:* The Finds from Aceramic Can Hasan III in Turkey. – Anatolian Stud. 28, 157–174.

Hingst, H., 1980: Spuren alter Ackersysteme auf der Insel Amrum. – Offa 37, 316–333.

Hinz, H., 1954: Kaiserzeitliche Samen aus Westerohrstedt, Kreis Husum. – Offa 13, 87 f.

Hoffmann, D., 1981: War das Gebiet der nordfriesischen Marscheninseln und Halligen in der römischen Kaiserzeit zur Besiedlung geeignet? – Offa 38, 211–217.

Hopf, M., 1955: Formveränderungen von Getreidekörnern beim Verkohlen. – Ber. Dt. Botan. Ges. 68, 191–193.

Hopf, M., 1957: Botanik und Vorgeschichte. – Jahrb. RGZM 4, 1–22.

Hopf, M., 1973: Getreide, Äpfel und Eicheln. – In: H. Hingst, Eine bronzezeitliche Siedlung bei Schmalstede, Kr. Rendsburg-Eckernförde. Offa 30, 194–204.

Jäger, K.-D., 1966: Die pflanzlichen Großreste aus der Burgwallgrabung Tornow, Kr. Calau. – In: J. Herrmann, Tornow und Vorberg. Ein Beitrag zur Frühgeschichte der Lausitz. Dt. Akad. Wiss. Berlin. Schr. Sektion Vor- u. Frühgesch. 21, 104–189. Berlin.

Jäger, K.-D., 1967: Verkohlte Überreste von Holz und Getreide aus einer kaiserzeitlichen Siedlung von Klein-Kedingshagen, Kreis Stralsund. – Jahrb. Bodendenkmalpflege Mecklenburg, S. 267–269.

Jankuhn, H., 1955: Ausgrabungen auf eisenzeitlichen Äckern im Gehege Außelbek, Gem. Ülsby, Kreis Schleswig. – Jahrb. Angler Heimatver. 19, 66–75.

Jankuhn, H., 1958: Ackerfluren der Eisenzeit und ihre Bedeutung für die frühe Wirtschaftsgeschichte. 37.–38. Ber. RGK 148–214.

Janušević, Z. V., 1975: Fossil Remains of Cultivated Plants in the South-West of the Soviet Union. – Folia Quaternaria 46, 23–30.

Jensen, S., 1976: Byhøjene i Thy. – Museerne i Viborg amt (MIV) 6, 64–77.

Jessen, K., 1933: Planterester fra den ældre Jernalder i Thy. – Botan. Tidskr. 42, 257–288.

Jessen, K., 1951: Oldtidens Korndyrkning i Danmark. – Viking 15, 15–37.

Jessen, K. u. Helbæk, H., 1944: Cereals in Great Britain and Ireland in Prehistoric and Early Historic Times. – Det Danske Videnskabernes Selskab. Biologiske Skr. 3, 2. København.

Johannsen, A. u. Stremme, H. E., 1954: Plaggenböden auf Föhr. – Zeitschr. f. Pflanzenernährung, Düngung u. Bodenkde. 65, 170–185.

Jørgensen, G., 1976: Et kornfund fra Sarup. – Kuml, S. 47–64.

Jørgensen, G., 1979: A New Contribution Concerning the Cultivation of Spelt, *Triticum spelta* L., in Prehistoric Denmark. – In: U. Körber-Grohne (Hrsg.), Archaeo-Physika 8 (Festschr. M. Hopf) 135–145.

Jørgensen, G. u. Fredskild, B., 1978: Plant Remains from the TRB Culture, Period MN V. – In: K. Davidsen, The Final TRB Culture in Denmark. Ark. Stud. 5, 189–192. København.

Käubler, R., 1966: Plaggenböden und Plaggenmattböden in der Altmark. – Hercynia 3, 333–339.

Kersten, K. u. La Baume, P., 1958: Vorgeschichte der nordfriesischen Inseln. – Neumünster.

Kjær, H., 1928: Oldtidshuse ved Ginderup i Thy. – Nationalmus. Arbejdsmark, S. 7–21.

Kjær, H., 1930: En ny Hustomt paa Oldtidsbopladsen ved Ginderup. – Nationalmus. Arbejdsmark, S. 19–30.

Klichowska, M., 1975: Najstarsze zboża z wykopalisk polskich (The oldest Corns from Polish Excavations). – Arch. Polski 20, 83–143.

Knörzer, K.-H., 1967a: Über die Gelleper Rüben. – Niederrhein. Jahrb. 10, 48–51.

Knörzer, K.-H., 1967b: Untersuchungen subfossiler pflanzlicher Großreste im Rheinland. – Archaeo-Physika 2.

Knörzer, K.-H., 1971a: Genutzte Wildpflanzen in vorgeschichtlicher Zeit. – Bonner Jahrb. 171, 1–8.

Knörzer, K.-H., 1971b: Urgeschichtliche Unkräuter im Rheinland. Ein Beitrag zur Entstehung der Segetalgesellschaften. – Vegetatio 23, 89–111.

Knörzer, K.-H., 1978: Entwicklung und Ausbreitung des Leindotters (*Camelina sativa* s.l.). – Ber. Dt. Botan. Ges. 91, 187–195.

Knörzer, K.-H., 1979a: Spätmittelalterliche Pflanzenreste aus der Burg Brüggen, Kr. Viersen. – Bonner Jahrb. 179, 595–611.

Knörzer, K.-H., 1979b: Über den Wandel der angebauten Körnerfrüchte und ihrer Unkrautvegetation auf einer Lößfläche seit dem Frühneolithikum. – In: U. Körber-Grohne (Hrsg.), Archaeo-Physika 8 (Festschr. M. Hopf) 147–163.

Knörzer, K.-H., 1981: Römerzeitliche Pflanzenfunde aus Xanten. – Archaeo-Physika 11.

Körber-Grohne, U., 1964: Bestimmungsschlüssel für subfossile *Juncus*-Samen und Gramineen-Früchte. – Probleme Küstenforsch. im südl. Nordseegebiet 7.

Körber-Grohne, U., 1967: Geobotanische Untersuchungen auf der Feddersen Wierde. – Feddersen Wierde 1. Wiesbaden.

Körber-Grohne, U., 1977: Mittelalterliche Roggenfunde aus Württemberg. – Fundber. Baden-Württemberg 3, 579–584.

Körber-Grohne, U. u. Kroll, H., 1984: Kulturpflanzen und Sammelfrüchte aus dem deutschen Küstengebiet (5. Jh. v. bis 11. Jh. n. Chr.). – In: G. Kossack, P. Schmid u. K.-E. Behre (Hrsg.), Archäologische und naturwissenschaftliche Untersuchungen an ländlichen und frühstädtischen Siedlungen im deutschen Küstengebiet (5. Jh. v. bis 11. Jh. n. Chr.) 263–274.

Körber-Grohne, U. u. Piening, U., 1979: Verkohlte Nutz- und Wildpflanzenreste aus Bondorf, Kreis Böblingen. – Fundber. Baden-Württemberg 4, 152–169.

Korsmo, E., 1930: Unkräuter im Ackerbau der Neuzeit. Biologische und praktische Untersuchungen. – Nach dem norwegischen Manuskript des Verf., hrsg. v. H. Wollenweber, Berlin.

Kosina, R., 1977: Wrocławskie spichrze z XI. w.-przyczynek do badán nad gospodarką regionu. – Kwartalnik Hist. Kultury Mat. 25, 257–267.

Kossack, G. u. Harck, O., 1973: Grabungen in der Archsumburg auf Sylt. Vorbericht. – Germania 51, 477–499.

Kossack, G., Harck, O. u. Reichstein, J., 1974: Zehn Jahre Siedlungsforschung in Archsum auf Sylt. Mit Beiträgen von D. Hoffmann, K. Brunnacker u. H. Kroll. – Ber. RGK 55, 261–427.

Kroll, H., 1976: Pflanzliche Abdrücke in der Keramik der befestigten neolithischen Siedlung Büdelsdorf, Kreis Rendsburg-Eckernförde. – Offa 33, 61–65.

Kroll, H., 1980a: Vorgeschichtliche Plaggenböden auf den nordfriesischen Inseln. – In: H. Beck, D. Denekke u. H. Jankuhn (Hrsg.), Untersuchungen zur eisenzeitlichen und frühmittelalterlichen Flur in Mitteleuropa und ihrer Nutzung. Abhandl. Akad. Wiss. Göttingen, Phil.-Hist. Kl. 3. F. 116, 22–29. Göttingen.

Kroll, H., 1980b: Einige vorgeschichtliche Vorratsfunde von Kulturpflanzen aus Norddeutschland. – Offa 37, 372–383.

Kroll, H., 1981: Mittelneolithisches Getreide aus Dannau. – Offa 38, 85–90.

Kučan, D., 1979: Mittelalterliche Kulturpflanzen und Unkräuter aus ostfriesischen Kirchen. – Probleme Küstenforsch. im südl. Nordseegebiet 13, 23–38.

Kutschera, L., 1960: Wurzelatlas mitteleuropäischer Ackerunkräuter und Kulturpflanzen. – Frankfurt/M.

Lange, E., 1972: Ein Getreidefund von Hetzdorf aus der jüngeren vorrömischen Eisenzeit. – Zeitschr. Arch. 6, 258–266.

Lange, E., 1973: Unkräuter in frühgeschichtlichen Getreidefunden. – Ethn.-Arch. Zeitschr. 14, 193–221.

Lange, E., 1975: Kultur- und Wildpflanzen aus germanischen und slawischen Objekten. – Zeitschr. Arch. 9, 301–306.

Lange, E., 1979: Verkohlte Pflanzenreste aus den slawischen Siedlungsplätzen Brandenburg und Zirzow (Kr. Neubrandenburg). – In: U. Körber-Grohne (Hrsg.), Archaeo-Physika 8 (Festschr. M. Hopf) 191–207.

Lynch, A. u. Paap, N., 1982: Untersuchungen an botanischen Funden aus der Lübecker Innenstadt. – Lübecker Schr. Arch. u. Kunstgesch. 6, 339–360.

MacPhail, R. I., 1981: Soil and Botanical Studies of the »Dark Earth«. – In: M. Jones u. G. Dimbleby (Hrsg.), The Environment of Man: The Iron Age to the Anglo-Saxon Period. British Arch. Rep., British Ser. 87, 309–331. Oxford.

Mager, F., 1930: Entwicklungsgeschichte der Kulturlandschaft des Herzogtums Schleswig in historischer Sicht 1. – Veröffentl. Schleswig-Holstein. Universitätsges. 25, 1 = Schr. Balt. Komm. Kiel 17, 1. Kiel.

Marschalleck, K. H., 1973: Die Salzgewinnung an der friesischen Nordseeküste. – Probleme Küstenforsch. im südl. Nordseegebiet 10, 127–150.

Mertens, H., 1971: Über anthropogene Böden in Nordrhein-Westfalen. – Westfäl. Forsch. 23, 202–204.

Meyn, L., 1858: Ueber die Plaggenwirthschaft. Vortrag gehalten im Kaltenkirchener landwirthschaftlichen Vereine. – Kiel.

Mückenhausen, E., 1977: Entstehung, Eigenschaften und Systematik der Böden der Bundesrepublik Deutschland. – Frankfurt/M.

Mückenhausen, E., Scharpenseel, H. W. u. Pieting, F., 1968: Zum Alter des Plaggenesches. – Eiszeitalter u. Gegenwart 19, 190–196.

Müller-Wille, M., 1965: Eisenzeitliche Fluren in den festländischen Nordseegebieten. – Siedlung u. Landschaft in Westfalen 5. Münster.

Müller-Wille, M., 1981: Zehn Karten zur Besiedlung der Nordseemarschen. – Offa 38, 193–210.

Niemeier, G., 1959: C^{14}-Datierungen der Kulturlandschaftsgeschichte Nordwestdeutschlands. – Abhandl. Braunschweig. Wiss. Ges. 11, 87–120.

Niemeier, G., 1972: Zur Problematik der Altersbestimmung von Plaggenböden. – Erdkunde 26, 196–208.

Niemeier, G. u. Taschenmacher, W., 1939: Plaggenböden. Beiträge zu ihrer Genetik und Typologie. – Westfäl. Forsch. 2, 29–64.

Oberdorfer, E., 1970: Pflanzensoziologische Exkursionsflora für Süddeutschland. – Stuttgart.

Overbeck, F., 1975: Botanisch-geologische Moorkunde unter besonderer Berücksichtigung der Moore Nordwestdeutschlands als Quellen zur Vegetations-, Klima- und Siedlungsgeschichte. – Neumünster.

Pals, J. P., 1977: Seeds and Fruits. – In: J. A. Bakker u. a., Hoogkarspel-Watertoren: Towards a Reconstruction of Ecology and Archaeology of an Agrarian Settlement of 1000 BC. In: B. L. Beck, R. W. Brandt u. W. Groenman-van Waateringe (Hrsg.), Ex Horreo. IPP 1951–1976 = Cingula 4, 200–204. Amsterdam.

Pape, J. C., 1970: Plaggen Soils in the Netherlands. – Geoderma 4, 229–256.

Piening, U., 1980: s. Bauer 1980.

Pyritz, E., 1972: Binnendünen und Flugsandebenen im Niedersächsischen Tiefland. – Göttinger Geogr. Abhandl. 61. Göttingen.

Raabe, E.-W., 1981: Über das Vorland der östlichen Nordseeküste. – Mitt. Arbeitsgemeinschaft Geobotanik Schleswig-Holstein u. Hamburg 31. Kiel.

v. Raupach, F., 1955: Die Plaggenböden des südwestlichen Ammerlandes. – Oldenburger Jahrb. 55, 125–139.

Reichstein, J., 1974: Schwarz-Weiß-Infrarotphotographie als Hilfsmittel für die Analyse schwer beobachtbarer Befunde. – Offa 31, 108–125.

Renfrew, J., 1973: Palaeoethnobotany. The Prehistoric Food Plants of the Near East and Europe. – London.

Renfrew, J., 1974: A Report on the Cereal Grains at Dun Mor Vaul. – In: E. W. MacKie, Dun Mor Vaul. An Iron Age Broch on Tiree, S. 210–213. Glasgow.

Rowley-Conwy, P., 1978: Forkullet Korn fra Lindebjerg. – Kuml, S. 159–171.

Schiemann, E., 1948: Weizen, Roggen, Gerste. Systematik, Geschichte und Verwendung. – Jena.

Schindler, R., 1951: Ein sächsisches Reitergrab in Hamburg-Schnelsen. – Hammaburg 7/8, 132–146.

Schultze-Motel, J., 1979: Die Anbaugeschichte des Leindotters, *Camelina sativa* (L.) Crantz. – In: U. Körber-Grohne (Hrsg.), Archaeo-Physika 8 (Festschr. M. Hopf) 267–281.

Selle, D., 1975: Archsum auf Sylt – eine historisch-geographische Strukturanalyse (1740–1800). – Schriftliche Hausarbeit zur Ersten Staatsprüfung für das Lehramt an Höheren Schulen. Kiel.

Steeger, A., 1939: Auf den Spuren frühgeschichtlichen Ackerbaus in Gellep. – Die Heimat. Zeitschr. f. Niederrhein. Heimat 18, 224–228.

Stoll, H. J. u. Jäger, K.-D., 1967: Ein Getreidefund unter der ehemaligen Nicolaikirche in der Altstadt von Magdeburg. – Ausgr. u. Funde 12, 298–307.

Szydłowski, J. u. Wasylikowa, K., 1973: Cereals from the Early Medieval Fortified Settlement in Lubomia, District Wodzisław Śląski, Southern Poland. – Folia Quaternaria 43, 37–93.

Thrane, H., 1979 (Hrsg.): Fra Jernalder til Middelalder. Beretning fra et symposium 17.–19. maj 1979 afholdt af Odense Universitet. – Odense.

Tüxen, R., 1970: Die Pflanzengesellschaften Nordwestdeutschlands. – Lehrte.

Uhlig, H., 1967 (Hrsg.): Flur und Flurformen. – Materialien zur Terminologie der Agrarlandschaft 1. Gießen.

Underdown, S., 1979: The Plant Remains. – In: B. Ayers, Excavations at Chapel Lane Staith 1978. East Riding Archaeologist 5 = Hull Old Town Report Ser. 3, 73–77. Hull.

Walter, H. u. Straka, H., 1970: Arealkunde. Floristisch-historische Geobotanik. – Einführung in die Phytologie 3, 2. Stuttgart.

Webley, D., 1974: An Early Record of Heterodora humilis in the United Kingdom. – Nemotologica 20, 262.

Webley, D. u. Dennell, R. W., 1978: Paleonematology: Some Recent Evidence from Neolithic Bulgaria. – Antiquity 52, 136 f.

Westhusen, F., 1958: Die Kultur- und Wildfruchtfunde der Ausgrabungen in der Hamburger Altstadt 1948–1958. – Hammaburg 12, 195–198.

Willerding, U., 1965: Die Pflanzenreste aus der bandkeramischen Siedlung. – In: R. Maier u. H. G. Peters, Urgeschichtliche Siedlungsreste in Rosdorf, Kreis Göttingen. Neue Ausgr. u. Forsch. in Niedersachsen 2, 44–60.

Willerding, U., 1972: Untersuchung und Auswertung von Pflanzenresten aus prähistorischen Mineralbodensiedlungen. – Informationsbl. Nachbarwiss. Ur- u. Frühgesch. 3: Botanik 5, 1–18.

Willerding, U., 1979: Zum Ackerbau in der jüngeren vorrömischen Eisenzeit. – In: U. Körber-Grohne (Hrsg.), Archaeo-Physika 8 (Festschr. M. Hopf) 309–330.

Willerding, U., 1980: Anbaufrüchte der Eisenzeit und des frühen Mittelalters, ihre Anbauformen, Standortverhältnisse und Erntemethoden. – In: H. Beck, D. Denecke u. H. Jankuhn (Hrsg.), Untersuchungen zur eisenzeitlichen und frühmittelalterlichen Flur in Mitteleuropa und ihrer Nutzung 2. Abhandl. Akad. Wiss. Göttingen, Phil.-Hist. Kl. 3. F. 116, 126–196. Göttingen.

Wohlrab, B. u. Langner, C., 1965: Über den Wasserhaushalt verschiedener Plaggenesche. – Zeitschr. f. Pflanzenernährung, Düngung u. Bodenkde. 109, 227–239.

Wolf, A., 1979: Vegetationszonierung im Brackwasserbereich der Elbe. – Kieler Notizen z. Pflanzenkde. in Schleswig-Holstein 11, 13–20.

van Zeist, W., 1969: Agriculture in Early-Medieval Dorestad. A Preliminary Report. – Ber. Amersfoort 19, 209–212.

van Zeist, W., 1970: Prehistoric and Early Historic Food Plants in the Netherlands. – Palaeohistoria 14, 41–173.

van Zeist, W., 1974: Palaeobotanical Studies of Settlement Sites in the Coastal Area of the Netherlands. – Palaeohistoria 16, 223–371.

van Zeist, W., 1976: Two Early Rye Finds from the Netherlands. – Acta Botanica Neerlandica 25, 71–79.

van Zeist, W. u. Palfenier-Vegter, R. M., 1979: Agriculture in Medieval Gasselte. – Palaeohistoria 21, 267–299.

Zimmermann, W. H., 1976: Die eisenzeitlichen Ackerfluren – Typ »Celtic Field« – von Flögeln-Haselhörn (Kr. Wesermünde). – Probleme Küstenforsch. im südl. Nordseegebiet 11, 79–90.

Zoller, D., 1969: Die Ergebnisse der Grabung Gristede, Kr. Ammerland, im Jahre 1966. – Neue Ausgr. u. Forsch. in Niedersachsen 4, 131–149.

Pollenanalytische Untersuchungen an Siedlungsstraten und Böden in Archsum auf Sylt

Von Fritz-Rudolf Averdieck

EINLEITUNG

Die Insel Sylt besitzt auf ihrer Oberfläche keine Moore oder Sedimente, an denen man die Vegetations- und Siedlungsgeschichte palynologisch verfolgen könnte. Lediglich geringmächtige Schilftorfe befinden sich bei Tinnum und Westerland. Ausgedehnte Torflager liegen hingegen unter der Kleibedeckung der Marsch und des Watts südlich der Keitum-Archsumer Halbinsel (I 85 ff.; 147 ff.). Die ehemaligen Moore sind durch die Überschlickung im Verlauf der Meerestransgression am Weiterwachsen gehindert worden, so daß unsere vegetationsgeschichtlichen Rückschlüsse nur bis zum beginnenden Subboreal reichen. Seit Beginn der Eisenzeit waren die Grundzüge der Vegetations- und Siedlungsgeschichte nur noch in kurzen Abschnitten zu erfassen, deren zeitliche Fixierung sich überdies meistens in weiten Grenzen bewegte. Das ist um so bedauerlicher, als diese jüngste Periode der Sylter Siedlungsgeschichte in vor- und frühgeschichtlicher Zeit die bewegteste war; in hohem Maße wurde sie durch die Auseinandersetzung mit der natürlichen Umwelt geprägt, insbesondere mit dem Meer. Landverknappung seit neolithischer Zeit ließ außerdem den besiedelbaren und zu wirtschaftlichen Zwecken geeigneten Boden verknappen.

Da das Meeressediment (Klei) im Gegensatz zu anderen Strichen des Nordseeküstengebietes (Grohne 1955, 1957a) palynologisch nicht verwertbar war, sahen wir uns auf die organischen Rückstände angewiesen, welche die Grabungen zwischen 1963 und 1972 aus Siedlungsschichten und fossilen Böden in Archsum zutage förderten. Sie gaben uns denn doch Einblick in einzelne kurze, aber gut datierte Abschnitte der römischen Kaiserzeit und der Wikingerzeit. Die intensive Besiedlung hinterließ Ablagerungen, die sich wenigstens teilweise auf Mikro- und Makrofossilien auswerten ließen. Nicht zu beheben war jedoch der Mangel an Einblick in die Entwicklungsabfolge, weil die Proben nur wenigen, kurzen Zeitabschnitten entstammen. Die Makrofossilien bieten gegenüber den Pollen und Sporen häufig den Vorteil sicherer Bestimmbarkeit (meist bis zur Art) und größerer Ortstreue. Aus diesem Grunde bilden sie die Hauptstütze für die Klärung pflanzensoziologischer und ökologischer Problemstellungen, bei deren Diskussion wir ausführlicher auf diese Fundgattung zurückkommen werden. Zu den Makrofossilanalysen gehören auch die Holzbestimmungen. Da sie mit der Waldfrage zusammenhängen, werden die Hölzer in einem besonderen Kapitel behandelt[1].

[1] Frau M. Neve und Frau H. Werth hatten an der Pollen- und Samenbestimmung, Frau J. Hoffmann-Stošić an der Holzbestimmung maßgeblichen Anteil. Frau F. Feindt bestimmte insbesondere verkohlte Pflanzenreste nach. Allen Mitarbeitern sei auch an dieser Stelle herzlich gedankt, auch der Deutschen Forschungsgemeinschaft, die das Gesamtprojekt mit Sach- und Personalmitteln entscheidend gefördert hat. – (Unterschiede in der Nomenklatur zwischen den Beiträgen von H. Kroll [S. 66 ff.] und F.-R. Averdieck sind dadurch bedingt, daß verschiedene Auflagen der Pflanzensoziologischen Exkursionsflora von E. Oberdorfer benutzt wurden. Averdieck schreibt: Bottenbinse *Juncus gerardi* statt Salzsimse wie Kroll; Flatterbinse *Juncus effusus* statt Flattersimse; Krötenbinse *Juncus bufonius* statt Krötensimse; Glanzfrüchtige Binse *Juncus articulatus* statt Glanzfrüchtige Simse; Strandbinse *Juncus* cf. *maritimus* statt Strandsimse; Spärkling *Spergularia* statt Schuppenmiere. Anm. d. Hrsg.)

PROBENMATERIAL UND ZEITLICHE EINSTUFUNG

Das Ausgangsmaterial für unsere Untersuchung wurde in den römerzeitlichen Wohnhügeln Melenknop und Firstklent am Südwestrand der Archsumer Geest, in der etwa zeitgleichen Archsumburg und in der wikingerzeitlichen Siedlung Alt-Archsum im Zentrum der Pleistozänhöhe geborgen; es ist in seiner Gesamtheit heterogen. Pflanzliche Großreste liegen vor allem als Diasporen (Früchte und Samen) und als Hölzer vor. Während letztere vom Melenknop, aus der Archsumburg und aus Alt-Archsum zur Verfügung standen, beschränken sich die Samen- und Früchtebestimmungen dieser Studie fast ausschließlich auf die Mistschichten des Melenknop, also auf ein ziemlich einheitliches und gleichaltes Milieu. Gemeinsam ist den drei Anlagen die Pollenführung, für uns die wichtigste archäobotanische Arbeitsgrundlage.

Der verschiedenartige Charakter der probenliefernden Schichten und die nicht minder unterschiedliche Pollenzersetzung mit allen ihren Sekundäreffekten schränken die Vergleichbarkeit in so starkem Maße ein, daß eine chronologisch vergleichende Auswertung schlecht möglich ist. Während aus der römischen Kaiserzeit für jede einzelne Anlage Mistschichten und Böden verfügbar waren, konnten aus den vorangehenden und nachfolgenden Zeitabschnitten lediglich Böden in primärer oder sekundärer Lagerung herangezogen werden. Die Aussagen sind deshalb sehr ungleichartig, und nur wenige Züge der Vegetationssukzession bestätigen dann die Datierung im Grundsätzlichen. Der Versuch einer auch nur halbwegs normalen Stratigraphie scheitert an den überragenden und wechselvollen lokalen Einflüssen wie auch an der Pollenzersetzung. Die Spektren sind bis auf vereinzelte Ausnahmen nach dieser oder jener Richtung hin stark verzerrt. Deshalb fassen wir die Polleninhalte der Schichten, wie sie auf den einzelnen Grabungsplätzen angetroffen wurden, zusammen und stützen uns bei der Funktionsbestimmung und Datierung der Straten auf Angaben der Grabungsleiter O. Harck u. J. Reichstein[2].

[2] O. Harck u. J. Reichstein berichten wie folgt:

Melenknop

Bei den »Mistproben« 2–14. 16 und 20–26 *(Beil. 16; 18; 20)* handelt es sich nahezu ausschließlich um Material aus einer einzigen, auf der Wohnhügelmitte verbreiteten organogenen Schicht, die außerhalb des Langhauses der Bauperiode B 1 (spätes 1. und frühes 2. Jahrhundert n. Chr. Geb.) stellenweise eine Mächtigkeit bis 35 cm erreichte, aber schon nach wenigen Metern von der Hauswand entfernt sich stark verjüngte (Profil: *Beil. 25,* m 55–67, +3,3 m NN). Die Strate konservierte Heidekraut, Holzstücke und Reste von gut erhaltenen Flechtwerkmatten (Probe 4). Während die Proben 2–3 und 11–13 nordöstlich des Stallendes und Probe 15 nicht weit vom Giebel innerhalb des Stalles geborgen wurden, konzentrierten sich die Fundstellen der anderen vor dem westlichen Hausgiebel, wo auch die von W. Tischler diagnostizierten Käferreste zum Vorschein kamen *(Beil. 19).* Dagegen gehört Probe 1 zur Bauperiode B 2 (alt), sie wurde dem Wohnteil des Langhauses entnommen.

Von den ^{14}C-datierten Holzproben *(Tab. 26)* wird KI 149 in einer alt- bis mittelbronzezeitlichen »Kochsteinlage« auf einem frühbronzezeitlichen Grabhügel lokalisiert. KI 147, 148 und 150 datieren Hölzer, die während der älteren römischen Kaiserzeit verwendet wurden und in Straten der Bauperiode A oder B 1 enthalten waren. B 1-zeitlich ist KI 74 (Flechtwerk in Mistlage, s. o.), KI 145, 146 und 151 stammen aus Langhäusern der Bauperioden B 3 und B 4, sie gehören in das 3. oder frühe 4. Jahrhundert n. Chr. Geb.

Die Artenbestimmung *Abb. 63,a. b* bezieht sich auf sekundär verlagerte, B-zeitliche Hölzer.

Firstklent

Averdieck entnahm die zwei »Stroh«- und Mistproben 17–18 *(Beil. 18.20)* einer Planierschicht der älteren römischen Kaiserzeit außerhalb der ersten Bebauung auf Auftragsboden im Wohnhügelzentrum. Probe 19 ist ebenso alt, stammt aber aus anderem Zusammenhang.

Archsumburg

Sämtliche pollenanalytisch verwerteten Proben in *Beil. 17,a* und *23* entstammen der westlichen Profilwand eines 1972 ausgehobenen Testschnittes (Kossack u. Harck 1973, 481 Abb. 2), A 6 und 7 einem vorkaiserzeitlichen, von einer Bleichsandlage bedeckten Auftragsboden, A 5 der alten Oberfläche, A 1–3 dem Primärwall, A 4 und 11 dessen Ausbau und A 8–10 einer Planierschicht aus humosen Soden; man hatte sie in einem Ackerboden gestochen, der Scherben der römischen Kaiserzeit und einer älteren Kulturperiode enthielt, soweit dies die grobe Magerung stark abgerollter und fragmentierter Stücke erkennen ließ.

Alt-Archsum

Mit Ausnahme der Proben 6/1 und 6/2 sind alle anderen wikingerzeitlich, wobei deren jüngere Phase nicht mehr vertreten zu sein scheint *(Beil. 17,b; 24).*

6/2 stammt aus der alten Oberfläche (A_h), auf der ein bronzezeitlicher Grabhügel errichtet war, muß also altbronzezeitlich oder älter sein (Fläche C 2/69, Ostprofil 2, vgl. I Beil. 28), 6/1 aus der Hügelschüttung, die während der Jungbronze- und älteren vorrömischen Eisenzeit acht Nachbestattungen aufgenommen hat (Kossack, Harck u. Reichstein 1974, 290 Abb. 7 u. Taf. 126,2. 3). Der Hügelkern wurde in der Wikingerzeit aufgegraben und das Zentralgrab dabei gänzlich zerstört. Die Proben aus der Hügelschüttung dürften nach alledem in die ältere Bronzezeit gehören.

Die Proben 1/1, 1/2 und 3 sind Wandsoden wikingerzeitlicher Langhäuser entnommen worden, 1/1 und 1/2 auf Fläche C 3/69, Südprofil 8 dem jüngeren zweier übereinander liegender Bauten, 3 auf Fläche S 1, Westprofil 88. Probe 2 auf Fläche H 1/1 dokumentiert den Pol-

MELENKNOP

Material und Methode

Bei den untersuchten fossilführenden Schichten handelt es sich um organisches Substrat in unverkohltem Zustand. Es wäre nicht erhalten geblieben, hätten die Siedler es nicht mit flächig gelegten Kleisoden abgedeckt und dadurch für natürliche Feuchtigkeit, Luftabschluß und Konservierung gesorgt. In erster Linie haben wir es mit Mist- und Streuschichten aufgestallter Haustiere innerhalb der Siedlung zu tun, Straten, die in einigen wenigen aufeinanderfolgenden Hausbauphasen nur kurze Zeitspannen umfassen. Die Mistlagen bieten hineingeratenen Pflanzenteilen ähnliche Erhaltungsbedingungen wie konservierende Torfe oder Sedimente. Der besondere Vorteil organischer Lagerstätten liegt vor allem in der Fähigkeit, auch zarte und kleinste Pflanzenreste, beispielsweise Gewebe, winzige Samen und Pollen in nur wenig veränderter Form vor dem Zerfall zu bewahren.

Dieser Befund steht im Gegensatz zu den Verhältnissen in den sonstigen Schichten des Melenknop, in denen fast nur verkohltes Material der Zersetzung Widerstand leisten konnte. Brandschichten und Böden enthielten Erntegut und lokale Unkrautflora in Form verkohlter Früchte und Samen, teilweise sogar in erheblicher Menge (s. S. 52 ff.). Für pollenanalytische Untersuchungen erwiesen sie sich als ungeeignet.

Auch der negative Pollenbefund humusreicher Plaggenböden aller Zeitabschnitte war enttäuschend und ließ sich kaum erklären. Von den sehr vereinzelten und stark korrodierten Pollen waren nur besonders markante, aber stratigraphisch unbrauchbare Typen identifizierbar.

Eine weitere Schichtgattung stellten die Kleipackungen im Hügelaufbau dar, sei es in Form flächiger Dekken, sei es in Form von Hauswandsoden. Die Pollenanalysen an solchen Kleischichten ergaben wie in der Marsch, woher ja das Material stammte, stets ein völlig gestörtes Spektrum undefinierbaren Alters, was letztlich auf zu starke Wasserbewegung zurückzuführen ist.

Deshalb konzentrierten sich unsere palynologischen Untersuchungen, mit denen auch Makrofossilanalysen verbunden waren, auf die im Verlauf der Grabungen freigelegten Mistschichten des 1.–3. Jahrhunderts n. Chr. Geb. Hauptziel waren Aufschlüsse über das Vegetationsgefüge der Umgebung im allgemeinen und über die Herkunft des Materials, das durch Mensch und Haustier in die Siedlung getragen wurde. Eine gleichartige und auf die ältere römische Kaiserzeit begrenzte Schicht auf dem benachbarten Siedlungshügel Firstklent konnte in die Bearbeitung mit aufgenommen werden.

In einigen Fällen wurden aus dem Anschnitt der Mistlagen geringmächtige Proben in vertikaler Folge entnommen, wie es bei Moorprofilen üblich ist. Hierdurch sollten mögliche Unterschiede in der Herkunft der Futterpflanzen und Stallstreu erfaßt werden. Von vornherein war einzukalkulieren, daß das Material durchmischt, durchtränkt und durchtreten war. Hielten wir deshalb den Probeninhalt möglichst klein, wirkte sich das nachteilig für die Makrofossilanalyse aus. Dennoch scheinen die Mengenverhältnisse im allgemeinen gesichert zu sein, weil Großreste (Früchte, Samen) reich vertreten waren. Deren Untersuchung sollte die Pollenanalysen nur ergänzen, sind sie doch in erheblich größerem Umfang durch die Spezialstudie Krolls erschlossen worden (s. S. 51 ff.). Wo das Arteninventar bei unseren Makrofossilanalysen einheitlich ausfiel, beschränkten wir die Zahl der Pollenanalysen nur auf einen Teil der betreffenden Proben. Ein anderer Teil wurde nur auf Pollen untersucht.

Die Aufbereitung und Anreicherung mittels des Acetolyseverfahrens nach Erdtman (1943) brachten ein befriedigendes Ergebnis. Die Makrofossilien wurden durch Ausschlämmen und Absieben nach einer mehrwöchigen Behandlung in kalter 15%iger Salpetersäure ausgelesen. Infolge Verformung oder ungenügender Erhaltung reichten die Bestimmungen insbesondere bei den Pollen oft nur bis zur Gattung oder zur Familie. Bei nicht zweifelsfreier, aber sehr wahrscheinlich richtiger Bestimmung wurde die Bezeichnung »cf« hinzugefügt. Der Zusatz »Typ« bedeutet, daß es sich mangels Unter-

leninhalt flacher Kleisoden, aus denen Brunnen 11 erbaut war, sie trugen teilweise noch Anwachs; da er von Kulturschichten überfahren wurde, dürfte er allein nach der Bauweise geurteilt der älteren bis mittleren Wikingerzeit angehören. Die Proben 4 und 5/1–3 enthalten Material aus Grubenhäusern gleicher Zeitstellung: 4 (Fläche C 3/69, Testschnitt 1968) aus schräg geschnittenen torfigen Soden der Wände, 5/1 und 5/2 (Fläche H 1/1, Südprofil 122) ebenfalls aus Wandsoden, 5/3 (Fläche H 3 c, Ostprofil 172) aus Soden der Grubenhaussohle.
Die von Averdieck bestimmten Hölzer *(Abb. 63,c)* fanden wir an der Basis wikingerzeitlicher Sodenbrunnen; es handelt sich um sekundär verwendetes Bauholz, um Schiffsteile, Bretter und Flechtwerk.

scheidbarkeit auch um eine oft größere und unbekannte Anzahl anderer Taxa handeln könnte. Bei nur zwei in Frage kommenden Gattungen oder Arten sind beide Namen ohne weitere Vermerke eingetragen. Während in der Gesamtfundliste *(Beil. 21)* sämtliche Pflanzen nach der Fundgattung aufgeführt sind, sahen wir in den anderen Tabellen unter Bevorzugung der Makrofossilien von Doppelaufzeichnungen ab. Pollen und Sporen sind in allen Listen kenntlich gemacht, weil ihr dokumentarischer Wert wegen leichterer Verfrachtung geringer ist. Ökologische Aussagen setzen im Regelfall die Artdiagnose voraus. Deshalb schieden wir unzureichende Bestimmungen aus oder setzten sie in Klammern, sofern sie mit einem gewissen Wahrscheinlichkeitsgrad zu ergänzen waren.

Makrofossilanalyse

Die pflanzlichen Großreste der Mistproben bestanden überwiegend aus Früchten und Samen. Auffallenderweise dominieren nur wenige Arten und zwar durchweg mit Stetigkeit, wie *Beil. 18* zeigt. Solche Stetigkeit zeichnet aber auch einzelne weniger häufige Arten aus. Etliche Abweichungen unter den pauschalierten Mengenangaben beruhen sicherlich nur auf unterschiedlicher Probengröße. Da sich die Mistschichten im wesentlichen aus dem Futter und der Stallstreu zusammensetzen, läßt das ziemlich einheitliche Inventar an Diasporen auf gleichartige Herkunft oder intensive Durchmischung schließen. Die Ausgräber beobachteten beim Flächenabtrag gelegentlich unterschiedliche Substrate, z. B. strohartige oder heidekrautreiche. Es bietet sich die Erklärung an, daß die Areale für die Streugewinnung wechselten, während die Weide und die für das Winterfutter der aufgestallten Tiere reservierten Flächen einen konstanteren Charakter hatten. Einige Arten bilden bisweilen Ausnahmen, im positiven Sinn z. B. die Sumpfmiere *Stellaria palustris* in den Proben 7–9 oder die Große Brennessel *Urtica dioica* in Probe 20, im negativen Vogelknöterich *Polygonum aviculare* und Ackerspörk *Spergula arvensis* in Probe 24. Die am häufigsten durch Früchte und Samen dokumentierten Pflanzen sind vorwiegend Unkräuter der Äcker und Ruderalstellen. Von Kulturpflanzen waren außer einzelnen Getreidekörnern nur Leinsamen mit einiger Regelmäßigkeit zu finden.

Beil. 18 berücksichtigt nur diejenigen Pflanzen, die mindestens in zwei Proben vorkommen. Die weiteren Funde sind aus der Gesamt-Pflanzenfundliste *Beil. 21* zu ersehen. Infolge besonderer Umstände können einzelne Pflanzenarten in einer Probe häufig vertreten sein, z. B. Weide *Salix* in Probe 4 und Schilf *Phragmites* in den Proben 17 und 18. Reichlich waren stets Binsensamen *Juncus*, die eigentlich schon zu den Makrofossilien zählen. Ihre nähere Bestimmung nach dem Schlüssel von Körber-Grohne (1964) wurde nur bei den Proben 4 (»Flechtmatte«), 15 (62/13) und 22 (186/2, 1–3) durchgeführt. Die einander ähnlichen Ergebnisse weisen zu etwa gleichen Teilen Bottenbinse *Juncus gerardi* und den Flatterbinsen-Typ *Juncus effusus* aus, daneben Krötenbinse *Juncus bufonius* und jeweils wenige Exemplare der Glanzfrüchtigen Binse *Juncus articulatus* und der cf. Strandbinse *Juncus* cf. *maritimus*.

Pollenanalyse

Palynologische Untersuchungen von Mistschichten hatten bereits an deren Orten erwiesen, daß auch umfangreiche Großrestanalysen durch die Pollenanalyse sehr wirksam ergänzt werden können (Grohne 1955, 1957 a; Körber-Grohne 1967; Behre 1976; Willerding 1979 a, 62). Obschon diese Ablagerungen in mancher Beziehung gewachsenen Torfen ähneln, darf ihre Pollenzusammensetzung nicht unmittelbar miteinander verglichen werden. Wie Körber-Grohne (1967) festgestellt hat, kann der lokale Fehler in Mistproben durch eingebrachte Blüten ungleich höher und wechselhafter sein. Möglicherweise bestehen größere Unterschiede in der Pollenkonservierung bei Mistschichten, doch lassen sich die einzelnen subjektiven Beurteilungen schlecht miteinander vergleichen. Während die Pollenerhaltung in der Wurt Feddersen Wierde für gut befunden wurde (Körber-Grohne 1967), müssen wir sie in Archsum als allgemein »schlecht« bezeichnen. Innerhalb der Mistlagen am Melenknop erwies sie sich als wechselhaft und aufgefächert zwischen »gut« bis »sehr schlecht« oder zwischen »schlecht« bis »unbrauchbar«. Mehr als 5% der Gesamtpollensumme mußten als »unbestimmbare Pollenreste« gelten.

Die Analysenergebnisse sind in Form von Säulendiagrammen in *Beil. 16* dargestellt. Der Übersichtlichkeit halber berücksichtigten wir dabei nur die für die Fragestellung relevanten Typen. Der linke Teil mit schwarzen Säulen enthält die Baumpollen, die prozentual auf die Baumpollensumme bezogen sind. Die weißen Säulen im rechten Teil stellen die auf die Gesamtpollenmenge bezogenen Prozente der Bäume (als Summe), der wichtigsten Sträucher Hasel *Corylus* und Gagelstrauch *Myrica*, der Zwergsträucher *Calluna* und der Kräuter und Gräser dar. In einer der Säulen sind die nach Ellenberg (1974) verschiedengradig salztoleranten Pflanzen zusammengefaßt. Die Zahl der Salztoleranten insgesamt ist selbstverständlich weit größer. Ihrer mangelhaften Bestimmbarkeit wegen sind bedeutende Glieder, die sich z. B. unter den Gräsern (Gramineae), Binsengewächsen (Juncaceae), Gänsefußgewächsen (Chenopodiaceae), Kreuzblütlern (Cruciferae) und Korbblütlern (Compositae) befinden, als Arten nicht erfaßbar. Von den hier einbezogenen Pflanzen ist jedoch nur ein Teil obligat halophil. Ferner reicht die Bestimmung mitunter nur bis zur Gattung, z. B. beim Spärkling *Spergularia,* oder sie ist überhaupt nicht ganz eindeutig, z. B. beim Milchkraut *Glaux,* so daß gelegentlich nicht hierher gehörende Arten einbezogen worden sein können. In der Summensäule spielen mögliche Fehler jedoch kaum eine Rolle.

Gesondert dargestellt sind die Gänsefußgewächse (Chenopodiaceae) als ebenfalls mögliche Halophyten und die Getreidetypen nebst Spitzwegerich *Plantago lanceolata* als Hauptkulturanzeiger. Alle restlichen krautigen Pflanzen einschließlich der wenigen farnartigen Gewächse sind summarisch unter »sonstige Kräuter« aufgeführt. In die Gesamtpollensumme einbezogen, aber nicht eigens genannt, sind noch wenige Einzelvorkommen von Sträuchern: cf. Weißdorn *Crataegus,* Efeu *Hedera* in Probe 2, Wacholder *Juniperus* in den Proben 8. 10. 14. 18, Schlehdorn/Vogelkirsche *Prunus,* Faulbaum *Rhamnus frangula,* cf. Brombeere *Rubus,* Stechginster *Ulex* in Probe 3 und nicht näher definierbare Hasel- *Corylus* oder Gagelstrauch-ähnliche Typen *Myrica.*

Beil. 20 verzeichnet zur Hauptsache die Pollen der krautigen Pflanzen, die in den Diagrammen nur als Summen erscheinen. Als Berechnungsgrundlage diente hier die Summe aller Kräuter, wobei aber die Wildgräser (Gramineae), Heidekraut *Calluna* und Erdbeerklee/Weißklee *Trifolium fragiferum/repens* ihrer zeitweilig erdrückenden Dominanz wegen herausgenommen wurden. Getreide, Spitzwegerich *Plantago lanceolata* und Gänsefußgewächse (Chenopodiaceae) erscheinen in der Tabelle wegen ihrer bedeutenden Anteile nochmals, infolge der geänderten Bezugssumme aber mit höheren Werten als in den Pollendiagrammen. *Trifolium repens/fragiferum,* als wahrscheinlicher Salinitätsindikator wichtig und deshalb in die Halophytensäule der Diagramme einbezogen, ist informationshalber der Tabelle zuunterst angefügt, jedoch mit den auf die Gesamtpollensumme bezogenen Werten wie in den Diagrammen. Das Maximum dieser Kleeart oder dieser Kleearten fällt in eine Probe, die zu 53% von Gramineen beherrscht wird und nur unbedeutenden Gehölzanteil aufweist.

Im Gegensatz zu dem durch die Makroanalyse vermittelten Eindruck der Gleichförmigkeit erweisen sich die Pollenspektren als wesentlich abwechslungsreicher. Nach den Dominanzverhältnissen einiger Sippen lassen sie sich vier Gruppen zuordnen *(Beil. 16).* Die erste Gruppe wird nur von einem Spektrum (1) repräsentiert und steht im Zeichen der Baumpollen, ähnlich wie bei Waldlandschaften *(Beil. 16,a).* Dieses Pollenmengenverhältnis erscheint auf den ersten Blick für ein derartiges Substrat ungewöhnlich und schwer erklärbar. Wie der Vergleich mit den übrigen Baumpollenspektren zeigt, sind aber Birkenpollen daran in erheblichem Maße beteiligt. Zusammen mit der Erle, die meist auch die Baumpollenanteile der anderen Spektren beherrscht, macht die Birke 27% der Gesamtpollenmenge, fast 78% der Baumpollen insgesamt aus, so daß dieses Spektrum wie die anderen als stark lokal geprägt und wohl nicht repräsentativ für die damalige natürliche Waldzusammensetzung anzusehen ist. Anders herum kann man in der Pollenzusammensetzung vielleicht besser eine ungewöhnliche Untervertretung der Nichtbaumpollen sehen. Die lokale Note wird durch die beachtliche Beteiligung des Gagelstrauchs *Myrica* und des Heidekrautes *Calluna* unterstrichen, die diese Schicht in die Nähe der noch zu besprechenden Heidespektren rückt.

Die weitere Gliederung beruht auf der Relation zwischen Gräser- und Heidekrautpollen. Die Spektren der Proben 4. 5. 8. 17 und 18 bilden die zweite Gruppe *(Beil. 16,a).* Sie ist durch ein einigermaßen ausgewogenes Verhältnis der beiden Pollenarten gekennzeichnet und steht zwischen den beiden folgenden, wenn man die Beteiligung der übrigen Typen berücksichtigt. Möglicherweise sind hier Pflanzen von verschiedenen Standorten, die der Futter- und Streugewinnung dienten, annähernd gleichmäßig miteinander vermischt.

Heidekraut *Calluna* überwiegt bei sehr wechselnder Gramineenbeteiligung in der dritten Gruppe, die wir als »Heidegruppe« bezeichnen (*Beil. 16,b;* Spektren 2. 7. 10. 12–14). In ihr spielen die Salztoleranten, die Gänsefußgewächse (Chenopodiaceae) und die übrigen Kräuter die geringste Rolle. Auch Getreidepollen sind auffallend schwach vertreten. Spitzwegerich *Plantago lanceolata* als zuverlässigster Kulturanzeiger hat zwar seinen Maximalwert in der »*Calluna*-Probe« 13, ist sonst aber indifferent. Die Baumpollen bieten das einheitlichste Bild mit der Mengenabfolge Erle *Alnus,* Birke *Betula* und Eiche *Quercus,* sofern man die Kiefer *Pinus* wegen des möglichen Ferntransportes unberücksichtigt läßt. Buche *Fagus* und Hainbuche *Carpinus* finden sich regelmäßig. Die Hasel *Corylus* liegt hoch und fast immer über den Werten der Eiche *Quercus.* Außerdem ist hier die Pollenerhaltung »teilweise gut«, wenn auch nicht regelmäßig, so doch am häufigsten in den Gruppen insgesamt.

Die vierte Gruppe erscheint mit ihrer überragenden Gramineendominanz stärker abgesetzt als alle anderen (*Beil. 16,c;* Spektren 6. 9. 11. 15. 16. 19). Die Baumpollen sind in ihr am niedrigsten vertreten, auch die Haselwerte weichen fast immer stark zurück. Salztolerante sind hier mit ihren Hauptkomponenten Erdbeerklee/Weißklee *Trifolium fragiferum/repens* und Strandwegerich *Plantago maritima* eindeutig häufiger, sie erreichen Spitzenwerte. Auch die Chenopodiaceen erscheinen besonders ausgeprägt. Die als Pollentyp gut abgrenzbare, aber kaum aufzuschlüsselnde Familie der Chenopodiaceen gilt in Meeresnähe allgemein als Salinitätsanzeiger. Urteilt man nach den gleichzeitigen Samenfunden, muß allerdings bezweifelt werden, daß diese Pollen in der Mehrzahl von Meerstrandbewohnern stammen. Ihr Maximum fällt zwar mit hohen Strandwegerich-Werten zusammen *(Plantago maritima)*, nicht jedoch mit den Maxima der anderen salztoleranten Arten. Ähnliches gilt auch für die sonstigen Kräuter, bei denen zugleich die Anzahl der Taxa, die in der Hauptsache typische Unkräuter repräsentieren, höher ist. Die Pollen sind meist schlechter erhalten als sonst. Die Herkunft auch dieser Materialien wird demnach als heterogen beurteilt werden dürfen. Meeresnahes Grasland (auch Schilf), abgeerntetes Ackerland und Ruderalplätze könnten für die unterschiedlich hohen Gras- und Krautpollenwerte inklusive der Getreidetypen in Frage kommen.

Zusammenfassend ergeben sich aus den Pollenanalysen der Mistlage am Melenknop folgende wichtige Fakten:

Verschiedene Landschaftstypen sind nachweisbar, nach den Großrestfunden zeichnen sie sich sehr viel undeutlicher ab. Die Heide ist als Vegetationsform der Geest von Bedeutung gewesen. Innerhalb ein und derselben Mistlage wechselt die Flora in engem vertikalem Abstand, obwohl Durchmischung zu erwarten ist. Hohe Werte von sicher diagnostizierbaren salztoleranten Pflanzen sind ausschließlich mit hoher Gramineenbeteiligung verbunden, sie weisen deshalb auf Salzwiesen hin. Die in gramineenreichen Proben genauso hohen Chenopodiaceen-Werte müssen nach den zahlreichen Samenfunden größtenteils Acker- und Ruderalpflanzen zugeschrieben werden. Die geringen Pollenfrequenzen von Getreide lassen keine deutliche Bindung an Landschaftsformen erkennen. Die als kulturabhängig zu bewertenden sonstigen Krautpollen sind in den gramineenreichen Schichten mannigfaltiger ausgeprägt und nehmen in ihnen an Menge zu.

Die Pflanzenfunde und ihre Herkunft

Dem Versuch, die Pflanzenfunde mit ihren möglichen einstigen Lebensräumen in Verbindung zu bringen, sind einige Bemerkungen zu den Funden selbst vorauszuschicken. Sieht man *Beil. 21* durch, in der alle nachgewiesenen Arten alphabetisch aufgeführt sind, zeigt sich rasch, daß sie kaum Neuheiten enthält, vergleicht man sie mit den Listen von Siedlungen ähnlicher Zeitstellung an der Nordseeküste (Grohne 1955, 1957 a. b; Körber-Grohne 1967; van Zeist 1974; Behre 1976). Nur wenige Arten ausgenommen, kehren alle anderen in ganz ähnlicher Situation in der Marschensiedlung Feddersen Wierde wieder (Körber-Grohne 1967, 232 ff.), so daß für den Melenknop nur wenige Ergänzungen erforderlich sind. Als sichere Neufunde waren lediglich Nickendes Leimkraut *Silene nutans* durch Samenfunde und Wacholder *Juniperus communis* mittels Pollen nachzuweisen. Vergleicht man die »Flora der Nordfriesischen Inseln« (Christiansen 1961) und die »Neue kritische Flora von Schleswig-Holstein« (Christiansen 1953), stellt sich heraus, daß drei Arten heute auf Sylt (auf *Beil. 21* durch einen Stern markiert) und acht auf den Nordfriesischen Inseln fehlen (zwei Sterne).

Bedeutung kommt der Menge und Stetigkeit der Belegstücke zu, vor allem der Makrofossilien in den einzelnen Proben. *Beil. 18* nimmt nur diejenigen Arten auf, die wir in mindestens zwei Proben fanden; wo sie nur auf eine oder wenige beschränkt sind, handelt es sich meist um geringe Werte. Zu den häufigsten Funden zählen Früchte oder Samen vom Weißen Gänsefuß *Chenopodium album* und vom Hederich *Raphanus raphanistrum*. Ihre Anreicherung könnte mit der Nutzung dieser Wildkräuter als Sammelpflanzen für die Ernährung zusammenhängen, wie man das schon aus den Vorkommen in anderen und auch älteren Siedlungen gefolgert hat; bei den stärkehaltigen Früchtchen von *Chenopodium album* besteht wohl kaum ein Zweifel daran (Helbæk 1951; Knörzer 1971 a. b; Willerding 1979 b), auch nicht bei *Raphanus raphanistrum*-Samen (Knörzer 1971 b). Gegen die Verwendung der Gänsefußfrüchte in Archsum spricht, daß wir sie massiert nur in Mistschichten des Melenknop entdeckten. Hederichsamen sind dagegen auch in verkohltem Zustand in den Kulturschichten ziemlich häufig. Ähnliches könnte für die Nüßchen der Knötericharten *Polygonum* gelten. Für die meisten anderen Unkräuter scheidet eine Deutung als Nutzpflanzen wohl aus.

Echte Kulturpflanzen fehlen aber keineswegs. Ziemlich regelmäßig fanden wir Leinsamen *Linum usitatissimum* und zwar keineswegs immer nur vereinzelt in den Proben. Bemerkenswert eintönig waren die Getreidefunde insgesamt, nur einzelne Körner gehörten anderen Arten an als Gerste. Obschon es in Anbetracht der relativ hohen Salzresistenz dieses Getreides Anhaltspunkte für Gerstenanbau in der Marsch gibt (Grohne 1957 a; Körber-Grohne 1967; Behre 1976), fanden sich am Melenknop keine Beweise dafür. Denn außer den seltenen Fruchtfunden waren in den Mistschichten auch die Pollenfrequenzen der Cerealia überraschend niedrig. Bemerkenswerterweise waren aber Pollen von Roggen, bekanntlich der überragende Pollenspender unter den Getreiden, in den Mistproben nur sehr selten festzustellen. Es sei daran erinnert, daß die Getreidepollenwerte mit der Entfernung von der Anbaufläche rasch abzufallen pflegen und daß sie von der Art und von der Lage der untersuchten Schichten abhängen (Bastin 1964; Welten 1967; Meurers-Balke u. Lüning 1980).

Mit dem Getreideanbau hängt die Frage eng zusammen, ob für die Stallstreu Stroh verwendet wurde; eine Antwort wäre für die Beurteilung der Mistschichten wichtig. Auf der Feddersen Wierde mußte sie trotz aufmerksamer Suche verneint werden (Körber-Grohne 1967, 136 ff.). In den Wohnhügeln Melenknop (Proben 7.9) und Firstklent (Proben 17.18) glaubte man, strohartige Lagen entdeckt zu haben. Sofern Bestimmungen möglich waren, erwiesen sie sich einwandfrei als Schilf.

Körber-Grohne (1967) und Behre (1976) vermuten für die Marschensiedlungen Ährenernte. Die möglicherweise niedrigen Halme (s. S. 122 für Archsum) wurden abgebrannt. Deshalb fiel bei der Ernte kein Stroh an, das man zum Dachdecken hätte verwenden können. Wir suchten in den Kulturschichten des Melenknop vergeblich danach, auch in Mistschichten war es nicht erkennbar.

Bleibt die Frage nach Gerstenanbau in der Marsch für Archsum offen, so gilt das gleiche für die Form des Anbaus als Sommer- wie als Winterfrucht. Die methodischen Möglichkeiten zur Klärung auf ethnopaläobotanischer Grundlage stellte Willerding (1980, 165 ff.) zusammen. Eine eindeutige Aussage ist auch hier nicht möglich, weil eine Beschränkung auf winterflutgefährdete Flächen nicht vorliegt. Die überwiegende Zahl der Unkräuter gehört zwar in die Klasse der ein- bis zweijährigen Hackunkraut- und Ruderal-Gesellschaften (Chenopodietea) und spricht damit eher für den Anbau von Sommergetreide, doch ist nach neueren Erkenntnissen die Trennschärfe unter den damaligen Kulturbedingungen nicht so hoch zu veranschlagen. Immerhin sind auch einige Arten der Getreideunkraut-Gesellschaften (Secalinetea) in reichlicher Stückzahl vorhanden (Hederich). Von den typischen Winterfrucht-Anzeigern sind der Roggen allerdings kaum, die Kornblume und die Kornrade gar nicht nachzuweisen (s. S. 137 ff.).

Gliederung nach rezenten Pflanzengesellschaften

Außer dem Ackerland interessieren die anderen Pflanzengesellschaften der Siedlungsumgebung, insbesondere die anthropogenen und genutzten Ruderal- und Grünlandgesellschaften. Auskunft war vor allem über die Funde in den Mistschichten zu erwarten. Will man nähere Vorstellungen von den Wuchssorten gewinnen, muß man die Ansprüche der damals dort gemeinsam gewachsenen Arten ermitteln. Einen Schlüssel hierzu bietet die Pflanzensoziologie.

Bei der Besprechung der Pollenanalysen wurde schon deutlich, daß in den Mistschichten Pflanzenreste verschiedener Standorte vermischt sind. Man kann sie allgemein als Gemisch allochthoner einstiger Biocoenosen bezeichnen, meist wohl nur als Teile derselben. Zutreffender wäre wohl der Terminus Thanatocoenosen im Sinne Willerdings (1979 a, 106 ff.).

Mit Hilfe der in der Pflanzensoziologie gebräuchlichen Charakterarten lassen sich Differenzierungen nach Vegetationseinheiten unterschiedlicher Rangfolge vornehmen. Sie beruhen jedoch auf der zwangsläufigen Prämisse, daß die Gesellschaften in vor- und frühgeschichtlicher Zeit die gleichen wie in der Gegenwart gewesen sein müßten, aus der ja das System stammt. Das war jedoch keineswegs immer der Fall, wie mehrere Botaniker erkannten und ausdrücklich betonten (Behre 1972, 1976; Knörzer 1971 b, 1980; Körber-Grohne 1967; Willerding 1979 a, 1980). Aus leicht einsehbaren Gründen haben insbesondere die anthropogenen Pflanzengesellschaften mit der wechselnden Art der Bewirtschaftung Veränderungen erfahren (Knörzer 1981, 142 ff.; Willerding 1980, 162 ff.). Das ging schon aus der Besprechung der Äcker hervor. Von anderen anthropogenen Gesellschaften wissen wir, daß sie erst in historischer, mitunter sogar in sehr junger Zeit entstanden sind, so z. B. manche Grünlandassoziationen. Demgegenüber haben wir es aber auch mit Gesellschaften zu tun, die offenbar ein lange andauerndes und stabiles Gefüge aufweisen, wobei der Einfluß durch den Menschen zwischen »sicher« (z. B. *Calluna*-Heide) und »möglich« (z. B. Salzwiesen) zu veranschlagen ist.

Auch die Bruchstückhaftigkeit der Fundkomplexe kann Schwierigkeiten bei Gliederungsversuchen bereiten. Außerdem kommen die »Begleiter« und auch manche »Charakterarten« in mehreren pflanzensoziologisch ermittelten Einheiten vor, nach Wolf (1979) etwa die Meerbinse *Scirpus maritimus* sowohl im Röhricht als auch in Salzwiesen. Deshalb erscheinen in *Beil. 22* drei Arten als Begleiter mehrerer verschiedenartiger Gesellschaften. Die auf Charakterarten fußende Aufstellung von Gesellschaftsstufen ist also nicht einheitlich zu bewerten. Erfahrungen an solcherart Material lehrten, daß unterhalb der höheren Stufen (Klassen, Ordnungen, Verbände) die Gesellschaften (Assoziationen und deren Untergliederung) nur bei besonders günstigen Konstellationen oder bei sehr umfangreichem Material herauszuarbeiten sind (Körber-Grohne 1967; Knörzer 1971 a; Behre 1976). So enthält *Beil. 22* alle sicheren oder sehr wahrscheinlich richtigen Artbestimmungen aufgegliedert nach dem System von Oberdorfer (1979). Für die deutschen Bezeichnungen wurde z. T. auf Tüxen (1937) und Runge (1973) zurückgegriffen. Die allein durch Pollenfunde belegten Arten sind wie in den übrigen Tabellen gekennzeichnet, weil Fernflug in manchen Fällen nicht auszuschließen ist. Die Mängel, die der Aufstellung insgesamt anhaften, brauchen nicht nochmals betont zu werden. Für die Bewertung der einzelnen Funde sind Häufigkeit und Stetigkeit wichtig; man ersieht sie aus den *Beil. 18* und *20* und aus den Pollendiagrammen.

Die am häufigsten durch Charakterarten vertretenen Einheiten bilden die Grünlandgesellschaften verschiedener Klassen; sie lagen vornehmlich im feuchten Teil des Nutzlandes, also vor allem in der Marsch und am Geestrand. Da wir reine Gesellschaften nicht nachweisen können (Heufunde fehlen), ist wenig Konkretes über das Grünland auszusagen, obwohl dessen Entwicklung zu den interessantesten Problemen der Archäobotanik zählt. An der Nordseeküste wird man mit noch undifferenzierten Vorläufern heutiger Wiesen und Weiden rechnen dürfen, aber auch schon mit ähnlichen Gesellschaften wie auf künstlichem Grünland der Gegenwart (Behre 1979; Willerding 1979a). Außerdem können einige Arten sehr wohl auch auf Äckern oder Ruderalplätzen vorgekommen sein. Bedauerlicherweise ist von den schlecht erhaltungsfähigen Gräsern kaum etwas gefunden worden, ihre reichlichen Pollen ließen sich nicht definieren. Um so umfangreicher sind die Nachweise für Röhricht- und Großseggengesellschaften, wobei vor allem an das Brackwasserröhricht zu denken ist. Mengenmäßig hat Schilf als Streu oder Futter offenbar eine größere Rolle gespielt. Die benachbarten trockeneren, aber von Sturmfluten überspülten Salzwiesen sind auch bei Archsum in ihrer Gesamtheit und in starkem Umfang genutzt worden, wie aus den im Mist reichlich enthaltenen Salzbinsensamen hervorgeht. Hatte doch die Salzbinsenwiese an der Nordseeküste eine große Ausdehnung gehabt, die erst die Bedeichung während des hohen Mittelalters einschränkte. Behre (1976) konnte noch an Hand der Funde aus der wikingerzeitlichen Wurt Elisenhof auf Eiderstedt Subassoziationen unterscheiden, was bei unserem Material leider nicht möglich war. Die Ursprünglichkeit dieser seit langem für Futterzwecke genutzten Areale ist allerdings nicht erwiesen.

Es war zu erwarten, daß sich in den Mistlagen größere Mengen Diasporen von Ruderalpflanzen aus verschiedenen Gesellschaften kurz- oder langlebiger Natur in größerer Menge finden würden. Sie lassen sich jedoch kaum vom Ackerunkraut abgrenzen und dürften aus dem engeren Siedlungsbereich und von den Weg- und Grabenrändern der Feldmark stammen. Möglicherweise in kleinräumigem Mosaik gewachsen, können Teile solcher Gesellschaften leicht durch gemeinsame Ernte in die Ställe gelangt sein. Der Menge nach hatten sie jedenfalls einen bedeutenden Anteil am Mist.

Von den Ackerunkräutern und Ruderalpflanzen abgesehen, spielen die Vertreter trockener Standorte nach der Anzahl ihrer Arten eine untergeordnete Rolle. Ihre substantielle Menge in einigen Mistlagen belegt dennoch die Existenz solcher Gesellschaften. Einige von ihnen hatten offenbar eine nicht geringe Verbreitung. In erster Linie sind es Gesellschaften, die wir unter dem Sammelbegriff »Heide« zusammenfassen können. Deren Reste geben den noch unbebauten Teilen der Sylter Geest bis in unsere Tage ein natürliches Gepräge. Von der windharten und Flugsand ertragenden Krähenbeerheide (Salici-repentis-Empetretum-nigri nach Tüxen 1937) nimmt Overbeck (1975, 507 ff.) natürlichen Ursprung an. Für die durch Heidekraut *Calluna* gekennzeichneten trockenen und feuchten Heiden ist solch Ursprung in Küstenlage möglich, aber nicht erwiesen. Die Feuchtheide (Ericetum tetralicis) könnte auf einstige Hochmoorarten deuten; allerdings fehlten in den untersuchten Mistlagen weitere Belege, so daß ähnliche Standorte auf nassen Sanden wahrscheinlicher sind. Hochmoore sind ja auf der Insel bisher noch nicht entdeckt worden, obwohl man verdriftete Schollen vermutlich überfluteter Moore am Strand und im Watt gelegentlich antrifft.

Die eindrucksvollen Pollenwerte der Besenheide *Calluna vulgaris* in manchen Mistproben belegen ihre Bedeutung für das Vegetations- und Siedelbild. Wo die Ausgräber in den Wohnhügeln Melenknop und Firstklent Heidekrautlagen vermuteten, bestätigten es beblätterte Zweigspitzen und Blüten von *Calluna.* Außerdem gab es zahlreiches, teilweise verkohltes, anatomisch nicht näher bestimmbares, der Form nach aber sehr wahrscheinlich zu *Calluna* gehörendes Ericaceenholz. Besenheide fand sich übrigens nicht allein in den Mistschichten, sondern auch im Kulturschutt. Die verziegelte Branddecke eines Langhauses der Bauperiode B 3 (jüngere römische Kaiserzeit) enthielt Reste davon, sie stammen von der Dachhaut des Gebäudes. In Probe 15 waren auch Zweige und Blätter der Glockenheide *Erica tetralix* häufig. Steinkerne der Krähenbeere *Empetrum* fanden sich unabhängig von *Calluna* öfters. Gagelstrauch *Myrica* erreichte in Probe 1 beachtliche Pollenprozente. Wir vermuten, daß die Heidepflanzen bevorzugt als Streu in den Ställen dienten.

Insektenfunde

Bei der Makrofossilanalyse wurden auch etliche auffällige Insektenreste ausgelesen. Für eine Diagnose waren fast nur Käferreste geeignet. Das Ergebnis der Analyse und ihrer Beurteilung, die als biotopische Grobgliederung in *Beil. 19* dargestellt ist und die wir W. Tischler, Kiel, verdanken, läßt sich zusammenfassend folgendermaßen interpretieren: Sowohl die Mistkäfer als auch die große Mehrheit der Bodenbewohner weisen auf offenes Kulturland, meist auf etwas bessere Böden hin, in denen wir Ackerland vermuten dürfen. Einer der Laufkäfer stammt vom Sandboden. Einige andere sind nahezu gebunden an Kulturbegleiter, z. B. an Hohlzahn, an die Weiße Taubnessel und an Kleearten. Ebenso gibt es Gras- und Röhrichtbewohner. Nur wenige Arten sind euryoek, d. h. in mehreren Pflanzengesellschaften lebensfähig, sie könnten also auch aus Wäldern stammen. Aber auch bei diesen Insekten überwiegt die Tendenz zu offenem Kulturland. Selbstverständlich kann die kleine determinierbare Fundmenge aus zoologisch unsachgemäß geschlämmten Proben nur einige Hinweise geben. Ihre ökologische Aussage deckt sich aber durchaus mit den botanischen Ergebnissen. Daß mistspezifische und auch räuberische Arten häufig sind, erklärt sich leicht aus der Art des Einbettungssubstrats.

Zusammenfassung

Betrachtet man das aus den Analysen der Mistlagen gewonnene Bild der Vegetation, kann es sich begreiflicherweise nur um einen zeitlich sehr eng begrenzten Ausschnitt einer weitaus längeren Entwicklungskette handeln: Die Proben stammen alle aus der römischen Kaiserzeit und hier vor allem aus Kulturschichten der sogenannten Langhausperiode des Wohnhügels Melenknop, die vom 2. bis in das 4. Jahrhundert n. Chr. Geb. reichte. Man gewinnt den Eindruck einer ganz überwiegend offenen Landschaft, die im wesentlichen von den drei Vegetationsformen Wiese, Ackerland und Heide beherrscht wurde. In den Wiesen einschließlich des Röhrichts und in den Heiden darf man noch weitgehend natürliche Gesellschaften oder naturnahe Ersatzgesellschaften sehen. Zu Futterzwecken wurden außer den Salz- und Feuchtwiesen offenbar auch die Tritt- und Flutrasen, die Ruderalstellen und in großem Umfang auch die Unkrautflächen der dann wohl schon abgeernteten Äcker genutzt, sofern Brachflächen auszuschließen sind (s. S. 145 ff.). Die Heide muß schon sehr ausgedehnt gewesen sein, so daß sich ihre Einbeziehung in den Wirtschaftsraum lohnte.

ARCHSUMBURG

Probenmaterial

Die Grabungen in der nur 250 m vom Wohnhügel Melenknop entfernten Archsumburg im Jahre 1972 ermöglichten einen Vergleich der palynologischen Ergebnisse mit einem ganz anders gearteten Probenmaterial (Kossack u. Harck 1973). Zur Untersuchung kamen hier ausschließlich Bodenproben, die teils aus einer kaum gestörten alten Oberfläche, teils aus umgelagerten Soden stammten. Mit der Oberfläche in situ liegen maximal drei Zeitabschnitte vor, die relativ rasch aufeinander gefolgt sind. Der Boden und die Soden sind Bildungen der Geest. Die Soden hatte man höchstwahrscheinlich in der unmittelbaren Umgebung der Burg gestochen. Vom Testschnitt 1972 gelangten elf Proben zur palynologischen Untersuchung. Wegen ihrer Mächtigkeit oder Mehrschichtigkeit erwies es sich als zweckmäßig, einige Proben (4 und 11) zu unterteilen. Obschon ihrer Zusammensetzung nach uneinheitlich, handelt es sich in allen Fällen um ehemalige Oberböden. Die Proben 6 und 7 entnahmen wir der Oberfläche eines vorkaiserzeitlichen Auftragsbodens unter dem Erdwerk, Nr. 5 gehört zu einer Schicht, bei der nicht sicher auszumachen war, ob sie zur Oberfläche des den Auftrag bedeckenden Bleichsandes oder schon zu einer aufgelagerten basalen Sodenstrate gehört, was vermutlich zutrifft. Alle übrigen Proben dokumentieren ausgewählte, im Profil sich sehr deutlich abzeichnende Mauersoden, die »überkopf« abgelegt worden waren und sich auf mehrere Bauphasen verteilen lassen. Die Proben 1–3 gehören der ältesten an, wobei Probe 1 auch vom Baugrund stammen könnte, die Proben 11 und 4 den beiden nächstjüngeren; alle zusammen gehören der älteren römischen Kaiserzeit an. Die Proben 8–10 sind nicht der Burgmauer entnommen worden, sondern einer Planierung aus Soden (s. S. 57).

Die Sodenproben unterscheiden sich entsprechend ihrer stratigraphischen Lage auch qualitativ. Der anhaftende Bleichsand der meisten ließ auf eine Herkunft von mehr oder weniger podsoligen Böden schließen, angesichts der örtlichen Situation auf Heideböden. Die Soden der Proben 8–10 wurden zunächst als Kleisoden

Proben-Nr.	Bäume und Sträucher	Zwergsträucher und krautige Pflanzen ohne Wasser- und Sumpfpflanzen	davon *Calluna*	davon *Gramineae* incl. Getreide	Bezugssumme = Gesamtpollensumme ohne Wasser- und Sumpfpflanzen
8	19,5	80,5	3,8	42,1	266
9	11,0	89,0	6,2	64,8	1287
10	10,2	89,8	13,3	59,1	1892
4	18,0	81,9	0,9	55,4	967
4	23,2	76,8	2,0	41,2	1005
4	19,7	80,3	1,9	44,9	1501
4	17,0	83,0	2,1	49,5	1469
11/1	15,2	84,7	0,8	60,0	946
11/2	18,1	81,8	0,7	45,3	823
1	9,8	90,2	2,4	79,0	2129
2	10,8	89,2	18,6	62,6	1605
3	12,1	87,9	12,9	60,9	1740
5	9,6	90,5	5,2	67,3	1601
6+7	10,7	89,3	1,5	48,2	1089

Tab. 23 Gegenüberstellung der verschiedenen Vegetationstypen von der Archsumburg nach ihren Pollen-Prozentanteilen, bezogen auf die Gesamtpollensumme unter Ausschluß der Wasser- und Sumpfpflanzen.

angesprochen. Im Pollengehalt weichen sie kaum von den übrigen ab, doch sind hier die Pollen am allerschlechtesten konserviert, Probe 8 wurde mit Mühe auf 50 Baumpollen ausgezählt bei 270 insgesamt. Ähnlich steht es bei den Bodenproben unterhalb der Ringmauer, weshalb die Zählungen der Proben 6 und 7 zusammengezogen werden mußten.

Pollenanalyse

Die Pollenrelationen in *Tab. 23* zeigen, daß Pflanzen waldfreien Landes stark überwiegen. Die Gräser herrschen weitaus vor, auch Heidekraut *Calluna* übertrifft öfters die Baum- und Strauchpollensumme. Die auf die Baumpollen bezogenen Prozentwerte finden sich in *Beil. 17,a.* Erle *Alnus* dominiert stets. Birke *Betula* steht fast immer an zweiter Stelle. Beide Arten zusammen machen zwischen 61 und 84% der Baumpollen aus, in neun Fällen übersteigen sie 70%. Dadurch werden die übrigen Pollenprozente stark gedrückt. Von den Eichenmischwaldmitgliedern spielt nur die Eiche *Quercus* eine nennenswerte Rolle, eine geringere allenfalls die Ulme *Ulmus.* Der Versuch, die Zusammensetzung der Baumpollen mit bestimmten Waldgesellschaften zu verknüpfen, stößt in verschiedener Hinsicht auf Probleme und ist für einige Arten sehr fragwürdig. Man kann aber aus den reichlichen Eichenprozenten auf einen von Natur aus vorherrschenden Eichenwald und stellenweise sicher auch Eichen-Birkenwald für die Geestfläche schließen. Beachtung verdienen vor allem die Pollen von Buche *Fagus* und Hainbuche *Carpinus. Fagus* ist stetig und relativ reichlich vertreten, insbesondere in Anbetracht der überragenden Prozente von Erle *Alnus* und Birke *Betula.* In einigen Spektren (Proben 4. 10) überschreitet sie sogar 5%. *Carpinus* hat im allgemeinen geringere Frequenzen, ist aber stetig vorhanden. Beide Bäume müssen also auf der Sylter Geest während der römischen Kaiserzeit gewachsen sein.

Die zu den Büschen gerechnete Hasel *Corylus* ist zwar örtlich wechselhaft, nirgends aber stark vertreten gewesen. Gagelstrauch *Myrica,* dessen Indigenat für Sylt durch Pollen mehrfach belegt werden konnte (I 157; 159; 168), ist hier überraschend selten und nur in Probe 1 (Oberfläche der ersten Bauphase) mit 3,1% nachweisbar.

Zu den interessantesten Vegetationstypen zählen die Heiden. Heidekraut *Calluna* als typischer Vertreter kommt in den Soden mit recht schwankenden Werten zwischen 4,3 und 196,7% vor. Die wechselnde Frequenz deutet auf verschiedenartige Entnahmestellen der Soden hin; Heidepollen sind wie die meisten Krautpollen stark lokal gebunden. Die heute verbreitete Krähenbeer-Heide *Empetrum* kommt in den Sodenproben so gut wie gar nicht zum Ausdruck. Pollen dieser Pflanze wurden nur sporadisch und noch nicht einmal in der Hälfte der Proben gefunden. Dagegen gibt es Korrelationen zwischen den Pollenwerten von *Calluna* und denen einiger anderer Pflanzen von ähnlichen Standorten. Als Beispiel sind der Kleine Sauerampfer-Typ *Rumex acetosella* und der Fingerkraut-Typ *Potentilla* zu nennen, der hier auch Nelkenwurz *Geum* und Blutauge *Comarum* mit einschließt. In einigen Fällen, insbesondere bei *Rumex* in den Proben der alten Oberfläche (6. 7), könnten ebensogut Beziehungen zu Kulturflächen bestehen. Eine Parallelität zwischen den ohnehin sehr hohen Wildgramineen- und *Calluna*-Anteilen ist in den Maximalwerten sichtbar.

In einem gewissen Gegensatz zu *Calluna* stehen die ligulifloren Compositen. Sie sind insbesondere in den Soden der jüngeren Bauphasen (4. 11) auffällig gehäuft, maximal um 50%. Zusammen mit weiteren Kräutern, hauptsächlich Ranunculaceen und Rubiaceen, z. T. auch mit Cyperaceen, könnten sie von wiesenartiger Vegetation stammen.

Weil der Meeresstrand nahe ist, erscheinen einige salztolerante Sippen stets ziemlich ausgeprägt. Das gilt mit Sicherheit für den Strandwegerich *Plantago maritima* und mit Wahrscheinlichkeit für die Chenopodiaceen in allen Proben. Dagegen bleiben die Plumbaginaceen sehr vereinzelt; das überrascht angesichts der heutigen Verbreitung der Grasnelke *Armeria*. Immerhin fallen ihre häufigsten Funde mit dem Maximalwert von *Plantago maritima* zusammen (Probe 8 aus dem mauerinneren Sodenkomplex).

Von besonderer Bedeutung sind die Kulturanzeiger. Es ist seit langem bekannt, daß sich unter den besonderen Bedingungen der Meeresnähe hierbei Probleme ergeben (Schmitz 1952). Die wichtigsten Anzeiger sind zwar die Getreidepollen, aber man kann sie von den Pollen des Dünengrases *Elymus* nicht genügend sicher trennen, zumal wenn die Pollen schlecht erhalten sind. Deshalb enthält die Hälfte unserer Proben einen Anteil unsicherer Typen in den Getreidewerten (im Diagramm als abgesetzter Balkenteil gekennzeichnet). Als Roggen *Secale* war nur ein einziger Pollen in Probe 8 anzusprechen. Die höchsten Werte von Getreide, zugleich auch von Spitzwegerich *Plantago lanceolata* fanden sich bezeichnenderweise in der ehemaligen Oberfläche unter der Burgmauer (6. 7). Die Kulturanzeigerwerte sind im allgemeinen stets so hoch, daß man für die Entnahmestellen wenigstens eine nahe benachbarte Lage zu den Kulturflächen vermuten darf. Dabei sind die Relationen zwischen dem Getreide und den sicheren wie möglichen Unkräutern nicht immer gleichsinnig. Zahlreiche krautige Gewächse, die wir im Diagramm berücksichtigen, können als Kulturbegleiter gelten. Sie zeigen Nährsalzreichtum oder unbeschattetes, also waldfreies Land an. An der Meeresküste ist beides auch ohne Zutun des Menschen gegeben. Nur wenige Arten können deshalb als sichere Indikatoren für den einen oder für den anderen Faktor in Anspruch genommen werden, Spitzwegerich *Plantago lanceolata* für Kulturflächen, Strandwegerich *Plantago maritima* für Meeresnähe.

Böden und Nutzung

Im Gesamtbild der Sodenspektren stecken bezeichnende allgemeine, aber auch gruppenspezifische Züge. Die Oberfläche des Auftragsbodens unter dem Wall (Proben 6. 7) wird am ehesten ein Kulturboden gewesen sein, weil sie die mit Abstand höchsten Werte von Getreide, *Plantago lanceolata* und den meisten sonstigen vermutlichen Kulturbegleitern enthält. Die Soden aus der nicht ganz eindeutigen, auf Bleichsand liegenden Basisschicht (5), aus der Oberfläche der ersten Bauphase (1) und aus dem Mauerkern (2–4) zeichnen sich durch überragende Verheidungsanzeichen aus. Hier findet man die absoluten Maxima von Heidekraut *Calluna*, Wildgräsern und vom Blutauge-Fingerkraut-Typ *Comarum/Potentilla*, der in dieser Kombination aller Wahrscheinlichkeit nach auf Hohes Fingerkraut *Potentilla erecta* zurückzuführen ist. Dennoch bestehen unter ihnen in mancher Beziehung auffallende Differenzen, so zum Beispiel zwischen den gegenläufigen Werten von Strandwegerich *Plantago maritima* und Ampfer *Rumex* einerseits und den Chenopodiaceen andererseits. Offenbar dokumentiert sich damit das Mosaik lokaler Pflanzengesellschaften an den Entnahmestellen. Die Proben der Sode 11 mit niedrigen Werten der Heidevertreter führen ebenso wie die alte Oberfläche unter der Mauer die höchsten Getreidewerte. Sie sind reich an möglichen Kulturanzeigern vor allem aus Wiesen und enthalten die Maxima der Cyperaceen- und Rubiaceen-Pollen. Da sie auch die meisten sicher erkennbaren Nachweise für Sumpfpflanzen mit einem freilich bescheidenen Gesamtmaximum enthalten *(Beil. 23)*, wird man diese Soden in einer nassen Wiese gestochen haben. Die Spektren der Probe 4, die aus einer jüngeren Bauphase stammt und die wir in engem vertikalem Abstand analysierten, sind ziemlich ähnlich aufgebaut. Bei den Kultur- und Wiesenanzeigern sind die Unterschiede nur graduell, aber die stärkeren Anteile der Heidevertreter *Calluna, Rumex, Comarum/Potentilla* und von *Plantago maritima* lassen auf die Beteiligung trockener und sandiger Standorte schließen. Die Serie der Humussoden von der Mauerinnenseite (8–10) erinnert mit ihren erheblichen Heide- und Kulturanzeigern an die Verhältnisse der basalen Proben. Aber sie weichen von ihnen deshalb so gravierend ab, weil sie weniger Getreide enthalten, unter dem jedoch Roggen *Secale* erscheint, und weil die Buchenpollen zunehmen. Möglicherweise drückt sich hierin eine zeitliche Differenz aus, denn Roggen fehlt in den Archsumer Siedlungen am Beginn der römischen Kaiserzeit noch gänzlich, erst während der Völkerwanderungs- und Wikingerzeit löst er die Gerste ab (s. S. 59 f.). Die als salztolerant beurteilte Gruppe ist wieder gut repräsentiert. In Probe 8, die nicht voll zu werten ist, überzeugt das Maximum wenig. Man kann daraus nicht mehr als den allgemeinen Einfluß der Küste erschließen. Er wirkte sich je nach der Lage des Bodens verschiedenartig auf die jeweils dort wachsende Pflanzengesellschaft aus.

ALT-ARCHSUM

Probenmaterial und Pollenanalyse

Die Grabungen der Jahre 1969–1973 auf dem Areal der wikingerzeitlichen Siedlung Alt-Archsum verlängerten die prähistorische Siedlungsgeschichte bis in das frühe Mittelalter (I 183 ff.). Dabei fielen wieder Proben für die palynologische Untersuchung an. Wir entnahmen sie Böden und Soden, die als Baumaterial für Häuser und Brunnen dienten und sowohl auf der Geest als auch in der Marsch gestochen worden waren. Mit Ausnahme der Brunnensoden (Probe 2) waren sie im Schnitt nicht so deutlich erkennbar wie die in der Archsumburg verbauten; sie stammen aus anderen Arealen und sind auch anders verwendet worden. Abgesehen von den Soden aus einem bronzezeitlichen Grabhügel (6/1 und 6/2), kommen alle anderen aus Kulturschichten der älteren bis mittleren Wikingerzeit. Die Möglichkeit, auf palynologischem Wege die Weiterentwicklung der Vegetation seit der römischen Kaiserzeit zu verfolgen, erwies sich allerdings als sehr begrenzt, weil die Pollen schlecht konserviert waren, in den Proben 3 und 5 derart mäßig, daß wir auf eine prozentuale Auszählung verzichten mußten und im Diagramm *Beil. 17,b* nur die jeweilige Stückzahl angaben. Ihre Auswertung kann nur unter ausdrücklichem Vorbehalt erfolgen.

Bronzezeitlicher Grabhügel

Es handelt sich um Material aus der alten Oberfläche, auf der ein bronzezeitlicher Grabhügel stand (Probe 6/2), und aus der Hügelschüttung (6/1) bei einem Brandgrab, das als Nachbestattung in den Boden kam (s. S. 58). Die Spektren unterscheiden sich erheblich von allen anderen *(Beil. 17,b; 24)*. Teils erklärt es sich aus dem abweichenden Alter, was sich besonders an den Buchen- und Hainbuchenwerten ablesen läßt, teils aus dem höheren Einfluß der Bäume oder, mit Vorsicht behauptet, aus der Walddichte *(Tab. 24)*. Anders ist aber auch die krautige Vegetation, die in hohem Maße unter Kultureinfluß steht. Obwohl die Verzerrung durch Korrosionsselektion und Lokaleinfluß als nicht gering veranschlagt werden darf, erweisen sich die Spektren aus dem Grabhügel pollenfloristisch als die ältesten in Archsum und passen gut zu unserer Vorstellung über die bronzezeitlichen Vegetationsverhältnisse. Mit einer gewissen Verheidung ist zu rechnen, denn die Werte von *Calluna* und Birke sind kräftig ausgebildet, während die Kulturanzeiger zurückbleiben. Salz- oder Küstenpflanzen, zu denen wir auch einen Teil der Chenopodiaceen zählen dürfen, fehlen nicht gänzlich.

Soden der Wikingerzeit

Der Sprung zur Wikingerzeit ist groß, er drückt sich in erster Linie in erheblichen Pollenwerten der Buche *Fagus* und in verhältnismäßig hohen Prozentanteilen der Hainbuche *Carpinus* aus, während die ebenfalls recht beträchtlichen Frequenzen der Kiefer *Pinus* als Fernflugeinfluß infolge starker Entwaldung zu werten sind. In wie hohem Grade sich die Landschaft gewandelt hatte, läßt sich aus dem Übergewicht der Nicht-Gehölzpollen gegenüber den Gehölzpollen ableiten *(Tab. 24)*. Beim *Pinus*-Phänomen unserer Proben kann aber auch eine Anreicherung durch selektive Pollenzersetzung eine Rolle spielen.

Buche und Hainbuche sind unter den Baumpollen für die Frage nach der ursprünglichen Zusammensetzung des Waldes an der Küste von besonderem Interesse. Unsere Spektren führen die höchsten Buchenpollenwerte, die bisher auf Sylt beobachtet wurden. Sie ließen sich in die Zeit der maximalen Buchenausbreitung einordnen, wenn man sie mit Festlandsdiagrammen Schleswig-Holsteins vergleicht und die unterschiedlich sichere Datierung berücksichtigt. Kräftige Frequenz-

Proben-Nr.	Bäume und Sträucher	Zwergsträucher und krautige Pflanzen ohne Wasser- und Sumpfpflanzen	davon *Calluna*	davon *Gramineae* incl. Getreide	Bezugssumme = Gesamtpollensumme ohne Wasser- und Sumpfpflanzen
1/1	10,8	89,2	0,6	74,3	1213
1/2	9,7	90,2	1,3	70,7	1190
2	27,3	72,7	1,1	41,5	711
3	10,4	89,5	0,6	67,2	345
4	16,8	83,1	1,6	59,3	612
5/1	5,7	94,3	–	33,5	227
5/2	4,4	95,6	–	39,8	226
5/3	15,4	84,6	29,5	38,6	231
6/1	31,3	68,7	5,9	51,8	1134
6/2	49,1	50,9	15,2	26,3	723

Tab. 24 Gegenüberstellung der verschiedenen Vegetationstypen von Alt-Archsum nach ihren Pollen-Prozentanteilen, bezogen auf die Gesamtpollensumme unter Ausschluß der Wasser- und Sumpfpflanzen.

	Fagus	*Carpinus*	Eichenmischwald	Pollensumme aus *Fagus, Carpinus* und Eichenmischwald = Bezugssumme	Getreide	*Calluna*	*Gramineae*	sonstige krautige Pflanzen ohne Wasser- und Sumpfpflanzen	Bezugssumme = Gesamtpollensumme ohne Wasser- und Sumpfpflanzen
Alt-Archsum, Soden (Mittelwerte aus drei Soden)	37,7	9,7	52,7	207	3,5	1,0	59,7	15,0	3 330
Alt-Archsum, Brunnensode	36,8	–	63,2	38	1,3	1,2	41,4	28,4	690
Tinnumburg, Westprofil Fläche 1/1–3	37,0	10,4	52,6	173	1,9	3,3	57,0	21,9	4 470
Tinnumburg, Westprofil Fläche 1/6	29,4	12,5	58,1	602	0,6	0,6	63,1	18,2	11 400
Teideshoog	19,0	4,8	76,2	63	7,5	0,7	60,2	22,9	2 700
Heidsand/Wenningstedt	63,6	17,3	37,3	110	2,1	60,9	16,9	9,1	5 062
Süderlügum* 40 cm	44,2	11,6	44,2	172	1,3	21,1	6,3	29,5	950
Süderlügum* 48 cm	54,8	4,2	41,1	168	0,5	25,0	9,6	15,0	575
Großer Plöner See 7,68–7,98 m	43,8	14,2	42,0	1819	0,9	0,7	7,8	4,6	4 370

Tab. 25 Pollenanteile der Buche, Hainbuche und des Eichenmischwaldes, bezogen auf ihre Summe; aus wikingerzeitlichen Proben aus Alt-Archsum und einigen etwa gleichalten Ablagerungen aus Schleswig-Holstein. Hinzugefügt sind einige wichtige Vegetationstypen des offenen Landes, bezogen auf die Gesamtpollensumme unter Ausschluß der Sträucher und der Sumpf- und Wasserpflanzen. Die mit * gekennzeichneten Proben aus Süderlügum sind aus einem Diagramm entnommen, in dem nicht sämtliche Nichtbaumpollen enthalten waren (Kubitzki 1961).

schwankungen sind aber in Zeiten mit ausgeprägtem Kultureinfluß in allen Diagrammen die Regel. In *Tab. 25* sind die Pollenfunde von Buche, Hainbuche und Eichenmischwald (Quercetum mixtum) in Alt-Archsum den Proben anderer, ungefähr gleichzeitiger oder auch jüngerer Stellen auf Sylt gegenübergestellt. Wir fügten ferner Spektren des 11. und 12. Jahrhunderts n. Chr. Geb. aus dem nächstgelegenen Hochmoor bei Süderlügum und aus dem Sediment des Großen Plöner Sees bei (hier Sedimentwachstumsberechnung und ^{14}C-Datierung). Dargestellt ist der prozentuale Anteil der genannten Waldbäume innerhalb ihrer gemeinsamen Summe. Selbstverständlich enthält diese Berechnung genauso wie die Probenauswahl Schwachpunkte. Die noch aufgeführte Gruppe der wichtigsten Vegetationselemente (Getreide, Heidekraut, Gramineen), deren Prozentangaben aber auf die Pollengesamtsumme bezogen sind, soll das Verhältnis zwischen Wald und Freiland und die Hauptvegetationseinheiten beurteilen helfen. Man sieht, daß bei diesem Vergleich die Buche auf Sylt nicht viel schlechter abschneidet als auf dem Festland und daß sie stellen- oder zeitweise auch auf der Insel ein ernstzunehmender Konkurrent der Eiche gewesen sein muß. Die Hainbuche verhält sich bei ihrer Ausbreitung sehr ähnlich, jedoch mit der bekannten Minderung in nördlicheren Breiten. Pollenferntransport könnte zwar die Anwesenheit des Baumes vortäuschen, aber die Holzfunde auf Sylt bezeugen sein Indigenat *(Abb. 63,c)*. Die Pollen anderer Baumarten, unter denen Erle und Birke dominieren und auch die Hasel reichlich vertreten ist, bestätigen das bisher gezeichnete Bild. Im Eichenmischwald spielten nur noch Esche und Ulme eine bescheidene Rolle. Gagelstrauch *Myrica* war hier nur sporadisch nachzuweisen, Heidekraut *Calluna* dagegen in einem Maße, das nahe gelegene Heideflächen vermuten läßt. Heidesoden wurden mit den auswertbaren Proben jedoch nicht erfaßt. Wildgraspollen dominieren in allen Spektren, so daß die Untersuchungssubstanz selbst wohl aus Grassoden im weiteren Sinne besteht.

Die einzige Brunnensode im untersuchten Material führt viel Klei. Ihr Pollengehalt weicht in einigen Punkten von den übrigen stark ab: Geringe Getreide- und Spitzwegerich-Werte stehen zahlreichen Halophyten gegenüber, vor allem Strandwegerich *Plantago maritima*. Ähnliches könnte auf die allerdings kaum auswertbare

Hauswandsode Probe 3 zutreffen, bei der Klei aber fehlt. Die Gänsefußgewächse (Chenopodiaceae) sind im allgemeinen kräftig vertreten und fügen sich überraschenderweise nicht in die Aufgliederung der Soden nach Bodenarten ein.

Hohe Pollenprozente von Getreide kennzeichnen die meisten Hauswandsoden. Roggen bleibt untergeordnet (s. S. 99 f.), aber Spitzwegerich und auch die meisten der als Kulturanzeiger gewerteten Arten oder Sippen treten wieder hervor. Möglicherweise kann man noch feiner differenzieren, wenn man die abweichenden Pollenanteile von Sauergräsern (Cyperaceae) und Kräutern sumpfiger Standorte berücksichtigt. Es wird wohl nicht zu bezweifeln sein, daß die Soden im vergrasten ehemaligen Ackerland gestochen wurden. Für die abweichenden, aber nicht auswertbaren Proben 5/1 und 5/2 käme als andere Version Wiese oder Weideland in Betracht, weil sie außer Gräsern (Gramineae) auch viele Hahnenfußgewächse (Ranunculaceae) und Strahlenblütige Korbblütler (liguliflore Compositae) enthalten. Bei allen unseren Folgerungen darf der hypothetische Charakter keinesfalls außer acht gelassen werden, weil die Bodenproben qualitative Einbußen erlitten. Fehlinterpretationen sind ohnehin kaum zu vermeiden.

HOLZFUNDE UND BEWALDUNG

Waldanteil und Waldzusammensetzung

Wie schon aus den Pollendiagrammen hervorging, nahm die Waldvegetation sicherlich eine untergeordnete Stellung ein, sieht man von lokalem Birken- und Weidengehölz oder -gebüsch ab. Über die Ausdehnung der Waldflächen geben die Pollenanalysen keinen Aufschluß, weil sie aus Krautgesellschaften gewonnen wurden. Der Anteil des Fernflugs an der Pollensumme läßt sich schwer abwägen, so daß ein weiterer Unsicherheitsfaktor in die Rechnung eingeht. Die Baumpollenverteilung zeigt auch bei starker Reduzierung des Waldes keine wesentliche Änderung, solange nicht selektive Holznutzung die Artenzusammensetzung beeinflußt. Demnach waren die Wälder oder Waldreste der Geest dem natürlichen Zustand noch ähnlich. Mit naturnaher Zusammensetzung ist insbesondere aufgrund der Buchen- und Hainbuchenpollen zu rechnen, weil sie bei höheren Prozenten nicht mehr mit Ferntransport zu erklären sind. Mit den Eichenpollen zusammen deuten sie auf den damaligen Eichenmischwald vom Typ des Querceto-Carpinetum hin. Ferner sind lokale Auenwälder anzunehmen, in denen Erle, Birke oder Weide dominierten. Die starken Birkenpollenwerte in den Diagrammen lassen sich auch mit der Heide und eventuell auf ihr stokkenden Querceto-Betuletum-Beständen erklären. Autochthone Makrofossilfunde aus dieser Zeit sind auf Sylt nicht beizubringen, andernfalls könnten sie unsere Hypothese stützen.

Die bei den Grabungen in Archsum aufgelesenen Großreste bestanden aus Bauhölzern und aus Holzkohlen. Abgesehen von einer Flechtmatte, die in eine Mistlage eingebettet war, handelte es sich um wenige, stets sekundär verlagerte Stücke, so daß sich eine Auswertung unter stratigraphischen Gesichtspunkten nicht lohnte.

Obwohl wir bei der Probenentnahme Sorgfalt walten ließen, ist nicht auszuschließen, daß mehrere Teile ein und desselben Baumes oder gar Holzfragmentes zur Bestimmung gelangt sind. Auch war eine Trennung nach der Nutzart in den meisten Fällen nicht möglich, außer bei der Flechtmatte. Wie Behre (1969 b) zeigen konnte, ist das Artenspektrum sehr von der Verwendung abhängig. Er hat auch den grundsätzlichen Wert der Holzartenanalysen für die Vegetationsgeschichte erörtert (Behre 1969 a).

Melenknop

Während Holz substantiell wie andere Pflanzenteile auch hauptsächlich in den Mistlagen erhalten blieb, stammt Holzkohle in reichem Maße auch aus anderen Siedlungsschichten. Insgesamt standen 394 Stücke zur Verfügung, wovon ein knappes Drittel Kohle war. Dazu kommen 87 Holzstücke aus der Flechtmatte. In *Abb. 63, a. b* sind deren Artenanteile in Form von Kreissektoren der Verteilung der übrigen Funde gegenübergestellt. Das Spektrum wird (ohne Flechtmatte) ganz von der Eiche beherrscht, neben der nur die Erle noch eine größere Rolle spielt. Interessanterweise verhalten sich manche Arten im Holzdiagramm nahezu gegensätzlich zu deren Anteilen in den Pollendiagrammen. Während Birke, Buche, Hainbuche und Hasel durch Pollen gut dokumentiert sind, treten Linde und Esche als Hölzer stärker in Erscheinung. Da dieses Resultat von den Holzfunden gleicher oder jüngerer Zeitstellung abweicht (Archsumburg, Alt-Archsum), kann man im Ein-

LITERATURVERZEICHNIS

Averdieck, F.-R., 1978: Palynologischer Beitrag zur Entwicklungsgeschichte des Großen Plöner Sees und der Vegetation seiner Umgebung. – Archiv Hydrobiol. 83, 1–46.

Averdieck, F.-R. u. Hummel, P., 1974: Zum Alter und Aufbau des Heidsandes auf Sylt. – Meyniana 24, 9–25.

Bastin, B., 1964: Recherches sur les relations entre la végétation actuelle et le spectre pollinique récent dans la Forêt de Soignes (Belgique). – Agricultura 12, Ser. 2, H. 2, 341–373.

Behre, K.-E., 1969a: Der Wert von Holzartenbestimmungen aus vorgeschichtlichen Siedlungen (dargestellt an Beispielen aus Norddeutschland). – Neue Ausgr. u. Forsch. in Niedersachsen 4, 348–358.

Behre, K.-E., 1969b: Untersuchungen des botanischen Materials der frühmittelalterlichen Siedlung Haithabu (Ausgrabungen 1963–1964). – Ber. Ausgr. Haithabu 2, 8–55.

Behre, K.-E., 1972: Kultur- und Wildpflanzenreste aus der Marschgrabung Jemgumkloster/Ems (um Christi Geburt). – Neue Ausgr. u. Forsch. in Niedersachsen 7, 164–184.

Behre, K.-E., 1976: Die Pflanzenreste aus der frühgeschichtlichen Wurt Elisenhof. – Stud. Küstenarch. Schleswig-Holstein Ser. A: Elisenhof 2. Frankfurt/M. u. Bern.

Behre, K.-E., 1977: Acker, Grünland und natürliche Vegetation während der römischen Kaiserzeit im Gebiet der Marschensiedlung Bentumersiel/Unterems. – Probleme Küstenforsch. im südl. Nordseegebiet 12, 67–84.

Behre, K.-E., 1979: Zur Rekonstruktion ehemaliger Pflanzengesellschaften an der deutschen Nordseeküste. – Werden und Vergehen von Pflanzengesellschaften, S. 181–214.

Christiansen, W., 1953: Neue kritische Flora von Schleswig-Holstein. – Rendsburg.

Christiansen, W., 1961: Flora der Nordfriesischen Inseln. – Abhandl. u. Verhandl. Naturwiss. Ver. Hamburg N. F. 4, Suppl. Hamburg.

Ellenberg, H., 1974: Zeigerwerte der Gefäßpflanzen Mitteleuropas. – Scripta Geobotanica 9. Göttingen.

Ellenberg, H., 1978: Vegetation Mitteleuropas mit den Alpen in ökologischer Sicht. – Stuttgart.

Erdtman, G., 1943: An Introduction to Pollen Analysis. – Chronica Botanica Comp. Waltham, Mass. USA.

Grohne, U., 1955: Palynologische Untersuchung der Grabung Tofting. – In: A. Bantelmann, Tofting. Eine vorgeschichtliche Warft an der Eidermündung. Offa-Bücher N. F. 12, 98–103. Neumünster.

Grohne, U., 1957a: Die Bedeutung der Biologie für die vorgeschichtliche Siedlungsforschung, insbesondere in der Marsch. – Beitr. z. Frühgesch. d. Landwirtschaft 3, 48–72. Berlin.

Grohne, U., 1957b: Botanische Untersuchung der vorgeschichtlichen Siedlung Jemgum a. d. Ems. – Die Kunde N. F. 8, H. 1.2, 44–52.

Helbæk, H., 1951: Ukrudtsfrø som næringsmiddel i førromersk Jernalder. Seeds of Weeds as Food in the Fore-Roman Iron Age. – Kuml, S. 65–74.

Knörzer, K. H., 1971a: Urgeschichtliche Unkräuter im Rheinland. Ein Beitrag zur Entstehungsgeschichte der Segetalgesellschaften. – Vegetatio 23, H. 1.2, 89–111.

Knörzer, K. H., 1971b: Genutzte Wildpflanzen in vorgeschichtlicher Zeit. – Bonner Jahrb. 171, 1–8.

Knörzer, K. H., 1978: Entwicklung und Ausbreitung des Leindotters (*Camelina sativa* s. l.). – Ber. Dt. Botan. Ges. 91, 187–195.

Knörzer, K. H., 1980: Neue metallzeitliche Pflanzenfunde im Rheinland. – Archaeo-Physika 7, 25–34.

Knörzer, K. H., 1981: Römerzeitliche Pflanzenfunde aus Xanten. – Archaeo-Physika 11.

Körber-Grohne, U., 1964: Bestimmungsschlüssel für subfossile *Juncus*-Samen und Gramineen-Früchte. – Probleme Küstenforsch. im südl. Nordseegebiet 7.

Körber-Grohne, U., 1967: Geobotanische Untersuchungen auf der Feddersen Wierde. – Feddersen Wierde 1. Wiesbaden.

Körber-Grohne, U., 1978: Pollen-, Samen- und Holzbestimmungen aus der mittelalterlichen Siedlung unter der Oberen Vorstadt in Sindelfingen (Württemberg). – In: B. Scholkmann, Sindelfingen/Obere Vorstadt. Eine Siedlung des hohen und späten Mittelalters. Forsch. u. Ber. d. Arch. d. Mittelalters in Baden-Württemberg 3. Stuttgart.

Kossack, G. u. Harck, O., 1973: Grabungen in der Archsumburg auf Sylt. – Germania 51, 477–499.

Kossack, G., Harck, O. u. Reichstein, J., 1974: Zehn Jahre Siedlungsforschung in Archsum auf Sylt. Mit Beiträgen von D. Hoffmann, K. Brunnacker und H. Kroll. – Ber. RGK 55, 261–427.

Kroll, H., 1975: Ur- und frühgeschichtlicher Ackerbau in Archsum auf Sylt. Eine botanische Großrestanalyse. – Diss. Kiel.

Kubitzki, K., 1961: Zur Synchronisierung der nordwestdeutschen Pollendiagramme (mit Beiträgen zur Waldgeschichte Nordwestdeutschlands). – Flora 150, 43–72.

Meurers-Balke, J. u. Lüning, J., 1980: Experimenteller Getreideanbau im Hambacher Forst, Gemeinde Elsdorf, Kr. Bergheim/Rheinland. – Bonner Jahrb. 180, 305–344.

Oberdorfer, E., 1979: Pflanzensoziologische Exkursionsflora 4. – Stuttgart.

Overbeck, F., 1975: Botanisch-geologische Moorkunde unter besonderer Berücksichtigung der Moore Nordwestdeutschlands als Quellen zur Vegetations-, Klima- und Siedlungsgeschichte. – Neumünster.

Runge, F., 1973: Die Pflanzengesellschaften Deutschlands 4/5. – Stuttgart.

Schmitz, H., 1952: Der pollenanalytische Nachweis der Besiedelung im Küstengebiet. – Abhandl. Naturwiss. Ver. Bremen 33, 57–66.

Tüxen, R., 1937: Die Pflanzengesellschaften Nordwestdeutschlands. – Mitt. Flor.-Soz. Arbeitsgemeinschaft Niedersachsen 3, 1–170.

Welten, M., 1967: Bemerkungen zur paläobotanischen Untersuchung von vorgeschichtlichen Feuchtbodenwohnplätzen und Ergänzungen zur pollenanalytischen Untersuchung von Burgäschisee-Süd. – In: Seeberg, Burgäschisee-Süd 4: Chronologie und Umwelt. Acta Bernensia 2, 9–20. Bern.

Willerding, U., 1979a: Paläo-Ethnobotanische Untersuchungen über die Entwicklung von Pflanzengesellschaften. – In: Werden und Vergehen von Pflanzengesellschaften, S. 61–109.

Willerding, U., 1979b: Zum Ackerbau in der jüngeren vorrömischen Eisenzeit. – In: U. Körber-Grohne (Hrsg.), Archaeo-Physika 8 (Festschr. M. Hopf) 309–330.

Willerding, U., 1980: Anbaufrüchte der Eisenzeit und des frühen Mittelalters, ihre Anbauformen, Standortverhältnisse und Erntemethoden. – In: H. Beck, D. Denecke u. H. Jankuhn (Hrsg.), Untersuchungen zur eisenzeitlichen und frühmittelalterlichen Flur in Mitteleuropa und ihrer Nutzung 2. Abhandl. Akad. Wiss. Göttingen, Phil.-Hist. Kl. 3. Folge 116, 126–196.

Willkomm, H. u. Erlenkeuser, H., 1968: University of Kiel, Radiocarbon Measurements III. – Radiocarbon 10, H. 2, 328–332.

Wolf, A., 1979: Vegetationszonierung im Brackwasserbereich der Elbe. – Kieler Notizen z. Pflanzenkde. in Schleswig-Holstein 11, H. 1, 13–20.

van Zeist, W., 1974: Palaeobotanical Studies of Settlement Sites in the Coastal Area of the Netherlands. – Palaeohistoria 16, 223–371.

Siedelraum und Nahrungsvorsorge

Von Georg Kossack

EINLEITUNG

Die meisten Beiträge zu den ersten beiden Bänden der Archsum-Reihe sind der Landschaftsgeschichte gewidmet und zwar begründet. Denn gerade dort, wo der Naturraum nicht allein vom geologischen Bau, vom Klima, von der Wasserführung und von der Pflanzendecke geformt erscheint, sondern wo ihn außerdem die Kräfte des Meeres entscheidend beeinflußten und wo Bauern der Vorzeit trotz veränderlicher, oft extremer Lebensbedingungen ihn in Kulturland umwandelten, da wird er zur Bühne des Geschehens, und jedesmal, wenn die Kulisse wechselt, darf man erwarten, daß sich die Akteure auf einen neuen Akt im dramatischen Gang der Handlung vorbereiten.

Der Archäologe fragt in unserem Fall mit Recht nach Umfang und Eigenschaften der nutzbaren Siedel- und Wirtschaftsflächen, nach deren Wandel im Verlauf des jüngeren Holozäns und nach den Antworten, welche die bäuerlichen Siedler in vor- und frühgeschichtlicher Zeit auf die herausfordernden Eingriffe der Natur gefunden hatten. Er wünscht sich paläogeographische Karten, die den Landschaftswandel Etappe für Etappe nachzuzeichnen erlaubten und es gestatteten, die wechselnde Verteilung von Land und Meer auf Karten zu übertragen, welche die Verbreitung der Wohnplätze aus verschiedenen Zeitaltern in wirklichkeitsgetreuem Verhältnis wiedergäben. Es wäre dann wohl möglich, das Siedelgeschehen teils in besondere Anpassungsmuster aufzulösen, denen historische Qualität zukäme, wären sie beispielhaft geworden, teils auf traditionsgebundenes, normatives Verhalten zurückzuführen.

Daß sich dieses ehrgeizige Ziel keineswegs unter allen möglichen Aspekten verfolgen und sich für die Zeit der Besiedlung nur unvollständig erreichen läßt, zeigte D. Hoffmann in seiner Arbeit über die Geologie des Küstenholozäns, dessen marine Sedimente er in drei verschieden alte Decken gliedern konnte (I 85 ff.), und lehrte genauso die begleitende geobotanisch-palynologische Studie von F.-R. Averdieck (I 147 ff.). Beide Untersuchungen drangen zwar bis weit in die frühe Postglazialzeit vor, aber der Versuch scheiterte, die Landschaft für die archäologisch dokumentierten Zeiträume paläogeographisch zu rekonstruieren: Bei der Ablagerung klastischer Sedimente wurden ältere Bildungen erodiert, große Teile der damals besiedelten oder bewirtschafteten Areale ausgeräumt und dadurch der Erforschung entzogen. Die Erosion der Basistorfe behinderte vor allem die Pollenanalyse, sie mußte in subborealen Straten abbrechen, so daß Datierungsmöglichkeiten für jüngere Sedimente der Geologie weitgehend fehlten. Sowohl Sturmfluten des Mittelalters (1362) und der frühen Neuzeit (1634) als auch die täglich an den Küstenlinien der Marsch und der Geest wirksame Brandung schufen den Inselumriß, wie wir ihn heute sehen. Das Geestrelief ist weitgehend von Menschenhand überformt worden, nicht mehr allein von der Natur. Die Dokumentationslücke, welche die Aktivität des Meeres verursacht hat und die durch geologische und geobotanische Gliederung der Torfprofile und der Sedimentdecken ermittelt worden ist, läßt sich nur streckenweise und bruchstückhaft füllen und zwar durch die Analyse organogener Fundeinschlüsse in datierten Siedlungsschichten und Böden; über deren Ergebnisse berichtet der vorliegende zweite Band der Reihe. Paläogeographische Schlüsse lassen sich allerdings aus ihnen nicht herleiten, weil man die primären Standorte des Materials nicht genau genug lokalisieren kann.

Will man Siedelgeschehen und Umweltwandel zueinander in Beziehung setzen, muß man die Etappen beider korrelieren. Ein Verbund ließe sich einfach und überzeugend herstellen, enthielten die Moorstraten und Sedimentdecken fest datierte Altertümer in kontinuierlicher Folge. Diese Forderung bleibt auf Sylt unerfüllbar; auch wenn es ein paar Fälle gibt, bei denen naturwissenschaftlich ermittelte Befunde von stratigraphischem Wert durch eingelagerte Einzelfunde oder Anlagen wechselnder Zeitstellung mit dem Siedelgeschehen unmittelbar verknüpft werden können, ergibt der direkte Weg nur eine lückenhafte Datenreihe.

Eine zweite Möglichkeit, Schichtsequenzen und Siedeletappen miteinander zu verbinden, besteht in einer unabhängigen Datierungsweise. Wir meinten, die Meßwerte, welche aus dem Zerfallsstadium des radioaktiven Kohlenstoffisotops ^{14}C gewonnen werden, böten zureichende Sicherheit, sofern sie aus ein und demselben Laboratorium stammen (vgl. I Beil. 18) und wir sie als Medium innerhalb des Arbeitsgebietes und nicht als Kalenderdaten verwenden. Diese Einschränkung schien notwendig, weil die Zeitbestimmungen mit Hilfe der ^{14}C-Methode mitunter Widersprüche zu der vegetationsgeschichtlichen Datierung der Pollenspektren ergaben, die ihrerseits auf der relativen Folge der regionalen Waldgeschichte beruhen, deren jüngere Abschnitte (Zonen) auch durch vorgeschichtliche Funde genügend fixiert erscheinen: Die Grenze zum Subboreal (späte Wärmezeit, oberes Mittelholozän, Overbeck Zone IX^{NWD}, Firbas Zone VIII), durch Ulmenabfall, höhere Haselfrequenzen und die ersten Buchenvorkommen charakterisiert, wird gewöhnlich an die Wende vom 4. zum 3. Jahrtausend gelegt, der Übergang zum Subatlantikum (ältere Nachwärmezeit, unteres Jungholozän, Overbeck X^{NWD}, Firbas IX) an den Beginn des 1. Jahrtausends v. Chr. Geb., wobei dann hohe Buchen- und Hainbuchenwerte den Ausschlag geben. Demgegenüber sind die konventionell errechneten ^{14}C-Daten für diese Zonen mitunter zu alt, sie weichen dann von den Zeitvorstellungen der Geobotaniker teilweise sogar erheblich ab. Wenn beim Profil Föhrer Watt 1 (I Beil. 14) die beginnende Zone X^{NWD} (Overbeck) mit 3260 ± 60 BP (1310 v. Chr. Geb.) datiert wird, mag das den Erwartungen noch einigermaßen nahe kommen (I 158). Aber es bleibt unverständlich, warum das gleiche Datum in dem für Tinnum 97 entworfenen Diagramm (I Beil. 19) in stratigraphisch wesentlich höherer Lage noch einmal erscheint. Im Pollendiagramm Sylter Watt 45 (I Beil. 10) wird für ebendiese Zone sogar die Zeitspanne zwischen 4240 und 4100 BP (2290 v. Chr. Geb.) angegeben, tausend Jahre zu alt, urteilt Averdieck zu Recht (I 158). Abgesehen von anderen Abweichungen (I 158 u. Beil. 15), die durch Umlagerung bei Erosion verursacht sein könnten und sich bei engerem Probenabstand und größerer Probenhäufigkeit ausgleichen ließen, verläuft die Datenreihe insgesamt dennoch ziemlich stetig (I 123 Abb. 58), so daß sie als in sich stimmig bezeichnet werden darf.

Wir versäumten es leider, Reihendatierungen organogener Ablagerungen in dichter Folge herstellen zu lassen, obwohl die Schichtsequenz und die Zeitstrecke der Fundplätze insgesamt, die vom Neolithikum bis in die Wikingerzeit reicht, in relativ eng geschnittene Abschnitte gegliedert werden können. Als Behelf böte sich an, die außerhalb der Insel gewonnenen ^{14}C-Daten auf gleichartiges Material von Sylt zu übertragen, verstießen wir damit nicht gegen das Prinzip, sie nur dann zu nutzen, wenn bekannt ist, wie sie zustande kamen.

Um die bei solcher Verfahrensweise unausbleiblichen Fehlerquellen und Fehlschlüsse möglichst gering zu halten, gehen wir zunächst den direkten Weg und beginnen mit einer vergleichenden Stratigraphie derjenigen Profile, in die archäologisch beurteilbare Funde eingelagert sind. Dabei schließen wir uns der von Hoffmann vorgeschlagenen Gliederung an, beurteilen also die drei Sedimentdecken als Niederschlag von Transgressionsetappen und bezeichnen sie danach (uS, mS und oS). Hoffmann vermied es nämlich, die niederländische Holozängliederung, die man gern benutzt, weil sie es zu erlauben scheint, Trans- oder Regressionsphasen ziemlich sicher zu datieren, auf den Sylter Raum zu übertragen[1]. Dafür hatte er gute Gründe: Die marinen Ablagerungen lassen sich hier bei weitem nicht so scharf trennen wie dort; die Grenze »Calais«/»Dünkirchen« ist nur noch in extrem geschützten Buchten auf kleinen Flächen im Bereich der Sylter Marsch (Norderinge) und im Föhrer Watt ausgebildet (I Beil. 6,2; 8,4: westlicher Teil); die »Dünkirchen«-Folge niederländischer Definition umfaßt die mittlere und obere Sedimentdecke, ohne daß eine Feingliederung beider möglich wäre. Sylt weicht ferner der weit nach Westen vorgeschobenen Lage wegen auch von Eiderstedt und Dithmarschen ab, so daß das stratigraphisch-chronologische System, das B. Menke unter Verwendung älterer Vorschläge für diesen Teilbereich der Küste entworfen

[1] Kurzer und kritischer Abriß: W. Roeleveld, The Holocene Evolution of the Groningen Marine-Clay-District. Ber. Amersfoort 24, 1976, Suppl.; L. P. Louwe Kooijmans, Prähistorische Besiedlung im Rhein-Maas-Deltagebiet und die Bestimmung ehemaliger Wasserhöhen. Probleme Küstenforsch. im südl. Nordseegebiet 11, 1976, 119 ff. – Nach E. Dittmer, Die nacheiszeitliche Entwicklung der schleswig-holsteinischen Westküste. Meyniana 1, 1952, 138 ff. beginnt »Dünkirchen« in der Zeit um Chr. Geb. (ebd. Abb. 7).

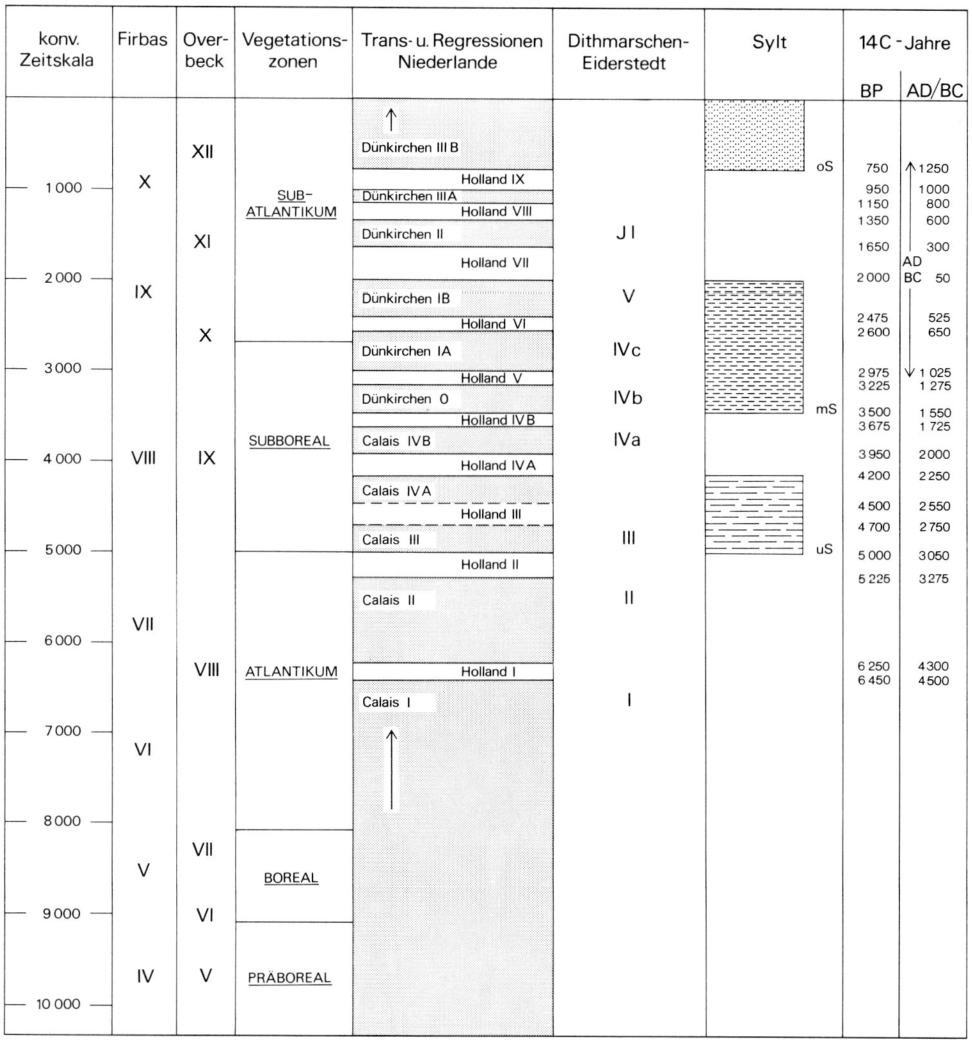

Tab. 28 Chronologie des Holozäns nach niederländischer Definition (W. Roeleveld) und nach der für die schleswig-holsteinische Westküste (B. Menke) und für Sylt angewendeten Nomenklatur (D. Hoffmann).

hat[2], als Maßstab nicht in Frage kam. *Tab. 28* bietet eine grobe Synchronisation, um denjenigen Lesern, die mit den verwickelten regionalen Verhältnissen weniger vertraut sind, die Lektüre zu erleichtern.

DATIERUNG DER SEDIMENTDECKEN

Der älteste Transgressionsbeleg fand sich im Listland an der Nordspitze der Insel (I 38 f. mit Abb. 25–26)[3]. Einer spätborealen Torfschicht in 15 m Tiefe (Zone VII), wohl dieselbe, die weiter südlich 17 m tief erbohrt worden ist (I 154; 160; 165 u. Beil. 20,2), folgt wie dort diskordant ein mehrphasiges Kleipaket; es wurde im Schutze einer Nehrung seit Beginn der holozänen Transgression abgelagert. Das Profil endet in einer bis 15 m mächtigen Strandsanddecke, vermutlich, geologisch jedoch verläßlich nicht geprüft, der Laufhorizont in neolithischer Zeit. Hier fand man nämlich außer ei-

[2] B. Menke, Befunde und Überlegungen zum nacheiszeitlichen Meeresspiegelanstieg (Dithmarschen und Eiderstedt, Schleswig-Holstein). Probleme Küstenforsch. im südl. Nordseegebiet 11, 1976, 145 ff.; Tab. S. 152.

[3] O. Harck, Steinzeitfunde im Listland und auf der Hörnumer Halbinsel auf Sylt. Offa 29, 1972, 5 ff.; ders. auch in: Meyniana 24, 1974, 69 ff.

nem Werkplatz einzelne Geräte aus Flint und Felsgestein in primärer Lagerstätte, jedenfalls nicht abgerollt wie weitere Stücke, die das Wasser an andere exponierte Stellen des Listlandes (Ellenbogen) transportiert hat. Ein dünnblattiges, auf den Breitseiten überschliffenes, auf den Schmalseiten retuschiertes Flintbeil scheint bisher das älteste Zeugnis für die Begehung dieses Areals zu sein. Eine präzise Datierung fällt schwer; das Stück dürfte jünger als frühneolithisch sein, weil der Typus, den es verkörpert, unter den Beilen dieser Zeit noch zu fehlen scheint. Seit dem Mittelneolithikum war er dagegen sowohl in der Trichterbecher- als auch in der Einzelgrabkultur geläufig[4].

Die Lister Funde kamen am Dünenfuß auf alter Oberfläche zwischen 2,70 und 3,70 m NN zum Vorschein, lagen also dem heutigen Meeresspiegel viel näher als die wenigen frühneolithischen Anlagen, die K. Kersten erwähnt: Langhügel La 37 nördlich Tinnum, wo ein Holzsarg Wickelschnurkeramik und ein dünnakkiges Flintbeil früher Form enthielt, war an einem Kuppenhang 10 m über NN errichtet worden, während der Urdolmen La 296 von Morsum mit mehr als 5 m NN noch immer erheblich über der gegenwärtigen Strandlinie angetroffen wurde[5]. Vielleicht deuten diese Höhendifferenzen einen Zusammenhang zwischen Siedellage und Grundwasserstand am Übergang vom Atlantikum (Zone VIII^{NWD}) zum Subboreal an (Zone IX^{NWD}), in einem Zeitraum, als frühneolithische Bauern die Insel erstmals betraten.

Daß der Zugriff des Meeres schon während der Zone VIII^{NWD} marine Ablagerungen hinterlassen hatte, geht aus Profilen im Wattbereich hervor (Sylt 46, 47 u. 82: I Beil. 11–13); ^{14}C-Datierungen, die alle in das 4. Jahrtausend fallen, bestätigen es. Doch handelt es sich dabei immer nur um eine vorübergehende Sedimentation. Erneut und dann endgültig setzte sie erst im Verlauf der Zone IX^{NWD} ein (Übergang Atlantikum-Subboreal). Das lehren die aus Torf-Klei-Kontakten gewonnenen Radiokarbondaten des 3. Jahrtausends (I 157 Abb. 71). Zum gleichen Ergebnis kommt man für die Profile in der Norderinge südöstlich Keitum, wo die untere Sedimentdecke vollständig erhalten blieb und in einem mehrfachen Wechsel von schwach humosen Tonen, tonigen Sedimenten und Wattsanden vielgliedrig ausgebildet ist (I 103 f.; 111 f. u. Beil. 6). Allerdings stammen die ^{14}C-Daten aus Proben, die ohne geobotanische Diagnose blieben (KO 100 = HV 1874: 3970 ± 200 BP, etwa Wende vom 3. zum 2. Jahrtausend; KO 87 = KI 95: 4620 ± 50 BP für die untere Torflage, etwa 2670 v. Chr. Geb.) oder aus benachbarten Profilen auf ein allein pollenanalytisch untersuchtes übertragen wurden (KO 34: I 154 Abb. 68; 159 u. Beil. 18). Nur der Humusdwog (»Schwarzes Band«), der die ältere Sedimentation in Norderinge abschließt, läßt sich chronologisch sichern. Im Marschenvorland der Insel liegt er gewöhnlich als Landoberfläche der mittleren Sedimentationsdecke auf (I 105), die während des 2. und 1. Jahrtausends v. Chr. Geb. entstand.

Im Gegensatz zur unteren kann man die mittlere Sedimentdecke auf Umwegen auch archäologisch besser eingrenzen. Am Sylter Weststrand bei Rantum kamen bei Sturmfluten des Winters 1973/74 Megalithgräber zum Vorschein, von denen die Anlage bei Dikjen Deel einer Teiluntersuchung zugänglich war (I 15 Abb. 13)[6]. Außer mehreren Findlingen in situ, welche die östliche Schmalseite eines Langbetts markieren, fand man verlagert Steine der Kammer, deren Bauform aber nicht mehr wiederzugewinnen war. Vermutlich handelt es sich um einen erweiterten Dolmen. Man hatte ihn parallel zur Umfassung auf einem 45 cm mächtigen humosen Boden errichtet, die älteste holozäne Bodenbildung, die wir auf der Insel weit verbreitet auch als Baugrund neolithischer und bronzezeitlicher Grabhügel und Siedlungen kennen. In einer Höhe von 2,50 m NN folgte eine dünne Kleischicht, die Strandsand bedeckte *(Abb. 64)*. Die küstenparallele Düne muß damals noch weit entfernt gewesen sein: Zwischen dem Boden und der Kleidecke, die der Höhenlage nach zu urteilen während des Mittelalters entstanden sein wird, fehlte eine Sandschicht, die man erwartete, wäre sie aus einer nahen Dünenkette eingeweht worden.

Erheblich tiefer, praktisch auf der Höhe des heutigen Niedrigwassers, lagen zwei gleichartige und wohl auch gleichalte Megalithgräber am Archsumer Wattstrand schon außerhalb des Deiches (La 74 u. 75, I 20

[4] Beil aus dem Listland: K. Kersten u. P. La Baume, Vorgeschichte der nordfriesischen Inseln. Die vor- u. frühgesch. Denkmäler u. Funde Schleswig-Holsteins 4 (1958) Taf. 26,4. – Zum Typus: P. O. Nielsen, Die Flintbeile der frühen Trichterbecherkultur in Dänemark. Acta Arch. 48, 1977, 61 ff., bes. 110 ff.; K. Ebbesen, Die jüngere Trichterbecherkultur auf den dänischen Inseln. Arkæologiske Studier 2 (1975) 312 Abb. 210,4; 211,1; 316 Abb. 213,1.5; 318 Abb. 215,4.10; M. P. Malmer, Jungneolithische Studien (1962) 370 ff., bes. 410 ff.; K. W. Struve, Die Einzelgrabkultur in Schleswig-Holstein und ihre kontinentalen Beziehungen. Offa-Bücher N.F. 11 (1955) 61.

[5] Kersten u. La Baume a.a.O. (Anm. 4) 19 f.; 521 mit Taf. 160, 3; 554 f. mit Abb. 182–183 u. Taf. 9,15–17; 160, 4.

[6] Harck, Hoffmann u. G. Schäfer, Großsteingräber am Sylter Weststrand. Offa 31, 1974, 126 ff.

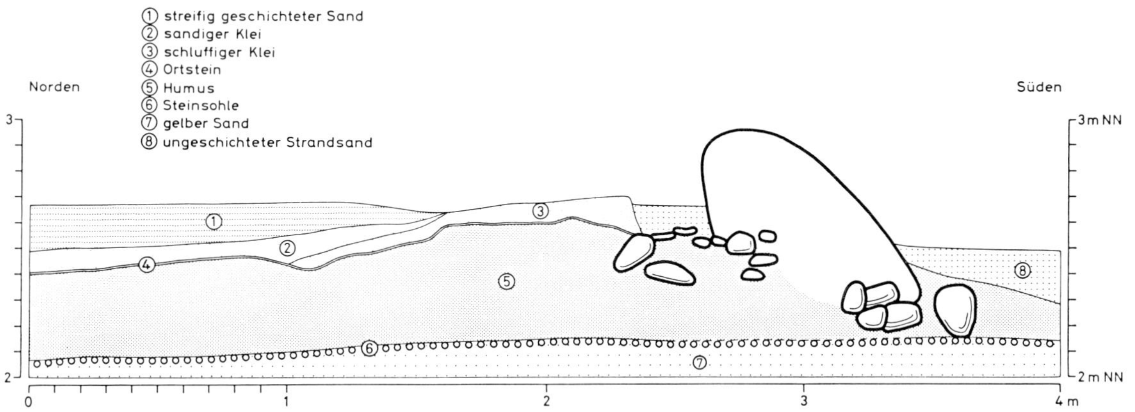

Abb. 64 Rantum, Dikjen Deel. Schnitt am nördlichen Megalithgrab, von Westen gesehen. Nach O. Harck. M. 1 : 30.

Abb. 17)[7]. Die Brandung hatte sie weitgehend freigelegt; im Jahre 1963 untersuchte sie das Landesamt für Vor- und Frühgeschichte von Schleswig-Holstein (G. Schäfer), wobei zusätzlich geologisches, bodenkundliches und geobotanisches Urteil vielseitige Einsicht in den Ablauf des Naturgeschehens erlaubte. Beide Male sind es wieder Langbetten, La 74 mit einer, La 75 mit zwei parallel zu den Langseiten der Umfassung liegenden Dolmen erweiterter Bauart vom Typus Birkenmoor ausgestattet, die Grabsohlen in dünner Lehmlage gepflastert, an der östlichen Schmalseite der Kammer 74 ein halbhoher, versenkter Eintrittstein, die Träger von granit- und flintdurchsetztem blaugrauem Klei ummantelt, als Hügelschüttung graubraunes, lehmig-sandiges Erdreich *(Abb. 65)*. Grabform und Fundinhalt datieren beide Anlagen frühestens in den Übergang vom Früh- zum Mittelneolithikum[8]. Baugrund (0,10 m NN) war eine vernäßte (Gley-)Braunerde aus humosem, schwarz gefärbtem Feinsand, deren A-Horizont, der Pollenzusammensetzung nach bereits subboreal (I Beil. 22, Nr. 27), Spuren von Strandwegerich *Plantago maritima* und Weißklee *Trifolium repens* enthielt. Beide Arten gedeihen auf Salzbinsenwiesen und weisen deshalb auf eine marin beeinflußte Vegetationszone in nicht allzu weiter Entfernung hin. Ähnliches deutet der Gehalt an Schwammnadeln an, er nimmt vom Liegenden der Hügelschüttung (gelbgrauer Fein- und Mittelsand und blaugrauer, flintdurchsetzter Klei) bis zur Kleidecke stetig zu *(Abb. 65,c)*. Diese Kleidecke gliederte Hoffmann in unmittelbarer Nachbarschaft in zwei durch ein Schwarzband getrennte Schichten, eine ältere aus tonigem Sediment und eine jüngere mit Sturmflutablagerungen. Die ältere Kleidecke ordnete er mS zu *(Abb. 65,a)*. Das wird durch ein ^{14}C-Datum für einen Torf-Klei-Kontakt aus einem Profil weiter südöstlich voll bestätigt (AS 353 = KI 203: 3750 ± 65 BP, I 113 Tab. 5).

Wie schon bemerkt, gehören die erweiterten Dolmen vom Typus Birkenmoor an die Schwelle zum Mittelneolithikum; nach ^{14}C-Daten in Dänemark und Schleswig-Holstein fällt sie in die Mitte des 3. Jahrtausends v. Chr. Geb.[9]. Bringt man sie mit der Chronologie der geobotanischen Zonen und des Transgressionsgeschehens in Zusammenhang, wird die Bildungszeit der unteren Sedimentdecke der richtige Standort sein (entwikkeltes Subboreal), während das Frühneolithikum, in die Jahrhunderte vor und nach 3000 v. Chr. Geb. datiert, am Übergang vom Atlantikum zum Subboreal einge-

[7] E. Sprockhoff, Atlas der Megalithgräber Deutschlands 1: Schleswig-Holstein (1966) 4 Nr. 7.8 u. Atlasbl. 2; Kersten u. La Baume a.a.O. (Anm. 4) 367 f. mit Abb. 101. – Bodenkundliche Analyse: K. Brunnacker, Die Böden des Geestkerns von Archsum. Ber. RGK 55, 1974 (1975) 386 ff.; 399 f.; Abb. 37, B 13. – Grabungen des schleswig-holsteinischen Landesamtes für Vor- und Frühgeschichte 1963 (G. Schäfer).

[8] Birkenmoor: Sprockhoff, Zwei Megalithgräber aus Schleswig und Holstein. Offa 10, 1952, 15 ff. – Zum Typ: E. Schuldt, Die mecklenburgischen Megalithgräber (1972) 22; 92 ff.; J. Skaarup, Stengade. Ein langeländischer Wohnplatz mit Hausresten aus der frühneolithischen Zeit (1975) 159 ff.

[9] Skaarup a.a.O. (Anm. 8) 204 ff. mit Tab. 31; H. Andersen u. T. Madsen, Skåle og bægre med storvinkelbånd fra yngre stenalder. Overgangen mellem tidlig- og mellemneolitikum. Kuml 1977, 131 ff.; Madsen u. J.E. Petersen, Tidligneolitiske anlæg ved Mosegården. Kuml 1982/83, 61 ff.; 96 ff.; J. Meurers-Balke, Siggeneben-Süd. Ein Fundplatz der frühen Trichterbecherkultur an der holsteinischen Ostseeküste. Offa-Bücher 50 (1983) 38 f.; 90 ff.; 109 ff.; L. Johansson, Socio-ekonomiska strukturer i tidigt neolitikum och deras förutsättningar (1979) 32.

setzt zu haben scheint. Nimmt man die paläogeographische Karte, die Hoffmann für diesen Zeitraum entwarf (I 117 Abb. 55), als Maßstab, verlief die vermoorte Randzone der Archsumer Geest damals an der schmalsten Stelle knapp 250 m von der heutigen Küste entfernt, während der Abstand der jetzt vom Wattenmeer überfahrenen Megalithgräber am Archsumer Südstrand (I 41 Abb. 27) von der fossilen Geestgrenze 1,5 km betrug.

So war es denn damals noch weitverbreitet möglich, auch tiefer gelegenes Gelände zu begehen, ohne bei Sturmfluten der Gefahr ausgesetzt zu sein, Siedelflächen preisgeben zu müssen. Sichere stratigraphische Belege dafür gibt es allerdings vorerst nur am Südhang des Archsumer Geestkerns und auf der Westseite der Insel, also bei Rantum und auf dem Listland. Bei den neolithischen Fundplätzen, die Harck außerdem verzeichnet (I 43 f. mit Abb. 28) und die alle auf der holozänen Geest zum Vorschein kamen, bleibt meist unentschieden, ob sie bloß mittelalterliches oder schon älteres Meeressediment bedeckt. Aber bei Archsum La 22, nahe einer nach Westen gezogenen Geestzunge am Marschrand gelegen, ist es sicher die mittlere Sedimentdecke, die hier eine durch Flintabschläge markierte Fundschicht in anstehendem Grausand überlagert. Nach K. Kersten enthielt sie außerdem ein dünnackiges Flintbeil, leider durch Bruch und Brand derart ramponiert, daß es trotz starker Schliffspuren auf den Breit- und Schmalseiten keiner der bestimmbaren Varianten zugewiesen werden kann. Der Typus war bis in die ersten beiden Stufen des Mittelneolithikums gebräuchlich[10].

Der Archäologe hat unglücklicherweise keine Möglichkeit, die Frage zu beantworten, wann die mS-zeitliche Transgression im Inselbereich einsetzte, wie sie zu gliedern wäre, in welchem Umfang sie den Bestand an Siedelflächen dezimierte und wie sich die bäuerlich wirtschaftenden Einwohner darauf einstellten. Es ist bezeichnend, daß es in der heutigen Sylter Südermarsch, in welcher die mittlere Sedimentdecke weitflächig verbreitet ist, keine einzige Stelle gibt, bei der die Sedimentation durch Bewuchshorizonte (Stillstandsphasen) oder anthropogen verursachte Straten der Bronze- und vorrömischen Eisenzeit unterbrochen worden wäre. Nur zwei naturwissenschaftlich und archäologisch gleich wichtige Befunde südlich Tinnum (Westerland 25: I 106; 108 u. Beil. 9; Tinnumburg: La 112, I 161 u. Beil. 22, Nr. 31) bieten derzeit gewisse Festpunkte und zwar nicht allein für die Grundgliederung, sondern auch für die Bilanz der Sedimentation in geestnaher höherer Lage und für das Ende der mS-zeitlichen Kleibildung. Basis der Fundstelle Westerland 25 war eine pleistozäne, vermutlich steinzeitlich besiedelte Geestkuppe mit Bleichsandstrate und Bewuchshorizont (1,40 m NN; I 60, Nr. 99). Eine dünne Kleidecke überfuhr sie (5–10 cm) und schloß mit einem Humusdwog ab. Es bildete den Baugrund für eine mehrschichtige Kleinsiedlung der frühen römischen Kaiserzeit, deren obere Partien sich als erodiert erwiesen (1,85 m NN). Eine bis 30 cm mächtige, sanddurchwehte Kleilage des Mittelalters bedeckte den Siedlungsschutt[11]. Bei einer Grabung an der Wallinnenseite der Tinnumburg fanden wir 1976 die grau gefärbte Oberkante eines sonst gelblichen Pleistozänsandes und nivellierten diese Sohle eines 3 m hohen Profils auf 1,10 m NN. Averdieck datierte den A-Horizont des von ihm als neolithisch bezeichneten Bodens pollenanalytisch in die Zone VIII^{NWD} (Atlantikum). Hierauf folgte eine 5–10 cm mächtige Schicht reinen Kleis und eine bis 20 cm dicke Siedlungsstrate der frühen römischen Kaiserzeit. Sie wurde von durchwurzelten Schichten und abschließend von Torf und wikingerzeitlichen Aufträgen bedeckt.

Summiert man die Resultate aus den beiden Befunden und kombiniert sie mit ^{14}C-datierten Torfprofilen des Sylter Süderwatts, dann gewinnt man den Eindruck, als habe sich die Sedimentation auf der nach Norden ansteigenden Holozänbasis zeitlich verzögert und an Mächtigkeit abgenommen. Er verstärkt sich, wenn man Höhenlage und Zeitstellung der Torf-Klei- und der Klei-Siedlungskontakte von Süden nach Norden reiht:

Keitum-Süd 101	– 1,20 m NN, 3820 ± 60 BP, um 1870 v. Chr. Geb. KI 100 (I 135 Tab. 7),
Archsum-Süd 353	– 1,00 m NN, 3750 ± 65 BP, um 1800 v. Chr. Geb. KI 203 (I 144 Tab. 10),
Tinnum 97	– 1,20 m NN, 3300 ± 50, um 1350 v. Chr. Geb. KI 97 (I 144 Tab. 10; 155 Abb. 9 u. Beil. 19),
Tinnum 313 b	+ 0,50 m NN, 2000 ± 85, Mitte des letzten Jahrhunderts v. Chr. Geb. KI 99 (I 135 Tab. 7; 155 Abb. 69 u. Beil. 17),
Tinnumburg	+ 1,10 m NN, Unterkante der mittleren Sedimentdecke und
Westerland 25	+ 1,40 m NN, vermutlich steinzeitlich begangene alte Oberfläche, Unterkante der mittleren Sedimentdecke.

[10] C. J. Becker, Den tyknakkede flintøkse. Aarbøger 1957, 3 ff.; 29 Abb. 8; Nielsen a.a.O. (Anm. 4).

[11] Ber. RGK 55, 1974, 319 f. mit Beil. 9, 1.

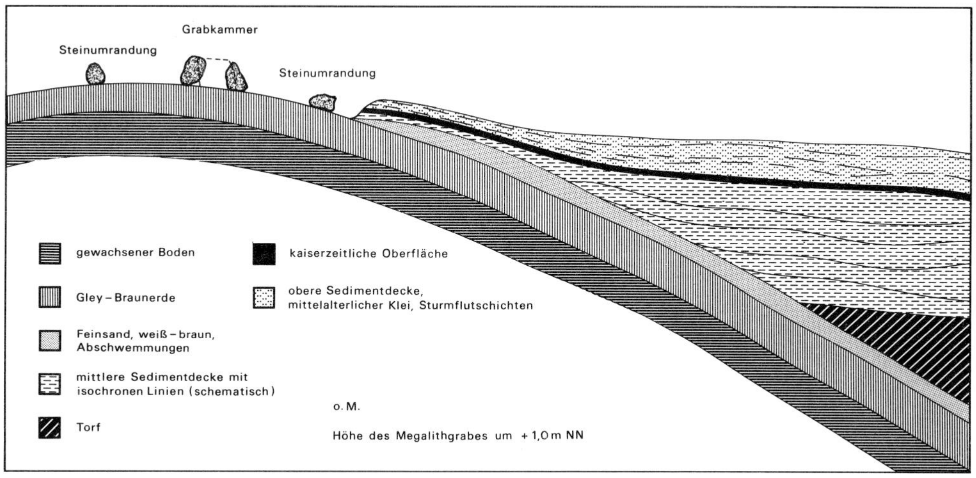

a

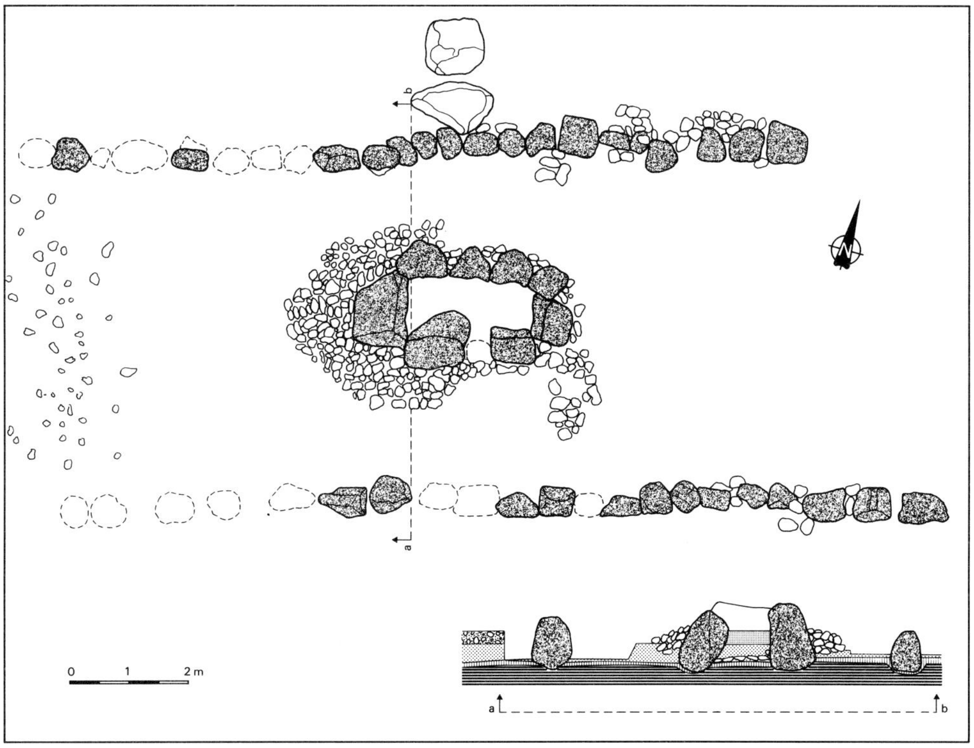

b

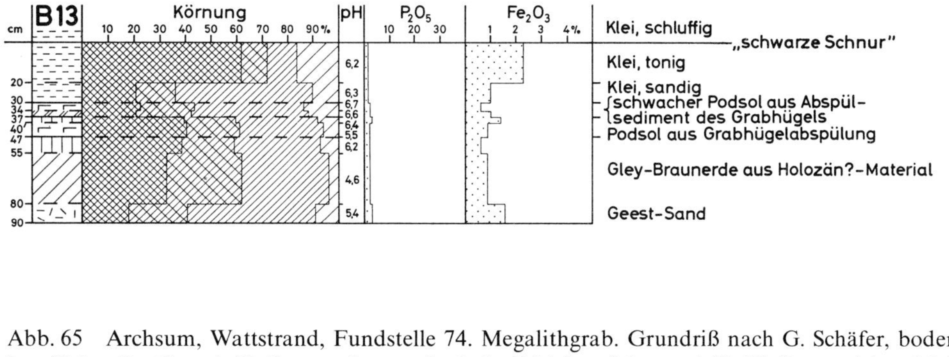

c

Abb. 65 Archsum, Wattstrand, Fundstelle 74. Megalithgrab. Grundriß nach G. Schäfer, bodenkundliches Profil nach K. Brunnacker, geologische Schichtenfolge nach D. Hoffmann (ohne Maßstab, stark überhöht).

Die Reihe mag zu wenige Daten enthalten, von denen eines sogar als problematisch gilt (Tinnum 97 = KI 97, s. S. 178), aber das Prinzip, das da in groben Zügen erkennbar wird, drückt sich in dichterer Datenfolge auch in der Graphik aus, mit der Hoffmann seine geologischen Beobachtungen zusammenfaßte (I 123 Abb. 58). Betrachtet man freilich Einzelheiten, ergeben sich Abweichungen von der Grundlinie. Sie mögen auf örtlichen Faktoren beruhen, beispielsweise Setzungen und unterschiedlichem Torfwachstum, und allenfalls durch unsichere Annahmen korrigierbar sein.

Urteilt man nach diesen Daten, muß die Transgression die heutige Südermarsch während der ersten Hälfte des 2. Jahrtausends v. Chr. Geb. erreicht und mit Sediment (mS) überzogen haben. Während der späten vorrömischen Eisenzeit waren die Folgen noch bemerkbar, während der älteren römischen Kaiserzeit ließ sich die Marsch auf Kuppen schon besiedeln.

DATIERUNG FOSSILER BÖDEN

Am Archsumer Melenknop beobachteten wir über frühholozänen Flugsanden eine Grausandlage von 10–20 cm Stärke, bodenkundlich definiert eine podsolierte Braunerde, ehemaliges Pflugland, wie Ardkritzen im Liegenden zeigen und auch der Gehalt an Ackerunkräutern lehrt (*Tab. 1; 2,* Nr. 46), aber auch Baugrund, wie aus Pfostenlöchern und Gruben hervorgeht (»untere Landoberfläche« nach Brunnacker, s. S. 2 mit *Abb. 2–3; 7–8*). Die Fundeinschlüsse, außer Keramik vor allem Werkzeug aus Flint, datieren die Strate in das Spätneolithikum, nach ^{14}C-Daten des Festlandes an die Wende vom 3. zum 2. Jahrtausend oder in dessen erstes Viertel, also kurz bevor oder während die Transgression, welche die mittlere Sedimentdecke gebildet hat, den Bereich des heutigen Marschgürtels zu beeinflussen begann. Darauf könnte ein ungewöhnlich hoher Grundwasserstand hinweisen. Brunnacker vermutete ihn nahe der Oberfläche, weil das ausgefällte Eisen direkt in den Grundwasserbereich gelangte und sich im anstehenden Gelbsand als kräftige Ortsteinbank niederschlug. Ein weiteres Anzeichen steckt in der Zusammensetzung der pflanzlichen Großreste: Es sind Arten feuchter bis nasser Standorte, in einem Fall (K 110: *Beil. 2*) kommt Salzsimse *Juncus gerardi* mit 97% in derart erheblicher Menge vor, daß an der Nähe der Salzmarsch, wo die Pflanze wächst und zusammen mit anderen Gräsern als Tierfutter geerntet worden sein mag, schwerlich mehr gezweifelt werden kann. Unter dem Werkzeugbruch war außer grauem Flint braun gefärbter und manches Stück zu finden, das bei grauem Kern eine braune Naturkruste trug, wie sie unter Salzeinfluß entstehen kann (I 51 ff.). Harck schloß daraus, daß der Rohstoff in nennenswertem Umfang von der Küste bezogen wurde. Als direkten Beleg zitiert er einen abgerollten Abschlag mit Meerespatina. Alle diese Beobachtungen zusammengenommen lassen den Strand schon während des Spätneolithikums in nicht allzuweiter Entfernung vom heutigen Geestrand vermuten. Der mehrfach erwähnte Torf-Klei-Kontakt bei den Megalithgräbern am Wattstrand südlich Archsum fällt in das 18. Jahrhundert v. Chr. Geb. (AS 353, KI 203, I 144 Tab. 10).

Für das nachfolgende Bronzealter haben wir so gut wie gar keine Anhaltspunkte, außer man bezieht relativ unsichere Befunde von Alt-Archsum und der Archsumburg in die Untersuchung ein. Unter einem bronzezeitlichen Grabhügel im Bereich des frühmittelalterlichen Dorfes Alt-Archsum hatte sich ein Heidepodsol erhalten; außerhalb des Hügels war er in einen sandig-humosen Acker umgewandelt und später in die erste Lage eines völkerwanderungszeitlichen Plaggenbodens eingearbeitet worden (S. 57 ff.). Wir wissen deshalb nicht genau genug, wohin die wichtige Probe K 153 *(Beil. 10)* gehört: Mit 82% Salzsimse ist sie für bronzezeitliche Verhältnisse ganz untypisch, wohl aber normal bei Pflanzengroßresten der Völkerwanderungszeit *(Abb. 66)*. Fehlt doch auch unter den Pollen, die in die alte Oberfläche eingeweht wurden, Strandwegerich *Plantago maritima* (vgl. *Beil. 17,b,* Nr. 6/1. 2), eine Art, die ähnlich wie die Salzsimse in der niederen Salzmarsch gedeiht und anderwärts in Torfprofilen schon am Beginn des Transgressionsgeschehens massenhaft sich einzustellen pflegt, in Westerland 3 mit 70,2% (I Beil. 20) und in Keitum-Ost 34 mit 92,5% besonders eindrucksvoll (I Beil. 18). Im Gegensatz zu Alt-Archsum ist Strandwegerich unter der Archsumburg mit mehr als 20% ermittelt worden und zwar in der Vegetationsdecke eines vermutlich bronzezeitlichen Feuchtpodsols, der allerdings bis zum Bau der frührömerzeitlichen Anlage dem Pollenflug ausgesetzt blieb, so daß sich hier auch Blütenstaub von Pflanzengesellschaften der vorrömischen Eisenzeit niedergeschlagen haben kann (*Beil. 17,a,* Nr. 6. 7, vgl. aber das Spektrum *Beil. 7,* Nr. 211). Das ist sogar wahrscheinlich, denn eine sicher mittelbronzezeitliche Bodenbildung aus dunkelbraun bis schwarz gefärbtem Plaggenmaterial am Melenknop enthielt so gut wie gar keine Halophyten (»mittlere Landoberfläche« nach Brunnacker, S. 2 mit *Abb. 2,b; 7–9*: e). Als Pflugland genutzt, wie aus Ardkritzen hervorgeht, die mit dem Bodenauftrag stratigraphisch zusammenhängen, dominieren hier Kulturpflanzen und Ackerunkräuter. Leitarten natürlicher Gesellschaften, ob Heide, Feuchtareale oder Salzmarsch, spielen eine untergeordnete Rolle, so daß sich nicht entscheiden läßt, woher die Plaggen stammen (K 44. 45. 109. 117: *Beil. 2*).

Die Plaggenböden der vorrömischen Eisenzeit sind floristisch anders zusammengesetzt. Die Salzsimse kommt hier durchschnittlich mit mehr als 20% vor. Zusammen mit den Anteilen anderer Arten kann man schließen, daß das Rohmaterial teilweise in staunassen, vom Salzwasser beeinflußten Reliefdepressionen am Rand des Archsumer Geestkerns gewonnen wurde (K 115. 85. 42. 43. 41; *Beil. 3*). Der Diatomeengehalt und die besondere Art der Fundeinschlüsse weisen in die gleiche Richtung: Der hohe Anteil braun gefärbten Flints, sonst nur noch in tief gelegenen, staunassen und zeitweilig überfluteten Arealen des Geestkerns verbreitet, gilt als eindeutiger Beleg (I 51 ff. mit Abb. 32–34 u. S. 5). Auch die Soden, aus denen der Mauerring der Archsumburg errichtet wurde, stammen dorther. Das lehrt die Beteiligung der Salzsimse *Juncus gerardi* (K 212: *Beil. 4;* K 207. 206. 208: *Beil. 7*), es geht genauso aus der Repräsentanz des Strandwegerichs hervor, der im Pollendiagramm erscheint *(Beil. 17,a)*.

Wenn Plaggenböden in datierten Straten der Römerzeit trotz zahlreicher Testschnitte auf der Archsumer Geest ausbleiben, wird diese Beobachtung schwerlich als bloße Trugspiegelung der Denkmälerstatistik beurteilt werden dürfen, sondern den realen Verhältnissen entsprechen. Was an salzliebenden oder salzverträglichen Pflanzen auf zeitgleiche Wohnplätze geriet, stammte aller Wahrscheinlichkeit nach aus der Heuernte in der Salzmarsch und kam dann vor allem in Mistlagen zum Vorschein oder hing mit dem Bewuchs der Kleisoden zusammen, mit denen man Hauswände baute und planierten Schutt flächig bedeckte *(Beil. 8)*. Insofern weisen die Halophyten aus den Siedlungen auf wirtschaftliche Maßnahmen auf der Oberfläche der mittleren Sedimentdecke hin, die auch nach der Begrünung durch Pioniergesellschaften noch zeitweilig überflutet wurde. In welcher Zone man innerhalb des Marschlandes Gras schnitt oder Kleisoden stach, läßt sich nur ausnahmsweise bestimmen; denn der immer reichlich vertretene Kronzeuge unter den salzliebenden Pflanzen, die Salzsimse *Juncus gerardi*, gedeiht in der niederen wie in der höheren Marsch *(Beil. 15,c)*. Milchkraut *Glaux maritima*, Zahntrost *Odontites*, Echter Eibisch *Althaea off.* und Tausendgüldenkraut *Centaurium*, die mehrfach in Mistlagen enthalten sind, bieten ausreichende Belege für die Annahme, daß das Wirtschaftsgrünland salzbeeinflußt war. Hinweise auf die Nutzung des hochwassergefährdeten Salzrasens nahe und unterhalb des MThw fehlen allerdings. Diese Flächen mögen Sommerweide gewesen sein, doch gibt es archäologisch keine Möglichkeit, solche Bewirtschaftungsweise in der weit entfernten Siedlung selbst nachzuweisen.

Melioration durch Plaggenauftrag setzte nach heutiger Kenntnis erst nach der römischen Kaiserzeit und noch vor der Wikingerzeit in Archsum wieder ein und zwar vornehmlich auf hoch gelegenen Partien des Geestkerns (S. 33 mit *Abb. 22*). Salzmarscharten, besonders die Salzsimse, erreichten abermals hohe Werte (K 153: *Beil. 10;* K 152. 160. 144. 161. 190. 156: *Beil. 11*). Die Areale, in denen die Soden gestochen wurden, befanden sich offensichtlich im Überflutungsbereich am Rande der Geest. Als man während der Wikingerzeit erneut Plaggen auf die Äcker brachte, suchte man andere Stellen aus, oder der Meereseinfluß hatte zwischenzeitlich nachgelassen: Salzliebende Arten sind bei weitem nicht mehr so zahlreich (K 174. 187: *Beil. 12*). Auch die Soden, die man als Baumaterial der Häuser in Alt-Archsum gewann, enthielten nach pollenanalytischem Befund nur wenig davon. Strandwegerich tritt auffallend zurück, ausgenommen die Kleisoden eines Brunnens, in denen die Art mit 50% erscheint *(Beil. 17,b)*.

Besteht ein Zusammenhang zwischen der wechselnden Häufigkeit salzliebender und salzverträglicher Arten in Böden verschiedener Zeitalter auf der Geest und Phasen abweichender Meeresaktivität? Sicher keine unmittelbare Abhängigkeit, sondern eine weitaus verwickeltere Beziehung, als das Säulendiagramm *Abb. 66* vermuten läßt. Um die Häufigkeitsverteilung der Halophyten, von der nur die prozentuale Frequenz der Salzsimse aufgetragen ist, nach ihrem Wahrscheinlichkeitsgrad statistisch zu sichern, reicht die Zahl der Analysen nicht aus. Sie verteilen sich außerdem sehr ungleich auf die einzelnen Kulturperioden. Wir achteten zu wenig auf Signifikanz, weil die Frage im Vordergrunde stand, ob die Pflanzenreste mit den Soden aus vernäßten Arealen der Geest und aus der Salzmarsch auf die Äcker kamen oder auch zusammen mit Abfall aus der Siedlung, in dem außer Keramikbruch auch Mistreste enthalten gewesen sein können. In wie hohem Maße die Anteilswerte der einzelnen Salzmarscharten in den Spektren die realen Verhältnisse am Standort spiegeln, hängt vom Grad der Erhaltung im Boden und von der Sicherheit der Diagnose ab: Die Salzsimse wird als Großrest leicht erkannt, dagegen als Pollen gar nicht, beim Strandwegerich verhält es sich umgekehrt. Schließlich sind es die Böden selbst, nach deren Genese,

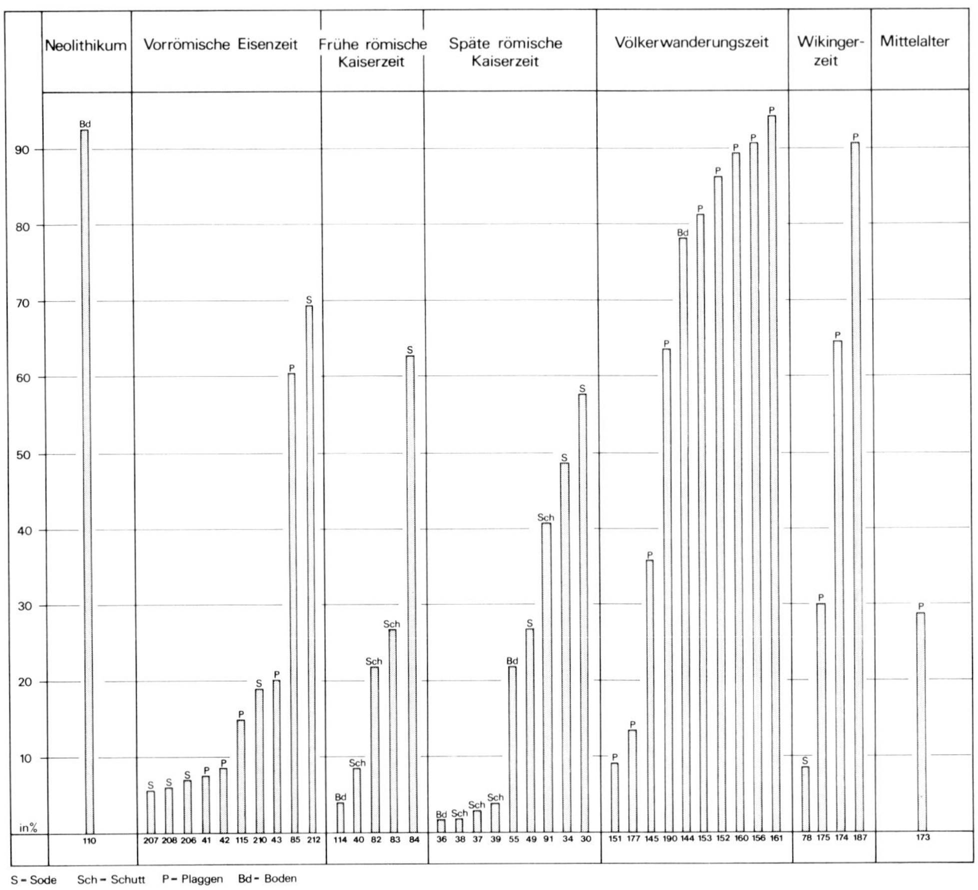

Abb. 66 Prozentualer Anteil der Salzsimse *Juncus gerardi* in Großrestanalysen nach H. Kroll.

die sich im Typ ausdrückt, zu fragen wäre. Der erste Bodenhorizont, bei dem Bewirtschaftung außer Zweifel steht, stammt am Melenknop aus dem Spätneolithikum, eine podsolierte Braunerde, die als Pflugland und als Baugrund diente. Die Salzsimse erreicht hier, wie erwähnt, besonders hohe Werte, sie wird mit dem Winterfutter eingeschleppt worden sein. In den meisten anderen Fällen handelt es sich dagegen um Auftragsböden verschiedener Formen (S. 23 ff.) und mit Pflanzeninhalten, die abweichend zusammengesetzt sind: In bronzezeitlichen Plaggenböden fehlen Halophyten, in Schichten der vorrömischen Eisenzeit sind sie bereits beteiligt, Straten der Völkerwanderungszeit weisen sie in sehr hohen Prozenten aus.

Es mag angreifbar erscheinen, den archäologischen und den archäoethnobotanischen Befund mit dem Naturgeschehen über die vermutete Nähe oder Ferne salzwasserbeeinflußter Areale zu konnektieren oder, noch weitergehend, die Transgressionsetappen aus diesen Befunden zu rekonstruieren. Aber schon ein Vergleich der paläogeographischen Karte, die Hoffmann für die Zeit um 3700 BP (1750 v. Chr. Geb.) entwarf, für eine Zeit, als sich die mittlere Sedimentdecke zu bilden begann und die Geest noch spätneolithisch besiedelt war (I 188 Abb. 56), mit den Verhältnissen nach dem Ende der Transgression (mS) in der Zeit um Chr. Geb., als es schon möglich war, trockengefallene Kuppen in der heutigen Südermarsch mit einzelnen Gehöften zu bebauen (vgl. I 6 Abb. 5,1 u. Beil. 9), zeigt doch schon, wie eng der wirtschaftliche Spielraum bemessen war, wollte man das Vorland der Geest als Weide- und Grasland nutzen. In bestimmten Zeiten wird es nicht immer möglich gewesen sein. Zwar erlaubt es geologische Untersuchung nicht, die Zeitstrecke von 1700 Jahren auf Sylt in Abschnitte zu teilen, weil die Sedimentation bei generell verlangsamtem Meeresspiegelanstieg (weniger als 15 cm pro Jahrhundert)[12] und gegen das Geestgefälle mehr oder weniger stetig ablief. Dennoch besteht kein Zweifel, daß die Bildung der mittleren Sedimentdecke die prähistorisch besiedelten und bewirtschafteten Flächen im Bereich der heutigen Südermarsch fortschreitend einengte und daß es dieser Vorgang war, der

[12] Menke a.a.O. (Anm. 2) 149 Abb. 1; 159.

die Bauern veranlaßte, die nachschaffende Kraft der ihnen verbliebenen Äcker auf der Geest durch Plaggendüngung zu erhalten. Die ersten Belege für die Maßnahme stammen aus der Hochbronzezeit, fallen also in die Anfänge der mS-zeitlichen Transgression, während die Plaggenböden der vorrömischen Eisenzeit mit deren Ende zusammengehen. Auf die Frage, warum in den Plaggenböden der Völkerwanderungszeit besonders hohe Halophytenfrequenzen beobachtet werden, gibt es noch keine eindeutige Antwort. Daß ein erneuter Anstieg des Meeresspiegels während der jüngeren römischen Kaiserzeit und der Völkerwanderungszeit das Marschvorland zunehmend überfluten und versalzen ließ, dafür fehlt von geologischer Seite auf Sylt jeder Beleg. Die obere Sedimentdecke, für die im wattnahen Bereich Sturmflutschichtung charakteristisch ist und bei deren Bildung ältere Sedimentlagen ausgeräumt worden sein könnten, entstand erst im späten Mittelalter.

KÜSTENDÜNEN UND ARCHÄOLOGISCHER BEFUND

Außer Kleidecken und fossilen Böden unterrichten auch Küstendünen mit archäologisch datierbaren Fundeinschlüssen über den Verlauf des Transgressionsgeschehens. Es braucht hier nicht erörtert zu werden, auf welche Weise Dünen sich gebildet haben. Kantenabbruch und trockene Sandstrände sind allemal vorauszusetzen. Dennoch blieb die Frage offen, wann die heute vielfach fixierten Küstendünen der Insel entstanden und wie sich der Vorgang auf die Besiedlung in vor- und frühgeschichtlicher Zeit auswirkte. Ein besonders eindrucksvolles Beispiel für ein inaktives Kliff mit schwacher Dünenbildung aus eigenem Material beobachteten wir bei Keitum, kurz bevor der Westerländer Geestkern, hier noch mehr als 8 m über dem Meeresspiegel gelegen, steil nach Osten abfällt und in die von Torf und Sediment gefüllte Mulde der Norderinge taucht, deren Sohle bis auf eine Tiefe von – 7 m NN geologisch erschlossen wurde (I 101 Abb. 50 u. Beil. 6, 1.2; 9).

Das vielschichtige Profil *(Beil. 26)*[13], das wir auf 77 m bis hin zum bronzezeitlichen Grabhügel Tipkenhoog hangabwärts mit einer Höhendifferenz von 3,60 m verfolgen konnten, setzt im Liegenden mit pleistozänen, durch Eisenausfällung teilweise rotbraun gefärbten Sanden ein, gelb, grob bis kiesig und von einer Steinsohle abgeschlossen, ein periglaziales Verwitterungsprodukt, das durch Eisen- und Manganlösungen zu schwarzbraunem Ortstein verfestigt ist. Man trifft es auf der Insel überall in wechselnder Mächtigkeit und mit abweichendem Gefüge an. Darüber erhebt sich wie gewöhnlich, diesmal auf schiefer Ebene (6,70–3,70 m NN), ein humoser Boden von 30 cm Stärke; ein tiefschwarzer dünner A_h-Horizont bedeckt grauen Bleichsand (A_e, 8 cm), dieser den Unterboden ($B_{s/h}$), dessen dunkle Färbung zum Liegenden hin in braune Töne übergeht und hier durch Ortsteinanreicherung verhärtet ist. In etlichen Profilabschnitten hangabwärts fehlt die Humusauflage, in anderen folgt ihr, durch Bleichsand getrennt, eine zweite. Daß der Boden anfänglich bewaldet war, darauf deuten ortsteingefüllte, bis 10 cm breite Wurzelzapfen im anstehenden Gelbsand hin. Wie sich die Bodenbildung datieren läßt, geht aus ihrem stratigraphischen Verhältnis zum Tipkenhoog hervor. Der Grabhügel wurde unmittelbar auf pleistozänem Gelbsand aufgeschüttet, die alte Oberfläche also vor dem Bau beseitigt. Das wäre schwerlich der Fall gewesen, hätte man diejenigen Sandmassen abtragen müssen, die den Boden hangaufwärts in zunehmender Mächtigkeit bedecken, am westlichen Profilende in 60 cm Stärke und dort von fünf dünnen Humushorizonten durchzogen, die auch bei Trockenheit feucht und sichtbar bleiben und als Phasen relativen Stillstands bei der Bildung einer Kliffdüne interpretierbar sind, wenn man Umlagerung ausschließen kann. Das Gefüge der Sande wechselt hangabwärts von fein zu grob und von waagerechter zu schräger Schichtung, die Farbe von hellgelb zu gelbbraun und graugelb. Die Sandstraten laufen hier zu einem einzigen Paket zusammen und erscheinen dann bräunlich gestreift. Am Hang der Kuppe werden sie von einer sechsten Humusschicht geschnitten; sie fällt nach Osten wieder ab, liegt am Hangfuß der ersten Feinsandschicht diskordant auf und enthält unter Steinen in primärer Lage Tonscherben mit verdickt-facettierten Rändern, gehört also in die frühe römische Kaiserzeit. Darauf folgen noch sieben humose Bodenhorizonte mit stein- und schotterdurchsetzten Bleichsandstreifen *(Beil. 26)*.

[13] Kurz beschrieben in: Ber. RGK 55, 1974, 271 f. mit Beil. 9,2; Tipkenhoog: Kersten u. La Baume a.a.O. (Anm. 4) 451 f.

Die basalen Sandbänder wird man sich am Südrand einer ehemaligen Kliffdüne abgelagert vorstellen dürfen. Die Überwehung läßt sich zeitlich eingrenzen: nach dem Bau des bronzezeitlichen Grabhügels Tipkenhoog und vor der römerzeitlichen Besiedlung, also doch wohl vor oder während der Transgression in der vorrömischen Eisenzeit, wenn zwischen beiden Geschehensabläufen überhaupt ein Zusammenhang besteht.

Ein zweites wichtiges Profil, diesmal am Roten Kliff zwischen Kampen und Wenningstedt, erweitert die Beobachtungsmöglichkeiten auf der Insel. Wo die Brandung bei Sturmfluten den Steilhang des Kliffs zum Einsturz bringt und ihn um Meterbeträge zurücksetzt, kommt meist nur für kurze Zeit die ursprüngliche Schichtung in forma optima zum Vorschein, so auch an dieser Strecke. Seit vielen Jahren hat man hier außerdem vor- und frühgeschichtliche Funde aufgelesen, ohne allerdings immer ihre primäre Lagerstätte festzuhalten. Sie reichen vom Neolithikum bis in das hohe Mittelalter. Nur an wenigen Stellen, an denen die Dünensande fortgeblasen wurden, hat man gleichsam festen Boden unter den Füßen: Nördlich Wenningstedt gab flächenhafter Windabtrag ein Gehöft der älteren römischen Kaiserzeit frei (La 115), nahebei schmale, dicht nebeneinander liegende Ackerbeete, die sich als ausgedehnte Blockflur weiter südlich im Ortsbereiche wiederholen (La 99). Vielleicht gehört sie zu einer wikingerzeitlichen Siedlung auf freigewehter Fläche 250 m nordwestlich (La 130)[14]. Aber den anstehenden Boden hat man offenbar nur selten systematisch untersucht.

H. Hahne hatte es sich 1911/12 zusammen mit dem Kieler Geologen E. Wüst vorgenommen und dabei Gerät und Werkzeugbruch aus Flint geborgen, die er 1928 veröffentlichte und damals als mesolithisch beurteilte[15]. Sie stammten aus geschichteten humosen Sanden, die L. Meyn 1876 als »Haidsand« bezeichnet hatte und die seither bei der Grundgliederung des Spät- und Postglazials auf der Insel eine gewisse Rolle spielen: Einerseits bildeten sie sich vor der Entstehung der heutigen Küstendüne, andererseits folgten sie pleistozänen Ablagerungen, nämlich der saaleeiszeitlichen Grundmoräne aus Geschiebelehm und jüngeren periglazialen Fließerden und Flugsanden über eine Steinsohle, die als Solifluktionsschutt gilt und bei Windabtrag heute mitunter freiliegt. Der in den oberen Partien tiefschwarz gefärbte Haidsand besteht je nach Ausgangsgestein pedologisch aus schwach podsolierter Braunerde, ehemaligem Waldboden, oder aus Eisenpodsol, beide Male in wechselnder Mächtigkeit (0,20–1,00 m) und wenigstens an einer Stelle von Pflugfurchen durchzogen, die in den zwanziger Jahren noch sichtbar waren. Auf dem Haidsand lagert streckenweise eine sicher holozäne Flugsanddecke, gegliedert durch zwei oder drei humose Bänder, die man als autochthone Bodenbildungen mit Podsolierungstendenz erklärt *(Abb. 67)*[16].

Hahne hielt die Flugsanddecke mit Recht für jünger als neolithisch, weil der Laufhorizont im Neolithikum der Haidsand war; er lieferte Funde dieser Zeit, auch war er Baugrund der Sylter Megalithgräber. Wir erwähnten bereits mehrfach gleichartige Befunde unter den Langbetten am Rantumer Weststrand und an der Archsumer Wattenküste *(Abb. 64–65)*. Aber die Datierung der Silexfunde, die Hahne innerhalb des Haidsands auflas, erweist sich heute durch überzeugende Parallelen anderwärts als falsch. Es handelt sich nicht um mesolithisches, sondern um altbronzezeitliches Flintgerät und dessen Abfall; er fand oberflächenretuschierte Löffelschaber und Bohrspitzen, Typen, die um die Jahrhundertwende als besonders alt beurteilt wurden, inzwischen jedoch auf vielen sicher datierten Wohnplätzen vertreten sind[17]. Sie kommen auch zusammen mit altbronzezeitlicher Keramik in einer Siedlung am Kampener Kliffende vor.

G. Schäfer legte hier im Auftrag des schleswig-holsteinischen Landesamtes für Vor- und Frühgeschichte 1964 auf einer Strecke von 150 m drei kleinere Grabungsflächen an, indem er die Düne (2–3 m Höhe) von einem Schwergerät abschieben und dabei auch Teile der basalen Flugsanddecke entfernen ließ; sie blieb stellenweise nur in ihrer unteren Lage erhalten. Dagegen war der Haidsand überall als durchlaufendes, 15 cm starkes Humusband erkennbar, wenn es nicht steingefüllte Gruben bis in die Moräne durchstießen oder es mit Kulturschicht und Brandschutt durchmischt war. Die umfangreichste Fläche (18 : 6 m) war noch zu eng geschnitten, als daß sich ein vollständiges Bild von der einstigen Bebauung hätte ergeben können. Schäfer erfaßte nur den Rand der Siedlung, die auf einer schiefen Ebene stand. Seewärts stieg das Gelände, nach Norden und Osten fiel es ab. Stratigraphische Trennung abweichend gefärbter Schichtpakete, die bis zu 90 cm aufge-

[14] Kersten u. La Baume a.a.O. 625; 627 f.

[15] H. Hahne, Ein mesolithischer Fundhorizont auf Sylt und seine Analyse auf Grund der steintechnischen Typologie. Mannus 6. Ergbd. (Festgabe Kossinna) (1928) 1 ff.; Kersten u. La Baume a.a.O. (Anm. 4) 588.

[16] C. Dietz u. H.-L. Heck, Geologische Karte von Deutschland. Erläuterungen zu den Blättern Sylt-Nord und Sylt-Süd (1952) 17 f. mit Abb. 2 u. Taf. 2,4; 3,5. – F.-R. Averdieck u. P. Hummel, Zum Alter und Aufbau des Heidsandes auf Sylt. Meyniana 24, 1974, 9 ff.

[17] Kersten u. La Baume a.a.O. (Anm. 4) Taf. 31, 9–14: Norddorf, Amrum, Grabhügel 26; Taf. 35, 5–7; 36; 37: Wenningstedt, Sylt, Siedlung 71.

wachsen waren, und sorgfältiges Nivellement zusammenhängender oder zerrissener Steinlagen, wie sie für bronzezeitliche Siedlungen des Nordens typisch sind, erlaubten es, zwei Bauperioden zu unterscheiden. Die ältere Strate enthielt eine als Ofen gedeutete, steinummantelte, an der Sohle gepflasterte und mit holzkohlehaltiger Branderde gefüllte Grube, außerdem noch eine 6 m lange und 1,20 m breite rechteckige Steinsetzung aus hochkant gestellten Platten und ein Pflaster im Inneren; die Anlage ähnelt einem Stallgang oder Zuweg. Schäfer beobachtete ferner Verfärbungen von Holzpfosten, die sich aber nicht mehr zu einem System zusammenführen ließen. An Funden barg er etliche Tonscherben, Flintgerät, darunter Löffelschaber, Reib- und Quetschsteine und Muschelschalen. Obwohl er nur einen kleinen Teil der bebauten Fläche abdecken konnte, wird man hier mit mehrräumigen, dreischiffigen Hallenhäusern zu rechnen haben, einem Typus, der auf den Nordfriesischen Inseln und auf dem Festland als erschlossen gelten darf[18].

Der archäologische Befund berührt die Frage nach dem Beginn der Versandung nur insofern, als er im Haidsand selbst zum Vorschein kam. Demnach muß dieser Boden in älterer Zeit entstanden sein als die Bebauung. Als die Einwohner den Platz verlassen hatten und er zur Wüstung wurde, kann das Ruinenfeld nur kurzfristig Wind und Wetter ausgesetzt gewesen sein: Der Zustand der Baureste und der Fundinhalte spricht für rasche Versandung. Sie hat sich mehrfach wiederholt, wie die humosen Streifen zeigen, welche die Sanddecke durchziehen und als Stillstandsphasen mit Bodenbildung erklärbar sind. Wir wissen nicht, wann sie zum Abschluß kam und wieviel Zeit verstrich, bis steife Winde die heutige Küstendüne aufwehten. Daß sie erst nach der Wikingerzeit entstand, geht aus ihrem stratigraphischen Verhältnis zur Siedlung Wenningstedt La 130 hervor, die wir eingangs erwähnten.

Vergleicht man das Profil am Roten Kliff mit dem Schichtenbau bei Keitum, wird man den Haidsand hier und den basalen Humusboden dort als synchrone Bildungen betrachten wollen, zumal beiden eine periglaziale Steinsohle vorausgeht. Bei Kampen war die altbronzezeitliche Siedlung in den Haidsand eingetieft, bei Keitum errichtete man den Grabhügel Tipkenhoog aus Heideplaggen auf pleistozänem Grund, hatte also die alte Oberfläche weggeräumt. Die Flugsande, die sie hangaufwärts mehrschichtig bedecken und die von mehreren Humusstreifen durchzogen sind, ähneln der Flugsanddecke am Roten Kliff, ohne daß sich allerdings bei der verschiedenartigen Exposition der beiden Kliffs aus der Ähnlichkeit der Befunde eine strikte zeitliche Parallelität ergeben müßte. Dennoch: In Keitum wird die Versandung durch eine Siedelstrate der älteren römischen Kaiserzeit unterbrochen; wann sie an dieser Stelle von neuem einsetzte, bleibt ungeklärt. Zwischen Wenningstedt und Kampen ist ein wikingerzeitlicher Wohnplatz älter als die Küstendüne, welche die Flugsanddecke überzieht.

Dieser Deutung scheint allerdings die pollenanalytische Datierung der Haidsand- und Flugsandstraten am Roten Kliff durch Averdieck zu widersprechen[19]: Der Haidsand, vor allem dessen tiefschwarze Decke, sei vermutlich erst gegen Ende des 1. Jahrtausends n. Chr. Geb. entstanden, die Humushorizonte der Flugsande darüber hätten sich während der beiden letzten Jahrhunderte gebildet. Außer einem Vergleich mit den Polleninhalten frühgeschichtlicher, mittelalterlicher und rezenter Böden der Marsch und Geest sind es die relativ hohen Buchenwerte (bisweilen etwas mehr als 10%) schon im Haidsand, die er in Verbindung mit Hainbuche *Carpinus* bei der Datierung für ausschlaggebend hält. Tatsächlich setzte die Massenausbreitung der Buche im norddeutschen Flachland am allerspätesten ein, erst während des Subatlantikums (Zone XI/XII^{NWD}). Zwar reichten ihre Anfänge in ältere Zeit zurück, aber in den Pollendiagrammen erscheinen sie auf Sylt bei weitem nicht so ausgeprägt wie auf dem Festland (I Beil. 19–20: Zone X^{NWD})[20]. Der Haidsand wird demnach stellenweise während der Völkerwanderungs- und Wikingerzeit offengelegen und Pollen aufgenommen haben, als man dort siedelte und Pflugbau trieb, der sich in hohen Prozentanteilen der Kulturanzeiger niederschlug (Getreidetyp und Spitzwegerich). Die Entstehung des Haidsandes wird damit nicht datiert.

Daß die Flugsanddecke nicht nur stratigraphisch, sondern auch nach der Zusammensetzung der Baumarten jünger als der Haidsand ist, zeigt die Vorherrschaft der Kiefer. 40% wie in einem der Spektren werden in den Pollendiagrammen der Marsch nur vereinzelt erreicht (I Beil. 18: Zone X^{NWD}?). Massenhafte Pollenproduktion begann erst mit den Kiefernpflanzungen der Neuzeit. Im vorliegenden Fall mögen edaphische Faktoren verantwortlich gewesen sein, denn die Kiefernspektren korrelieren auffällig mit denen der Birke und der Besenheide *Calluna*, die man sich wohl großflächig verbreitet vorzustellen hat. Dennoch gibt es untrügliche

[18] Struve, Der erste Grundriß eines bronzezeitlichen Hauses von Norddorf auf Amrum. Offa 13, 1954, 35 ff.; Abb. auch bei Kersten u. La Baume a.a.O. (Anm. 4) 179 Abb. 38; K. Bokelmann, Ein bronzezeitlicher Hausgrundriß bei Handewitt, Kreis Schleswig-Flensburg. Offa 34, 1977, 82 ff.; Becker, Siedlungen der Bronzezeit und der vorrömischen Eisenzeit in Dänemark. Offa 39, 1982, 53 ff.

[19] a.a.O. (Anm. 16) 18 ff. mit Abb. 4; 22 f.

[20] F. Overbeck, Botanisch-geologische Moorkunde (1975) 494 ff.

Abb. 67 Kampen, Rotes Kliff. a Rotes Kliff zwischen Wenningstedt und Westerland (1969). Mächtig entwickelter Haidsand überlagert von Flugsand mit drei Bodenbildungen (Humushorizonten), darüber Dünen; b Rotes Kliff nördlich vom Kurhaus in Wenningstedt auf Sylt (1969). Pflasterhorizont, Haidsand, Boden im holozänen Flugsand unter Dünen; c Frischer Aufschluß nahe Nordseeklinik Westerland/Sylt (1969). Bodenbildung im holozänen Flugsand über dem Haidsand. Nach F.-R. Averdieck.

Hinweise auf eine Spätdatierung: Averdieck fand im unteren Humushorizont der Flugsanddecke Walnuß *Juglans*, an anderer Stelle im unteren und oberen Vegetationsband Buchweizen *Fagopyrum*. Während Walnußpollen in norddeutschen Mooren in Zone XI^{NWD} erscheinen, wird Buchweizen, in Zone XII^{NWD} enthalten, 1380 zum ersten Mal urkundlich genannt, war also vor dem 14. Jahrhundert noch unbekannt[21]. Wieder fragt sich, ob diese Nachweise ausreichen, die Bildung der Flugsanddecke insgesamt so spät zu datieren, wie Averdieck es für wahrscheinlich hält. Zwar sind wir leider nicht darüber unterrichtet, ob die eisenzeitlichen Siedlungen und Ackerfluren, die randlich von der rezenten Düne überfahren worden sind, auf der Flugsanddecke oder auf dem Haidsand lagen, aber bei den Grabungen am Kampener Kliffende beobachtete Schäfer über der altbronzezeitlichen Kulturschicht eine erste Strate aus eingewehten Sanden mit abschließendem Humusstreifen, so daß die pollenanalytische Datierung auf dieses Areal unmöglich zutreffen kann. Dagegen gibt uns der Polleninhalt einen Terminus post quem für die rezente Düne. Die Karte des Herzogtums Schleswig von H. du Plat, für Sylt 1793 aufgenommen und im Vergleich zu

[21] K.-E. Behre, Pollenanalytische Untersuchungen zur Vegetations- und Siedlungsgeschichte bei Flögeln und im Ahlenmoor (Elb-Weser-Winkel). Probleme Küstenforsch. im südl. Nordseegebiet 11 (1976) 115.

heutigen topographischen Karten äußerst korrekt (I 67 Abb. 37), verzeichnet die Kliffkante und den Dünengürtel in Höhe der Kampener Straßengabel etwa 250 m weiter seewärts als in der Gegenwart; die Kirche von Alt-Rantum war an der Wende vom 18. zum 19. Jahrhundert derart versandet, daß sie sich nicht mehr betreten ließ und bald darauf abgebrochen werden mußte (s. S. 36).

Kombiniert man den archäologischen und den geobotanischen Befund, ergeben sich für die vielteilige Schichtfolge am Roten Kliff vertretbare Datierungen: Der Haidsand war Baugrund und Pflugland im Neolithikum und in der älteren Bronzezeit. Bald versandet, wandelte sich das Areal während mehrerer Stillstandsphasen in *Calluna*-Heide um, wohl deshalb, weil Schafweide Jungwuchs an Bäumen nicht hochkommen ließ und der Zeitabstand zwischen den Überwehungsetappen nur kurz bemessen war. Auf dem Keitumer Kliff wird es nicht anders zugegangen sein, nur datiert hier die Siedlung der älteren römischen Kaiserzeit eine der Stillstandsphasen, setzt also einen Fixpunkt in den Ablauf des Geschehens. Die rezente Haldendüne am Roten Kliff schob sich während des letzten Jahrhunderts in diejenige Zone, die sie gegenwärtig einnimmt. Wo starke Winde sie wegtragen, geben sie Siedelplätze und Wirtschaftsflächen frühgeschichtlicher und mittelalterlicher Bauern frei. Die Flugsanddecke und der Haidsand sind bei deren Tätigkeit stellenweise aufgearbeitet worden, so daß diese Straten dem Pollenflug geöffnet waren.

VEGETATION AUF DER GEEST UND IHRE WIRTSCHAFTLICHE NUTZUNG

Wann die Heide auf Sylt sich flächig verbreitete und in wie hohem Grade wirtschaftliche Maßnahmen daran beteiligt waren, diese immer wieder von neuem erörterte Frage läßt sich auf Sylt an Hand der Pollendiagramme ziemlich eindeutig beantworten. Besen- oder Sandheide *Calluna,* Rohhumusbildner auf trockenen Standorten und jetzt podsolierten Böden, setzte während des Atlantikums ein (Zone VIII^{NWD}) und war auch am Übergang zum Subboreal (IX^{NWD}) vertreten, aber stets in recht geringen Werten und mehrmals, bevor Spitzwegerich *Plantago lanceolata* als »Kulturbegleiter« auf ersten Ackerbau hinweist. Ab und an wird es heidewüchsige Areale gegeben haben, wie eine Bodenprobe unter den Megalithgräbern am Archsumer Weststrand zeigt: Averdieck weist hier 45% *Calluna* aus (I Beil. 22 Nr. 27), die nicht so recht zur Bodenbildung (schwache Gley-Braunerde) passen wollen, dazu aber noch Erle, Hasel und Birke (wenig Eiche und Kiefer), teils wie die Erle ein Gehölz der Bruchwaldvegetation in tieferen, vernäßten Lagen, teils wie die anderen Lichthölzer, die sich nach Rodungen durchzusetzen pflegen. Erst in subatlantischer Zeit (X/XI^{NWD}) nahm *Calluna* kräftig zu und dann öfter gekoppelt an Maxima im Kurvenverlauf des Getreidetyps und der Ackerunkräuter (Keitum-Ost 34: I Beil. 18; Tinnum 97: I Beil. 19; Westerland 9: I Beil. 20), wobei in den Spektren lichtliebende Gehölze (Birke, Hasel) unter den Waldbäumen wieder an erster Stelle stehen. Die beginnende Massenausbreitung der Besenheide in licht mit Bäumen bestockten Arealen wird als Folge von Rodungen auf der Geest zu erklären sein und mit intensivierter Weidenutzung zusammenhängen, vornehmlich mit der Gräsung von Schafen, die Jungwuchs an Bäumen verhindert. Auf Jütland und in weiten Teilen des nordwestdeutschen Flachlands, besonders nahe der Küste, sind ja ähnliche Vorgänge beobachtet worden[22]. Die bronzezeitlich datierte alte Oberfläche in Alt-Archsum hatte nach Averdiecks Analyse immerhin 35% *Calluna*-Pollen aufgenommen *(Beil. 17,b),* während etliche Proben aus Mistlagen einer jungkaiserzeitlichen Strate des Melenknop 70% enthielten, gekoppelt an Erle, Birke, Hasel, Eiche, Buche und Hainbuche, in absteigender Häufigkeit gereiht *(Beil. 16,b).* So hohe Werte deuten auf eine flächenhafte Verbreitung der Besenheide und auf deren Nutzung für Weide und Stallstreu hin.

Um so überraschender fiel die Untersuchung früheisenzeitlicher und frühgeschichtlicher Plaggenböden aus. Deren Material stammte keineswegs mehrheitlich von Heideflächen, die man teilweise abbrannte, ehe man die Soden stach und direkt auf die Äcker brachte (s. S. 111), sondern auch aus feuchten bis nassen und zeitweilig überfluteten Geestrandarealen oder aus der Marsch: Der Anteil der Salzsimse *Juncus gerardi* nahm im Vergleich zur vorrömischen Eisenzeit (22%) während der Völkerwanderungszeit (74%) und Wikingerzeit (62%) erheblich zu *(Abb. 66),* und wenn hier auch Milchkraut und Andel vergesellschaftet sind (s. S. 111), kann wohl kein Zweifel sein, daß damals auch die niedriger gele-

[22] Overbeck a.a.O. (Anm. 20) 503 ff.; 509 f.

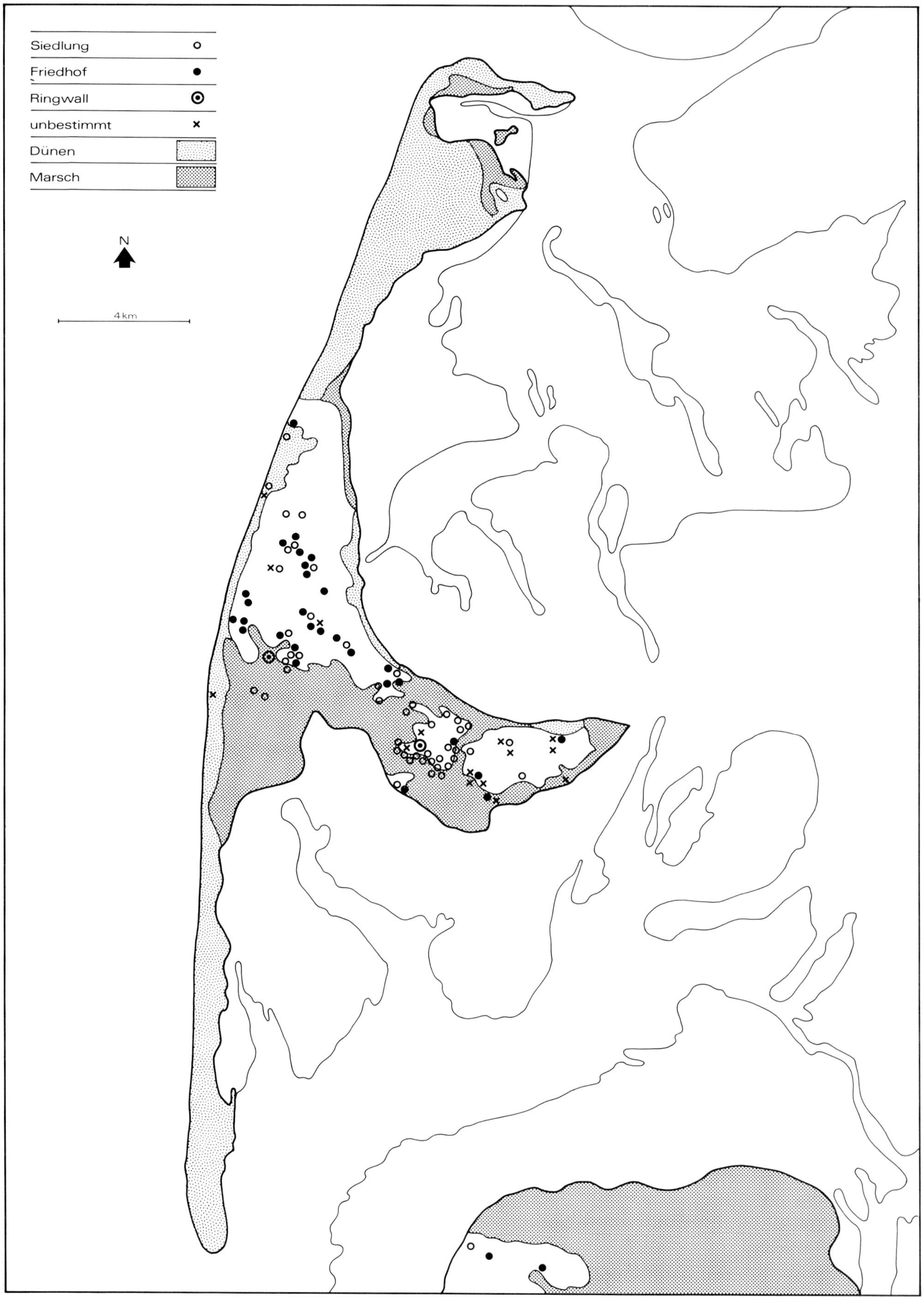

Abb. 68 Verteilung der eisenzeitlichen Fundstellen auf Sylt. Nach O. Harck.

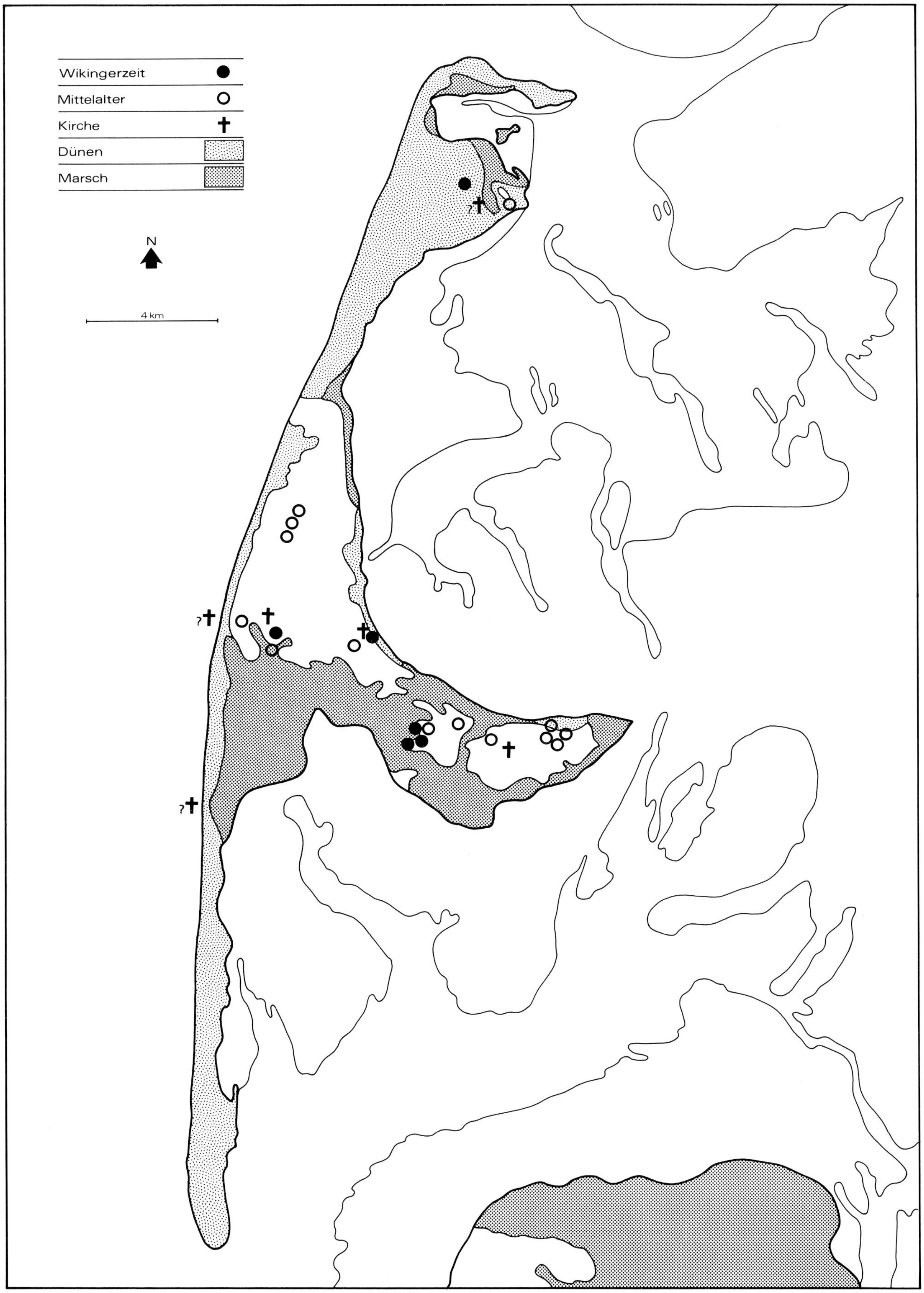

Abb. 69 Verteilung der mittelalterlichen Fundstellen auf Sylt. Nach O. Harck.

genen Salzwiesen in den Wirtschaftsraum einbezogen worden waren. Die Pflanzendecke, auf der die frühkaiserzeitliche Archsumburg errichtet wurde, und die Soden, mit denen man ihre Ringmauer baute, war aus allen möglichen Heidearten zusammengesetzt; Averdieck und Kroll nennen Sparrige Simse, Blaues Pfeifengras, Blutwurz, Pillensegge, selbst Glockenheide; *Calluna* spielte dagegen nur eine untergeordnete Rolle *(Beil. 7; 17,a)*. Daraus geht hervor, daß wir uns die Pflanzengesellschaften der Heide aus vielen Arten von Zwergsträuchern, Gräsern und Kräutern zusammengesetzt vorstellen dürfen, nicht aus Besenheide allein *(Tab. 23; Beil. 7)*. Man gewinnt den Eindruck, als hätten die Bauern bewußt gewählt und sich mit der Zeit der veränderten Lage angepaßt: Rasensoden für Plaggenböden und Bauten wurden zunächst vorwiegend auf vernäßtem Ödland gestochen, als das Mittelalter begann, auch im Marschbereich; als Weide dienten zunehmend licht bestockte Heideflächen, die auch für Stallstreu zu sorgen hatten.

Was wir da folgern, gewinnt an Wahrscheinlichkeit und Präzision, wenn man die Verbreitung der Fundstellen aus der Eisenzeit einerseits und aus dem Mittelalter andererseits miteinander vergleicht. Harck trug sie nach dem Katalogwerk von Kersten und La Baume in Karten ein *(Abb. 68–69)* und sah bemerkenswerte Unterschiede[23]. Während Plätze der Eisenzeit sich weitflächig verteilen, ausgenommen im westlichen Teil der Morsumer Geest und auf der dem Wattenmeer zugekehrten Seite des Westerländer Kerns *(Abb. 68)*, fanden sich mittelalterliche Plätze (Wikingerzeit und später) vornehmlich an den Rändern der Geestflächen; die heute noch erhaltenen Heideareale bleiben so gut wie fundleer *(Abb. 69)*. Der Schluß scheint zwingend zu sein: Man hatte sie damals wohl absichtlich ausgespart und als Weide freigehalten.

So eindrucksvoll die Ergebnisse für die Frage nach der Ausbreitung der Heideflächen sein mögen und so einleuchtend die Folgerungen, die man aus ihnen für die Agrargeschichte ziehen kann, der weitaus wichtigste Beitrag der Geobotanik besteht im Nachweis der Bewaldung in prähistorischer Zeit, also derjenigen Gesellschaften, die auf der Insel heute so gut wie verschwunden sind. Die auf dem Festland geläufigen Baumarten sind in den Sylter Diagrammen vollzählig vertreten, so daß sich ihrem Häufigkeitsverhältnis, das bei der Zuordnung zu bestimmten Vegetationszonen den Ausschlag gibt, auch eine relative Zeitfolge entnehmen läßt. Die Sukzession entspricht in ihren Grundzügen tatsächlich der auf dem Festland beobachteten: Noch am Übergang vom Atlantikum zum Subboreal (Zone IX^{NWD}) überwog die Eiche mit Werten zwischen 40 und 50% ihre üblichen Begleiter Ulme und Linde, deren Kurven gegenüber Zone VIII^{NWD} erheblich zurückfallen (I Beil. 15–16; 18–19), während Hasel und Birke als lichtliebende Gehölze, ohnehin hervorragend im Pollenbild repräsentiert, stellenweise sogar noch zunehmen (I Beil. 16; 19–20). Anders als auf dem Festland bleibt diese Zusammensetzung auf Sylt bis zum Subatlantikum (X^{NWD}) ziemlich konstant. Auch setzen die geschlossenen Kurven der Buche und Hainbuche erst während dieses Zeitabschnittes ein (I Beil. 19–20), erreichen allerdings gewöhnlich nur geringe Anteile. Das geht so bis in das jüngere Atlantikum (XI/XII^{NWD}, vgl. I Beil. 22 Nr. 4–12), aber wie auf dem Festland, wo bis 40% ermittelt werden[24], stellen sich jetzt Werte von knapp 38% für die Buche und rund 10% für die Hainbuche ein (s. S. 171 mit *Tab. 25*). Averdieck rechnet mit einem Eichenmischwald vom Typus Querceto-Carpinetum. Daß damals die Kiefer erneut vordrang, gilt als weit verbreitete Erscheinung. Auf der Insel werden schon während des beginnenden Subatlantikums knapp 50% gezählt (I Beil. 18; 22 Nr. 1. 2). Sonst gab es zu allen Zeiten Auwälder aus Erle, Birke oder Weide. Die Soden, aus denen die Ringmauer der Archsumburg errichtet wurde, sind mit Pollen der Erle und Birke bis 84% durchsetzt *(Beil. 17,a)*.

Daß alle diese Gehölze als reichvertreten und ausgedehnt bezeichnet werden dürften, dies anzunehmen erlaubt schon der geringe Umfang der Insel nicht, vor allem wenn man die Siedel- und Wirtschaftsflächen abzieht. Nur der Morsumer Geestkern scheint Raum geboten zu haben; von Archsum durch eine schmale, erst während des Mittelalters mit Meeressediment gefüllte Rinne getrennt (I 7 Abb. 6; 100 f. mit Abb. 50 u. Beil. 9), blieb der anschließende westliche Teil des Morsumer Geestblocks bei der archäologischen Landesaufnahme von prähistorischer Besiedlung weitgehend frei, ausgenommen einige wenige Plätze auf vergleyten Böden nahe der Rinne und mehrere Wallzüge, die vielleicht mit einer ehemaligen Flureinteilung zusammenhängen[25]. Auch die der Wattenseite zugekehrten Höhen nordwestlich Keitum kommen mit gleicher Begründung in Betracht. Umfangreich hatten die Waldparzellen gar nicht zu sein brauchen, wollten sich die Bauern auf der

[23] Harck, Undersøgelser af bosætnigskontinuitet fra romertid til tidlig middelalder belyst ved eksempler fra Nedresaksen og Mellemslesvig (Sild). In: H. Thrane (Hrsg.), Kontinuitet og bebyggelse. Beretning fra et symposium Odense 1977. Skrifter fra inst. for hist. og samfundsvidenskab 22 (1977) 55 ff.

[24] Overbeck a.a.O. (Anm. 20) 494 ff. mit Abb. 175.

[25] Kersten u. La Baume a.a.O. (Anm. 4) 523 ff.

Insel selbst mit Holz versorgen. Gehen wir von einem bewirtschafteten Eichenmischwald aus, dann hätten sie auf 1 ha (100 : 100 m) und bei einer Wuchsdichte von 30 m² mehr als 300 Stämme fällen und bei einer Wuchshöhe von 10 m aus jedem drei Hochsäulen für den Bau dreischiffiger Hallenhäuser gewinnen können. Für einen Dreikanthof wie den frühkaiserzeitlichen auf dem Melenknop[26] brauchte man demnach nicht mehr als sieben Eichenstämme, und gesetzt, jede der 20 in Archsum vermuteten Gehöftgruppen dieser Zeit hätte wie am Melenknop aus fünf Betrieben dieser Art bestanden, der Holzbedarf wäre auf 2 ha gedeckt gewesen, hätte man die Gehölze kahlgeschlagen, wofür die zunehmende Verheidung seit der römischen Kaiserzeit zu sprechen scheint. Eine ebenso fiktive, aber den heutigen Verhältnissen angepaßtere Rechnung geht von der Leistungsfähigkeit der Wälder aus; sie bliebe erhalten, schlüge man 3–4 m³ Holz im Wald pro Jahr und Hektar heraus. Bei einem Stamm von 30 cm Durchmesser und 10 m Höhe gewinnt man rund 0,7 m³ Nutzholz. Man hätte damals mit etwas mehr als der Jahresleistung das Pfostengerüst eines Dreikantgehöftes wie des erwähnten errichten können, wenn man auf Waldpflege Wert legte. Wie immer man urteilt, man wird sich dem Eindruck nicht entziehen können, als hätten sich die Archsumer Bauern in vor- und frühgeschichtlicher Zeit mit Sylter Hölzern einzudecken vermocht, besonders wenn sie Altholz aufhoben und es immer wiederverwendeten, solange es nur irgend ging. Darauf deuten die Altersbestimmungen mit der ^{14}C-Methode hin *(Tab. 26);* sie liegen im Vergleich zur archäologischen Datierung, die stratigraphisch gesichert ist, gewöhnlich viel zu hoch. Es scheint bezeichnend zu sein, daß unter den von Kroll untersuchten Pflanzengroßresten Beerenfrüchte aus dem Wald fast ganz fehlen (s. S. 103 f.), ausgenommen die Walderdbeere, obwohl Sammelfrüchte wie Eicheln, Bucheckern und Heidelbeeren in waldnahen Siedlungen anderwärts bei der Nahrungs- und Futtervorsorge eine gewisse Rolle spielten[27].

Seit der Besiedlung Sylts durch Ackerbauern wird mit Kulturpflanzen und deren Begleitern zu rechnen sein, unter denen Spitzwegerich *Plantago lanceolata* im pollenanalytischen Befund eindeutig erkennbar und deshalb in Verbindung mit anderen Kulturanzeigern als Hinweis auf agrarische Wirtschaftsweise besonders wichtig ist. Die ältesten Funde stammen aus dem Beginn der Zone IX^{NWD} (Wende Atlantikum/Subboreal), ^{14}C-datiert aus der Zeit des späten 4. Jahrtausends (3720 v. Chr. Geb.), was dem Frühneolithikum vor der Dolmenstufe entsprechen mag (I Beil. 10; 13; 19). Archäologische Belege für eine derart frühe Aufsiedelung fehlen derzeit noch. Eine einigermaßen geschlossene Kurve setzt erst im Verlauf des Subboreals ein, Maxima sind für das fortgeschrittene Subatlantikum (XI^{NWD}) ausgewiesen, das mit der römischen Kaiserzeit und der Völkerwanderungszeit synchron verlief (I Beil. 20). Mehrmals läßt sich ein quantitativer Zusammenhang zwischen Spitzwegerich, Sauerampfer, Besenheide und Hasel vermuten, ohne daß Getreide daran gebunden wäre; möglicherweise steckt in diesem Abhängigkeitsverhältnis ein Hinweis auf Wiesen und Weiden, also auf eine Dominanz der Tierhaltung (I Beil. 18: Zone X^{NWD}?; Beil. 20: Zone IX^{NWD} u. X^{NWD}, hier Gleichläufigkeit mit Getreide in XI^{NWD}).

Mit Hilfe der Pflanzengroßreste in Siedlungsstraten und Plaggenböden gelang es Kroll, den Anbau von Getreide auf der Archsumer Geest nach Sortenwahl und Wuchsverhältnissen in Etappen zu gliedern. Während der Bronzezeit, aus der die ältesten Belege stammen, war es neben Nacktgerste (1%) und vielzeiliger Spelzgerste (11%) der Emmer, der mit 73% weit überwog (s. S. 91 ff.). Später sank er zur Bedeutungslosigkeit ab. Schon während der vorrömischen Eisenzeit wurde er durch die Gerste ersetzt, wobei die Nacktgerste zunächst dominierte (47%), bis die Spelzgerste in der Zeit um Chr. Geb. zunahm (21%), die Nacktgerste während der älteren römischen Kaiserzeit einholte (49 : 48%) und bald darauf erheblich übertraf (83–100%). Die Umstellung erfolgte, als die Bewohner des Melenknop in selbständigen Betrieben wirtschafteten (Bauperiode A). Sie war abgeschlossen, als sie sich zu einem einzigen Großgehöft zusammengeschlossen hatten (Bauperiode B). Man wird sich für diese Zeit Gerstenanbau in langjähriger Folge vorzustellen haben, vielleicht kurzfristig unterbrochen durch Brache in Siedlungsnähe, wie Unkräuter besagen, die auf Vergrasung der Stoppelflur hinzuweisen scheinen, und durch die Aussaat von Lein und Leindotter, Pflanzen, die für die Faser- und Ölgewinnung wichtig waren (s. S. 100 ff.). Hafer, Emmer und Saatweizen müssen für die damalige Zeit als seltenes Ungras gelten, so daß ziemlich reine Spelzgerste gesät und geerntet wurde.

Dieses traditionelle System wurde während der Völkerwanderungszeit allmählich aufgegeben. Denn neben die Spelzgerste, damals noch mit rund 60% in den Spektren hervorragend dokumentiert, traten Roggen (bis

[26] Ber. RGK 55, 1974, 300 ff. mit Beil. 8.

[27] Behre, Untersuchungen des botanischen Materials der frühmittelalterlichen Siedlung Haithabu. Ber. Ausgr. Haithabu 2 (1969) 32 ff.

19%) und Hafer (bis 12%), Getreide, die während der Wikingerzeit noch zunahmen (32 und 29%). Der Roggen, gewöhnlich frei von anderen Getreiden, kam erstmals als Wintersaat in den Boden. Das geht auch aus den begleitenden Unkräutern hervor (Roggentrespe, Kornrade, Saatwicke). Kurzwüchsige »Kulturbegleiter« deuten ferner an, daß das Getreide tief unten am Halm geschnitten wurde, was die Einführung der Sense voraussetzt. Kurzschäftig und mit langgestrecktem Blatt ausgestattet, begegnet dies Gerät in Jütland seit der jüngeren römischen Kaiserzeit[28].

Welche Überlegungen dazu führten, sich im Getreidebau erneut umzustellen, auf diese Frage müssen wir eine eindeutige Antwort schuldig bleiben. Obwohl es dem Zug der Zeit entsprach, Roggen einzuführen und dessen Anbau voranzubringen, mögen es auf der Insel noch spezifische Gründe gewesen sein. Denn die Neuerungen sind hier mit einem Wechsel der Dorfform verbunden. Statt über weite Teile der Geestfläche verstreut zu siedeln, verlegte man die wikingerzeitlichen Mehrhausgehöfte als geschlossenen Verband auf die höchste Stelle (I Beil. 27). Hier war man am weitesten von der sturmflutgefährdeten, niedriger gelegenen Zone entfernt und hatte außerdem die Möglichkeit, die benachbarte Feldflur in feste Hand zu geben und in aufgeteilten Parzellen Ewigen Roggenbau zu treiben.

Der Prozeß setzte bereits während der jüngeren Kaiserzeit ein, nur traf man damals andere Entscheidungen als später. Statt 20 einigermaßen gleichmäßig verteilte Gehöftgruppen wie in der Zeit um Chr. Geb. zählen wir nach dem derzeitigen Forschungsstand für diese Periode nur sieben, davon allein vier Wohnhügel am Südrand der Geest, deren Zentrum aller Wahrscheinlichkeit nach wirtschaftlichen Zwecken diente[29]. Anlaß dafür mag zunehmende Vernässung marschnaher Areale gewesen sein (s. S. 121 f.; 148; 185 ff.). Als sich der Meeresspiegel während des jüngeren Subatlantikums abermals zu heben begann, das ökologische System der Wiesen und Weiden zerstörte und große Teile der einst nutzbaren Wirtschaftsflächen ausfielen, sah man sich gezwungen, den Tierbestand auf das notwendigste Maß zu begrenzen und als Ausgleich den Getreidebau zu erweitern. Siedlung und Feldflur verlegte man auf hohe und trockene Partien des Geestkerns.

[28] J. Brøndsted, Nordische Vorzeit. Bd. 3, Eisenzeit in Dänemark (1963) 243 Abb. a. b.

[29] Kossack, Stand und Probleme siedlungsarchäologischer Forschung in Archsum auf Sylt. Offa 39, 1982, 183 ff.; 187.